高等学校计算机系列教材

计算机硬件技术基础

张　戟　刘家栋　王建昌　等编著

化学工业出版社
·北京·

内容简介

本书参照教育部关于高等学校工科非计算机专业计算机技术基础课程教学内容的基本要求编写。

本书将微型计算机原理、汇编语言程序设计和微机接口技术整合在一起，以 Intel 80×86 系列微处理器为背景，系统地介绍了微型计算机、16 位/32 位/64 位微处理器的结构、指令系统、汇编语言程序设计、存储器、中断技术、I/O 接口技术、D/A 与 A/D 转换器接口、微机总线和 Proteus 仿真应用等内容。

本书可作为高等学校非计算机、电子信息类专业及其他相关专业的学生学习计算机的基础教材或参考书，也可作为成人高等教育的培训教材及广大科技工作者的自学参考书。

图书在版编目（CIP）数据

计算机硬件技术基础 / 张戟等编著. —北京：
化学工业出版社，2022.11
ISBN 978-7-122-42083-1

Ⅰ. ①计… Ⅱ. ①张… Ⅲ. ①硬件 Ⅳ. ①TP303

中国版本图书馆 CIP 数据核字（2022）第 160951 号

责任编辑：张海丽　　　　　　　　　　　　　　装帧设计：刘丽华
责任校对：宋　玮

出版发行：化学工业出版社（北京市东城区青年湖南街 13 号　邮政编码 100011）
印　　装：三河市延风印装有限公司
787mm×1092mm　1/16　印张 21½　字数 575 千字　2023 年 1 月北京第 1 版第 1 次印刷

购书咨询：010-64518888　　　　　　　　　　　　售后服务：010-64518899
网　　址：http：//www.cip.com.cn
凡购买本书，如有缺损质量问题，本社销售中心负责调换。

定　　价：78.00 元

前　言

本书是非计算机专业学生学习"计算机硬件技术基础"课程的通用教材，主要以 8086/8088 微处理器为例，分析了微处理器的基本结构、指令系统、存储系统及输入/输出接口电路。同时，为适应计算机快速发展的形势，还介绍了部分新型微处理器技术、主板技术和总线构成等。本书主要特点是：

(1) 全部实例都有详细的分析和注释。例如，在汇编语言程序设计部分，读者经常反映入门困难，本书通过对每段程序添加详细解释，使读者能够较为容易地理解和掌握汇编语言程序设计的思想。

(2) 内容新颖。本书电子资源中专门介绍了当前部分新型微处理器的性能，使读者能够对 8086/8088 以后微处理器技术的发展和概况有一定的了解。另外，用一定篇幅介绍了总线的概念、分类、常用系统总线标准以及多媒体技术。在存储系统部分，增加了高速缓存（Cache）、虚拟存储的基本概念和存储原理。

(3) 例题丰富，形式多样。本书以面向应用为主，在例题、接口电路等的选择上，尽量考虑与实际的工程应用相结合，插入了大量的电路连接图、结构图、时序图和详细的分析说明。

(4) Proteus 仿真应用。介绍了 EDA 工具——Proteus 仿真平台的使用和实验方法，讲述有特点和新意。第 9 章中提供的实例全部在 Proteus 8 中调试通过。

(5) 循序渐进，易于理解。考虑到本书读者主要为非计算机专业学生，在进入这门课的学习之前并不具备计算机组成和结构方面的知识，所以本书在内容次序的安排上注意由浅入深，突出重点；在文字叙述上，力求通俗易懂。

(6) 本书讲义已在同济大学汽车学院使用了十余年。十几年来，虽然微型计算机技术又有了飞速的发展，但其基本工作原理和基本体系结构依然是冯·诺依曼结构，作为介绍微型计算机工作原理的书籍，本书的大多数内容依然适用。事实上，虽然单片机在体系结构、指令集等多个方面与微型计算机都存在较大差异，但它依然可以说是计算机的"微缩版"。理解了本书所介绍的内容，将有助于读者进一步理解单片机技术、嵌入式技术等。在本书的编写中还加入了作者多年从事教学、科研的经验和体会。

本书中关于微处理器的内容，包括 Intel 公司 3 个不同时期的代表性芯片，以 8086/8088 介绍为主，限于篇幅，80386 和 Pentium 4 的介绍内容放到本书电子资源中，供感兴趣的读者下载阅读，指令系统仍然以介绍 8086 指令集为主。

通过本书的学习并结合上机实践，可使读者对微型计算机系统的组成和工作原理有初步了解，具备一定的汇编语言程序设计能力，并能够开发简单外部设备的应用控制系统。因此，本书不仅作为课堂用教材，还能对学生以后的工作有一定指导作用。

本书由张戟教授策划并任主编，由刘家栋、王建昌、陈颖编写。其中，第 1～4 章由刘家栋编写，第 5～8 章由王建昌编写，第 9 章由陈颖编写。

由于计算机技术的发展日新月异，新技术层出不穷，加之时间仓促，编著者水平有限，不当之处在所难免，敬请各位读者和专家批评指正，以便再版时及时修正。

编著者

2022 年 6 月

扫码下载本书
拓展阅读材料

目 录

CHAPTER

第 1 章

微型计算机基础概论

引言

完成微型计算机系统（简称"微机系统"）设计，首先需要了解微机系统的组成以及计算机中的信息表示方法。本章主要介绍这两方面的内容。

第一部分包括微型计算机的发展历程、微机系统的组成及各部分的主要功能。这样安排的目的是帮助读者首先建立起微机系统，特别是微型计算机硬件系统的整体概念，以便在后续章节的学习中始终能够有一个整体的结构框架。

第二部分包括计算机中的数制及编码的表示方法、它们相互间的转换、二进制数的运算、定点数和浮点数的表示等。这些都属于计算机基础知识。

教学目的

① 理解微机系统的整体结构；

② 掌握三种常用计数制、两种编码的表示方法及其相互间的转换；

③ 掌握二进制数的算术运算和逻辑运算；

④ 深入理解补码的概念及其运算。

扫码获取拓展
阅读材料

计算机的主要应用方向之一是过程控制。行业中的过程控制是指以温度、压力、流量等工艺参数作为被控变量的自动控制。这些被控变量通常是连续变化的非电物理量，但计算机只能处理离散电信号，对这类既非离散又非电信号的变量，如何进行控制呢？这需要一个很长的处理过程。

在正式学习之前，有几点需要声明：第一，关于软件设计。本书介绍汇编语言的目的并不是要求读者一定要使用汇编语言设计过程控制程序（目前更多情况下会使用 C 语言等高级语言），而是学习汇编语言更有助于对微型计算机工作原理的理解；第二，虽然书中作为案例介绍的芯片型号都显得有些"古老"，但从应用的角度，其基本功能和使用方法与今天的新型器件是类似的，掌握了基本知识，也就具备了从事相关系统设计的基础；第三，什么是单片机呢？可以简单地说，单片机是计算机系统的"微缩版"，虽然它与计算机在体系结构、指令集等多个方面都存在较大差异，但它内部包括了计算机的主要功能部件，如 CPU、内存、总线、存储器、接口等，只是这些部件的性能相对微型计算机要弱很多。

由于人们日常见到和使用最多的计算机是微型计算机，建立"微机系统"的整体概念，理解微型计算机的构成、工作原理、输入/输出控制方法等，具有更普适的意义。

1.1 微型计算机系统

本节概述微型计算机的发展历程、微型计算机的一般工作过程以及微机系统的组成 3 个方面的内容。

微型计算机的发展更替主要是指微处理器的更新换代。微处理器发展的重要基础是电子技术的发展，中间复杂的原理这里不做讨论，只简单地说明一下它们各自的特点。

事实上，微型计算机的工作原理只有在学习完本书后才能完全明白，本节只是以流程图和框图的形式简单说明微型计算机的一般工作过程。

本书讨论的对象是微型计算机的硬件系统。在进一步学习硬件各部分的详细构成和工作原理之前，先建立起整个系统的概念是必要的。1.1.3 节将通过结构框图介绍微机系统的概念结构和层次结构。

1.1.1 微型计算机的发展

世界上第一台具有现代意义的电子计算机是 1946 年美国宾夕法尼亚大学设计制造的"ENIAC"，如图 1-1 所示。ENIAC 长 30.48m、宽 6m、高 2.4m，占地面积约 170m²，30 个操作台，重达 31.8t，耗电量 150kW，造价 48 万美元。它包含了 17468 根真空管（电子管）、7200 根晶体二极管、1500 个中转、70000 个电阻器、10000 个电容器、1500 个继电器、6000 多个开关，计算速度是每秒 5000 次加法或 400 次乘法，是使用继电器运转的机电式计算机的 1000 倍、手工计算的 20 万倍。

图 1-1 世界上第一台电子计算机"ENIAC"

在随后短短的七十多年中，经历了由电子管计算机、晶体管计算机、集成电路计算机到大规模、超大规模集成电路计算机这样五代的更替，并且还在不断地向巨型化、微型化、网络化和智能化这 4 个方向发展。

计算机按照性能、价格和体积等的综合指标，可分为巨型机、大型机、中型机、小型机、微型机五大类。

微型计算机诞生于 20 世纪 70 年代，由于体积小、价格低，尤其是日益提高的性价比，使其迅速在各行各业乃至家庭中得到了广泛的应用。现在一台微型计算机的处理能力不仅早已超过了 20 世纪 50 年代初期占地上千平方英尺、重量数十吨、功耗几百千瓦的大型电子管计算机，而且大大超过了五十多年前、造价数十万美元的大型晶体管数字计算机。

微处理器是微型计算机的核心芯片，简称μP 或 MP（Micro Processor）。它将计算机中的运算器和控制器集成在一片硅上，也称为中央处理单元，即 CPU（Central Processing Unit）。它是 20 世纪 70 年代人类重要的创新之一，在五十多年的时间中获得了极快的发展，其集成度和性能几乎每过一年就会提高 1.5～2 倍。

微处理器和微型计算机的发展历史是与大规模集成电路的发展分不开的。20 世纪 60 年代初期的硅平面管工艺和二极管晶体管逻辑电路的发展，使得在 1963 年、1964 年有了小规模集成电路（Small Scale Integration，SSI）的出现，之后的金属氧化物半导体（Metal Oxide Semiconductor，MOS）工艺又使集成度提高了一大步。到 20 世纪 60 年代后期，在一片几平方毫米的硅片上，已可集成几千个晶体管，这就出现了大规模集成电路（Large Scale Integration，LSI）。LSI 器件体积小、功耗低、可靠性高，为微处理器的生产打下了很好基础。在这个微电子技术蓬勃发展的时代，摩尔指出，芯片中晶体管和电阻器的数量每年会翻番，原因是工程师可以不断缩小晶体管的体积。这就意味着，半导体的性能与容量将以指数级增长，并且这种增长趋势将继续延续下去。现代新型的集成电路已可在单个芯片上集成数亿个晶体管，工作频率超过 3GHz。在今后几年里，"摩尔定律"可能还会适用，但随着晶体管电路逐渐接近性能极限，这一定律终将走到尽头（图 1-2）。

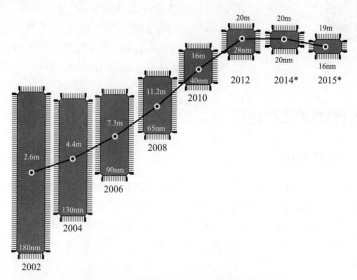

图 1-2 "摩尔定律"预测下的大规模集成电路发展

虽然集成电路技术在不断发展，但终归受物理性能的限制而存在极限。微处理器的两大生产巨头 Intel 和 AMD 发现，单纯地通过提高芯片的集成度以提升工作频率，已无法明显提升系统整体性能，性能的提高会受到多种因素的制约：处理器内部的计算速度和外部访问存储器的访问速度的差异越来越大，由于访存的限制，使得处理器的性能很难再有明显的提高；随着功率的增大，散热问题成为一个无法逾越的障碍；超标量和超流水线技术已接近了极限；开发成本也在不断提高。于是，到了 2004 年左右，尽管晶体管数目还是呈线性增加，但时钟频率和性能都已达到拐点，按照传统的提高芯片时钟频率的方式来提高系统的性能已经走到了尽头。在这个背景下，片上多核处理器（Chip of Multiprocessor，CMP）技术应运而生。

从微处理器诞生到 20 世纪末，每块处理器中都只有一个"核心"，称为单核处理器。这里的核心又称为内核，是 CPU 最重要的组成部分，由单晶硅以一定的生产工艺制造出来。CPU 所有的计算、数据处理、接收和存储命令都由核心执行。而"多核"处理器技术试图通过增加 CPU 上的核心数量来突破主频限制、提高性能。简单地说，就是将多个功能相同的计算内核集成在一个处理器中，使处理器每个时钟周期内的执行能力随着计算内核的个数增加而大幅增加，从而提高计算能力。

IBM 于 2001 年发布了第一款多核处理器 POWER4；紧接着，AMD 和 Intel 也都于 2005 年前后推出了自己的首款多核处理器芯片 AMD Opteron 和 Core Duo。经过十几年时间的发展，如今市场上已经有大量多核处理器芯片可供选择，如 Intel ICE LAKE、Intel Xeon Phi、AMD Cortex-A9、Nvidia GPGPU 等。由于目前对于多核处理器的设计还没有完全统一的标准，因此各大厂商多核处理器的设计目标也会有所不同：Intel 仍然以强化单个处理器核的计算性能和效率为目标，主要关注高性能计算领域，设计复杂的处理器核以最大化单线程的性能，其产品迭代如图 1-3 所示；AMD 主要注重整个多核处理器系统的任务吞吐量，简化了单个处理器核的设计结构，融入了更多的处理器核并强化外围部件的结构设计；ARM 的设计目标则是低功耗、高性能和低成本，主要关注嵌入式系统和移动通信领域；Nvidia 则是以最大化芯片吞吐量为设计目标，最大程度地提高可集成处理器核的数量；IBM 则专注于高性能服务器市场，最大程度地挖掘所有可用资源，提高系统整体的运行效率，如 IBM Power 7 +最高主频达到了 5.5GHz，末级 Cache 容量也达到了 80MB。

图 1-3 Intel 多核处理器产品迭代

1.1.2 微型计算机的工作过程

1.1.2.1 冯·诺依曼计算机

计算机的工作过程就是执行程序的过程，而程序则是指令序列的集合。那么，什么是指令呢？其实，指令可以说就是人向计算机发出的、能够被计算机所识别的命令。不同型号的计算机（准确地说应是处理器）识别"命令"的能力不同，即其能够执行的指令不同。人们将计算机所能够识别的所有指令的集合称为该机的指令系统。本书的第 3 章将详细介绍 Intel 80×86 CPU 的指令系统。

当人们要利用计算机完成某项工作，例如，要解算一道数学题时，需要先把题目的解算方法分解成计算机能够识别并能执行的基本操作命令。这些基本操作命令按一定顺序排列起来，就组成了程序，其中每一条基本操作命令称为一条机器指令，指示计算机执行规定的操作。

因此，程序是实现既定任务的指令序列，计算机按照程序安排的顺序执行指令，就可完成解题任务。

每台计算机都拥有各种类型的机器指令，这些指令按照一定的规则存放在存储器中，在中央控制系统的统一控制下，按一定顺序依次取出执行，这就是冯·诺依曼计算机的核心原理，即存储程序的工作原理。存储程序的概念是指把程序和数据送到具有记忆功能的存储器中保存起来，计算机工作时只要给出程序中第一条指令的地址，控制器就可依据存储程序中的指令顺序地、周而复始地取出指令、分析指令、执行指令，直到执行完全部指令为止。

冯·诺依曼计算机的主要特点如下：

① 将计算过程描述为由许多条指令按一定顺序组成的程序，并放入存储器保存。

② 程序中的指令和数据必须采用二进制编码，且能够被执行该程序的计算机所识别。

③ 指令按其在存储器中存放的顺序执行，存储器的字长固定并按顺序线性编址。

④ 由控制器控制整个程序和数据的存取以及程序的执行。

⑤ 以运算器为核心，所有的执行都经过运算器。

多年来，尽管计算机体系结构发生了重大变化、性能不断改进提高，但从本质上讲，存储程序控制仍是现代计算机的结构基础。图 1-4 是典型的冯·诺依曼计算机结构示意图，其各部分的职责和功能将在本书后续章节中详细介绍。

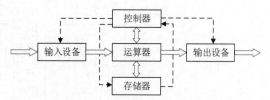

图 1-4 冯·诺依曼计算机结构示意图

1.1.2.2 微型计算机的工作过程

如上所述，微型计算机的工作过程就是执行程序的过程，也就是逐条执行指令序列的过程。由于每一条指令的执行都包括取指令和执行指令两个基本阶段，所以微型计算机的工作过程也就是不断地取指令和执行指令的过程。图 1-5 是执行这个过程的示意图。

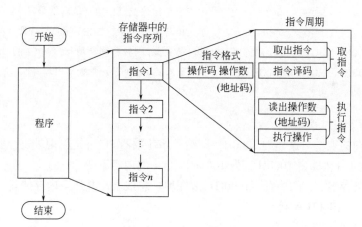

图 1-5 程序执行过程示意图

假定程序已由输入设备存放到内存中，当计算机要从停机状态进入运行状态时：

① 首先将第一条指令由内存中取出；

② 将取出的指令送到指令译码器译码，以确定要进行的操作；

③ 读取相应的操作数（即执行的对象）；

④ 执行指令；

⑤ 存放执行结果；

⑥ 一条指令执行完后，转入了下一条指令的取指令阶段，如此周而复始地循环，直到程序中遇到暂停指令方才结束。

取指令阶段都是由一系列相同的操作组成的，所以取指令阶段的事件总是相同的，称为公共操作。而执行阶段则由不同的事件顺序组成，它取决于被执行指令的类型。因此，指令不同，执行阶段所花费的时间也各不相同。

图 1-6 是一个简单实例中读取第一条指令的工作过程示意图。

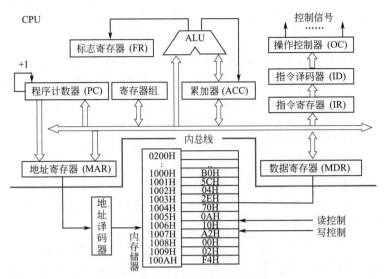

图1-6 读取第1条指令操作码的过程

编写一段条件转移的程序,其机器码和助记符程序如下:

机器码	助记符	
B0H 5CH	MOV A,5CH	;第1个操作数(5CH)送到累加器
04H 2EH	ADD A,2EH	;5CH与第2个数(2EH)相加,结果(8A)送到累加器
70H 0AH 10H	JO 100AH	;如果溢出,则转移到新地址(100AH)继续运行
A2H 00H 02H	MOV (0200H),A	;如果未溢出,则将A累加器内容写入0200H单元
F4H	HTL	;停机

取第一条指令的过程如下:

① 指令所在的地址(这里为1000H)赋给程序计数器PC并送到地址寄存器AR。

② PC自动加1(即由1000H变为1001H),AR的内容不变。

③ 将地址寄存器AR的内容(1000H)放在地址总线上,并送至内存储器,经地址译码器译码,选中相应的1000H单元。

④ CPU的控制器发出读命令。

⑤ 在读命令控制下,将所选中的1000H单元中的内容即第1条指令的操作码B0H读到数据总线DB。

⑥ 将读出的内容B0H经数据总线送到数据寄存器DR。

⑦ 取指令阶段的最后一步是指令译码。因为取出的是指令的操作码,故数据寄存器DR将它送到指令寄存器IR,然后再送到指令译码器ID。

如此,就完成了第1条指令的读取。第2条以及后续指令的读取过程与第1条指令是一样的,只是每次译码后指令译码器ID中的内容不同(因为指令不同)。

1.1.3 微机系统的组成

微型计算机是体积、重量、计算能力都相对比较小的一类计算机的总称,一般供个人使用,所以也称为个人计算机(Personal Computer,PC)。

人们通常所说的微型机实际上指的是微机系统。微机系统、微型机和微处理器是 3 个不同的概念，是微型计算机从全局到局部的 3 个不同的层次。微机系统的概念结构如图 1-7 所示，它由硬件系统和软件系统两大部分组成。

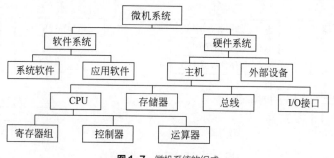

图 1-7　微机系统的组成

对于硬件系统，目前的各种微型计算机，无论是单片机还是个人计算机系统，从概念结构上来说都是由微处理器、存储器及输入/输出接口等几个部分组成。在具体实现上，这些组成部分往往又合并或分解为若干个功能模块，分别由不同的部件予以实现。各组成部分之间通过总线连接，总线是部件之间信息传递的公共通道。所以通常也将总线系统作为硬件主机系统的一个独立部件。

所有的微机系统都采用了总线结构形式。总线结构的主要优点是设计简单、灵活性好、具有优良的可扩展性、便于故障检测和维修。图 1-8 为微型计算机的系统结构框图。图中 AB 表示地址总线（Address Bus），用于传送读/写存储器（RAM 或 ROM）或读/写输入/输出接口（I/O 接口）的地址信息；DB 表示数据总线（Data Bus），用于传送操作的数据；CB 表示控制总线（Control Bus），用于传送控制信息。

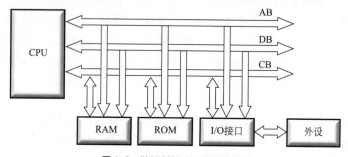

图 1-8　微型计算机的系统结构框图

1.1.3.1　硬件系统

（1）微处理器（或中央处理器、CPU）

CPU 是微型计算机的核心芯片，是整个系统的运算和指挥控制中心。不同型号的微型计算机，其性能的差别首先在于其 CPU 性能的不同，而 CPU 性能又与它的内部结构有关。无论哪种 CPU，其内部基本组成都大同小异，即包括控制器、运算器和寄存器组 3 个主要部分。CPU 的典型结构如图 1-9 所示。

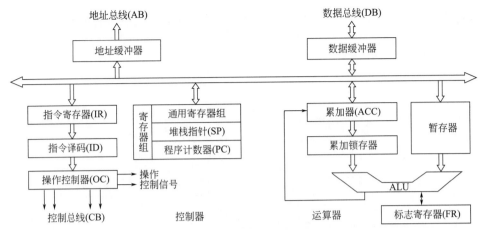

图1-9 CPU 的典型结构示意图

① 运算器：运算器的核心部件是算术逻辑单元（Arithmetic and Logic Unit，ALU），它是以加法器为基础，辅之以移位寄存器及相应控制逻辑组合而成的电路，在控制信号的作用下可完成加、减、乘、除四则运算和各种逻辑运算。现代新型 CPU 的运算器还可完成各种浮点运算。

② 控制器：一般由指令寄存器、指令译码器和操作控制电路组成。控制器是整个 CPU 的指挥控制中心，对协调整个微型计算机有序工作极为重要。它从存储器中依次取出程序的各条指令，并根据指令的要求，向微机的各个部件发出相应的控制信号，使各部件协调工作，从而实现对整个微机系统的控制。

③ 寄存器组：实质上是 CPU 内部的若干个存储单元，在汇编语言中通常是按名字来访问它们。寄存器可分为专用寄存器和通用寄存器。专用寄存器的作用是固定的，如堆栈指针、程序计数器、标志寄存器等。而通用寄存器则可由程序员规定其用途。通用寄存器的数目因 CPU 而异，如 8088/8086 CPU 中就有 8 个 16 位通用寄存器可供程序员使用。由于有了这些寄存器，在需要重复使用某些操作数或中间结果时，就可将它们暂时存放在寄存器中，避免对存储器的频繁访问，从而缩短指令长度和指令执行时间，同时也给编程带来很大的方便。

除了上述两类程序员可用的寄存器外，微处理器中还有一些不能直接为程序员所用的寄存器，如累加锁存器、暂存器和指令寄存器等，它们仅受内部定时与控制逻辑的控制。

有关微处理器的具体结构和工作原理将在本书第 2 章做进一步讨论。

(2) 存储器

主机系统中的存储器（Memory）又叫内存或主存，是微型计算机的存储和记忆部件，用以存放数据（包括原始数据、中间结果和最终结果）和当前执行的程序。微型计算机的内存均由半导体材料制成，故也称半导体存储器。

① 内存单元的地址和内容。内存由许多单元组成，每个单元可存放一组二进制码。在微型计算机中，每个内存单元规定存放 8 位二进制数，即一个字节（8b）。一台微机中内存单元的总数称为该微机的内存容量，单位为字节。例如，一台微机拥有 4×2^{20} 个内存单元，就称该微机的内存容量为 4MB。为了区分各个不同的内存单元，需要给每个存储单元编上不同的号码，这个编号称为内存地址。内存地址编号从 0 开始顺序编排。例如，8088/ 8086 CPU 的内存地址编码为 00000H、00001H、…、FFFFFH[❶]，共 2^{20} 个存储单元。因为每个存储单元都有一个唯一的地址，所以 CPU 要访问某个内存单元时，就可以通过指定该内存单元的地址来正确地访问它。

---

❶ 这里的"H"是十六进制数的标识符，而下面的"B"则是二进制数的标识符。

内存单元中存放的信息称为内存单元的内容，虽然内存单元的内容与内存单元的地址在表现形式上都是二进制数，但本质上它们是两个完全不同的概念。图 1-10 给出了这两个概念的示意图。图中，地址为 F0000H 的存储单元中存放的内容为 00111110B（或 3EH），记为（F0000H）= 3EH。

② 内存的操作。CPU 对内存的操作有读、写两种。读操作是 CPU 将内存单元的内容取到 CPU 内部，而写操作是 CPU 将其内部信息传送到内存单元保存起来。显然，写操作的结果改变了被写单元的内容，而读操作则不改变被读单元的内容。

现假定存储器由 256 个单元组成，地址为 00H～FFH，每个单元存储 8 位二进制信息，即字长为 8 位，其结构简图如图 1-10 所示。这种规格的存储器通常称为容量为 256 字节的读写存储器。

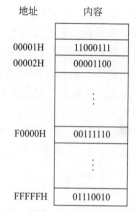

图 1-10　内存单元的地址和内容

从存储器读出信息的操作过程如图 1-11（a）所示。CPU 读出地址为 04H 内存单元中的内容的过程如下：

a. CPU 把地址 04H 放到地址总线上，经地址译码器选中 04H 单元。

b. CPU 发出"读"控制信号。

c. 读出存储器 04H 号单元中的内容 97H（10010111B）并送到数据总线上。

应当指出，读操作完成后，04H 单元中的内容 97H 仍保持不变，这种特点称为非破坏性读出（Non Destructive Read Out）。这一特点很重要，因为它允许多次从某个存储单元读出同一备份。

向存储器写入信息的操作过程如图 1-11（b）所示。假定 CPU 要把数据 00100110B（26H）写入地址为 08H 的存储单元，则步骤如下：

a. CPU 将存储单元地址 08H 放到地址总线上，经地址译码器选中 08H 单元。

b. CPU 将要写入的内容 26H 放到数据总线上。

c. CPU 向存储器发送"写"控制信号，在该信号的控制下，将数据 26H 写入存储器的 08H 单元。

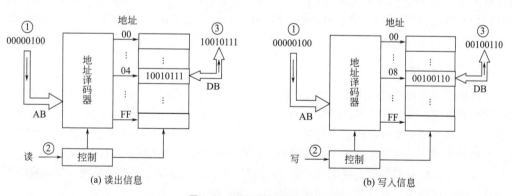

图 1-11　存储器读写操作示意图

应当注意，写操作将破坏该单元原存的内容，即由新内容 26H 代替了原存内容，原存内容将被清除。

上述类型的存储器称为随机存取存储器，既可以读出也可以写入信息。

③ 内存的分类。按工作方式不同，内存可分为两大类：随机存取存储器（Random Access Memory，RAM）和只读存储器（Read Only Memory，ROM）。

RAM 可以被 CPU 随机地读和写，所以又称为读写存储器。这种存储器用于存放用户装入的程序、数据及部分系统信息。当机器断电后，所存信息消失。

ROM 中的信息只能被 CPU 随机读取，而不能由 CPU 任意写入。机器断电后，信息并不丢失。所以，这种存储器主要用来存放监控程序和基本输入/输出程序，还可用来存放各种常用数据和表格等。ROM 中的内容一般是由生产厂家或用户使用专用设备写入固化的。

有关存储器的详细内容见本书第 5 章。

（3）输入/输出接口和输入/输出设备

输入/输出（I/O）设备和输入/输出接口是输入/输出系统的硬件组成，而 I/O 系统是微型计算机系统的重要组成部分。I/O 设备中，常用的输入设备有键盘、鼠标器、扫描仪等；常用的输出设备有显示器、打印机、绘图仪等。磁带、磁盘等既是输入设备，又是输出设备。I/O 设备的种类繁多，结构、原理各异，有机械式、电子式、电磁式等。与 CPU 相比，I/O 设备的工作速度较低，处理的信息从数据格式到逻辑时序一般都不可能与计算机直接兼容。因此，微机与 I/O 设备间的连接及信息交换不能直接进行，而必须通过一个中间部件作为两者之间的桥梁，该部件就叫作输入/输出接口（I/O 接口）。I/O 接口有时又称为 I/O 适配器（I/O Adaptor）。有关输入/输出系统，特别是输入/输出接口的概念和应用将在本书第 6 章中详细介绍。

（4）总线

总线（Bus）由一组导线和相关控制电路组成，是各种公共信号线的集合，用于微机系统各部件之间的信息传递。通常将用于主机系统内部信息传递的总线称为内部总线，将连接主机和外部设备的总线称为外部总线。从传送信息的类型上，这两类总线都包括用于传送数据的数据总线、传送地址信息的地址总线和传送控制信息的控制总线。

① 数据总线（Data Bus，DB）。数据总线用来传输数据信息，是双向总线，CPU 既可通过 DB 从内存或输入设备输入数据，也可通过 DB 将内部数据送至内存或输出设备。

② 地址总线（Address Bus，AB）。地址总线用来传送 CPU 发出的地址信息，是单向总线。传送地址信息的目的是指明与 CPU 交换信息的内存单元或 I/O 设备。

③ 控制总线（Control Bus，CB）。控制总线用来传送控制信号、时序信号和状态信息等。其中有的是 CPU 向内存和外设发出的信息，有的则是内存或外设向 CPU 发出的信息。可见，CB 中每一根线的方向是一定的、单向的，但 CB 作为一个整体是双向的。所以在各种结构图中凡涉及 CB，均以双向线表示。对总线系统的进一步了解可参见本书第 2 章。

1.1.3.2 软件系统

软件包括系统软件和应用软件两大类。应用软件是用户为解决各种实际问题（如数学计算、检测与实时控制、音乐播放等）而编制的程序。系统软件主要包括操作系统（OS）和系统实用程序。操作系统是一套复杂的系统程序，用于管理计算机的硬件与软件资源、进行任务调度、提供文件管理系统、人机接口等。操作系统还包含各种 I/O 设备的驱动程序。

系统实用程序包括各种高级语言的翻译/编译程序、汇编程序、数据库系统、文本编辑程序以及诊断和调试程序，此外还包括许多系统工具程序等。

计算机中的程序设计语言分为 3 个级别，第一级是机器语言，第二级是汇编语言，第三级是高级语言。机器语言程序是计算机能理解和直接执行的二进制形式的程序。汇编语言程序是用助记符语言表示的程序，计算机不能直接"识别"，需经过"汇编程序"的翻译把它转换为机器语言方能执行。机器语言指令与汇编语言指令基本上一一对应，都是与硬件密切相关的。而高级语言是不依赖于具体机型的程序设计语言，由它所编写的程序需经过编译程序或解释程序的翻译方能执行。

　　文本编辑程序是供输入或修改文本（字母、数字和标点等组成的一组字符或代码序列）用的程序，它可用来输入、编辑源程序，当然也可编辑文章。在编写程序时，还可能需要另外 3 种系统程序：系统程序库、连接程序与装入程序。

　　一般操作系统都有一个通用的系统程序库，用户还可以建立自己的程序库（一组子程序）。程序库中的子程序可附在任何系统程序或用户程序上以供调用。把待执行的程序与程序库及其他已翻译好的程序连接起来成为一个整体的准备程序称为连接程序。另一种准备程序是用来把待执行的程序加载到内存中，称为装入程序。有时，连接与装入功能可合成为一个程序。

　　应当指出，硬件系统和软件系统是相辅相成的，共同构成微型计算机系统，缺一不可。现代的计算机硬件系统和软件系统之间的分界线并不是绝对的，总的趋势是两者统一融合，在发展上互相促进。

　　由于本书的宗旨是讨论有关计算机硬件技术方面的知识，对软件系统仅做简单介绍。现代计算机的程序设计中，多以高级语言进行，但高级语言程序与具体的硬件系统无关。为了真正理解微型计算机的工作过程，书中的程序设计均以汇编语言为主，基本不涉及高级语言。汇编语言的程序设计将在本书第 5 章中讨论。

1.2　计算机中的数制及编码

　　在日常生活中，人们习惯于使用十进制数来进行计数和计算。但现代数字计算机主要是由开关元件构成的，故只能识别由 0 和 1 构成的二进制代码，也就是说，计算机中的数是用二进制表示的。但用二进制数表示一个较大的数时，既冗长又难以记忆，为了阅读和书写方便，或适应某些特殊场合的需要，在计算机中有时也采用十六进制数和十进制数。所以，在学习计算机原理之前，首先需要了解和掌握这 3 种常用计数制及其相互间的转换。

1.2.1　常用计数制

　　（1）十进制数

　　十进制数共有 0～9 十个数字符号，用符号 D 标识，无论数的大小，都可用这 10 个符号的组合来表示。一个任意十进制数都可用权展开式表示为

$$(D)_{10} = D_{n-1} \times 10^{n-1} + D_{n-2} \times 10^{n-2} + \cdots + D_1 \times 10^1 + D_0 \times 10^0$$
$$+ D_{-1} \times 10^{-1} + \cdots + D_{-m} \times 10^{-m} = \sum_{i=-m}^{n-1} D_i \times 10^i \tag{1.1}$$

　　式中，D_i 是 D 的第 i 位的数码，可以是 0～9 十个符号中的任何一个；n 和 m 为正整数，n 表示小数点左边的位数，m 表示小数点右边的位数；10 为基数，10^i 称为十进制的权。

　　【例 1-1】　十进制数 3256. 87 可表示为

$$(3256.87)_{10} = 3 \times 10^3 + 2 \times 10^2 + 5 \times 10^1 + 6 \times 10^0 + 8 \times 10^{-1} + 7 \times 10^{-2}$$

　　（2）二进制数

　　二进制数的每一位只取 0 和 1 两个数字符号，用符号 B 标识，遵循"逢二进一"的法则。一个二进制数 B 可用其权展开式表示为

$$(B)_2 = B_{n-1} \times 2^{n-1} + B_{n-2} \times 2^{n-2} + \cdots + B_1 \times 2^1 + B_0 \times 2^0$$
$$+ B_{-1} \times 2^{-1} + \cdots + B_{-m} \times 2^{-m} = \sum_{i=-m}^{n-1} B_i \times 2^i \tag{1.2}$$

式中，B_i 只能取 1 或 0；2 为基数，2^i 为二进制的权；m、n 的含义与十进制表达式相同。为与其他进位计数制相区别，一个二进制数通常用下标 2 表示。

【**例 1-2**】　二进制数 1010.11 可表示为

$$(1010.11)_2 = 1 \times 2^3 + 0 \times 2^2 + 1 \times 2^1 + 0 \times 2^0 + 1 \times 2^{-1} + 1 \times 2^{-2}$$

（3）十六进制数

十六进制数共有 16 个数字符号，即 0～9 及 A～F，用符号 H 标识，其计数规律为"逢十六进一"。一个十六进制数 H 也可用权展开式表示为

$$(H)_{16} = H_{n-1} \times 16^{n-1} + H_{n-2} \times 16^{n-2} + \cdots + H_1 \times 16^1 + H_0 \times 16^0$$
$$+ H_{-1} \times 16^{-1} + \cdots + H_{-m} \times 16^{-m} = \sum_{i=-m}^{n-1} H_i \times 16^i \tag{1.3}$$

式中，H_i 的取值在 0～F 的范围内，16 为基，16^i 为十六进制数的权；m、n 的含义与上面相同。十六进制数也可用下标 16 表示。

【**例 1-3**】　十六进制数 3AF.2 可表示为

$$(3AF.2)_{16} = 3 \times 16^2 + A \times 16^1 + F \times 16^0 + 2 \times 16^{-1}$$

二进制数与十六进制数之间存在有一种特殊关系，即 $2^4 = 16$，也就是说 1 位十六进制数恰好可用 4 位二进制数来表示，且它们之间的关系是唯一的。所以，在计算机应用中，虽然机器只能识别二进制数，但在数字的表达上更广泛地采用十六进制数。

计算机中常用的二进制数、十六进制数和十进制数之间的关系如表 1-1 所示。

表 1-1　数制对照表

十进制数	二进制数	十六进制数	十进制数	二进制数	十六进制数
0	0000	0	8	1000	8
1	0001	1	9	1001	9
2	0010	2	10	1010	A
3	0011	3	11	1011	B
4	0100	4	12	1100	C
5	0101	5	13	1101	D
6	0110	6	14	1110	E
7	0111	7	15	1111	F

（4）其他进制数

除以上介绍的二、十和十六进制 3 种常用的进位计数制外，计算机中还可能用到八进制数，有兴趣的读者可自行将其记数及表达方法进行归纳，这里就不再详细介绍了。下面给出任一进位制数的权展开式的一般形式。

一般地，对任意一个 k 进制数 S，都可用权展开式表示为

$$
\begin{aligned}
(S)_k &= S_{n-1} \times k^{n-1} + S_{n-2} \times k^{n-2} + \cdots + S_1 \times k^1 + S_0 \times k^0 \\
&\quad + S_{-1} \times k^{-1} + \cdots + S_{-m} \times k^{-m} = \sum_{i=-m}^{n-1} S_i \times k^i
\end{aligned}
\tag{1.4}
$$

式中，S_i 是 S 的第 i 位的数码，可以是所选定的 k 个符号中的任何一个；n 和 m 的含义同上，k 为基数，k^i 称为 k 进制数的权。

除了用基数作为下标来表示数的进制外，通常在不同进制数的后面加上其标识字母 B、H、D 等来分别表示二进制数、十六进制数和十进制数，如 11000101B、2C0FH、1300D 等。在不至于混淆时，十进制数后面的 D 可以省略。

1.2.2 各种数制之间的转换

人们习惯的是十进制数，计算机采用的是二进制数，编写程序时为方便起见又多采用十六进制数，因此必然会产生在不同计数制之间进行转换的问题。

1.2.2.1 非十进制数到十进制数的转换

非十进制数转换为十进制数的方法比较简单，只要将它们按相应的权表达式展开，再按十进制运算规则求和，即可得到它们对应的十进制数。

【例 1-4】 将二进制数 1101101.0101 转换为十进制数。

解： 根据二进制数的权展开式，有

$$
\begin{aligned}
(1101101.0101)_2 &= 1 \times 2^6 + 1 \times 2^5 + 0 \times 2^4 + 1 \times 2^3 + 1 \times 2^2 + 0 \times 2^1 + 1 \times 2^0 \\
&\quad + 0 \times 2^{-1} + 1 \times 2^{-2} + 0 \times 2^{-3} + 1 \times 2^{-4} \\
&= (109.3125)_{10}
\end{aligned}
$$

【例 1-5】 将十六进制数 3AF.2A 转换为十进制数。

解： 根据十六进制数的权展开式，有

$$
\begin{aligned}
(3AF.2A)_{16} &= 3 \times 16^2 + 10 \times 16^1 + 15 \times 16^0 + 2 \times 16^{-1} + 10 \times 16^{-2} \\
&= (943.1640625)_{10}
\end{aligned}
$$

1.2.2.2 十进制数转换为非十进制数

（1）十进制数转换为二进制数

十进制数整数和小数部分应分别进行转换。整数部分转换为二进制数时采用"除 2 取余"的方法，即连续除 2 并取余数作为结果，直至商为 0，得到的余数从低位到高位依次排列即得到转换后二进制数的整数部分；对小数部分，则用"乘 2 取整"的方法，即对小数部分连续用 2 乘，以最先得到的乘积的整数部分为最高位，直至达到所要求的精度或小数部分为 0 为止（可以看出，转换的结果的整数和小数部分是从小数点开始分别向高位和低位逐步扩展）。

【例 1-6】 将十进制数 112.25 转换为等值的二进制数。

解：

整数部分	小数部分
112/2 = 56......余数 = 0（最低位）	0.25×2 = 0.5......整数 = 0（最高位）
56/2 = 28......余数 = 0	0.5×2 = 1.0......整数 = 1
28/2 = 14......余数 = 0	
14/2 = 7......余数 = 0	
7/2 = 3......余数 = 1	
3/2 = 1......余数 = 1	
1/2 = 0......余数 = 1	

从而得到转换结果 $(112.25)_{10} = (1110000.01)_2$。

（2）十进制数转换为十六进制数

与十进制数转换为二进制数的方法类似，整数部分按"除 16 取余"的方法进行，小数部分则"乘 16 取整"。

【例 1-7】 将十进制数 301.6875 转换为等值的十六进制数。

解：

整数部分	小数部分
301/16 = 18......余数 = D	0.6875×16 = 11.0000......整数 = $(11)_{10} = (B)_{16}$
18/16 = 1......余数 = 2	
1/16 = 0......余数 = 1	

所以有 $(301.6875)_{10} = (12D.B)_{16}$。

也可将十进制数先转换为二进制数，再转换为十六进制数，在下面将会看到后者的转换是非常方便的。

1.2.2.3 二进制数与十六进制数之间的转换

由于 $2^4=16$，故 1 位十六进制数能够表示的数值恰好相当于 4 位二进制数能够表示的数值，这就使十六进制数与二进制数之间的转换变得非常容易。

将二进制数转换为十六进制数的方法是：从小数点开始分别向左和向右把整数和小数部分每 4 位分为一组。若整数最高位的一组不足 4 位，则在其左边补零；若小数最低位的一组不足 4 位，则在其右边补零。然后将每组二进制数用对应的十六进制数代替，则得到转换结果。

【例 1-8】 将二进制数 110100110.101101B 转换为十六进制数。

解：

二进制数	0001	1010	0110.	1011	0100
	↓	↓	↓	↓	↓
十六进制数	1	A	6.	B	4

所以有 $(110100110.101101)_2 = (1A6.B4)_{16}$。

十六进制数转换为二进制数的方法与上述过程相反，即用 4 位二进制代码取代对应的 1 位十六进制数。

【例 1-9】 将十六进制数 2A8F.6DH 转换为二进制数。

解：

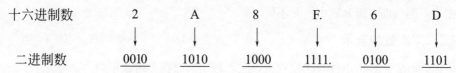

所以，2A8F. 6DH=0010101010001111. 01101101B。

1.2.3　计算机中的二进制数表示

在计算机中，用于表示数量大小的数据称为数值数据。讨论数值数据时常涉及两个概念：表数范围和表数精度。表数范围是指一种类型的数据所能表示的最大值和最小值；对表数精度，通常用实数值能给出的有效数字的位数表示。在计算机中，表数范围和表数精度的大小与用多少个二进制位表示某类数据及怎样对某些位编码有关。

1.2.3.1　定点小数的表示

定点小数是指小数点准确固定在数据某个位置上的小数。为方便起见，通常都把小数点固定在最高数据位的左边，称为纯小数。如果考虑数的符号，小数点的前边可以再设符号位。据此，任意一个小数都可写为

$$N = N_s.N_{-1}N_{-2}\cdots N_{-(m-1)}N_{-m}$$

若用 $m+1$ 个二进制位表示上述小数，则可以用最高（最左）位表示该数的符号（假设用 0 表示正，用 1 表示负），如上式中后边的 m 位表示小数的数值部分。由于规定了小数点放在数值部分的最左边，所以小数点不需明确表示出来。

定点小数的表数范围很小，对于用 $n+1$ 个二进制位表示的小数，其表数范围为

$$|N| \leq 1-2^{-m}$$

采用这种表示法，用户在算题时，需要先将参加运算的数通过一个合适的"比例因子"转化为绝对值小于 1 的纯小数，并保证运算的中间结果和最终结果的绝对值也都小于 1，在输出真正结果时，再按相应比例将结果扩大。

定点小数表示法主要用在早期计算机中，它比较节省硬件。随着硬件成本的大幅降低，现代通用计算机都能够处理包括定点小数在内的多种类型的数值了。

1.2.3.2　整数的表示

整数所表示的数据的最小单位为 1，可以认为它是小数点定在数据的最低位右边的一种数据。与定点小数类似，如果要考虑数的符号，整数的符号位也在最高位，任意一个带符号的整数都可表示为

$$N = N_s N_{n-1}\cdots N_1 N_0$$

式中，N_s 表示符号，后边的 n 位表示数值部分。对于这种用 $n+1$ 个二进制位表示的带符号的二进制数，其表数范围为

$$|N| \leq 2^n -1$$

若不考虑数的符号，即所有的 $n+1$ 个二进制位都是有效数字，此时最高位 N_s 的权值为 2^n，则表数范围等于

$$0 \leq |N| \leq 2^{n+1} -1$$

在计算机系统中，通常可用几种不同的二进制位数表示一个整数，如 8 位、16 位、32 位、

64 位等，这些位数也称为字长。不同字长的整数所占用的存储器空间不同，其能够表达的数值的范围也不同（即上面公式中的 n 不同）。

1.2.3.3 浮点数的表示

所谓浮点数，是指小数点的位置可以左右移动的数据，可表示为

$$N = \pm R^E \times M$$

式中，M（Mantissa）为浮点数的尾数，或称有效数字，通常是纯小数；R（Radix）为阶码的基数，表示阶码采用的数制，计算机中一般规定 R 为 2、8 或 16，是一个常数，与尾数的基数相同，例如尾数为二进制，则 R 也为 2，同一种机器的 R 值是固定不变的，所以不需在浮点数中明确表示出来，而是隐含约定的，因此计算机中的浮点数只需表示出阶码和尾数部分；E（Exponent）为阶码，即是指数值，为带符号整数。

除此之外，浮点数的表示中还有 E_s 和 M_s 两个符号。

E_s：阶符，表示阶码的符号，即指数的符号，决定浮点数范围的大小。

M_s：尾符，尾数的符号位，安排在最高位。它也是整个浮点数的符号位，表示该浮点数的正负。

在计算机系统中，典型的浮点数格式如图 1-12 所示。

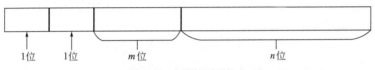

图 1-12 典型的浮点数格式

从浮点数的定义知，如果不作明确规定，同一个浮点数的表示将不是唯一的。例如，0.5 可以表示为 0.05×10^1、50×10^{-2} 等。为了便于浮点数之间的运算和比较，也为了提高数据的表示精度，规定计算机内浮点数的尾数部分用纯小数表示，即小数点右边第 1 位不为 0，称为规格化浮点数。对不满足要求的数，可通过修改阶码并同时左右移动小数点位置的方法使其变为规格化浮点数，这个过程也称为浮点数的规格化。

浮点数的表数范围主要由阶码决定，精度则主要由尾数决定。

1.2.4 二进制编码

计算机能够直接识别和处理的只有二进制数，但人们在生活、学习和工作中则更习惯于用十进制数，所以在某些情况下也希望计算机能直接处理十进制形式表示的数据。此外，现代计算机不仅要处理数值领域的问题，还需要处理大量非数值领域的问题，如文字处理、信息发布、数据库系统等，这就要求计算机还应能够识别和处理文字、字符和各种符号，如：

数字——0、1、…、9；

字母——26 个大小写的英文字母，A、B、…、Z、a、b、…、z；

专用符号——+、-、*、/、? 、$、%、"；

控制字符——CR（回车）、LF（换行）、BEL（响铃）、…。

所有这些字符、符号以及十进制数最终都必须转换为二进制格式的代码才能为计算机处理，即字符和十进制数都必须用若干位二进制码来表示，这就是信息和数据的二进制编码。

1.2.4.1　二进制编码的十进制数

用二进制编码表示的十进制数，称为二-十进制（Binary Coded Decimal，BCD）码，它的特点是保留了十进制的权，而数字则用 0 和 1 的组合编码来表示。用二进制码表示十进制数，至少需要的二进制位数为 $\log_2 10$，取整数等于 4，即至少需要 4 位二进制码才能表示 1 位十进制数。4 位二进制码有 16 种组合，而十进制数只有 10 个符号，选择哪 10 个符号来表示十进制的 0～9 有多种可行方案，下面只介绍最常用的一种 BCD 码，即 8421 码。

（1）8421 码

8421 BCD 码（以下简称"BCD 码"）用 4 位二进制编码表示 1 位十进制数，其 4 位二进制编码的每一位都有特定的权值，从左至右分别为 $2^3 = 8$、$2^2 = 4$、$2^1 = 2$、$2^0 = 1$，故称其为 8421 码。

需要注意的是，BCD 码表示的是十进制数，只有 0～9 这 10 个有效数字，4 位二进制码的其余 6 种组合（1010～1111）是有效的十六进制数，但对 BCD 码是非法的。表 1-2 给出了 BCD 码与十进制数的对应关系。

表 1-2　BCD 码与十进制数的对应关系

十进制数	8421 码	十进制数	8421 码
0	0000	5	0101
1	0001	6	0110
2	0010	7	0111
3	0011	8	1000
4	0100	9	1001

BCD 码的计数规律与十进制数相同，即"逢十进一"。在书写上，每一个 4 位写在一起，以表示十进制的 1 位，结尾处加标记符 BCD，如 $(0011\ 0100)_{BCD}$ 表示十进制数 34。

（2）BCD 码与十进制数、二进制数的转换

一个十进制数用 BCD 码来表示是非常简单的，只要对十进制数的每一位按表 1-2 的对应关系单独进行转换即可。

【例 1-10】　试把十进制数 234.15 写成 BCD 码的表示形式。

解：将 234.15 的每一位用对应的 BCD 码表示，可得

$$(234.15)_{10} = (0010\ 0011\ 0100.\ 0001\ 0101)_{BCD}$$

同样，也能够很容易地由 BCD 码得出其对应的十进制数。如 BCD 码 0110 0011 1001 1000. 0101 0010 对应的十进制数为 6398.52。

BCD 码与二进制数之间的转换要稍微麻烦一些，一般需要先转换为十进制数。

【例 1-11】　将 BCD 码 $(0001\ 0001.\ 0010\ 0101)_{BCD}$ 转换为二进制数。

解：

$$(0001\ 0001.\ 0010\ 0101)_{BCD} = (11.25)_{10}$$
$$(11.25)_{10} = (1011.01)_2$$

所以，$(0001\ 0001.\ 0010\ 0101)_{BCD} = (1011.01)_2$。

【例 1-12】　将二进制数 01000111 转换为 BCD 码。

解：

$$(1011.01)_2 = (71)_{10} = (0111\ 0001)_{BCD}$$

(3) 计算机中 BCD 码的存储方式

计算机的存储单元通常以字节（8 个二进制位）为最小单元，很多操作也是以字节为单位进行的，在一个字节中如何存放 BCD 码有两种方式，即压缩的 BCD 码和非压缩的 BCD 码。

在一个字节中存放两个 4 位的 BCD 码，这种方式称为压缩 BCD 码表示法。采用压缩 BCD 码表示十进制数时，一个字节就表示两位十进制数，如 10010010B 表示十进制数 92。

非压缩的 BCD 码（又称扩展 BCD 码）表示法是每个字节只存放一个 BCD 码，即低 4 位为有效 BCD 数，高 4 位全为 0。例如，同样是十进制数 92，用非压缩 BCD 码就表示为 00001001 00000010。

1.2.4.2 字符的编码

各种字符和符号也必须按特定的规则用二进制编码才能在机器中表示。目前在微型计算机中普遍采用的字符编码系统是 ASCII 码（American Standard Code for Information Interchange，美国国家标准信息交换码）。ASCII 字符编码如表 1-3 所示，它用 7 位二进制编码来表示 128 个字符和符号。

表 1-3　ASCII 码

行 \\ 列		0	1	2	3	4	5	6	7
低位 \\ 高位		000	001	010	011	100	101	110	111
0	0000	NUL	DLE	SP	0	@	P	`	P
1	0001	SOH	DC1	!	1	A	Q	a	q
2	0010	STX	DC2	"	2	B	R	b	r
3	0011	ETX	DC3	#	3	C	S	c	s
4	0100	EOT	DC4	$	4	D	T	d	t
5	0101	ENQ	NAK	%	5	E	U	e	u
6	0110	ACK	SYN	&	6	F	V	f	V
7	0111	BEL	ETB	‘	7	G	W	g	w
8	1000	BS	CAN	(	8	H	X	h	X
9	1001	HT	EM	)	9	I	Y	i	y
A	1010	LF	SUB	*	:	J	Z	j	z
B	1011	VT	ESC	+	;	K	[	k	{
C	1100	FF	FS	,	<	L	\	l	|
D	1101	CR	GS	–	=	M	]	m	}
E	1110	SO	RS	.	>	N	Ω	n	~
F	1111	SI	US	/	?	O	_	o	DEL

微型计算机中一个字节为 8 位，一般规定一个 ASCII 码存放在字节的低 7 位，字节最高位 D_7 位恒为 0。这样，用一个字节来表示一个 ASCII 字符编码，则数字 0～9 的 ASCII 码为 30H～39H，26 个英文大写字母 A～Z 的 ASCII 码为 41H～5AH，而 26 个英文小写字母 a～z 的 ASCII 码为 61H～7AH。

数据在计算机内形成、存取和传送的过程中可能产生错误。为尽量减少和避免这类错误，除提高软硬件系统的可靠性外，也常在数据的编码上想办法，即采用带有一定特征的编码方法，在硬件线路的配合下，能够发现错误、确定错误的性质和位置，甚至实现自动改正错误。数据校验码就是这样一种能发现错误并具有自动改错能力的编码方法。

在 ASCII 码的传送中，最常用到的校验码是一种开销小、能发现一位数据出错的奇偶校验码。带有奇偶校验的 ASCII 码将最高位（D_7 位）用作奇偶校验位，以校验数据传送中是否有一位出现错误。

偶校验的含义是：包括校验位在内的 8 位二进制码中 1 的个数为偶数。而奇校验的含义是：包括校验位在内的 8 位二进制码中 1 的个数为奇数。例如，大写字母 A 的 ASCII 码为 $(1000001)_2$，具有偶校验的 A 的 ASCII 码是 $(01000001)_2$，具有奇校验的 A 的 ASCII 码是 $(11000001)_2$。

1.3 无符号二进制数的算术运算和逻辑运算

二进制数在表示上可分为无符号数和有符号数两种。所谓无符号数，就是不考虑数的符号，数中的每一位 0 或 1 都是有效的或有意义的数据。

有符号数则不同于无符号数。在十进制数中，正数和负数分别用+和-来表示，但计算机不能直接识别这两种符号。因此在计算机中，表示二进制数的符号仍然是用 0 和 1，即在需要考虑数据符号的有符号数中，一个数的最高位的 0 或 1 表示的是该数的性质，即是正数或负数，而不再是数据本身。有符号数的表示和运算在计算机中是非常重要的内容，将在 1.4 节中讨论。

1.3.1 二进制数的算术运算

由于二进制数中只有 0 和 1 两个数，故其运算规则比十进制数要简单得多。

（1）加法运算

二进制的加法运算遵循如下法则：

$$0+0=0,\ 0+1=1,\ 1+0=1,\ 1+1=0\ （有进位）$$

【例 1-13】 计算 10110110B+01101100B=（?）B

解：

```
进  位    111111000
被加数    10110110
加  数 +) 01101100
―――――――――――――――――
          100100010
```

即 10110110B+01101100B=100100010B。

（2）减法运算

二进制数的减法遵循如下法则：

$$0-0=0,\ 1-0=1,\ 1-1=0,\ 0-1=1\ （有借位）$$

【例 1-14】 计算 11000100B-00100101B=（?）B

解：

```
借  位    01111110
被减数    11000100
减  数 -) 00100101
―――――――――――――――――
          10011111
```

即 11000100B-00100101 B= 10011111 B。

（3）乘法运算

二进制数的乘法法则如下：

$$0\times0=0,\quad 0\times1=0,\quad 1\times0=0,\quad 1\times1=1$$

即仅当两个 1 相乘时结果为 1，否则结果为 0。所以，二进制数的乘法是非常简单的。若乘数位为 1，就将被乘数照抄加于中间结果；若乘数位为 0，则加 0 于中间结果，只是在相加时要将每次中间结果的最后一位与相应的乘数位对齐。

【例 1-15】 求两个二进制数 1100B 与 1001B 的乘积。

解法一：按照十进制的乘法过程有

```
        1100          被乘数
     ×  1001          乘  数
     ─────────
        1100          部分积
       0000
      0000
     1100
     ─────────
     1101100          乘  积
```

可得 1100B×1001B=1101100B。

解法二：采用移位加的方法，则有

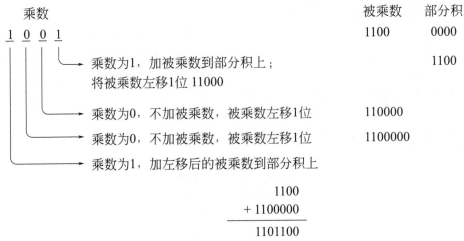

即可得 1100B×1001B=1101100B。可以看出，计算结果与解法一相同。由此可见，二进制的乘法运算可以转换为加法和移位的运算。事实上，在计算机中乘法运算就是这样做的。每左移一位，相当于乘以 2，而左移 n 位就相当于乘以 2^n。

（4）除法运算

除法是乘法的逆运算，所以二进制数的除法运算也可转换为减法和右移运算。每右移一位相当于除以 2，右移 n 位就相当于除以 2^n。

1.3.2　无符号数的表示范围

（1）无符号二进制数的表示范围

一个 n 位无符号二进制数 X，其可表示数的范围为

$$0 \leq X \leq 2^{n+1} - 1$$

例如，一个 8 位的二进制数，即 $n = 8$，其表示范围为 $0 \sim 2^8 - 1$，即 00H～FFH（0～255）。若运算结果超出数的可表示范围，则会产生溢出，得到不正确的结果。

【例 1-16】　计算 10110111B+01001101B=（？）B

解：

$$
\begin{array}{r}
10110111 \\
+\ 01001101 \\
\hline
1\ \ 00000100
\end{array}
$$

由例 1-16 的结果可得，上面两个 8 位二进制数相加的结果为 9 位，超出了 8 位数的可表示范围。若仅取 8 位字长（00000100B），结果显然错误，这种情况称为溢出。事实上，$(10110111)_2 = (183)_{10}$，$(01001101)_2 = (77)_{10}$，则 $183 + 77 = 260$，大于 8 位二进制数所能表示的最大值 255。所以，最高位的进位（代表了 256）就给丢失了，这样最后的结果变成了 $260 - 256 = 4$，即 00000100B。

（2）无符号二进制数的溢出判断

对两个无符号二进制数的加减运算，若最高有效位 D，向更高位有进位（或相减有借位），则产生溢出。例如在例 1-16 中，两个 8 位无符号二进制数相加，最高有效位（即 D_7 位）向更高位（即 D_8 位）有进位，结果就出现了溢出。

对乘法运算，由于两个 8 位数相乘，乘积为 16 位；两个 16 位数相乘，乘积为 32 位。故乘法运算无溢出问题。对除法运算，当除数过小时会产生溢出，此时将使系统产生一次溢出中断。有关中断的理论将在第 6 章详细介绍。

1.3.3　二进制数的逻辑运算

算术运算是将一个数据作为一个整体来考虑的，而逻辑运算则是对数据的每一位按位进行操作，这意味着逻辑运算没有进位和借位。基本逻辑运算包括"与""或""非""异或"4 种运算。

（1）"与"运算

"与"运算的操作是实现两个数按位相"与"，用符号 ∧ 表示。其规则为

$$1 \wedge 1 = 1,\ \ 1 \wedge 0 = 0,\ \ 0 \wedge 1 = 0,\ \ 0 \wedge 0 = 0$$

即参加"与"操作的两位中只要有一位为 0，则"与"的结果就为 0；仅当两位均为 1 时，其结果才为 1。

试比较二进制数的"与"运算规则和乘法运算规则，思考一下二者之间的相同之处和不同之处。

【例 1-17】　计算 10110110B∧10010011B=（？）B

解：

$$
\begin{array}{r}
10110110 \\
\wedge\ \ 10010011 \\
\hline
10010010
\end{array}
$$

即 10110110B∧10010011B=10010010B。

（2）"或"运算

"或"运算的操作是实现两个数按位相"或"，用符号 ∨ 表示。其规则为

$$0 \lor 0=0, \quad 0 \lor 1=1, \quad 1 \lor 0=1, \quad 1 \lor 1=1$$

即参加"或"操作的两位中只要有一位为 1，则"或"的结果就为 1；仅当两位均为 0 时，其结果才为 0。

试比较二进制数的"或"运算规则和加法运算规则，思考一下二者之间的相同之处和不同之处。

【例 1-18】 计算 $11011001B \lor 10010110B=$（?）B

解：

$$
\begin{array}{r}
11011001 \\
\lor \quad 10010110 \\
\hline
11011111
\end{array}
$$

即 $11011001B \lor 10010110B=11011111B$。

（3）"非"运算

"非"运算的操作为将一个数的每一位按位取反，即 1 的"非"为 0，而 0 的"非"为 1。其运算符为"-"，例如：

$$\overline{1}=0, \quad \overline{0}=1$$

【例 1-19】 求数 11011001 的非。

解： 只要对 11011001 按位取反即可。

$$\overline{11011001B}=00100110B$$

（4）"异或"运算

"异或"运算的操作是实现两个数按位相异或。两位相同，则结果为 0；两位相异，则结果为 1。"异或"运算符用符号 $\oplus$ 表示。

$$0 \oplus 0=0, \quad 1 \oplus 1=0, \quad 0 \oplus 1=1, \quad 1 \oplus 0=1$$

【例 1-20】 计算 $11010011B \oplus 10100110B=$（?）B

解：

$$
\begin{array}{r}
11010011 \\
\oplus \quad 10100110 \\
\hline
01110101
\end{array}
$$

即 $11010011B \oplus 10100110B=01110101B$。

试比较二进制数的"异或"运算规则和减法运算规则，思考一下二者之间的异同。

1.3.4 基本逻辑门及常用逻辑部件

本节介绍几种后面要用到的、最常用的计算机基本逻辑部件，已经学过数字电路的读者，可跳过本节。对这些逻辑部件，我们也仅是从应用的角度出发，只关心它们的逻辑功能和外部引线连接，而不关心其内部的电路构成。

（1）与门

与门（AND gate）是对多个逻辑变量进行"与"运算的门电路。若输入的逻辑变量为 A 和 B，则通过与门输出的结果 Y 可表示为

$$Y=A \land B$$

表 1-4 给出了与门的真值表。当输入 A 和 B 均为 1 时，输出 Y 才为 1；A 和 B 中只要有一个为 0，则 Y 就等于 0。从电路的角度来说，若采用正逻辑，则仅当与门的输入 A 和 B 都是高电平时，输出 Y 才是高电平，否则 Y 就输出低电平。

在电路连接上，与门常用图 1-13 所示的逻辑符号表示。

表 1-4　与门的真值表

A	B	Y	A	B	Y
0	0	0	1	0	0
0	1	0	1	1	1

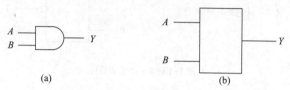

图 1-13　与门的逻辑符号

需要说明的是：

① 图 1-13 中仅画出了 2 位输入 (A 和 B)，实际的与门电路可以有多位输入 (以下 "或门" 类同)。

② 图 1-13 给出了与门的两种表示方法。其中，图 1-13(a) 为 IEEE 推荐符号，图 1-13 (b) 为中国国家标准规定使用的符号。这两种符号目前均可以使用 (以下类同)。为描述方便，本书后续内容的描述以中国国家标准规定的符号为主。

(2) 或门

或门 (OR gate) 是对多个逻辑变量进行 "或" 运算的门电路。若输入的逻辑变量为 A 和 B，则通过或门输出的结果 Y 可表示为

$$Y = A \vee B$$

即两个输入变量 A 和 B 中任意一个为 1，输出 Y 就为 1；仅当 A 和 B 都为 0 时 Y 才为 0。从电路的角度来说，当或门的输入 A 和 B 只要有一个是高电平，输出 Y 就为高电平，否则 Y 就输出低电平。

或门的逻辑符号如图 1-14 所示，其真值表如表 1-5 所示。

表 1-5　或门的真值表

A	B	Y	A	B	Y
0	0	0	1	0	1
0	1	1	1	1	1

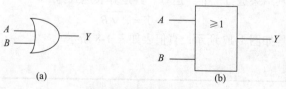

图 1-14　或门的逻辑符号

(3) 非门

非门 (NOT gate) 又称为反相器，是对单一逻辑变量进行 "非" 运算的门电路。其输入变

量 A 与输出变量 Y 之间的关系可表示为

$$Y = \overline{A}$$

非运算也称求反运算，变量 A 上的上划线 "-" 在数字电路中表示反相之意。非门的逻辑符号如图 1-15 所示，其真值表如表 1-6 所示。

表 1-6 非门的真值表

A	Y	A	Y
0	1	1	0

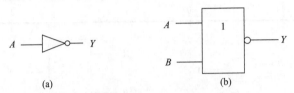

(a)　　　　　　　　　　　(b)

图 1-15 非门的逻辑符号

(4) 与非门

与非门（NAND gate）是"与"门与"非"门的结合。若输入变量为 A 和 B，则先对输入 A 和 B 进行"与"运算，再对结果进行"非"运算。其运算表达式为

$$Y = \overline{A \wedge B}$$

与非门的逻辑符号如图 1-16 所示，逻辑符号图中的小圆圈表示"非"（本书将始终采用这种表示方法）。与非门的真值表如表 1-7 所示。

表 1-7 与非门的真值表

A	B	Y	A	B	Y
0	0	1	1	0	1
0	1	1	1	1	0

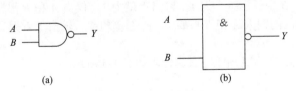

(a)　　　　　　　　　　　(b)

图 1-16 与非门的逻辑符号

(5) 或非门

和与非门类似，或非门（NOR gate）是"或"门与"非"门的结合，即先对输入 A 和 B 进行"或"运算，再对其结果进行"非"运算。其运算表达式为

$$Y = \overline{A \vee B}$$

或非门的逻辑符号如图 1-17 所示，真值表如表 1-8 所示。

表 1-8 或非门的真值表

A	B	Y	A	B	Y
0	0	1	1	0	0
0	1	0	1	1	0

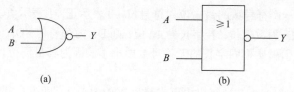

图 1-17　或非门的逻辑符号

（6）译码器

在计算机系统中，常常需要将不同的地址信号通过一定的控制电路转换为对某一芯片的片选信号，这个控制电路称为译码电路，它所对应的逻辑部件就称为译码器。也可以说，译码器的作用就是将一组输入信号转换为在某一时刻有一个确定的输出信号。

译码器的种类很多，这里仅介绍一种常用的 3-8 线译码器 74LS138。74LS138 的引脚如图 1-18 所示。图中，G_1、G_{2A}、G_{2B} 为译码器的 3 个使能输入端，它们共同决定了译码器当前是否被允许工作：当 $G_1 = 1$，$G_{2A} = G_{2B} = 0$ 时，译码器处于使能状态（Enable），否则就被禁止（Disable）。C、B、A 为译码器的 3 条输入线（输入的 3 位二进制代码分别代表了 8 种不同的状态），它们的不同的状态组合决定了 8 个输出端 $Y_0 \sim Y_7$ 的状态。74LS138 的功能表（也叫真值表）如表 1-9 所示，表中电平为正逻辑，即高电平表示逻辑 1，低电平表示逻辑 0，×表示不定，#表示该信号低电平有效（与上横线标注-含义相同）。

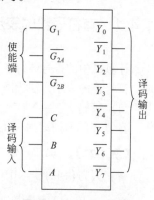

图 1-18　74LS138 译码器

表 1-9　74LS138 功能表

使能端			输入端			输出端							
G_1	#G_{2A}	#G_{2B}	C	B	A	#Y_0	#Y_1	#Y_2	#Y_3	#Y_4	#Y_5	#Y_6	#Y_7
×	1	1	×	×	×	1	1	1	1	1	1	1	1
0	×	×	×	×	×	1	1	1	1	1	1	1	1
1	0	0	0	0	0	0	1	1	1	1	1	1	1
1	0	0	0	0	1	1	0	1	1	1	1	1	1
1	0	0	0	1	0	1	1	0	1	1	1	1	1
1	0	0	0	1	1	1	1	1	0	1	1	1	1
1	0	0	1	0	0	1	1	1	1	0	1	1	1
1	0	0	1	0	1	1	1	1	1	1	0	1	1
1	0	0	1	1	0	1	1	1	1	1	1	0	1
1	0	0	1	1	1	1	1	1	1	1	1	1	0

1.4　有符号二进制数的表示及运算

前面讨论了不涉及数据符号的无符号数。但在数值运算中，常常需要考虑数值数据的符号数。由于计算机硬件系统不能直接识别+和–这样的符号。所以，计算机中的符号数是由 0 和 1

来表示正负的。规定一个符号数的最高位为符号位，0 表示正，1 表示负。以 8 位字长为例，D_7 位就是符号位，$D_7 \sim D_0$ 为数值位，若字长为 16 位，则 D_{15} 为符号位，$D_{14} \sim D_0$ 为数值位。这样，有符号数中的有效数值就比相同字长的无符号数要小了，因为其最高位代表符号，而不再是有效的数据。

【例 1-21】 +0010101B 在计算机中可表示为 00010101B，即十进制数的 + 21；
　　　　　　 – 0010101B 在计算机中可表示为 10010101B，即十进制数的 – 21。

人们将符号数值化了的数称为机器数，如 00010101 和 10010101 就是机器数，而将原来的数值称为机器数的真值，如 +0010101 和 –0010101。下面讨论有符号机器数的表示方法及它们的运算规则。

1.4.1 有符号数的表示方法

计算机中的符号数有 3 种表示方法，即原码、反码和补码。它们均由符号位和数值部分组成，符号位的表示方法相同，都是用 1 表示"负"，用 0 表示"正"。

（1）原码

真值 X 的原码记为 $[X]_原$。在原码表示法中，不论数的正负，数值部分均保持原真值不变。

【例 1-22】 已知真值 $X = +42$，$Y = -42$，求 $[X]_原$ 和 $[Y]_原$。

解： 因为 $(+42)_{10} = +0101010B$，$(-42)_{10} = -0101010B$，根据原码表示法，有

原码的性质如下：

① 在原码表示法中，机器数的最高位是符号位，0 表示正号，1 表示负号，其余部分是数的绝对值，即 $[X]_原 = 符号位 + |X|$。

② 原码表示中的 0 有两种不同的表示形式，即 +0 和 -0。

$$[+0]_原 = 00000000$$

$$[-0]_原 = 10000000$$

③ 原码表示法的优点是简单、易于理解，与真值间的转换较为方便，用原码实现乘除运算的规则比较简单；缺点是进行加减运算时比较麻烦，要比较进行加减运算的两个数的符号、两个数的绝对值的大小，还要确定运算结果的正确的符号等。

若二进制数 $X = X_{n-1}X_{n-2}\cdots X_1 X_0$，则原码表示的严格定义是

$$[X]_原 = \begin{cases} X, & 2^{n-1} > X \geq 0 \\ 2^{n-1} - X = 2^{n-1} + |X|, & 0 \geq X \geq -2^{n-1} \end{cases} \tag{1.5}$$

（2）反码

真值 X 的反码记为 $[X]_反$。对正数来讲，其表示方法同原码，即数值部分与真值相同；对负数来讲，其反码的数值部分为真值的各位按位取反，或者说负数的反码等于其对应正数的原码按位取反。例如，$[+127]_反 = 01111111$，$[-127]_反 = 10000000$。

【例 1-23】　已知真值 $X=+42$，$Y=-42$，求 $[X]_反$ 和 $[Y]_反$。

解： 因为 $(+42)_{10}=+0101010B$，$(-42)_{10}=-0101010B$，根据反码表示法，有

$$[X]_反 = 00101010 \quad [Y]_反 = 11010101$$

反码的性质如下：

① 在反码表示法中，机器数的最高位是符号位，0 表示正号，1 表示负号。

② 同原码一样，数 0 也有两种表示形式：

$$[+0]_反 = 00000000$$

$$[-0]_反 = 11111111$$

③ 反码运算很不方便，数值 0 的表示也不唯一。目前在微处理器中已很少使用。

若二进制数 $X = X_{n-1}X_{n-2}\cdots X_1 X_0$，则反码表示的严格定义是

$$[X]_反 = \begin{cases} X, & 2^{n-1} > X \geq 0 \\ (2^{n-1}-1)+X = 2^{n-1}+|X|, & 0 \geq X \geq -2^{n-1} \end{cases} \tag{1.6}$$

（3）补码

真值 X 的补码记为 $[X]_补$。补码是根据同余的概念得出的。由同余的概念可知，对一个数 X 有

$$X+nK=X \ (\text{mod } K) \tag{1.7}$$

式中，K 为模数；n 为任意整数。在模的意义下，数 X 就等于其本身加上它的模的任意整数倍之和。若设 n 为 1，$K=2^n$，则有

$$X = X+2^n \ (\text{mod } 2^n)$$

即

$$X = \begin{cases} X, & 2^{n-1} > X \geq 0 \\ 2^n + X = 2^n - |X|, & 0 \geq X \geq -2^{n-1} \end{cases} \left(\text{mod} 2^n\right) \tag{1.8}$$

实际上，式（1.8）就是补码表示的定义。如设机器字长 $n=8$，则

$$[+1]_补 = 00000001, \quad [-1]_补 = 2^8-|-1| = 11111111$$

$$[+127]_补 = 01111111, \quad [-127]_补 = 2^8-|-127| = 10000001$$

补码的性质如下：

① 与原码和反码表示法相同，机器数的最高位是符号位，0 表示正号，1 表示负号。

② 正数的补码与它的原码和反码相同，即当 $X \geq 0$ 时，$[X]_补 = [X]_反 = [X]_原$。而负数的补码等于其符号位不变，数值部分的各位按位取反再加 1，即当 $X<0$ 时，$[X]_补 = [X]_反 + 1$（也可以说，负数的补码等于其对应正数的补码包括符号位一起按位取反再加 1）。如：$[-127]_补 = \overline{[+127]_补} + 1 = \overline{01111111}+1 = 10000001$。

③ 数 0 的补码表示是唯一的。这点可由补码的定义得出。

$$[+0]_补 = [+0]_反 = [+0]_原 = 00000000$$

$$[-0]_补 = [-0]_反 + 1 = 11111111 + 1 = 00000000 \left(\text{mod} 2^8\right)$$

即对 8 位字长来讲，最高位的进位 (2^8) 按模 256 运算被舍掉，所以 $[+0]_补 = [-0]_补 = 00000000$。

④ 对 8 位二进制数 10000000（16 位二进制数为 1000000000000000，依此类推），在补码中它定义为 -128（16 位二进制数 1000000000000000 定义为 -32768），而在原码中它表示 -0，在

反码中表示–127。

综上，二进制数、原码、补码之间的关系总结如表 1-10 所示。

表 1-10 二进制数、原码、补码之间的关系

二进制数码	无符号数	原码	反码	补码
00000000	0	+0	+0	+0
00000001	1	+1	+1	+1
00000010	2	+2	+2	+2
...	...	...	...	...
01111111	127	+127	+127	+127
10000000	128	–0	–127	–128
10000001	129	–1	–126	–127
...	...	...	...	...
11111110	254	–126	–1	–2
11111111	255	–127	–0	–1

【例 1-24】 已知真值 $X = + 0110100$，$Y = -0110100$，求 $[X]_补$ 和 $[Y]_补$。

解： 这里 $X > 0$，所以有

$$[X]_补 = 00110100$$

而 $Y < 0$，所以有

$$[Y]_补 = [Y]_反 + 1 = 11001011 + 1 = 11001100$$

1.4.2 补码数与十进制数之间的转换

要把一个用补码表示的二进制数转换为带符号的十进制数，首先应求出它的真值，然后再进行二-十进制转换即可。

（1）正数补码的转换

由于正数的补码就等于它的原码，即真值就是它的数值部分，也就是说，除符号位之外的其余数值位就是该数的真值。

【例 1-25】 已知 $[X]_补 = 00101110$，求 X 的真值。

解： 因为补码 00101110 的符号位为 0，是一个正数，它的数值部分就是它的真值，即

$$X = +0101110 = (+46)_{10}$$

（2）负数补码的转换

负数的补码与其对应的正数补码之间存在如下关系：

$$[X]_补 \xrightarrow{按位取反加1} [-X]_补 \xrightarrow{按位取反加1} [X]_补$$

例如，若设 $X = +1$，则有 $-X = -1$；那么，$[X]_补 = [+1]_补 = 00000001$，对其按位取反加 1，有 $\overline{00000001} + 1 = 11111111 = [-1]_补$；反之，对 $[-1]_补$ 按位取反也有 $\overline{[-1]_补} + 1 = \overline{11111111} + 1 = 00000001 = [+1]_补$。

由此可得，当 X 为正数时，对其补码按位取反，结果是 $-X$ 的补码；当 X 为负数时，对其补码按位取反，结果就是 $+X$ 的补码。

所以，对负数补码再求补的结果就是该负数的绝对值。这样，负数补码转换为真值的方法就是：将此负数的补码数再求一次补（即将该负数补码的数值部分按位取反加 1），所得结果即是它的真值。

【例 1-26】　已知 $[X]_{补}$ =11010010，求 X 的真值。

解：因为补码 11010010 的符号位为 "1"，可知它是一个负数。要求得其真值需再对其取补码，即

$$X = \left[[X]_{补}\right]_{补} = [11010010]_{补} = -0101110 = (-46)_{10}$$

为什么要引进补码的概念呢？这是因为在计算机中，对于二进制的算术运算可以将乘法运算转换为加法和左移运算，而除法则可转换为减法和右移运算，故加、减、乘、除运算最终可归结为加、减和移位 3 种操作来完成。但在计算机中为了节省设备，一般只设置加法器而无减法器，这就需要将减法运算转化为加法运算，从而使在计算机中的二进制四则运算最终变成加法和移位两种操作。引进补码运算就是用来解决将减法运算转化为加法运算的。

1.4.3　补码的运算

补码运算有如下规则：

① 补码的加法规则：$[X+Y]_{补} = [X]_{补} + [Y]_{补}$。

② 补码的减法规则：$[X-Y]_{补} = [X]_{补} - [Y]_{补} = [X]_{补} + [-Y]_{补}$。

这里，$[-Y]_{补}$ 称为对补码数 $[Y]_{补}$ 求变补。变补的规则为：对 $[Y]_{补}$ 的每一位（包括符号位）按位取反加 1，则结果就是 $[-Y]_{补}$。当然，也可以直接对 $-Y$ 求补码，结果是一样的。

【例 1-27】　设 X=+66，Y=–51，求 $[X+Y]_{补}$ =？

解：由补码的加法运算规则知 $[X+Y]_{补} = [X]_{补} + [Y]_{补}$。

先分别求出 X 和 Y 的补码：

$$X = (+66)_{10} = (+1000010)_2，\quad [X]_{补} = 01000010$$
$$Y = (-51)_{10} = (-0110011)_2，\quad [Y]_{补} = 11001101$$

再求 $[X]_{补} + [Y]_{补}$ 得

$$
\begin{array}{r}
01000010 \\
+\ 11001101 \\
\hline
1\qquad 00001111
\end{array}
$$

自然缺失

所以，$[X+Y]_{补} = 00001111 = (+15)_{10}$。

在字长为 8 位的机器中，从第 7 位向上的进位是自然丢失的，故本例中做加法运算的结果与用补码做减法运算的结果相同，都是十进制数 15。

【例 1-28】　设 X=+51，Y=+66，求 $[X-Y]_{补}$ = ？

解：因为

$$[X-Y]_{补} = [X]_{补} + [-Y]_{补}$$

$$X = (+51)_{10} = (+0110011)_2 , \quad [X]_{补} = 00110011$$

$$-Y = (-66)_{10} = (-1000010)_2 , \quad [-Y]_{补} = 10111110$$

求 $[X]_{补} + [-Y]_{补}$ 得

$$
\begin{array}{r}
00110011 \\
+ \ 10111110 \\
\hline
11110001
\end{array}
$$

所以，$[X-Y]_{补} = 11110001$。

由补码运算规则知，两补码相加的结果为和的补码，现在和的符号位为 1，表示和为负数。按照负数补码转换真值的原则，其符号位用"−"表示，数值部分按位取反加 1，得出真值：−0001111。故通过补码相加后，和为十进制数−15。

由此说明，当两个带符号数用补码表示时，减法运算可转换为加法运算。

还可通过钟表来说明补码的概念。假如有一只钟表的时针指在 9 点，若要拨到 4 点，有两种拨法：

逆时针拨，倒拨 5 小时：9−5 = 4

顺时针拨，正拨 7 小时：9 + 7=12 + 4 = 4（mod 12）

此处的 12 就是时钟系统中的模（计数系统最大的数），它是自然丢失的，故顺时针拨 7 个字相当于逆时针拨 5 个字，结果都是 4。

对模 12 而言，9−5 = 9 + 7，这时就称 7 为−5 的以 12 为模的补数，即 $[-5]_{补}$=12−5=7。

这与上面的表达式是一致的。这样就有

$$9-5 = 9+(-5) = 9+(12-5) = 9+7 = \underline{12}+4 = 4$$

$$\downarrow$$

$$自然丢失$$

在二进制数系统中，模为 2^n（n 为字长）。若字长为 8 位，则模为 $2^8 = (256)_{10}$。

当一个负数用补码表示时，就可以将减法运算转换为加法运算。如在例 1-27 中，（66−51）可写成：66−51=66 +（−51）= 66+（256−51）=66 + 205=256+15=15（mod 256）。

可见在模为 2^8 的情况下，（66−51）与（66 + 205）的结果是相同的。也就是说，对模为 256 来说，−51 与 205 互为补数，这里−51 的补码二进制数为 11001101，即是十进制的 205（把 11001101 看成无符号数时为 205，若看成有符号数为−51）。人们正是利用了负数的补码概念，把减法运算转换为加法运算。但要注意，这里负数（−X）的补码是利用 $2^8 - X$ 得到的，仍没有避免减法运算。实际上，根据负数补码的定义 $[X]_{补} = [X]_{反} + 1$，就可避免求补过程中的减法运算，使补码运算具有实用价值。

在计算机中，凡是有符号数都一定是用补码表示的，所以运算的结果也是用补码表示的。

1.4.4 有符号数的表示范围

1.4.4.1 有符号数的表示范围

① 对 8 位二进制数，原码、反码和补码所能表示的范围如下：

原码：11111111B～01111111B（−127～+127）。

反码：10000000B～01111111B（−127～+ 127）。

补码：10000000B～01111111B（−128～＋127）。

② 对 16 位二进制数，原码、反码和补码所能表示的范围如下：

原码：FFFFH～7FFFHC（−32767～＋32767）。

反码：8000H～7FFFH（−32767～＋32767）。

补码：8000H～7FFFH（−32768～＋32767）。

1.4.4.2　有符号数运算时的溢出判断

两个有符号数进行加减运算时，如果运算结果超出上述可表示的有效范围，就会发生溢出，使计算结果出错。显然，溢出只能出现在两个同符号数相加或两个异符号数相减的情况下。判断有符号数运算是否溢出，有下述规则。

两个同符号数相加或异符号数相减时：

① 如果次高位向最高位有进位（或借位），而最高位向上无进位（或借位），则结果发生溢出；

② 反过来，如果次高位向最高位无进位（或借位），而最高位向上有进位（或借位），则结果也发生溢出。

对于 8 位二进制数，若 D_6 位产生的进位（或借位）记为 C_6，D_7 位产生的进位（或借位）记为 C_7，那么上述两种情况也可表述为：

在两个带符号二进制数相加或相减时，若 $C_7 \oplus C_6 = 1$，则结果产生溢出。

【例 1-29】　用二进制补码计算（+72）+（+98）=（?）

解：

$$(+72)_{10} = (+1001000)_2 , (+1001000)_补 = 01001000$$
$$(+98)_{10} = (+1100010)_2 , (+1100010)_补 = 01100010$$

$$
\begin{array}{rr}
01001000B & +72 \\
+\ 01100010B & +98 \\
\hline
10101010B & -86 \\
\end{array}
$$

例 1-29 中，两个正数相加，结果（补码）变成了负值，显然是错误的。这是因为（+72）+（+98）=+170>+127，超出了 8 位二进制补码的表示范围，结果产生溢出，导致出错。在计算中，从 $C_6 = 1$，$C_7 = 0$ 就可判断出结果溢出。

【例 1-30】　用二进制补码计算（−83）+（−80）=（?）

解：

$$(-83)_{10} = (-1010011)_2 , (-1010011)_补 = 10101101$$
$$(-80)_{10} = (-1010000)_2 , (+1010000)_补 = 10110000$$

$$
\begin{array}{rr}
10101101B & -83 \\
+\ 10110000B & -80 \\
\hline
1\quad 01011101B & +93 \\
\end{array}
$$

进位自然缺失

例 1-30 中，两个负数相加，结果变成了正值。原因就是（−83）+（−80）=−163<−128，超出了 8 位二进制补码的表示范围，使结果产生了溢出（由 $C_6 = 0$，$C_7 = 1$ 就可直接判断）。

以上是两个同符号数相加，当结果超出二进制补码的表示范围时将产生溢出。而对两个异符号数相减，同样有可能产生溢出，使结果出错。

【**例 1-31**】 用二进制补码计算 $(+72)-(-98)=(?)$

解：

$$(+72)_{10}=(+1001000)_2，(+1001000)_{补}=01001000$$

$$\left(-(-98)\right)_{10}=(+1100010)_2，(+1100010)_{补}=01100010$$

$$
\begin{array}{rr}
01001000B & +72 \\
+\ 01100010B & +98 \\
\hline
10101010B & -86
\end{array}
$$

由计算过程得：$C_6=1$，$C_7=0$，可知结果产生溢出。

由例 1-31 的讨论可知，无符号数与有符号数产生溢出的条件因各自可表示数的范围不同而不同。无符号数的溢出判断仅看最高位向上是否有进（借）位；而有符号数有无溢出产生，需要看次高位与最高位两位的进（借）位情况。两位都产生进（借）位或都没有产生进（借）位，则结果无溢出；否则结果产生溢出。运算时产生溢出，其结果肯定不正确。计算机对溢出的处理，一般是产生一个自陷中断，通知用户采取某种措施。

习题

1.1 计算机中常用的计数制有哪些？

1.2 请说明机器数和真值的区别。

1.3 完成下列数制的转换：

10100110B=（ ）D=（ ）H。

0.11B=（ ）D。

253.25=（ ）B=（ ）H。

1011011.101B=（ ）H=（ ）BCD。

1.4 8 位和 16 位二进制数的原码、补码和反码可表示的数的范围分别是多少？

1.5 写出下列真值对应的原码和补码的形式：

$X=-1110011B$。

$X=-71D$。

$X=+1001001B$。

1.6 写出符号数 10110101B 的反码和补码。

1.7 已知 X 和 Y 的真值，求 $[X+Y]_{补}$？

$X=-111011B$，$Y=+1011010B$。

$X=56$，$Y=-21$。

1.8 已知 $X=-1101001B$，$Y=-1010110B$，用补码方法求 $X-Y$？

1.9 若给字符 4 和 9 的 ASCII 码加奇校验，应是多少？若加偶校验呢？

1.10 若与门的输入端 A、B、C 的状态分别为 1、0、1，则该与门的输出端是什么状态？若将这 3 位信号连接到或门，那么或门的输出又是什么状态？

1.11 要使与非门输出 0，则与非门输入端各位的状态应该是（ ）；要使与非门输出 1，其输入端各位的状态又是什么？

1.12 如果 74LS138 译码器的 C、B、A 这 3 个输入端的状态为 011，此时该译码器的 8 个输出端中哪一个会输出 0？

1.13　图 1-19 中，$Y_1 = ? Y_2 = ? Y_3 = ?$ 138 译码器哪一个输出端会输出低电平?

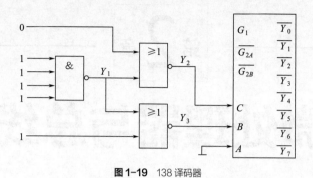

图 1-19　138 译码器

第2章

微处理器与总线

引 言

　　无论是利用单片机技术还是利用微机系统，系统的控制中心都是微处理器。如今在世界范围内，Intel 公司生产的 CPU 都是市场上的主流产品。其产品分为 Celeron（赛扬）、Pentium（奔腾）、Core（酷睿）、Core i（酷睿 i）四大系列，目前都是双核或多核产品，其中的 Core 和 Core i 系列更是多核技术出现后的产物。本书第 1 章中已提到多核的概念。所谓多核，是指在一块处理器中集成了多个功能相同的计算内核。它们虽然在架构上与单核处理器有较大不同，但核心的基本工作原理是类似的。本着本科学习以基本原理为主的原则，本章仅以 Intel 8086/8088 为例，介绍微处理器的结构及其工作原理。

　　虽然总线是计算机硬件系统的一个重要部件，但限于篇幅，本章仅简要介绍总线的一般概念、主要功能及常用的总线接口标准。

　　通过本章的学习，读者将对微型计算机硬件系统中两大部件的基本构成及工作原理有一定的了解。

教学目的

① 了解微处理器的一般结构和功能；

② 理解 8086/8088 CPU 的外部引线及主要引线功能；

③ 深入理解 8088 CPU 的结构特点、内部寄存器功能及工作时序；

④ 理解总线的一般概念、分类方法及主要功能；

⑤ 了解现代微机系统的总线结构；

⑥ 了解常用的系统总线和外设总线标准。

扫码获取拓展
阅读材料

2.1　微处理器概述

　　微处理器（CPU）是计算机系统的核心部件，控制和协调着整个计算机系统的工作，主要具有以下几项基本功能。

① 能够进行算术运算和逻辑运算；

② 能对指令进行译码、寄存并执行指令所规定的操作；

③ 具有与存储器和 I/O 接口进行数据通信的能力；

④ 少量数据的暂存；

⑤ 能够提供这个系统所需的定时和控制信号；

⑥ 能够响应输入/输出设备发出的中断请求。

评价 CPU 性能的指标很多，包括工作频率、指令系统功能、内部缓存容量以及字长等，这里仅说一下字长。所谓字长，是指 CPU 在单位时间内（同一时间）能够一次处理的二进制数的位数，通常是 CPU 内部寄存器的位数及内部数据总线的位数。人们常说 16 位机，32 位机，其实是表示该计算机中微处理器可同时操作的二进制码的位数。对微型计算机来讲，有 8 位、16 位、32 位 CPU 等，其含义是同时可操作 8 位、16 位或 32 位二进制码。目前的主流 CPU 都是64 位的，即一次可处理 64 位二进制数。

微处理器内部总体上由 3 个部分组成，即运算器、控制器和寄存器组，寄存器组又可视为运算器部件中的一部分。下面分别来看一下它们的组成及功能。

2.1.1 运算器

运算器由算术逻辑单元（Arithmetic Logical Unit，ALU）、通用或专用寄存器组及内部总线 3 个部分组成，其核心功能是实现数据的算术运算和逻辑运算，所以有时也将运算器称为算术逻辑运算单元。

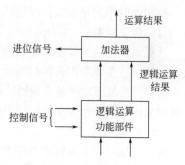

图 2-1　一位算术逻辑运算单元结构

ALU 的内部包括负责加、减、乘、除运算的加法器以及实现与、或、非、异或等逻辑运算的逻辑运算功能部件。一位算术逻辑运算单元的结构示意图如图 2-1所示。

除了作为核心部件的 ALU 外，运算器中还有提供操作数和暂存中间运算结果及结果特征的寄存器及数据传送通道。CPU 内部用于传送数据和指令的传送通道称为 CPU 内部总线。运算器的结构根据其内部总线数量的不同分为 3 种，其示意图如图 2-2 所示。

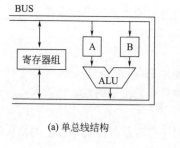

(a) 单总线结构

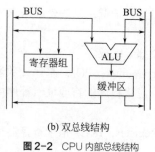

(b) 双总线结构

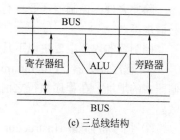

(c) 三总线结构

图 2-2　CPU 内部总线结构

（1）单总线结构运算器

图 2-2(a) 是单总线结构运算器的示意图，此时所有的部件都通过一条内部总线传递信息，任何时刻都只有一组数据从源部件传送到目标部件。由图中可看出，ALU 的输入端有两个用来暂时存放参加运算的操作数的锁存器。当要进行一次双操作数的运算时，首先通过总线将第一个操作数放入锁存器 A 或 B 中，然后再通过总线传送另一个操作数至另一个锁存器，之后进入 ALU 进行运算，运算的结果再通过总线置入某个内部通用寄存器。这种结构的控制简单，但速度比较慢。

（2）双总线结构运算器

双总线结构是在运算器内部用两条总线来传送操作数的，如图 2-2(b) 所示。此时参加运算的两个操作数可同时通过两条总线送至 ALU 进行运算，运算的结果经缓冲器再通过任意一条总线传送到通用寄存器。这种结构的运算器的处理速度显然就要比单总线结构的快。

（3）三总线结构运算器

速度最快的运算器结构是图 2-2(c) 所示的三总线结构。它用两条总线来传送操作数，一条专门用于传送运算结果。这样，在传送运算结果的同时就可通过另外两条总线传送参加操作数运算的操作数，只要 ALU 速度足够快，全部操作就可一步完成。

2.1.2 控制器

控制器的作用是控制程序的执行，它是整个系统的指挥中心，必须具备以下几项基本功能。

（1）指令控制

计算机的工作过程就是连续执行指令的过程，指令在存储器中是连续存放的。一般情况下，按照顺序一条条地取出并执行指令，只有在碰到转移类指令时才会改变顺序。控制器要能根据指令所在的地址按顺序或在遇到转移指令时按照转移地址取出指令，分析指令（指令译码），传送必要的操作数，并在指令执行结束后存放运算结果。总之，要保证计算机中指令流的正常工作。

（2）时序控制

指令的执行是在时钟信号的严格控制下进行的，一条指令的执行时间称为指令周期，不同指令的指令周期中所包含的机器周期数是不相同的，而一个机器周期中包含多少节拍（时钟周期）也不一定一样。这些时序信号用于计算机的工作基准，它们由控制器产生，使系统按一定的时序关系进行工作。

（3）操作控制

操作控制是根据指令流程，确定在指令周期的各个节拍中要产生的微操作控制信号，以有效地完成各条指令的操作过程。

除此之外，控制器还要具有对异常情况及某些外部请求的处理能力，如出现运算溢出、中断请求等。

控制器的内部主要由以下几个部分组成。

① 程序计数器（Programming Counter，PC）。程序计数器用来存放下一条要执行指令在存储器中的地址。在程序执行之前，应将程序的首地址（程序中第一条指令的地址）置入程序计数器。

② 指令寄存器（Instruction Register，IR）。指令寄存器用于存放从存储器中取出的待执行的指令。

③ 指令译码器（Instruction Decoder，ID）。指令寄存器中待执行的指令须经过"翻译"才

能明白要进行什么样的操作，即指令译码，这是指令译码器的主要功能。

④ 时序控制部件。时序控制部件产生计算机工作中所需的各种时序信号。

⑤ 微操作控制部件。这部分是控制器的主体。在计算机中，一条指令的功能是通过按一定顺序执行一系列基本操作来完成的。这些基本操作称为微操作，同时执行的一组微操作叫微指令。例如，1 条加法指令就是由 4 条微指令解释执行的：取指微指令（包括的微操作有指令送地址总线、从存储器取指令送数据总线、指令送指令寄存器、程序计数器加 1）、计算地址微指令、取操作数微指令及加法运算并送结果微指令。

微操作控制部件用于产生与各条指令相对应的微操作。它根据当前正在执行的指令，在指令的各机器周期的各个节拍内产生相应的微操作控制信号，从而控制整个系统各部件的工作。

微处理器中控制器的一般结构示意图如图 2-3 所示。从图中可以看出，其中的核心部件是微操作控制部件。

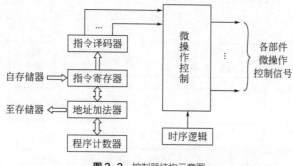

图 2-3 控制器结构示意图

2.2 8088/8086 微处理器

8088 是与 8086 同时代的微处理器，都属于第三代 CPU，它们具有完全相同的指令系统。在硬件结构上，8088 与存储器和 I/O 接口进行数据传输的外部数据总线宽度为 8 位，而 8086 的数据总线宽度为 16 位。除此之外，二者几乎没有什么差别，为其中一个 CPU 写的程序不需要任何修改就能在另一个 CPU 上运行。8086/8088 都具有 40 根外部引线，可以在单一 5V 电压下运行。由于这两种 CPU 的差异很小，所以本节以 8088 为主进行介绍。在没有特别指出时，所介绍的内容对两者均适用。

8088/8086 CPU 作为 IBM PC/XT 微型计算机的核心器件，为微型计算机的发展做出了极其重要的贡献。

2.2.1 8088/8086 CPU 的特点

2.2.1.1 8088/8086 的指令流水线

1.1.2 节已经学习，在程序的执行过程中，CPU 总是有规律地重复执行以下步骤。

① 从存储器中取出下一条指令；

② 指令译码（或分析指令）；

③ 如果指令需要，从存储器中读取操作数；

④ 执行指令（包括算术逻辑运算、I/O 操作、数据传送、控制转移等）；

⑤ 如果需要，将结果写入存储器。

在 8088/8086 未出现以前，微处理器是按顺序串行完成以上各操作的。而从 8086/8088 开始，CPU 采用了一种新的结构来并行地完成这些工作。8088/8086 将上述步骤分配给 CPU 内两个独立的部件：执行单元（Execution Unit，EU）和总线接口单元（Bus Interface Unit，BIU）。EU 负责分析指令（指令译码）和执行指令，BIU 负责取指令、取操作数和写结果。这两个单元都能够独立地完成各自相应的工作。所以，当这两个单元并行工作时，在大多数情况下，取指令操作与执行指令操作都可重叠地进行。因为 BIU 已经从存储器中将 EU 要执行的指令"预取"了出来，所以大多数情况下"省掉"了取指令的时间，从而加快了程序的运行速度。

假设不考虑取操作数和写结果（有部分指令不需要这两个步骤），将指令的执行过程简化为 3 个步骤，并假设这 3 个步骤所需时间完全相等（实际并不可能），都为 Δt，则由图 2-4 知，采用顺序执行方式执行 n 条指令所需的时间为

$$T_0 = 3n\Delta t$$

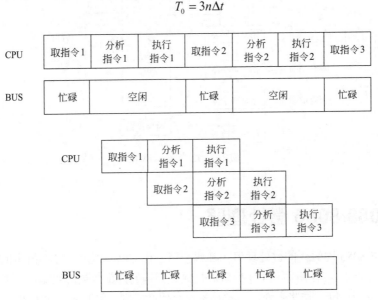

图 2-4 指令的执行过程

采用并行执行方式执行 n 条指令所需要的时间为

$$T = 3\Delta t + (n-1)\Delta t = (2+n)\Delta t$$

由此可见，采用并行执行方式所花费的时间及对总线的利用率都较顺序执行方式有较大的提高，这是 8088/8086 CPU 与其上代微处理器相比所具有的一大进步。这种并行操作的实现是因为在 8088/8086 CPU 内部（BIU 部分）设有一个指令预取队列，BIU 从内存中取出指令存放到指令预取队列，EU 再从指令队列中取出指令并执行。当 EUM 指令队列中取走指令，指令队列出现空字节时，BIU 就自动执行一次取指令周期，从内存中取出后续的指令代码放入队列中；如果遇到跳转指令，BIU 会使指令队列复位，从新地址中重新取出指令，并立即传给 EU 去执行。

指令队列的存在使 8086/8088 的 EU 和 BIU 能够并行工作，从而减少了 CPU 为取指令而等待的时间，提高了 CPU 的执行效率和运行速度，另外也降低了对存储器存取速度的要求。

当然，这种并行流水线结构不能与新型 CPU（如 Pentium、K7 等）的指令流水线相提并论，但它为现代流水线技术奠定了基础，也使 8086/8088 成为 CPU 发展史上的一个里程碑。

2.2.1.2　内存的分段管理技术

8088/8086 CPU 的内部结构都是 16 位的，即内部的寄存器只能存放 16 位二进制码，内部的总线同时也只能传送 16 位二进制码。16 位二进制码最多只具有 $2^{16}=64K$ 种组合。如果用二进制码表示地址（计算机中只能识别二进制），则 8088/8086 就只能产生 64K 个地址，亦即最多能够管理 64 个内存单元。

由于内存容量的大小对计算机的性能有直接的影响，为了提高系统的执行速度，人们希望尽可能地提高系统管理（寻址）内存的能力。为此，8088/8086 采用了分段管理的方法，将内存地址空间分为多个逻辑段，每个逻辑段最大为 64K 个单元，段内每个单元的地址码（称为偏移地址或相对地址）长度为 16 位，满足其 16 位内部结构的要求；再为每个段设置段地址（也称段基地址），以区分不同的逻辑段。

所以，8088/8086 系统中，内存每个单元的地址都由两部分组成，即段地址和段内偏移地址。这就相当于一栋大楼中的每一个房间的编号都是由楼层号和在所在层的位置号（相对于起始房间的位置）组成的。例如，312 房间通常表示 3 楼第 12 号房间。

8088/8086 CPU 内部具有专门存放段地址的段寄存器和存放偏移地址的地址寄存器，将两类不同寄存器的内容送入地址加法器中合成，就形成了指向内存某一具体单元的地址（物理地址）。有关物理地址的详细内容参见 2.2.4 节。

2.2.1.3　支持多处理器系统

8088/8086 具有最小和最大两种工作模式以及内置的多任务处理能力，可通过模式选择引脚进行选择。

① 最小模式也称为单处理器模式。此时 CPU 仅支持由少量设备组成的单处理器系统而不支持多处理器结构，系统控制总线的信号由 8088 CPU 直接产生，且构成的系统不能进行 DMA 传送。

② 最大模式也称为多处理器模式。此时 CPU 能支持系统总线上的多个处理器，由总线控制器提供所有总线控制信号和命令信号。

2.3.4 节将进一步介绍有关 8088 CPU 工作于最大模式和最小模式时的系统结构。

2.2.2　8088 CPU 的外部引脚及其功能

8088 和 8086 CPU 都是具有 40 条引出线的集成电路芯片，采用双列直插式封装，图 2-5 是 8088 处理芯片的引脚图，8086 与之基本相同。为了减少芯片的引线，8088 的许多引脚具有双重功能，采用分时复用方式工作，即在不同时刻，这些引线上的信号是不相同的。同时，8088 的最大和最小两种工作模式可以通过在 $MN/\overline{MX}$ 输入引脚加上不同的电平来进行选择。当 $MN/\overline{MX}=1$ 时，8088 工作在最小模式，此时，构成的微型计算机中只包括一个 8088 处理器，且系统总线由 8088 的引线直接引出形成；当 $MN/\overline{MX}=0$ 时，8088 工作在最大模式，在此模式下，构成的微型计算机中除了有 8088 CPU 之外，还可以接另外的处理器（如 8087 数字协处理器）构成多微处理器系统。在最大模式下，微型计算机的系统总线要由 8088 和总线控制器（8288）共同形成。

图 2-5　8088 处理器芯片引脚图

2.2.2.1 最小模式下的引脚

在最小模式下，8088 的引脚定义如下：

① $A_{16} \sim A_{19}/S_3 \sim S_6$：地址、状态复用的引脚，三态输出。在 8088 执行指令过程中，某一时刻从这 4 个引脚上送出地址的最高 4 位 $A_{16} \sim A_{19}$；而在另外时刻，这 4 个引脚送出状态信号 $S_3 \sim S_6$。这些状态信号里，S_6 恒等于 0，S_5 指示中断允许标志位 IF 的状态，S_4、S_3 的组合指示 CPU 当前正在使用的段寄存器，其编码如表 2-1 所示。

表 2-1 段寄存器状态线

S_4	S_3	当前正在使用的段寄存器	S_4	S_3	当前正在使用的段寄存器
0	0	ES	1	0	CS 或未使用任何段寄存器
0	1	SS	1	1	DS

② $A_8 \sim A_{15}$：中 8 位地址信号，三态输出。CPU 寻址内存或接口时，从这些引脚送出地址 $A_8 \sim A_{15}$。

③ $AD_0 \sim AD_7$：地址、数据分时复用的双向信号线，三态。当 ALE=1 时，这些引脚上传输的是地址信号；当 $\overline{DEN}$ =0 时，这些引脚上传输的是数据信号。

④ IO/$\overline{M}$：输入输出/存储器控制信号，三态。IO/$\overline{M}$ 引脚用来区分当前操作是访问存储器还是访问 I/O 端口。若此引脚输出为低电平，访问存储器；若输出为高电平，则是访问 I/O 端口。

⑤ $\overline{WR}$：写信号输出，三态。此引脚输出为低电平，表示 CPU 正在对存储器或 I/O 端口进行写操作。

⑥ DT/$\overline{R}$：数据传送方向控制信号，三态。DT/$\overline{R}$ 引脚用于确定数据传送的方向。高电平时，CPU 向存储器或 I/O 端口发送数据；低电平时，CPU 从存储器或 I/O 接口接收数据。此信号用于控制总线收发器 8286/8287 的传送方向。

⑦ $\overline{DEN}$：数据允许信号，三态。该信号有效时，表示数据总线上具有有效数据。它在每次访问内存或 I/O 接口以及在中断响应期间有效，常用作数据总线驱动器的片选信号。

⑧ ALE：地址锁存信号，三态输出，高电平有效。当它为高电平时，表明 CPU 地址线上有有效地址。因此，它常作为锁存控制信号将 $A_0 \sim A_{19}$ 锁存到地址锁存器。

⑨ $\overline{RD}$：读选通信号，三态输出，低电平有效。当其有效时，表示 CPU 正在对存储器或 I/O 接口进行读操作。

⑩ READY：外部同步控制输入信号，高电平有效。它是由被访问的内存或 I/O 设备所发出的响应信号，当其有效时，表示存储器或 I/O 设备已准备好，CPU 可以进行数据传送。

若存储器或 I/O 设备没有准备好，则使 READY 信号为低电平。CPU 在 T_3 周期采样 READY 信号，若其为低，CPU 自动插入等待周期 T_w（1 个或多个），直到 READY 变为高电平后 CPU 才脱离等待状态，完成数据传送过程。

⑪ INTR：可屏蔽中断请求输入信号，高电平有效。CPU 在每条指令的最后一个周期采样该信号，以决定是否进入中断响应周期。这个引脚上的中断请求信号可用软件屏蔽。

⑫ $\overline{TEST}$：测试信号输入引脚，低电平有效。当 CPU 执行 WAIT 指令时，每隔 5 个时钟周期对此引脚进行一次测试，若为高电平，CPU 则处于空转状态进行等待；当该引脚变为低电平时，CPU 结束等待状态，继续执行下一条指令。

⑬ NMI：非屏蔽中断请求输入信号，上升沿触发。这个引脚上的中断请求信号不能用软件

屏蔽，CPU 在当前指令执行结束后就进入中断过程。

⑭ RESET：系统复位输入信号，高电平有效。为使 CPU 完成内部复位过程，该信号至少要在 4 个时钟周期内保持有效。复位后 CPU 内部寄存器的状态如表 2-2 所示。当 RESET 返回低电平时，CPU 将重新启动。

表 2-2　复位后 CPU 的内部寄存器状态

内部寄存器	内容	内部寄存器	内容
CS	FFFFH	IP	0000H
DS	0000 H	FLAGS	0000H
SS	0000H	其余寄存器	0000H
ES	0000H	指令队列	空

⑮ $\overline{INTA}$：中断响应信号输出，低电平有效。此信号是 CPU 对中断请求信号 INTR 的响应。在响应过程中，CPU 在 $\overline{INTA}$ 引脚上连续输出两个负脉冲用作外部中断源的中断向量码的读选通信号。

⑯ HOLD：总线保持请求信号输入，高电平有效。当某一总线主控设备要占用系统总线时，通过此引脚向 CPU 提出请求。

⑰ HLDA：总线保持响应信号输出，高电平有效。这是 CPU 对 HOLD 请求的响应信号，当 CPU 收到有效的 HOLD 信号后，就会对其做出响应，一方面使 CPU 的所有三态输出的地址信号、数据信号和相应的控制信号变为高阻状态（浮动状态）；同时输出一个有效的 HLDA，表示处理器现在已放弃对总线的控制。当 CPU 检测到 HOLD 信号变低后，就立即使 HLDA 变低，同时恢复对总线的控制。

⑱ $\overline{SS_0}$：系统状态信号输出。它与 IO/$\overline{M}$ 和 DT/$\overline{R}$ 信号决定了最小模式下当前总线周期的状态。三者组合所表示的处理器操作见本书配套电子资源（扫描封面二维码下载）。

⑲ CLK：时钟信号输入引脚。8088 的标准时钟频率为 4.77MHz。

⑳ Vcc：5V 电源输入引脚。

㉑ GND：地线。

2.2.2.2　最大模式下的引脚

当 MN/$\overline{MX}$ 上低电平时，8088 CPU 工作在最大模式下。此时，除引脚 24～34 外，其他引脚与最小模式完全相同，如图 2-7 中括号内的引脚信号。

① $\overline{S_2}$、$\overline{S_2}$、$\overline{S_0}$：总线周期状态信号，低电平有效，三态输出。它们连接到总线控制器 8288 的输入端，8288 对它们译码后可以产生系统总线需要的各种控制信号。$\overline{S_2}$、$\overline{S_2}$、$\overline{S_0}$ 的代码组合以及对应的操作见本书配套电子资源。

② $\overline{RQ}/\overline{GT_1}$、$\overline{RQ}/\overline{GT_0}$：总线请求/总线响应信号引脚。每一个引脚都具有双向功能，既是总线请求输入也是总线响应输出。但是 $\overline{RQ}/\overline{GT_0}$ 比 $\overline{RQ}/\overline{GT_1}$ 优先级高。这些引脚内部都有上拉电阻，所以在不使用时可以悬空。两个引脚的功能如下：

当其他的总线控制设备要使用系统总线时，会产生一个总线请求信号（一个时钟周期宽的负脉冲），并把它送到 $\overline{RQ}/\overline{GT}$ 引脚，类似于最小模式下的 HOLD 信号。CPU 检测到总线请求信号后，在下一个 T_4 或 T_1 期间，在 $\overline{RQ}/\overline{GT}$ 引脚送出总线响应信号（一个时钟周期宽的负脉冲）给请求总线的设备，它类似于最小模式下的 HLDA 信号。然后从下一个时钟周期开始，CPU 释放总线。总线请求设备使用完总线后，再产生一个 $\overline{\mathrm{RQ}}/\overline{\mathrm{GT}}$ 信号。CPU 检测到该信号后，从下一个时钟周期开始重新控制总线。

③ $\overline{\mathrm{LOCK}}$：总线封锁信号输出，低电平有效。该信号有效时，CPU 锁定总线，不允许其他总线控制设备申请使用系统总线。$\overline{\mathrm{LOCK}}$ 信号由前缀指令 LOCK 产生，LOCK 指令后面的一条指令执行完后，该信号失效。

④ $\mathrm{QS_1}$、$\mathrm{QS_0}$：指令队列状态输出。根据该状态信号，从外部可以跟踪 CPU 内部的指令队列。$\mathrm{QS_1}$、$\mathrm{QS_0}$ 的编码见本书配套电子资源。

⑤ HIGH：在最大模式下始终为高电平输出。

此外，在最大模式下，$\overline{\mathrm{RD}}$ 引脚不再使用。

2.2.3　8088/8086 CPU 的功能结构

2.2.3.1　8088/8086 CPU 的内部结构

8086 与 8088 结构极为相似，都是由执行单元 EU 和总线接口单元 BIU 两大部分构成。图 2-6 给出了 8088 微处理器的内部结构框图。

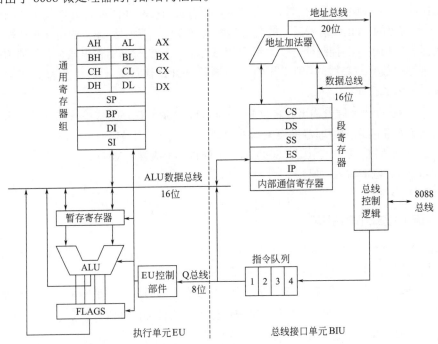

图 2-6　8088 微处理器内部结构框图

执行单元 EU 的主要功能：执行指令、分析指令、暂存中间运算结果并保留结果的特征。它由算术逻辑单元（运算器）ALU、通用寄存器、标志寄存器和 EU 控制电路组成。

EU 在工作时不断地从指令队列中取出指令代码，对其译码后产生完成指令所需的控制信息。数据在 ALU 中进行运算，运算结果的特征保留在标志寄存器 FLAGS 中。

总线接口单元 BIU 负责 CPU 与存储器、I/O 接口之间的信息传送，由段寄存器、指令指针寄存器、指令队列、地址加法器以及总线控制逻辑组成。8088 的指令队列长度为 4 字节，8086 的指令队列长度为 6 字节。

　　当 EU 从指令队列中取走指令,指令队列出现空字节时,BIU 就自动执行一次取指令周期,从内存中取出后续的指令代码放入队列中。当 EU 需要数据时,BIU 根据 EU 给出的地址从指定的内存单元或外设中取出数据供 EU 使用。运算结束时,BIU 将运算结果送入指定的内存单元或外设。如果指令队列为空,EU 就等待,直到有指令为止。若 BIU 正在取指令,EU 发出访问总线的请求,则必须等 BIU 取指令完毕后该请求才能得到响应。一般情况下,程序顺序执行,当遇到跳转指令时,BIU 就使指令队列复位,从新地址取出指令,并立即传给 EU 去执行。

　　指令队列的存在使 8088/8086 的 EU 和 BIU 并行工作,从而减少了 CPU 为取指令而等待的时间,提高了 CPU 的利用率,加快了整机的运行速度,另外也降低了对存储器存取速度的要求。

　　BIU 中的地址加法器用来产生 20 位的物理地址。8088/8086 的寄存器都是 16 位的,无法装载 20 位的物理地址。为了解决这个问题,8088/8086 采用了将地址空间分段的方法,即将 2^{20}(1MB) 的地址空间分为若干个 64KB 的段,然后用段基址加上段内偏移来访问物理存储器。8088/8086 规定,分段总是从 16 字节的边界处开始,所以段的起始地址最低 4 位总是 0,即 XXXX0H,这样每个段的基地址只需用 16 位便可表示。也就是说,段基址实际上是段起始地址的高 16 位。由于段基址的这个特点,BIU 在计算存储器的物理地址时,即是将段基址左移 4 位然后与段内偏移相加,如图 2-7 所示。

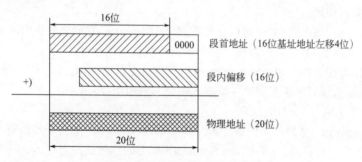

图 2-7　BIU 存储器物理地址计算示意

2.2.3.2　8088/8086 CPU 的内部寄存器

　　8088/8086 CPU 内部共有 14 个 16 位寄存器。按其功能可分为三大类,即通用寄存器(8个)、段寄存器(4个)、控制寄存器(2个),如图 2-8 所示。

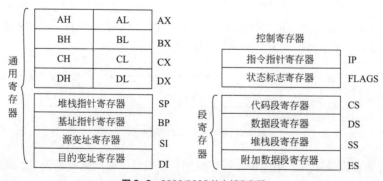

图 2-8　8088/8086 的内部寄存器

　　(1) 通用寄存器

　　通用寄存器包括数据寄存器、地址指针寄存器和变址寄存器。

　　① 数据寄存器 AX、BX、CX、DX。数据寄存器一般用于存放参与运算的数据或运算的结

果。每一个数据寄存器都是 16 位寄存器，但又可将高、低 8 位分别作为两个独立的 8 位寄存器使用。它们的高 8 位记作 AH、BH、CH、DH，低 8 位记作 AL、BL、CL、DL。这种灵活的使用方法给编程带来了极大的方便，既可以处理 16 位数据，也能处理 8 位数据。

数据寄存器除了作为通用寄存器使用外，它们还有各自的习惯用法。

a. AX（Accumulator）：累加器，常用于存放算术逻辑运算中的操作数，另外所有的 I/O 指令都使用累加器与外设接口传送信息。

b. BX（Base）：基址寄存器，常用来存放访问内存时的基地址。

c. CX（Count）：计数寄存器，在循环和串操作指令中用作计数器。

d. DX（Data）：数据寄存器，在寄存器间接寻址的 I/O 指令中存放 I/O 端口的地址。另外，在做双字长乘除法运算时，DX 与 AX 合起来存放一个双字长数（32 位），其中 DX 存放高 16 位，AX 存放低 16 位。

② 地址指针寄存器 SP、BP。

a. SP（Stack Pointer）：堆栈指针寄存器，它在堆栈操作中用来存放栈顶偏移地址，永远指向堆栈的栈顶。

b. BP（Base Pointer）：基址指针寄存器。一般也常用来存放访问内存时的基地址，但它通常与 SS 寄存器配对使用。

作为通用寄存器，SP 和 BP 也可以存放数据。但实际上，它们更重要的用途是存放内存单元的偏移地址，特别是 SP 在访问堆栈时作为指向堆栈栈顶的指针。

③ 变址寄存器 SI、DI。SI（Source Index）称为源变址寄存器，DI（Destination Index）称为目的变址寄存器，它们常常在变址寻址方式中作为索引指针。

（2）段寄存器 CS、SS、DS、ES

CS（Code Segment）称为代码段寄存器，SS（Stack Segment）称为堆栈段寄存器，DS（Data Segment）称为数据段寄存器，ES（Extra Segment）称为附加数据段寄存器。段寄存器用于存放段基址，即段起始地址的高 16 位。

（3）控制寄存器 IP、FLAGS

IP（Instruction Pointer）称为指令指针寄存器，用于存放预取指令的偏移地址。CPU 取指令时总是以 CS 为段基址，以 IP 为段内偏移地址。当 CPU 从 CS 段中偏移地址为 IP 的内存单元中取出指令代码的一个字节后，IP 自动加 1，指向指令代码的下一个字节。用户程序不能直接访问 IP。

FLAGS 称为标志寄存器或程序状态字（PSW），它是 16 位寄存器，但只使用其中的 9 位，包括 6 个状态标志和 3 个控制标志，如图 2-9 所示。

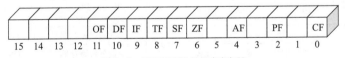

15	14	13	12	11	10	9	8	7	6	5	4	3	2	1	0
				OF	DF	IF	TF	SF	ZF		AF		PF		CF

图 2-9 8088/8086 的标志寄存器

① 状态标志位记录了算术和逻辑运算结果的一些特征，如结果是否为 0，是否有进位、借位，结果是否溢出等。不同指令对标志位具有不同的影响。

a. CF：进位标志位。当进行加（减）法运算时，若最高位向前有进（借）位，则 CF=1，否则 CF=0。

b. PF：奇偶标志位。当运算结果的低 8 位中 1 的个数为偶数时，PF=1；为奇数时，PF=0。

c. AF：辅助进位标志位。在加（减）法操作中，D_3 向 D_4 有进位（借位）发生时，AF = 1；

否则，AF = 0。DAA 和 DAS 指令测试这个标志位，以便在 BCD 加法或减法之后调整 AL 中的值。

d. ZF：零标志位。当运算结果为 0 时，ZF=1；否则，ZF=0。

e. SF：符号标志位。当运算结果的最高位为 1 时，SF=1；否则，SF=0。

f. OF：溢出标志位。当算术运算的结果超出了带符号数的范围，即溢出时，OF = 1；否则，OF = 0。

② 控制标志位用于设置控制条件。控制标志被设置后便对其后的操作产生控制作用。

a. TF：陷阱标志位。当 TF=1 时，激活处理器的调试特性，使 CPU 处于单步执行指令的工作方式。每执行一条指令后，自动产生一次单步中断，从而使用户能逐条指令地检查程序。

b. IF：中断允许标志位。IF= 1 使 CPU 可以响应可屏蔽中断请求。IF=0 使 CPU 禁止响应可屏蔽中断请求。IF 的状态对不可屏蔽中断及内部中断没有影响。

c. DF：方向标志位。方向标志位在执行串操作指令时控制操作的方向。DF=1 时按减地址方式进行，即从高地址开始，每进行一次操作，地址指针自动减 1（或减 2）；DF=0 时则按增地址方式进行。

2.2.4　8088/8086 CPU 的存储器组织

2.2.4.1　物理地址与逻辑地址

8088/8086 有 20 条地址线，可寻址的最大物理内存容量为 IMB（2^{20}），其中任何一个内存单元都有一个 20 位的地址，称为内存单元的物理地址。前面已经介绍过，8088/8086 内部寄存器都只有 16 位，而访问内存单元在多数情况下都要通过寄存器间接寻址，很明显，若不采取特殊措施，是无法访问 1MB 的存储空间的。8088/8086 采用了将地址空间分段的方法来解决这个问题，即将 1MB 的地址空间分为若干个 64KB 的段，然后用段基地址加上段内偏移地址来访问物理存储器。

段基地址和段内偏移地址又称为逻辑地址，逻辑地址通常写成 XXXXH: YYYYH 的形式。其中，XXXXH 是段基址，YYYYH 是段内偏移地址（也称为相对地址）。如图 2-7 所示，20 位的物理地址与逻辑地址的关系如下：

物理地址=段基地址×16+段内偏移

段基地址乘以 16 相当于段基地址左移 4 位（或段基地址后面加 4 个 0），然后再与偏移地址相加，即可得到 20 位的物理地址。例如，逻辑地址 3A00H: 12FBH 对应的物理地址是 3B2FBH。

因为 8088/8086 CPU 中有 4 个段寄存器，所以它同时可以访问 4 个存储段。段与段之间可以重合、重叠、紧密连接或间隔分开。

分段（段加偏移）寻址带来的好处是允许程序在存储器内重定位（浮动），允许实模式下编写的程序在保护模式下运行。可重定位程序是一个不加修改就可以在任何存储区域中运行的程序。这是因为段内偏移总是相对段起始地址（段首地址）的，所以只要在程序中不使用绝对地址访问存储器，就可以把整个程序作为一个整体移到一个新的区域。在 DCS 中，程序载入内存时，由操作系统来指定段寄存器的内容，以实现程序的重定位。

2.2.4.2　段寄存器的使用

段寄存器的设立不仅使 8088 的存储空间扩大到 1MB，而且为信息按特征分段存储带来了方便。在存储器中，信息按特征可分为程序代码、数据、堆栈等。为了操作方便，存储器可以相应地划分为：程序段——用来存放程序的指令代码；数据段及附加数据段——用来存放数据和运算结果；堆栈段——用来传递参数、保存数据和状态信息。有时一种类型的段可能还会有多个。通过修改段寄存器的内容，就可将这些段设置在存储器的任何位置上。这些段可以通过段寄存器的设置使之相互独立，也可将它们部分或完全重叠。

8088/8086 对访问不同内存段所使用的段寄存器和相应的偏移地址的来源有一些具体约定，如表 2-3 所示。

表 2-3　8088/8086 对段寄存器使用的约定

序号	内存访问类型	默认段寄存器	可重设的段寄存器	段内偏移地址来源
1	取指令	CS	无	IP
2	堆栈操作	SS	无	SP
3	串操作的源串	DS	ES、SS	SI
4	串操作的目标串	ES	无	DI
5	BP 用作基址寻址	SS	ES、DS	按寻址方式计算的有效地址
6	一般数据存取	DS	ES、SS	按寻址方式计算的有效地址

根据表 2-3，访问存储器时，其段地址可以由"默认"的段寄存器提供，也可以由"指定"的段寄存器提供。当指令中没有显式地"指定"使用某一个段寄存器时，就由"默认"段寄存器来提供访问内存的段地址。在实际进行程序设计时，大多数情况都用默认段寄存器来寻址内存。在 3、5、6 这 3 种访问存储器操作中，允许在指令中指定使用另外的段寄存器，这样可很灵活地访问不同的内存段。这种指定通常是靠在指令码中增加一个字节的前缀来实现。1、2、4 这 3 种类型的内存访问只能用默认的段寄存器，即取指令一定要使用 CS；堆栈操作一定要使用 SS；串操作指令的目的段基地址一定要用 ES。

DS、ES 和 SS 要用传送指令来进行设置，但在用户程序中不允许设置 CS，CS 一般由操作系统进行设置。宏汇编语言中的伪指令 ASSUME 及 JMP、CALL、RET、INT 和 IRET 等指令可以改变和影响 CS 的内容。更改段寄存器的内容意味着内存段的移动，这说明无论程序段、数据段、附加段还是堆栈段都可以用重设段寄存器内容的方法来改变逻辑段在内存中的位置。

有时也把一个存储器段用指向它的段寄存器的名字来表示。例如，如果一个数据段的段基址由 DS 来指明，这个段就可称为 DS 段；同理，若段基地址既在 DS 中，又在 ES 中，则该段既可以称为 DS 段，也可以称为 ES 段。

表 2-3 中前四类内存操作的偏移地址只能使用一个 16 位的指针寄存器或变址寄存器。例如，取指令时为指令指针寄存器 IP；堆栈操作时为堆栈指针 SP；串操作时分别为 SI 和 DI。后两类内存操作则根据不同的寻址方式来计算出段内偏移。

2.2.5　8088/8086 CPU 的工作时序

工作时序表征微处理器各引脚在时间上的工作关系。时序可分为两种不同的粒度：时钟周期和总线周期。一条指令的执行需要若干个总线周期才能完成，而一个总线周期又由若干个时钟周期构成。

微处理器在运行过程中是按照一个统一的时钟一步步地执行每一个操作的，每个时钟脉冲的持续时间就称为一个时钟周期。显然，时钟周期越短，CPU 执行的速度就越快。

在 8088 CPU 中，CPU 与内存或接口间都通过总线进行通信，如将一个字节写入内存单元中或者从内存某单元中读一个字节到 CPU，这种通过总线进行一次读（或）写的过程称为一个总线周期，一个总线周期包括多个时钟周期。典型的总线周期如图 2-10 所示。

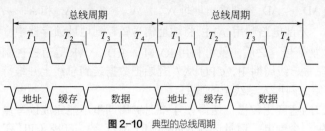

图 2-10　典型的总线周期

下面简要介绍一下 8088 CPU 在最小模式下的时序信号过程。最大模式下的时序除有些信号是由总线控制器（8288）产生的以外，其基本时间关系与最小模式大致相同。

8088 读-总线周期和 8088 写-总线周期分别如图 2-11 和图 2-12 所示。

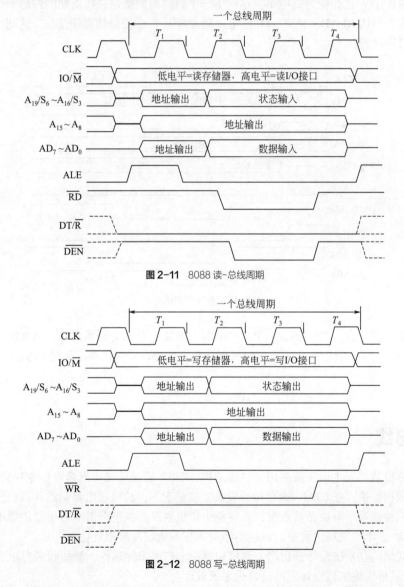

图 2-11　8088 读-总线周期

图 2-12　8088 写-总线周期

由图 2-11 和图 2-12 可知，正常的 8088 总线周期，不管是读或写，都由至少 4 个时钟周期

（$T_1 \sim T_4$）组成。在 T_1 期间，地址信号线 $A_{15} \sim A_8$、地址/状态复用信号线 $A_{19}/S_6 \sim A_{16}/S_3$ 和地址/数据复用信号线 $AD_7 \sim AD_0$ 分别输出地址 $A_{15} \sim A_8$、$A_{19} \sim A_{16}$ 和 $A_7 \sim A_0$，同时输出地址锁存允许信号 ALE。外部电路利用 ALE 将地址信号锁存到地址锁存器中，即在锁存器输出端得到完整的 20 位地址信号。之后，就可利用 IO/$\overline{\text{M}}$、$\overline{\text{RD}}$、$\overline{\text{WR}}$ 等有关控制信号完成对内存或外设的读写操作。在写总线周期中，CPU 从 T_2 开始把数据送到总线上并维持到 T_4。在读总线周期中，CPU 在 T_4 开始时刻读入总线上的数据。

如果内存或接口的速度比较慢，使得在 4 个时钟周期里不能完成读写操作时，可通过时钟产生器（8284）产生一个低电平信号送到 8088 的 READY 端。8088 CPU 在每个总线周期的 T_3 开始处都要检查 READY 的状态。若此时 READY 为低电平，则 CPU 不执行 T_4 而是在 T_3 之后插入一个等待时钟周期 T_w，如图 2-13 所示，以等待存储器或 I/O 接口完成读写操作。在 T_w 的开始时刻，CPU 还要检查 READY 状态，若仍为低电平，则再插入一个 T_w。此过程一直进行到某个 T_w 开始时，READY 已经变为高电平，这时下一个时钟周期就是总线周期的最后一个时钟周期 T_4。由此可见，利用 READY 信号，CPU 可以插入若干个 T_w 使总线周期延长，达到可靠读写内存和 I/O 接口的目的。

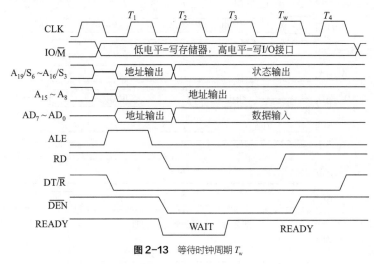

图 2-13 等待时钟周期 T_w

另外还要注意一点，CPU 的读（$\overline{\text{RD}}$）或写（$\overline{\text{WR}}$）是在 T_4 开始时刻（或 $\overline{\text{RD}}$、$\overline{\text{WR}}$ 信号的后沿）进行的，这时数据线上的数据已经到达稳定状态，只有这样，利用 READY 插入 T_w 周期才有意义。

2.3 总线

微型计算机从其诞生以来就采用了总线结构。CPU 通过总线实现读取指令并实现与内存、外设之间的数据交换，在 CPU、内存与外设确定的情况下，总线速度是制约计算机整体性能的关键，总线的性能对于解决系统瓶颈、提高整个微机系统的性能有着十分重要的影响。因此在微型计算机 20 多年的发展过程中，总线的结构也在不断地发展和变化。

采用总线结构在系统设计、生产、使用和维护上有很多优越性，概括起来有以下几点。

① 便于采用模块结构设计方法，简化系统设计。

② 标准总线可以得到多个厂商的广泛支持，便于生产与之兼容的硬件板卡和软件。

③ 模块结构方式便于系统的扩充和升级。

④ 便于故障诊断和维修，同时也降低了成本。

2.3.1　概述

2.3.1.1　总线的概念

总线是一组信号线的集合，是计算机系统各部件之间传输地址、数据和控制信息的公共通路。从物理结构来看，它由一组导线和相关的控制、驱动电路组成。在微型计算机系统中，总线常被作为一个独立部件看待。

总线的特点在于其公用性，即它可同时挂接多个部件或设备（对于只连接两个部件或设备的信息通道，不称为总线）。总线上任何一个部件发送的信息都可被连接到总线上的其他所有设备接收到，但某一个时刻只能有一个设备进行信息传送。所以，当总线上挂接的部件过多时，就容易引起总线争用，总线对信号响应的实时性降低。

总线一般由多条通信线路组成，每一路信号线能够传送一位二进制 0 或 1，8 条信号线就能在同一时间并行传送一个字节的信息。

2.3.1.2　总线的分类

计算机系统中含有多种类型的总线，可以从不同的角度进行分类。

（1）按传送信息的类型划分

从传送信息的类型上，总线可分为数据总线（DB）、地址总线（AB）及控制总线（CB）。

① 数据总线。数据总线是计算机系统内各部件之间进行数据传送的路径。数据总线的传送方向是双向的，可以由处理器发向其他部件，也可由其他部件将信号送向处理器。

数据总线一般由 8 条、16 条、32 条或更多条数据线组成，这些数据线的条数称为数据总线的宽度。由于每条数据线一次只能传送一位二进制码，因此数据线的条数（即数据总线的宽度）就决定了每次能同时传送的二进制位数。如果数据总线宽度为 8 位，指令的长度为 16 位，则取一条指令需要访问两次存储器。由此可以看出，数据总线的宽度是表现系统整体性能的关键因素之一。8088 CPU 的外部数据总线宽度为 8 位，而 Pentium CPU 的数据总线宽度为 64 位，大大加快了对存储器的存取速度。

② 地址总线。地址总线用于传送地址信息，即这类总线上所传送的一组二进制 0 或 1 表示的是某一个内存单元地址或 I/O 端口地址。它规定了数据总线上的数据来自何处或被送往何处。例如，当 CPU 要从存储器中读取一个数据时，不论该数据是 8 位、16 位或 32 位，都需要先形成存放该数据的地址，并将地址放到地址总线上，然后才能从指定的存储器单元中取出数据。因地址信息均由系统产生，所以它的传送方向是单向的。

地址总线的宽度决定了能够产生的地址码的个数，从而也就决定了计算机系统能够管理的最大存储器容量。此外，在进行输入/输出操作时，地址总线还要传送 I/O 端口的地址。由于寻址 I/O 端口的容量要远低于内存的容量，所以一般在寻址端口时，只使用地址总线的低端几位，寻址内存时才使用地址总线的所有位。例如，在 8086 系统中，寻址端口时需要用到地址总线的低 16 位，高 4 位设定为 "0"；寻址内存时则用全部 20 位地址信号。

③ 控制总线。控制总线用于传送各种控制信号，以实现对数据总线、地址总线的访问及对使用情况进行控制。控制信号的作用是在系统内各部件之间发送操作命令和定时信号，通常包括以下几种类型。

　　a. 写存储器命令。在写存储器命令的控制下，数据总线上的数据被写入指定的存储器单元。

　　b. 读存储器命令。在读存储器命令的控制下，将指定存储器单元中的数据放到数据总线上。

　　c. I/O 写命令。在 I/O 写命令的控制下，将数据总线上的数据写入指定的 I/O 端口。

　　d. I/O 读命令。在 I/O 读命令控制下，将指定 I/O 端口的数据放到数据总线上。

　　e. 传送响应。传送响应用于表示数据已经被接收或已经将数据放上数据总线的应答信号。

　　f. 总线请求。总线请求用于表示系统内的某一部件欲获得对总线的控制权的信号。

　　g. 总线响应。总线响应表示获准系统内某部件控制总线。

　　h. 中断请求。中断请求表示系统内某中断源发出欲中断的请求信号。

　　i. 中断响应。中断响应表示系统内某中断源发出的中断请求信号已获得响应。

　　j. 时钟和复位。时钟信号用于同步操作时的同步控制。在初始化操作时，需要用复位命令。

　　控制信号从总体上讲，其传送方向是双向的，但就某一具体信号来讲，其信息的走向都是单向的。

　　（2）按总线的层次结构划分

　　总线按照层次结构可分为前端总线（或 CPU 总线）、系统总线和外设总线。计算机系统内各层的信息传送由各层总线完成。

　　① 前端总线。前端总线包括地址总线、数据总线和控制总线，一般是指从 CPU 引脚上引出的连接线，用来实现 CPU 与主存储器、CPU 与 I/O 接口芯片、CPU 与控制芯片组等芯片之间的信息传输，也用于系统中多个 CPU 之间的连接。前端总线是生产厂家针对其具体的处理器设计的，与具体的处理器有直接的关系，没有统一的标准。

　　② 系统总线。系统总线也称为 I/O 通道总线，同样包括地址总线、数据总线和控制总线，是主机系统与外围设备之间的通信通道。在主板上，系统总线表现为与 I/O 扩展插槽引线连接的一组逻辑电路和导线。I/O 插槽上可插入各种扩展板卡，它们作为各种外部设备的适配器与外设相连。系统总线有统一的标准，各种外设适配卡可以按照这些标准进行设计。所以，各种总线标准主要是指系统总线的标准以及与系统总线相连的插槽的标准。常见的系统总线标准有 ISA（Industry Standard Architecture）总线、PCI（Peripheral Component Interconnect）总线、AGP（Accelerated Graphics Port）总线等。

　　③ 外设总线。外设总线是指计算机主机与外部设备接口的总线，实际上是一种外设的接口标准。目前在微型计算机上流行的接口标准有 IDE（EIDE）、SCSI、USB 和 IEEE 1394 这 4 种。前两种主要是与硬盘、光驱等 IDE 设备接口，后两种可以用来连接多种外部设备。

　　除以上两种分类原则外，总线还可以按其相对于 CPU 的位置分为片内总线和片外总线。在 CPU 内部，寄存器、算术逻辑部件 ALU、控制部件以及地址形成部件之间进行信息传送所用的总线称为片内总线（即芯片内部的总线）；而通常所说的总线则是指片外总线，是 CPU 与内存和输入/输出设备接口之间进行通信的通路。有的资料上也把片内总线叫作内部总线或内总线（Internal Bus），把片外总线叫作外部总线或外总线（External Bus）。

2.3.1.3　总线结构

　　在微机系统中，总线结构可划分为两种，即单总线结构和多总线结构。在多总线结构中，又以双总线结构为主。

　　（1）单总线结构

　　本书第 1 章中图 1-8 所示的微机系统结构就属于单总线结构。计算机的各个部件均挂接在一组总线上，构成微机的硬件系统，所以它又称为面向系统的单总线结构。在单总线结构中，CPU 与主存之间、CPU 与 I/O 设备之间、I/O 设备与主存之间、各种设备之间都通过单一系统总线交换信息。

单总线结构的优点是控制简单、扩充方便。但由于所有设备部件均挂接在单一总线上，使这种结构只能分时工作，即同一时刻只能在两个设备之间传送数据，这就使系统总体数据传输的效率和速度受到限制，这是单总线结构的主要缺点。

（2）多总线结构

① 双总线结构。双总线结构又分为面向 CPU 的双总线结构和面向存储器的双总线结构。

面向 CPU 的双总线结构如图 2-14 所示。其中一组总线是 CPU 与主存储器之间进行信息交换的公共通路，称为存储总线；另一组是 CPU 与 I/O 设备之间进行信息交换的公共通路，称为输入/输出（I/O）总线。外部设备通过挂接在 I/O 总线上的接口电路与 CPU 交换信息。

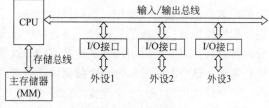

图 2-14　面向 CPU 的双总线结构

由于在 CPU 与主存储器之间、CPU 与 I/O 设备之间分别设置了总线，从而提高了微机系统信息传送的速率。但是由于外设与主存之间没有直接的通路，它们之间的信息交换必须通过 CPU 才能进行中转，这就要求 CPU 必须花大量的时间来进行信息的输入/输出处理，从而降低了 CPU 的工作效率（或增加了 CPU 的占用率）。一般来说，外设工作时要求 CPU 干预得越少越好。CPU 干预得越少，这个设备的 CPU 占用率就越低，说明设备的智能化程度越高。CPU 占用率与系统结构有很大关系，这是面向 CPU 的双总线结构的主要缺点。

面向存储器的双总线结构保留了单总线结构的优点，即所有设备和部件均可通过总线交换信息。与单总线结构不同的是，在 CPU 与主存储器之间又专门设置了一条高速总线，使 CPU 可以通过它直接与主存储器交换信息。面向主存储器的双总线结构不仅使信息传送效率提高，而且减轻了总线的负担，这是它的主要优点。但这种总线结构硬件造价较高。图 2-15 是这种结构的示意图。

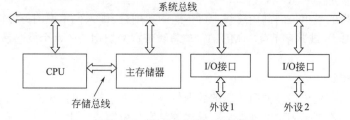

图 2-15　面向主存储器的双总线结构

② 多总线结构。随着对微型计算机性能的要求越来越高，现代微型计算机的体系结构已不再采用单总线或双总线的结构，而是采用更复杂的多总线结构，如图 2-16 所示。

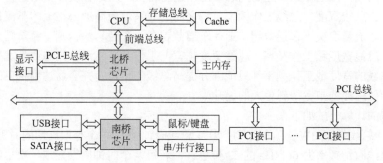

图 2-16　现代微型计算机中的多总线结构

2.3.1.4 总线操作

接到总线上的设备有两种工作方式：主控方式和从属方式。由此，连接到总线上的设备就分为主控设备和从属设备。主控设备可以通过总线进行数据传送；从属设备只能按主控设备的要求工作，接收传送过来的数据。

微机系统中的各种操作，包括处理器内部寄存器操作、处理器对存储器的读写操作、处理器对 I/O 端口的读写操作、中断操作、直接存储器存取操作等，都是通过总线进行信息交换的，它们在本质上都是总线操作。总线操作的特点是：任意时刻，总线上只能允许一对设备（主控设备和从属设备）进行信息交换。当有多个设备要使用总线时，只能分时使用，即将总线时间分为若干段，每一个时间段完成设备间的一次信息交换，包括从主控设备申请使用总线到数据传送完毕。这个时间段称为一个数据传送周期或总线操作周期。

一个总线周期分为 5 个步骤：总线请求、总线仲裁、寻址、数据传送和传送结束。

① 总线请求。总线请求是由使用总线的主控设备向总线仲裁机构提出使用总线的请求。

② 总线仲裁。总线仲裁决定在下一个传送周期由哪个请求源使用总线。

③ 寻址。寻址是指取得总线使用权的主控设备，通过地址总线发出本次要传送的数据的地址及相关命令，通过译码使参与本次数据传送的从属设备被选中。

④ 数据传送。数据传送实现从主控设备到从属设备的数据传送。

⑤ 传送结束。传送结束是指主控设备、从属设备的相关信息均从总线上撤除，让出总线，以使其他设备能继续使用总线。

对于只有一个主控设备的单处理器系统，不存在总线请求、仲裁和撤除问题，总线始终归它所有，此时的总线周期只有寻址和传送两个阶段。在包括中断控制器、DMA 控制器及多处理器系统中，则需要专门的仲裁机构来分配总线的控制和使用权。

2.3.1.5 总线的主要性能指标

（1）总线的带宽

总线的带宽指的是单位时间内总线上可传送的数据量，即人们常说的每秒钟传送多少字节，单位是字节/秒（B/s）或兆字节/秒（MB/s）。与总线带宽密切相关的两个概念是总线的宽度和总线的工作频率。

（2）总线的位宽

总线的位宽指的是总线能同时传送的数据位数，即人们常说的 16 位、32 位、64 位等总线宽度的概念。在工作频率固定的条件下，总线的带宽与位宽成正比。

（3）总线的工作频率

总线的工作频率也称为总线的时钟频率，以 MHz 为单位。它是指用于协调总线上的各种操作的时钟信号的频率。工作频率越高则总线工作速度越快，也即总线带宽越宽。

总线带宽、总线宽度、总线工作频率三者之间的关系就像高速公路上的车流量、车道数和车速的关系。车流量取决于车道数和车速，车道数越多、车速越快，则车流量越大。同样，总线带宽取决于总线宽度和工作频率，总线宽度越宽，工作频率越高，则总线带宽越大。当然，单方面提高总线的宽度或工作频率都只能部分提高总线的带宽，并容易达到各自的极限。只有两者配合才能使总线的带宽得到更大的提升。

总线带宽的计算公式如下：

$$总线带宽 BW = （总线宽度/8）×总线时钟频率/每个存取周期的时钟数$$

例如，总线时钟频率为 66MHz 的 32 位总线，若每两个时钟周期完成一次总线存取操作，则总线带宽= 32/8×66/2 = 132MB/s。

2.3.2 总线的基本功能

总线传输需要解决以下几方面的问题。

① 总线传输同步。为使信息正确传送，防止丢失，需对总线通信进行定时，根据定时方式不同，可分为同步、异步及半同步 3 种数据传送方式。

② 总线仲裁控制。在总线上某一时刻只能有一个总线主控部件控制总线，为避免多个部件同时发送信息到总线的矛盾，需要有总线仲裁机构。

③ 出错处理。数据传送过程中可能产生错误，有些接收部件有自动纠错能力，可以自动纠正错误；有些部件虽无自动纠错能力，但能发现错误，这时可发出"数据出错"信号，通知 CPU来进行处理。

④ 总线驱动。在计算机系统中通常采用三态输出电路或集电极开路输出电路来驱动总线。后者速度较低，常用在 I/O 总线上。

因此，总线的基本功能包括数据传送、仲裁控制、出错处理及总线驱动。

2.3.2.1 总线的数据传送

数据在总线上传送时，为确保传送的可靠性，传送过程必须由定时信号控制，定时信号使主控设备和从属设备之间的操作同步，定时实现的方式有 3 种：同步定时方式、异步定时方式和半同步定时方式。

（1）同步定时方式

采用同步定时方式时，总线上的数据传送用一个公共的时钟来同步双方的操作，发送和接收信号都在固定的时刻发出。图 2-17 是总线执行写操作时的定时图。主控设备（源端）于某一时刻在数据准备好信号 READY 的控制下将数据发出，从属设备（目的端）在接收信号 ACK 控制下接收数据。同步定时方式比异步定时方式的吞吐量大，因为在源端和目的端之间不需要有来往传送的"握手"控制信号，但延迟时间 t_1 和 t_2 要根据接到总线上最慢的设备来设定。

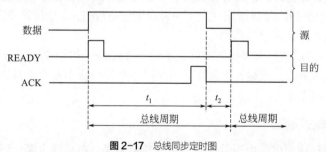

图 2-17 总线同步定时图

同步总线定时方法的缺点是源部件无法知道目的部件是否已收到数据，目的部件也无从知道源部件的数据是否已真正送到总线上。8088 系统中的总线若不考虑插入的等待周期，基本上都属于同步定时方式。

（2）异步定时方式

异步定时方法中没有固定的时钟，定时序列中的每一步都要靠信号在源端和目的端间的来回传送来实现。这些控制信号的传送要有相当可观的延迟时间。为减少信号传送的复杂性，在异步方式中并不是每一步都靠信号传递来定时的，而是把某几步改用等待一段足够长的固定延迟时间来代替对方传送过来的信号。这种用固定延迟时间的信号叫作隐含信号，根据隐含信号的多少，可以把异步总线定时分为非互锁的、半互锁的和全互锁的 3 种方式。这里仅介绍一下非互锁异步定时方式，如图 2-18 所示。在这个方式中，READY 信号和 ACK 信号的脉冲宽度设定为固定时间，即 t_1 和 t_2 为定值。数据送到总线上，经过延迟时间 t_1 后，源端把 READY 信号升高，目的端收到 READY 信号后，接收总线上的数据，并经 t_3 时间后使 ACK 升高以此通知源端，源端接收到 ACK 后，经 t_5 时间从总线上撤去数据，再用 t_6 时间使总线状态稳定，然后开始下一个总线周期。

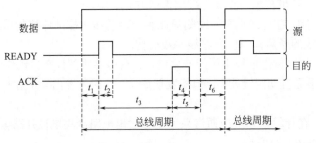

图 2-18　非互锁异步定时

这种方式的优点是任何速度的设备之间都能互相进行通信，缺点是延迟较大。

（3）半同步定时方式

半同步总线定时方式仍利用时钟脉冲的边沿判断某一信号的状态，或控制某一信号的产生和消失，使传输操作与时钟同步。每个动作只能在固定时钟确定的一定时刻发生。它不像同步传输那样传输周期固定，其控制信号间的间隔时间根据总线上所挂接设备的快慢程度是可变的，但间隔时间必须是时钟周期的整倍数。控制周期间隔时间的方法是慢速从属设备通过一根状态信号线（如 WAIT、READY）通知主控设备增加若干时钟周期。WAIT 线有效（或 READY 线无效）时，表示从属设备未准备好接收数据或未把数据送到数据线上。CPU 若检测到这个状态，便自动地在总线周期中插入一个时钟周期，等待从属设备准备好。从属设备准备好后撤销该状态信号，CPU 才不再延长当前的传输周期。

半同步方式允许不同速度的部件协同工作，主控设备可以根据从属设备的状态来自动延长总线时钟周期，但改变后的总线周期一定是时钟周期的整数倍，这是与异步方式的不同之处（异步方式的总线周期长度是完全任意的）。

8086 CPU 的总线周期插入等待状态就是半同步方式的一个实例。它于 t_3 前检测 READY 状态，若从属设备未准备好，则在 t_4 之前插入一个或多个等待状态 t_w 直至从属设备准备好才结束等待状态，进入 t_4 周期。

2.3.2.2　总线仲裁控制

总线仲裁也叫总线判优。由于总线为多个部件所共享，在总线上某一时刻只能有一个总线主控部件控制总线，为了正确地实现多个部件之间的通信，避免各部件同时发送信息到总线的冲突，必须要有一个总线仲裁机构，对总线的使用进行合理的分配和管理。

当总线上的一个部件要与另一个部件进行通信时，首先应该发出请求信号。在某一时刻，可能有多个部件同时要求使用总线，总线仲裁控制机构根据一定的判决原则，决定首先由哪个部件使用总线。只有获得了总线使用权的部件才能开始传送数据。

根据总线控制部件的位置，控制方式可以分成集中方式与分散方式两类。总线控制逻辑集中在一处的，称为集中式总线控制；总线控制逻辑分散在总线各部件中的，称为分散式总线控制。以下简单介绍集中式控制方式，分散式控制方式参考有关文献。

集中式控制方式主要有以下 3 种。

(1) 链式查询方式

链式查询方式如图 2-19 所示。图中所示的总线控制部件在单总线系统和三总线系统中常常是 CPU 的一部分；在双总线系统的 I/O 总线中，它是通道的一部分。链式查询方式需要有 3 根控制线。

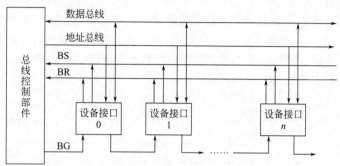

图 2-19 链式查询方式

① 总线忙信号 BS：该信号有效时，表示总线正被某外设使用。

② 总线请求信号 BR：该信号有效时，表示至少有一个外设请求使用总线。

③ 总线回答信号 BG：该信号有效时，表示总线控制部件响应了外设的总线请求。

链式查询方式的主要特征是：总线回答信号 BG 的传送是串行地址从一个 I/O 接口送到下一个 I/O 接口。假如 BG 到达的接口无总线请求，则继续往下传；假如 BG 到达的接口有总线请求，BG 信号便不再往下传，这意味着该 I/O 接口就获得了总线使用权。

显然，在查询链中离总线控制器最近的设备具有最高优先权，离总线控制器越远优先权越低。因此，链式查询是通过接口的优先权排队电路来实现的。

链式查询方式的优点是：只用很少几根线就能按一定的优先次序实现总线控制，并且这种链式结构很容易扩充设备。链式查询方式的缺点是对询问链的电路故障很敏感，如果第 i 个设备的接口中有关链的电路有故障，那么第 i 个以后的设备都不能进行工作。另外，查询链的优先级是固定的，如果优先级高的设备出现频繁的请求时，那么优先级较低的设备可能长时间请求不到总线。

(2) 计数器查询方式

计数器查询方式原理如图 2-20 所示。总线上任何设备要求使用总线时，都通过 BR 线发出总线请求。总线控制器接到总线请求信号后，在 BS 线为 0 的情况下让计数器开始计数，计数值通过一组设备地址线发向各设备。每个外设接口都有一个设备地址判别电路，当设备地址线上的计数值与请求使用总线的设备地址一致时，该设备就获得了总线使用，并置 BS 线为 1，此时中止计数查询。

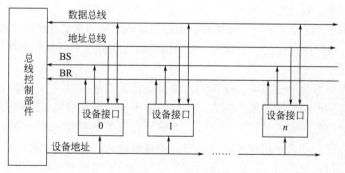

图 2-20 计数器查询方式

每次计数可以从 0 开始，也可从上次计数的中止点开始。如果从 0 开始，各设备的优先次序与链式查询相同，优先级的顺序是固定的；如果从中止点开始，则每个设备使用总线的优先级别是相等的。计数器的初值也可以用程序来设置，这就可以方便地改变优先次序，显然这种灵活性是以增加相应的控制线数为代价的。

（3）独立请求方式

独立请求方式原理如图 2-21 所示。在独立请求方式中，每一个设备均有独立的总线请求线 BR_i 和总线回答线 BG_i。当设备要求使用总线时，便发出该设备的请求信号 BR_i。总线控制部件中一般有一个排队电路，根据一定的优先次序决定首先响应哪个设备的请求，若响应了该设备的请求则发出总线回答信号 BG_i。

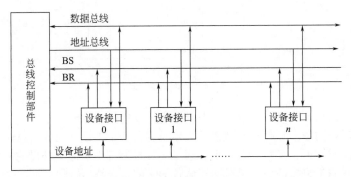

图 2-21　独立请求方式

独立请求方式的优点是响应时间快，即为确定优先响应设备所花费的时间少，不用逐个查询设备，然而这是以增加控制线数为代价的。在链式查询中仅用两根线确定总线使用权属于哪个设备，在计数器查询中大致用 $\log_2 n$ 根线（其中 n 是允许接纳的最大设备数），而独立请求方式需则采用 $2n$ 根线。

独立请求方式对优先次序的控制也是相当灵活的。它可以预先固定，如让 BR_0 优先级最高、BR_1 次之、……、BR_n 最低；或者通过程序来改变优先次序；或者采用屏蔽某个请求的办法，不响应来自与当前处理无关的设备的请求。

2.3.2.3　总线驱动及出错处理

（1）总线驱动

在计算机系统中，总线上连接的设备接口很多，每个接口电路都要从总线上吸收电流，因此需要总线驱动。常用的总线驱动器是三态总线驱动器。但总线驱动器的驱动能力有限，因此在扩充外设接口时要加以注意。通常一个模块或部件限制为 1～2 个负载（必须是低功耗的负载），同时，为减轻总线上的负载，在设备接口电路与总线之间通常要设置缓冲器，起隔离和驱动的作用。如果所有接口都直接连接到总线，将会因总线上负载过于沉重而使系统无法正常工作。

（2）出错处理

数据传送过程中可能产生错误，解决的方法是在传输的数据中增加一些冗余位，使冗余位与传送的数据具有某种特殊的关系。例如，使数据中 1 的个数为偶数，这样接收部件中的错误校验电路就可以检查出接收的数据是否出错。若这种特殊关系存在，表示接收的数据正确；若这种特殊关系不存在，则表示接收的数据出错。发现错误后，如何去处理错误？通常有两种方法：当总线控制器和设备接口中的总线接口部件有自动纠错电路时，纠错电路可以根据错误的状态用某种算法自动纠正错误；若部件中无自动纠错电路，则可在发现错误后发出"数据出错"

信号让 CPU 来进行错误处理，通常是向 CPU 发出中断请求信号，CPU 响应中断后，转入错误处理程序来处理异常情况。

2.3.3　常用系统总线和外设总线标准

2.3.3.1　系统总线

（1）系统总线标准

在国际化生产非常流行的今天，一台计算机往往不再是由单一的企业按大而全的方式生产出来，而是将计算机中的各部件交给不同的专业化生产厂家分别生产，然后再由组装厂组装成完整的计算机。这样做主要是为了降低成本，提高生产率和产品的质量。为了将不同厂家生产的各种部件组装在一起，形成一台完整的计算机，需要各厂家按照一定的标准进行生产，特别是系统总线。由于外设接口卡都要通过它接入系统，所以总线标准的制定更显重要。系统总线制定的标准有很多，如 ISA、EISA、MCA、PCI-E、PC1、AGP 等。

① ISA（Industry Standard Architecture）工业标准总线是 IBM 公司为 286/AT 微型计算机制定的一种总线标准，也称为 AT 总线标准。随着技术的发展，作为 8/16 位的总线标准，ISA 总线已基本被淘汰。

② MCA（Micro Channel Architecture）微通道总线结构是 IBM 公司专为其 PS/2 系统开发的总线标准。由于执行的是使用许可证制度，因此未能得到有效推广。

③ EISA（Extended Industry Standard Architecture）是在 ISA 总线基础上为 32 位 CPU 设计的扩展工业标准总线。

④ PCI（Peripheral Component Interconnect）是 SIG（Special Interest Group）集团推出的高性能的总线结构。1992 年起，先后有 Intel、HP、IBM、Apple、DEC、Compaq、NEC 等著名的厂商加盟重新组建。

⑤ AGP（Accelerated Graphics Port）加速图形接口总线是一种专为提高视频带宽而设计的总线规范。

⑥ PCI-E（PCI Express）总线是目前最新的系统总线标准。虽然是在 PCI 总线的基础上发展起来的，但它与并行体系的 PCI 没有任何相似之处。它采用串行方式传输数据，依靠高频率来获得高性能，因此 PCI Express 也一度被人们称为"串行 PCI"。

系统总线与 I/O 接口卡的连接是用总线插座来实现的，即各 I/O 接口插件板连入系统时需要插入与系统总线连接的插槽。为使不同厂家生产的 I/O 接口板都可以连入系统后正常工作，就需要制定相应的总线标准。

系统总线通常为 50～100 根信号线，这些信号线可分为 5 个主要类型。

① 数据线：决定数据宽度。

② 地址线：决定直接选址范围。

③ 控制线：包括控制、时序和中断线，决定总线功能和适应性的好坏。

④ 电源线和地线：决定电源的种类及地线的分布和用法。

⑤ 备用线：留给厂家或用户自己定义。

有关这些信号线的标准主要涉及如下几个方面：信号的名称，信号的定时关系，信号的电平，连接插件的几何尺寸，连接插件的电气参数，引脚的定义、名称、序号，引脚的个数，引脚的位置，电源及地线等。

微型计算机自问世以来，从 8 位机到 16 位机、32 位机，一直发展到了 64 位机，为了适应数据宽度的增加和系统性能的提高，依次推出并采用的系统总线标准有 XT 总线、ISA 总线、EISA 总线、PCI 总线以及专为提高视频带宽而设计的 AGP 总线。下面简单介绍一下 8086 CPU 以来使用最广泛的 4 种系统总线：ISA 总线、PCI 总线、AGP 总线和 PCI Express 总线。

(2) ISA 总线

ISA 是由美国 IBM 公司推出的 16 位标准总线，数据传输率为 16Mb/s，主要用于 IBM-PC/XT、AT 及其兼容机上。

① ISA 总线的起源。最早的 PC 总线是 IBM 公司于 1981 年推出的基于 8 位机 PC/XT 的总线，称为 PC 总线。1984 年，IBM 公司推出了 16 位微型计算机 PC/AT，其总线称为 AT 总线。然而 IBM 公司从未将 AT 总线规格公布于众，这就给兼容设备生产商开发外设接口卡造成了很大的困难。为解决这个问题，Intel 公司、IEEE 和 EISA 集团联合开发了与 IBM/AT 原装机总线意义相近的 ISA 总线，即 8/16 位的工业标准体系结构总线。

② ISA 总线的主要特点和性能指标。8 位 ISA 扩展总线插槽由 62 个引脚组成，用于 8 位的插卡。8/16 位的扩展插槽除了具有一个 8 位 62 线的连接器外，还有一个附加的 36 线连接器，这种扩展总线插槽既可支持 8 位的插卡，也可支持 16 位插卡。ISA 总线的主要性能指标如下：

a. I/O 地址空间为 0100H～03FFH。

b. 24 位地址线可直接寻址的内存容量为 16MB。

c. 总线宽度为 8/16 位，最高时钟频率为 8MHz，最大稳态传输率为 16Mb/s。

d. 支持 15 级中断。

e. 7 个 DMA 通道。

f. 开放式总线结构，允许多个 CPU 共享系统资源。

(3) PCI 总线

PCI（外设互连）总线是 1991 年由 Intel 公司提出，并联合其他多家公司共同推出的 32/64 位标准总线，是一种与 CPU 隔离的总线结构，能与 CPU 同时工作。这种总线适应性强、速度快，数据传输率为 133Mb/s，适用于 Pentium 以上的微型计算机。

① PCI 总线的主要性能和特点。PCI 总线是一种不依附于某个具体处理器的局部总线。从结构上看，PCI 是在 CPU 和原来的系统总线之间插入的另一级总线，具体由一个桥接电路（习惯上称为北桥芯片）实现对这一层的管理，并实现上下之间的接口以协调数据的传送。管理器提供了信号缓冲，使之能支持 10 种外设，并能在高时钟频率下保持高性能。PCI 总线也支持总线主控技术，允许智能设备在需要时取得总线控制权，以加速数据传送。PCI 总线的主要性能如下：

a. 总线宽度为 32/64 位，总线时钟频率为 33/66MHz，最大数据传输速率为 528Mb/s。

b. 时钟同步方式。

c. 与 CPU 及时钟频率无关。

d. 能自动识别外设（即插即用功能）。

e. 具有与处理器和存储器子系统完全并行操作的能力。

f. 具有隐含的中央仲裁系统。

g. 采用多路复用（地址线和数据线），减少了引脚数。

h. 完全的多总线主控能力。

i. 提供地址和数据的奇偶校验。

② PCI 总线体系结构。PC1 总线的体系结构如图 2-22 所示。

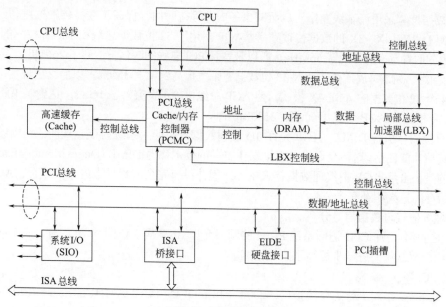

图 2-22 PCI 总线体系结构

从图中可以看到，CPU 总线和 PCI 总线由桥接电路（PCMC）相连。芯片中除了含有桥接电路外，还有 Cache 控制器和 DRAM 控制器等其他控制电路。PCI 总线上可挂接高速设备，如图形控制器、IDE 设备或 SCSI 设备、网络控制器等。PCI 总线和 ISA/EISA 总线之间也通过桥接电路（习惯上称为南桥芯片）相连，ISA/EISA 上挂接传统的慢速设备，继承原有的资源。PCI 总线把 ISA/EISA 总线作为一种外部设备与之进行数据交换。

此外，PCI 总线还支持其他一些连接方式，如双 PCI 总线方式、PCI to PCI 方式、多处理器服务器方式等。

（4）AGP 总线

① 设计 AGP 总线的目的。AGP 总线是一种专为提高视频带宽而设计的总线规范。AGP 插槽可以插入符合该规范的 AGP 显卡。其视频信号的传输速率可以从 PCI 的 133Mb/s 提高到 266Mb/s（×1 模式）、533Mb/s（×2 模式）、1066Mb/s（×4 模式）或 2133Mb/s（×8 模式）。严格来说，AGP 不能称为总线，因为它仅在 AGP 控制芯片和 AGP 显卡之间提供了点到点的连接。

在 AGP 出现以前，几乎所有图形显卡都采用 PCI 总线接口。随着图形显卡 3D 图形处理性能的大幅提升，显卡处理的数据越来越多，PCI 接口就逐渐地暴露出它的局限性。这种局限性主要表现在 3D 图形描绘中，存储在 PCI 显卡显示内存中的不仅有影像数据，还有纹理数据（Texture Data）、Z 轴的距离数据及 Alpha 变换数据等，特别是纹理数据的信息量相当大。例如，显示 1024×768×16 位真彩色的 3D 图形时，纹理数据的传输速度需要 200Mb/s 以上，但 PCI 总线最高数据传输速度仅为 133Mb/s，因而成为系统的主要瓶颈。

为了解决 3D 图形数据的传输问题，主要的微型计算机生产厂商联合推出了 AGP 图形接口。AGP 在主内存与显卡之间提供了一条直接的通道，使得 3D 图形数据可以不经过 PC1 总线而直接送入显示子系统。这样就突破了由于 PCI 总线形成的系统瓶颈，从而实现了以相对低的价格来达到高性能 3D 图形的描绘功能。因此，推出 AGP 接口的主要目的就是大幅提高微型计算机的 3D 图形处理能力，或者说 AGP 是用于加速图形显示的一个专用总线接口。

② AGP 的性能特点。AGP 以 66MHz PCI Rev2.1 规范为基础，在此基础上扩充了以下主要功能。

a. 数据读写采用流水线操作,从而减少了内存等待时间,提高了数据传输速度。

b. 具有 2X、4X、8X 的数据传输频率。AGP 使用了 32 位数据总线和多时钟技术的 66MHz 时钟。因为时钟频率提高到了 66MHz,所以带宽是 PCI 总线的 2 倍,达到了 266Mb/s。随后很快 AGP 2X 问世,通过每周期传送两次 32 位数据将带宽提高到了 533Mb/s。以后又出现了每时钟周期处理 4 个 32 位数据的 AGP 4X 模式,使 AGP 总线传输带宽突破了 1Gb/s,达到了 1066 Mb/s。最新的 8X 模式使 AGP 带宽甚至可达 2133Mb/s。

c. 直接内存执行 DIME。AGP 允许 3D 纹理数据直接存入系统内存,从而让出帧缓冲区和带宽供其他功能使用。这种允许显卡直接操作主存的技术称为 DIME(Direct Memory Execute)。要说明的是,虽然 AGP 把纹理数据存入主存,但并没有完全取代显卡的显示缓存,AGP 主存只是对缓存的扩大和补充。

d. 地址信号与数据信号分离。

e. 并行操作。在 CPU 访问系统 RAM 的同时允许 AGP 显卡访问 AGP 内存,显卡可以独享 AGP 总线带宽,从而进一步提高了系统性能。

(5) PCI Express 总线

PCI Express 是新一代的总线接口,2002 年由 Intel 公司联合 AMD、DELL、IBM 等多家业界主导公司提出并完成。它采用点对点串行连接,比起 PCI 总线的共享并行架构,每个设备都有自己的专用连接,不需要向整个总线请求带宽,而且可以把数据传输率提高到一个很高的频率,达到 PCI 所不能提供的高带宽。

PCI Express 总线接口从性能上主要具有以下特点。

① PCI Express 在技术上允许实现 X1、X2、X4、X8、X12、X16 和 X32 通道规格,目前,PCI Express X1 和 PCI Express X16 是 PCI Express 的主流规格。

② PCI Express X1 支持双向数据传输,每向数据传输带宽为 250Mb/s,可以满足主流声效芯片、网卡芯片和存储设备对数据传输带宽的需求,但是无法满足图形芯片对数据传输带宽的需求。

③ PCI Express X16 专为显卡设计,用于取代 AGP 接口以提高图形和视频信号的传输率。它也支持双向数据传输,能够提供 5Gb/s 的带宽,除去编码上的损耗,仍能够提供约 4Gb/s 的实际带宽,远远超过了 AGP 8X 的 2.1Gb/s 的带宽。

④ 除提供极高数据传输带宽之外,和 ISA、PCI、AGP 总线不同的另一点是 PCI Express 采用串行方式传输数据,因此其每个针脚可以获得比传统 I/O 标准更多的带宽,这样就降低了 PCI Express 设备的生产成本和体积。

⑤ PCI Express 支持高阶电源管理、支持热插拔、支持数据同步传输,为优先传输数据进行带宽优化。

⑥ 在软件层面上,PCI Express 兼容目前的 PCI 技术和设备,支持 PCI 设备和内存模组的初始化。也就是说,目前的驱动程序、操作系统无需推倒重来,就可以支持 PCI Express 设备。

总之,PCI Express 是新一代的系统总线标准,其较高的数据传输性能能大幅提高中央处理器(CPU)和图形处理器(GPU)之间的带宽。

2.3.3.2 外设总线

外部设备总线用于实现计算机主机和外部设备之间的连接,它与传统外设接口有很大的区别。传统外设接口是专用的,通常只能连接某一特定类型的设备,而且大多数情况下只能连接一个设备;外部设备总线是通用的,可连接不同的外部设备,并且允许在一个总线上连接很多设备。

常见的外部设备总线有 USB（Universal Serial Bus）和 IEEE 1394（又称 FireWire）。限于篇幅，下面仅简要介绍 USB 总线的特点及主要技术指标。

USB 是由 Compaq、DEC、IBM、Intel、Microsoft 和 NEC 等多家美国和日本公司共同开发的一种新的外设连接技术，其目的是为用户提供一种独立于主机系统，并在整个计算机系统结构中保持一致的，具有可共享、可扩充、使用方便等特性的串行总线。

（1）USB 总线的特点

① 易使用，主要表现在以下方面。

a. 适合多种设备。USB 是一种通用接口，可适用于多种外设，即无需为每个外设准备不同的接口和协议，一种接口就能满足多种外设。

b. 自动配置，即插即用（PnP）。当用户连接 USB 外设到一个正在运行的系统时，Windows 能自动检测外设，加载合适的驱动程序。

c. 无需用户设定。USB 不需要用户进行初始设置，如端口地址和中断请求（IRQ）线等，这给使用带来了很大的方便。

d. 节省硬件资源。PC 上可供使用的 IRQ 线是一种宝贵的稀缺资源，无法给新的外设分配 IRQ 常常是使用 USB 的原因之一。如果外设都尽可能地使用 USB，就可使 IRQ 线空闲出来供那些必须使用 IRQ 的外设使用。对 USB 来说，它只需要若干个端口地址和一根 IRQ，而挂接到 USB 上的外设不需要其他任何资源。对比之下，每个非 USB 外设都要求有自己的端口地址，通常还要一根 IRQ 线，有时还要有一个扩展槽（如 MODEM 卡）。

e. 易于连接。有了 USB，就不需要再打开计算机的机箱去为每个外设增加扩展卡。USB 的连接器和电缆都有确定的规格，即使没有经验的用户也不会接错。一个普通的 PC 有 2～6 个 USB 端口，如果需要，还可以通过连接一个 USB 集线器来扩展端口的数量。集线器可以提供多个端口来连接更多的外设或集线器。一个 USB 可支持多达 127 个物理外设。

f. 可热插拔。不管系统和外设是否开机，都可以在任何时候连接和断开外设，且不会造成损坏。当外设连接到 PC 上时，操作系统会自动检测到并准备使用。

g. 不需另备电源。USB 接口自带了电源线和地线，可以提供+5V 的电源供应。一个外设如果需要中等功率的电源供应（最多 500mA），则它完全可以从总线得到电源供应而不需要使用外置电源。

② 速度较快。一个全速 USB 1.1 接口可以 12Mb/s 的速度进行通信。实际数据传输速率比这个数值要低一些，这是因为所有外设都共用总线，导致总线除传输数据外，还必须携带状态控制和错误检测信号。如果这还不够快，USB2.0 规范将允许以 480Mb/s 速率传输数据，这使得 USB 对打印机和其他需要快速传递大容量数据的外设更具吸引力。USB 也支持 1.5Mb/s 的低速传输。低速外设通常很便宜，而且它们的电缆可以更灵活（如鼠标），因为电缆不需要屏蔽。

③ 可靠性高。USB 的可靠性来自硬件设计和数据传输协议两方面。USB 驱动器、接收器和电缆的硬件规范消除了大多数可能引起数据错误的噪声。此外，USB 协议采用了差错控制/缺陷发现机制，当检测到错误时能通知发送方重新发送前面的数据。检测、通知和重发都由硬件来完成，不需要任何软件的介入。

④ 低成本。虽然 USB 比以前的接口更复杂，但它的组件和电缆并不昂贵。带有 USB 接口的设备与带有相同功能的老式接口的设备所需的费用几乎是相同的，甚至更低。对成本非常低的外设来说，可以选择低速传输以降低对硬件的要求，使成本控制在合理的范围内。

⑤ 低功耗。当 USB 外设不被使用时，省电电路和代码会自动关闭它的电源，但仍然能够在需要的时候做出反应。降低电源消耗除了可带来保护环境的好处之外，这个特征对于电源供

应非常敏感的笔记本电脑尤其有用。

（2）主要技术指标

到目前为止，USB 已有多种版本，所有版本的 USB 均采用一条 4 芯的电缆连接主机和 USB 设备。连接电缆除提供信号线外，还向 USB 设备提供了电源。随着技术的发展，USB 的技术指标也在不断变化中，最新的 USB 3.2 的最大传输带宽为 20Gb/s。

2.3.4　8088 系统总线

在对总线系统有了整体了解的基础上，本节将简单介绍 8088 的系统总线结构。

2.3.4.1　最小模式下的系统总线

在最小模式下（MN/MX 引脚接高电平），CPU 仅支持由少量设备组成的单处理器系统而不支持多处理器结构。这种模式下的 8088 系统总线构成如图 2-23 所示。图中，系统总线的 20 条地址线用 3 片 8282（或 74LS373）锁存器构成。8 条双向的数据总线通过 1 片 8286（或 74LS245）双向总线驱动器连接到外部数据总线。CPU 本身产生全部总线控制信号（DT/R、$\overline{\text{DEN}}$、ALE 和 IO/$\overline{\text{M}}$）和命令输出信号（$\overline{\text{WR}}$、$\overline{\text{RD}}$ 或 $\overline{\text{INTA}}$），并提供请求访问总线的控制信号（HOLD/HLDA），该信号与总线主设备控制器（如 Intel 8237 和 8257DMA 控制器）兼容，这样就实现了最小模式下的系统总线。在实际系统中，还应考虑以下两个问题。

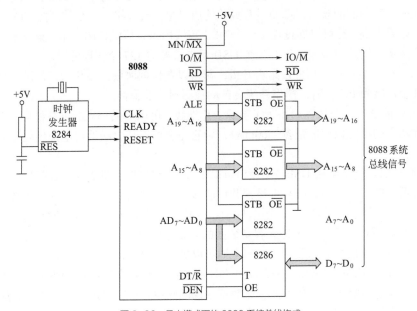

图 2-23　最小模式下的 8088 系统总线构成

①　系统总线的控制信号是 8088 CPU 直接产生的。若 8088 CPU 驱动能力不够，可以加上总线驱动器 74LS244 进行驱动。

②　按此构成的系统总线尚不能进行 DMA 传送，因为未对系统总线形成器件（8282、8286）做进一步控制。

2.3.4.2　最大模式下的系统总线

在最大模式（MN/$\overline{\text{MX}}$ 引脚接低电平）下，增添一个 8288 总线控制器就使 CPU 能支持系统总线上的多个处理器。图 2-24 为最大模式的系统组成框图。在最大模式下，由总线控制器提供所有总线控制信号和命令信号。CPU 的部分引脚进行了重新定义以支持多处理器工作方式。8288 总线控制器利用 CPU 输出的 $\overline{S_2}$、$\overline{S_1}$、$\overline{S_0}$ 状态信号来产生总线周期所需的全部控制和命令信号。S_2、S_1、S_0 状态信号的定义可参见本书配套电子资源。

图 2-24 中，8282 和 8286 也可分别用 74LS373 和 74LS245 代替。在此图中同样没有考虑在系统总线上实现 DMA 传送的问题。下面提到的在 PC/XT 系统总线上所采用的 DMA 传送方法是一种解决方案，总的原则是：在进行 DMA 传送时，一定要保证总线形成电路所有输出信号都呈现高阻状态，即放弃对系统总线的控制。

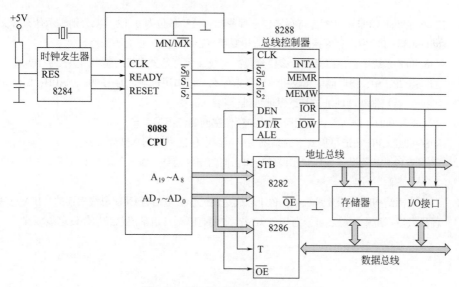

图 2-24　最大模式下的 8088 系统总线构成

当系统总线形成后，内存及各种接口就可以直接与系统总线连接，从而构成所需的微型计算机系统。鉴于在后面章节中要经常用到 8088 最大模式下的总线信号，希望读者能牢固掌握以下系统总线信号的作用及它们互相之间的定时关系。

① 地址信号线：$A_0 \sim A_{19}$。

② 数据信号线：$D_0 \sim D_7$。

③ 控制信号线：$\overline{\text{MEMR}}$、$\overline{\text{MEMW}}$（访问存储器时的读、写控制信号）；$\overline{\text{IOR}}$、$\overline{\text{IOW}}$（访问 I/O 端口时的读、写控制信号）。

在后面的章节中将直接采用系统总线信号来叙述问题，不再做出说明。

 习题

2.1　微处理器主要由哪几部分构成?

2.2　说明 8088 CPU 中 EU 和 BIU 的主要功能。执行指令时，EU 能直接访问存储器吗?

2.3　8088 CPU 工作在最小模式时:

当 CPU 访问存储器时，要利用哪些信号？

当 CPU 进行 I/O 操作时，要利用哪些信号？

当 HOLD 有效并得到响应时，CPU 的哪些信号置高阻？

2.4 总线周期中，何时需要插入 t_w 等待周期？插入 t_w 周期的个数取决于什么因素？

2.5 若 8088 工作在单 CPU 方式下，在表 2-4 中填入不同操作时各控制信号的状态。

表 2-4 控制信号的状态

操作	IO/$\overline{\text{M}}$	DT/$\overline{\text{R}}$	$\overline{\text{DEN}}$	$\overline{\text{RD}}$	$\overline{\text{WR}}$
读存储器					
写存储器					
读 I/O 接口					
写 I/O 接口					

2.6 在 8086/8088 CPU 中，标志寄存器包含哪些标志位？各位为 0（为 1）分别表示什么含义？

2.7 8086/8088 CPU 中，有哪些通用寄存器和专用寄存器？说明它们的作用。

2.8 8086/8088 系统中，存储器为什么要分段？一段最大为多少字节？最小为多少字节？

2.9 在 8088 CPU 中，物理地址和逻辑地址是指什么？已知逻辑地址为 1F00: 38A0H，如何计算出其对应的物理地址？若已知物理地址，其逻辑地址唯一吗？

2.10 若 CS=8000H，则当前代码段可寻址的存储空间的范围是多少？

2.11 8086/8088 CPU 在最小模式下的系统构成至少应包括哪些基本部分（器件）？

2.12 在图 2-19 中，若设备接口 0 和设备接口 1 同时申请总线，哪一个设备接口将最先获得总线控制权？为什么？

2.13 在南北桥结构的 80×86 系统中，PCI 总线是通过什么电路与 CPU 总线相连的？ISA 总线呢？

2.14 现代微机系统中，总线可分为哪些类型？主要有哪些常用系统总线和外设总线标准？

第3章

8086/8088指令系统

引 言

每一系列的处理器都有自己的指令系统，可以说，指令系统功能的强弱大体上决定了计算机硬件系统功能的高低。本章以 8086/8088 CPU 指令系统为基础，介绍指令的一般概念和执行过程、CISC 和 RISC 指令的概念、寻址方式以及不同类型指令的功能。

教学目的

① 了解指令的一般概念、指令的基本格式及指令的执行过程；

② 熟悉指令对操作数的各种寻址方式；

③ 深入理解 8086 指令系统全部六大类指令的功能，包括指令操作码的含义、指令对操作数的要求和指令的执行结果。

扫码获取拓展
阅读材料

3.1　概述

控制计算机完成指定操作并能够被计算机所识别的命令称为指令。一台计算机能够识别的所有指令的集合称为该机的指令系统。不同的计算机（或者说不同的微处理器）具有各自不同的指令系统。指令系统定义了计算机硬件所能完成的基本操作，其功能的强弱在一定程度上决定了硬件系统性能的高低。

Intel 8088/8086 CPU 指令系统也是 Intel 80×86 系列 CPU 的基本指令系统。由于 8086 和 8088 的指令系统完全相同，为叙述方便，以下统称为 8086 指令系统。

8086 CPU 与其上一代的 8 位 CPU（如 8080、8085）相比，其指令系统在指令的数量上、功能上、寻址方式的多样性上以及处理数据的能力上都有了很大的提高。例如，8086 仅有加减法指令，还可用一条指令完成乘法或除法运算；此外，它还增加了中断指令及串操作指令等。

8086/8088 CPU 的指令系统共包含 92 种基本指令，按照功能可将它们分为六大类：数据传送类、算术运算类、逻辑运算和移位、串操作、控制转移类、处理器控制。

为使读者对 8086/8088 指令系统有一个粗略的概念，表 3-1 列出了上述六大类指令中常用指令的助记符，更详细的内容将在 3.3 节中介绍。

表 3-1　8086/8088 CPU 常用指令

指令类型		助记符
数据传送	一般数据传送	MOV、PUSH、POP、XC HG、XLAT、CBW、CWD
	输入/输出指令	IN、OUT
	地址传送指令	LEA、LDS、LES
	标志传送指令	LAHF、SAHF、PUSHF、POPF
算术运算	加法指令	ADD、ADC、INC
	减法指令	SUB、SBB、DEC、NEG、CMP
	乘法指令	MUL、IMUL
	除法指令	DIV、IDIV
	十进制调整指令	DAA、AAA、DAS、AAS、AAM、AAD
逻辑运算和移位指令		AND、OR、NOT、XOR、TEST、SHL、SAL、SHR、SAR、ROL、ROR、RCL/RCR
串操作指令		MOVS、CMPS、SCAS、LODS、STOS
控制转移指令		JMP、CALL、RET、LOOP、LOOPE、LOOPNE、INT、INTO、IRET 各类条件转移指令
处理器控制指令		见表 3-6

3.1.1　指令的基本构成

3.1.1.1　指令的一般格式

一条指令通常由两个部分组成，如图 3-1 所示。第一部分为操作码（或称指令码），用便于记忆的助记符表示（一般是英文单词的缩写），用于指出指令要进行何种操作，因此是指令中必须给出的内容。另一部分是指令操作的对象，称为操作数，包括位移量和立即数，可根据不同的情况显式地给出或隐含存在。

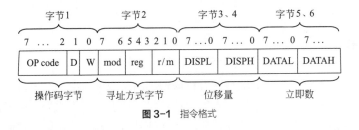

图 3-1　指令格式

8086 指令格式各部分含义如下：

① OP code 为操作码，表示该指令要完成的操作。D=0 表示 reg 域指定的寄存器用作源操作数；D=1 表示 reg 域指定的寄存器用作目的操作数。W=0 表示操作数为 8 位；W=1 表示操作数为 16 位。

② mod 为寻址方式。mod=11 表示寄存器寻址；mod≠11 表示存储器寻址，mod=00 表示没有偏移量、01 表示 8 位偏移量、10 表示 16 位偏移量。

③ reg 用编码方式指明操作中所使用的寄存器。

④ r/m 用编码方式指出存储器有效地址计算方法。

⑤ DISP 表示地址偏移量。

⑥ DATA 则指明立即数。

其中，寻址方式字节定义如表 3-2 所示。

表 3-2　寻址方式字节定义

mod=11			mod≠11（存储器操作数）			
reg	W=0	W=1	r/m	mod=00	mod=01	mod=10
0	AL	AX	0	[BX+SI]	[BX+SI]+D8	[BX+SI]+D16
1	CL	CX	1	[BX+DI]	[BX+DI]+D8	[BX+DI]+D16
10	DL	DX	10	[BP+SI]	[BP+SI]+D8	[BP+SI]+D16
11	BL	BX	11	[BP+DI]	[BP+DI]+D8	[BP+DI]+D16
100	AH	SP	100	[SI]	[SI]+D8	[SI]+D16
101	CH	BP	101	[DI]	[DI]+D8	[DI]+D16
110	DH	SI	110	直接地址	[BP]+D8	[BP]+D16
111	BH	DI	111	[BX]	[BX]+D8	[BX]+D16

例如，指令 ADD DISP[BX][DI]，DX，其中，DISP=2145H，其对应机器码为 01914521H。其二进制机器码各位对应含义为：

000000	0	1	10	010	001	01000101	00100001
操作码	D	W	mod	reg	r/m	位移量低	位移量高

其中，D=0 表示源操作数是寄存器操作数；W=1 表示操作数是 16 位。

指令的长度（所占的字节数）会影响指令的执行时间。8086 指令的长度在 1~6 个字节。操作码占用一个字节或两个字节。指令的长度主要取决于操作数的个数及所采用的寻址方式。在微处理器指令系统中，一条指令的操作数可以没有或有一个，但最多只能有两个。相应地，指令在格式上就有以下 3 种形式。

① 零操作数指令。指令在形式上只有操作码，操作数是隐含存在的。这类指令操作的对象通常为处理器本身。

② 单操作数指令。指令中仅给出一个操作数，另一个操作数隐含存在。

③ 双操作数指令。格式如图 3-1 所示。

3.1.1.2　指令中的操作数类型

8086 指令中的操作数主要有 3 种类型：立即数操作数、寄存器操作数和存储器操作数。

（1）立即数操作数

立即数是指具有固定数值的操作数，即常数，它不因指令的执行而发生变化。在 8086 系统中，立即数的字长可以是 1 字节或 2 字节；可以是无符号数或有符号数。要求数的取值范围必须符合相应字长数的规定，如果取值超出了规定的范围，就会发生错误。

在指令中，立即数操作数只能用作源操作数，而不能用作目的操作数。原因是立即数是一个常数，没有表示地址的含义。

（2）寄存器操作数

8086 CPU 的 8 个通用寄存器和 4 个段寄存器可以作为指令中的寄存器操作数，它们既可以作为源操作数，也可以用作目的操作数。

通用寄存器通常用来存放参加运算的数据或数据所在存储器单元的偏移地址。段寄存器用来存放当前操作数的段基地址。

仅有个别指令将标志寄存器 FLAGS 作为指令的操作数。

（3）存储器操作数

存储器操作数的含义是：参加运算的数据是存放在内存中的。由于 8086 指令系统中的操作数一般均为 8 位或 16 位字长，所以存储器操作数的字长也通常为字节或字，极个别的指令中有双字长的操作数。

存储器操作数在指令中既可作为源操作数，也可作为目标操作数。

第 2 章已经学习，能够唯一标识一个存储器单元的是它的物理地址，物理地址由段基地址和偏移地址两部分构成。所以，要寻找一个存储器操作数，必须首先确定操作数所在的逻辑段。一般情况下，若指令中没有明确指出操作数所在段，则 CPU 就采用默认的段寄存器来确定操作数的段基地址。各种存储器操作数所约定的默认段寄存器、段重设（即显式地指明段寄存器）所允许的段寄存器以及指令的有效地址所在寄存器请参见表 2-3。

存储器操作数的偏移地址（Efficient Address，EA）（也称有效地址）可以通过不同的寻址方式由指令给出。实际上，3.2 节中讲到的各种较复杂的寻址方式，大多都是针对存储器操作数的。

3.1.2 指令的执行时间

了解指令的执行时间在有些时候是很重要的。例如，在用软件产生定时或延时，需要估算出一段程序的运行时间。另外，在某些实时控制要求较严或对程序运行时间要求较高的场合，除需认真研究程序的算法外，选择什么样的指令及采用什么样的寻址方式也是很重要的。因为不同的指令在执行时间上有很大的差别，而不同的寻址方式其计算偏移地址所需时间也不同。由于指令的种类很多，要详细讨论各种指令的执行时间比较困难，这里只做一般的讨论。

一条指令的执行时间应包括取指令、取操作数、执行指令及传送结果几个部分，单位用时钟周期数表示。

不同指令的执行时间有较大的差别（见本书配套电子资源）。寄存器操作数占用的时间最短。存储器操作数的时间与采用的寻址方式有关，不同的寻址方式，计算偏移地址（EA）所需要的时间不同，其指令执行时间可能会相差很大。

在 3.1.1 节中讨论的 3 种类型的操作数中，寄存器操作数的指令执行速度最快，立即数操作数次之，存储器操作数指令的执行速度最慢。这是由于寄存器位于 CPU 的内部，执行寄存器操作数指令时，8086 的执行单元（EU）可以简捷地从 CPU 内部的寄存器中取得操作数，不需要访问内存，因此执行速度很快。立即数操作数作为指令的一部分，在取指令时被 8086 总线接口单元（BIU）取出后存放在 BIU 的指令队列中，执行指令时也不需要访问内存，因而执行速度也比较快；而存储器操作数存放在内存单元中，为了取得操作数，首先要由总线接口单元计算出其所在单元的 20 位物理地址，然后再执行存储器的读写操作。所以相对前述两种操作数来说，指令的执行速度最慢。

以通用数据传送指令（MOV）为例，若 CPU 的时钟频率为 5MHz，即一个时钟周期为 0.2μs，则从寄存器到寄存器之间的传送指令的执行时间为：

$$t = 2 \times 0.2 = 0.4 \mu s$$

立即数传送到寄存器的指令执行时间为：

$$t = 4 \times 0.2 = 0.8 \mu s$$

而存储器到寄存器的字节传送，设存储器采用基址-变址寻址方式，则指令执行时间为：

$$t = (8 + EA) \times 0.2 = (8 + 8) \times 0.2 = 3.2 \mu s$$

3.1.3　CISC 和 RISC 指令系统

不同系列的 CPU 有不同的指令系统。目前，指令系统的设计有两个完全不同的方向，一个称为复杂指令系统计算机（Complex Instruction Set Computer，CISC），另一个是 20 世纪 80 年代新发展起来的、以简化指令功能为主要目的的精简指令系统计算机（Reduced Instruction Set Computer，RISC）。

（1）CISC 指令

不同系列的 CPU 有不同的指令系统，每一种 CPU 都有属于它自己的指令系统，CPU 正是通过执行一系列特定的指令来满足应用程序的特定要求的。CISC 指令的设计目标是增强指令的功能，将一些原来用软件实现的、常用的功能变成用硬件的指令系统来实现。例如，在科学计算的应用程序中，经常要计算各种各样的函数，有些计算机系统就设置了一些常用的函数运算指令，用一条指令代替软件的一个子程序来完成函数计算。

随着超大规模集成电路（VLSI）技术的发展，计算机硬件的成本不断下降，而软件成本却不断上升，操作系统的效率和微机性能的进一步提高促使整个指令系统在功能上有以下的改进。

① 在指令系统中增加更多的指令和功能更强的复杂的指令，将使用频率高的指令串用一条新的指令去取代，将使用频率高的指令用硬件加快其执行。这样就使程序的长度和执行时间都得以缩短。

② 增加对高级语言和编译程序支持的指令的功能，以减少编译时间，缩短目标程序的长度，进一步降低软件成本。

③ 尽可能减小机器语言与高级语言的差距。众所周知，编译程序的作用就是把由高级语言编写的语句翻译成一个机器指令序列，如果机器指令与高级语言的语句相类似，编译程序的任务就简单多了。这样走到极端，就是将高级语言与机器语言合二为一，构成所谓的高级语言计算机。

④ 增加对操作系统支持的指令，以实现对操作系统的优化。有些支持操作系统的指令属于特权指令，对一般用户不公开。这类指令中，有些指令的使用频率并不高，但如果没有它们的支持，操作系统将很难实现，如处理机转换、进程切换等方面所使用的指令。

为使新的微机与其前代机在软件上兼容，指令系统只能扩充，不能减少，从而使得微机的指令系统越来越复杂。如在 Pentium 微处理机指令系统内不仅继承它的前辈机的所有指令，而且又增加了 Cache 的指令以及诸如 8 字节比较和交换等指令，指令数达 300 余条。

复杂指令难以使用这是一个不争的事实。因为编译程序必须使每一条由高级语言编写的语句经编译后，满足所生成的指令代码的长度最小、指令执行的次数最少、适合流水线操作等诸多优化所生成指令的条件。所以使用复杂指令系统是一件并不轻松的工作，尤其是对非计算机专业的人士。

CISC 也有许多优点，如指令经编译后生成的指令程序较小、执行起来较快、节省硬件资源、存取指令的次数少、占用较少的存储器等。

（2）RISC 指令

从计算机诞生之日起，人们就在不断地尝试着对计算机的结构和指令系统进行改进。20 世纪 70 年代，美国加州大学伯克利分校开始了对 CISC 指令系统合理性问题的研究，归纳出 CISC 指令系统存在以下 3 个方面的问题。

① "8020 规律"：在 CISC 指令系统的计算机中，20% 的指令在各种应用程序中的出现频率占整个指令系统的 80%。

② CISC 指令系统中有大量的复杂指令,控制逻辑极不规整,给 VLSI 工艺造成很大的困难。

③ CISC 中增加了许多复杂指令,这些指令虽然简化了目标程序、缩小了高级语言与机器语言之间的差距,但使程序总的执行时间变长、硬件的复杂度增加。

基于这些研究,人们提出了精简指令系统计算机(RISC)。RISC 目前还是一种计算机体系结构的设计思想,不是一种产品,它是近代计算机体系结构发展史中的一个里程碑。它的核心思想是通过简化指令来使计算机的结构更加简单、合理,从而提高 CPU 的运算速度。卡内基·梅隆大学对 RISC 的特点给出了一个较为明确的描述。

① 大多数指令在一个计算机周期内完成。所谓计算机周期,是指由寄存器取两个操作数并完成一次算术逻辑运算操作,然后再将运算结果写入寄存器所需的时间。

② 因为访问存储器指令需要的时间比较长,因此指令系统中应尽量减少这类指令,而采用寄存器与寄存器之间的操作。

③ 减少寻址方式的种类。在一个 RISC 内,几乎所有的指令都使用寄存器寻址方式,其他更为复杂的寻址方式可以通过软件的方法用这些简单的寻址方式予以合成来解决。

④ 减少指令的种类。指令系统中的大多数指令只执行一个简单的和基本的功能。对复杂的功能,可通过软件编程的方法解决。

⑤ 指令格式简单。通常 RISC 仅配备有一种或少数几种指令格式,且指令长度是固定的,并与字节的边界对准;字段位置,特别是操作码字段的位置是固定的。这样处理的好处是:对固定字段、对操作码的译码和对寄存器操作数的访问可同时进行;简化了指令的格式,也就简化了控制器;同时,以字长的单位来取指令和数据,取指令操作过程也就被优化了。

总之,RISC 的特点是简化了计算机的指令系统,进而简化了控制器。如一个 RISC 指令系统可以只有一条或两条 ADD 指令(仅有整数加、带进位加),而 CISC 结构的 Pentium 微处理机仅加法指令就有 4 条。

虽然 RISC 指令功能简单,复杂功能需要用软件编程去实现,但经过技术测试比较,处于同样工艺水平的芯片,RISC 的运算速度要比 CISC 快 3～5 倍。

设计 RISC 类计算机的目的是提高整个系统的性能。要达到这个目的,必须要有相应的技术支持。

① 要求大多数操作使用寄存器操作数,从根本上提高 CPU 的运算速度。

② 指令采用流水线工作方式,取指令和执行指令并行执行,并通过相应的技术手段使流水线尽量不"断流"。具体地说,就是一条指令的执行是由若干个不同的功能子部件分别完成的,流水线中的若干个功能子部件按照指令的执行步骤各自完成自己的操作。如果在程序执行过程中遇到后一条指令要用到前一条指令的执行结果或程序转移情况等,可通过编译程序予以解决,即在编译程序对用高级语言编写的应用程序进行编译时,事先把机器指令的执行顺序安排好,以便最大限度地挖掘流水线的能力。

RISC 类微处理器对存储器的结构和存取速度要求很高,所以在 RISC 系统中一定要采用 Cache,以便减少争用 RISC 芯片的要求。

3.2 寻址方式

所谓寻址方式,主要是指获得操作数所在的地址的方法。在 8088/8086 系统中,一般将寻址方式分为两种不同的类型:

① 寻找操作数的地址；

② 寻找要执行的下一条指令的地址，即程序的地址。

后者主要在程序转移或过程调用时用来寻找目标地址或入口地址，这将在调用指令（CALL）和程序转移指令（JMP）中介绍。在 3.2 节中，主要讨论针对操作数地址的寻址方式，并且如无特殊声明，讨论的对象主要是源操作数。

在 8086 指令系统中，说明操作数所在地址的寻址方式可分为 8 种，了解什么样的寻址方式适用于什么样的指令，对于正确理解和合理使用指令是很重要的。

3.2.1　立即寻址

立即寻址（Immediate Addressing）方式只针对源操作数。此时源操作数是一个立即数，它作为指令的一部分，紧跟在指令的操作码之后、存放于内存的代码段中，在 CPU 取指令时随指令码一起取出并直接参加运算。这里的立即数可以是 8 位或 16 位的整数。若为 16 位，则存放时低 8 位在低地址单元存放，高 8 位在高地址单元存放，如图 3-2 所示。

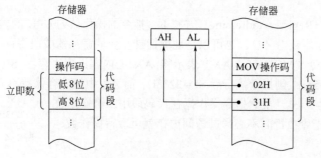

图 3-2　立即寻址方式示意图

【**例 3-1**】　指令"MOV AX，3102H"表示将 16 位的立即数 3102H 送入累加器 AX。指令执行后，AH = 31H，AL=02H。

这是一条 3 字节指令，其执行情况示意图如图 3-2 所示。立即寻址方式主要用于给寄存器或存储单元赋初值。

3.2.2　直接寻址

直接寻址（Direct Addressing）方式表示参加运算的数据存放在内存中，存放的地址由指令直接给出，即指令中的操作数是存储器操作数。"[ ]"内用 16 位常数表示存放数据的偏移地址，数据的段基地址默认为数据段，可以允许段重设。

【**例 3-2**】　指令"MOV AX，[3102H]"表示将数据段中偏移地址为 3102H 和 3103H 两单元的内容送到 AX 中。

假设 DS=2000H，则所寻找的操作数的物理地址为：

$$20000H + 3102H = 23102H$$

指令的执行情况如图 3-3 所示。

要注意直接寻址指令与前面介绍的立即寻址指令二者的不同。直接寻址指令中的数值是操作数的 16 位偏移地址，而不是数据本身。为了区分二者，指令系统规定偏移地址必须用方括号

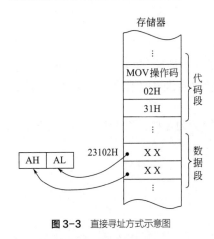

图 3-3 直接寻址方式示意图

括起来。如在例 3-2 中，指令的执行不是将立即数 3102H 送到累加器 AX，而是将偏移地址为 3102H 的内存单元中的内容送到 AX。若操作数不是存放在 DS 段，则在指令中要用段重设符号加以声明。

【例 3-3】 指令"MOV BL，ES：[1200H]"表示将 ES 段中偏移地址为 1200H 单元的内容送到 BL 寄存器中。

在汇编语言中，有时也用一个符号来代替数值以表示操作数的偏移地址，通常把这个符号称为符号地址。例 3-3 中，若用 BUFFER 代替偏移地址 1200H，则指令可写成：

```
MOV BL,ES: [BUFFER]
```

这两者是等效的，但 BUFFER 必须在程序的开始处予以定义，这点将在第 4 章中介绍。

3.2.3 寄存器寻址

在寄存器寻址（Register Addressing）方式下，指令的操作数为 CPU 的内部寄存器。它们可以是数据寄存器（8 位或 16 位），也可以是地址指针、变址寄存器或段寄存器。

【例 3-4】 指令"MOV SL，AX"表示将 AX 的内容送到寄存器 SI 中。若指令执行前 AX=2233H，SI = 4455H，则指令执行后 SI = 2233H，而 AX 中的内容保持不变，如图 3-4 所示。

采用寄存器寻址方式，虽然指令操作码在代码段中，但操作数在内部寄存器中，指令执行时不必通过访问内存就可取得操作数，故执行速度较快。

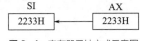

图 3-4 寄存器寻址方式示意图

3.2.4 寄存器间接寻址

寄存器间接寻址（Register Indirect Addressing）是用寄存器的内容表示操作数的偏移地址。此时寄存器中的内容不再是操作数本身，而是存放数据的偏移地址，操作数本身在内存储器中。

寄存器间接寻址方式中存放操作数偏移地址的寄存器只允许是 SI、DI、BX 和 BP，它们可简称为间址寄存器或称为地址指针。选择不同的间址寄存器涉及的段寄存器不同。在默认情况下，选择 SI、DI、BX 作间址寄存器时，操作数在数据段，段基地址由 DS 决定；选择 BP 作间址寄存器时，则操作数在堆栈段，段基地址由 SS 决定。但无论选择哪一个间址寄存器都允许段重设，可在指令中用段重设符指明当前操作数在哪一个段。

因为间址寄存器中存放的是操作数的偏移地址，所以指令中的间址寄存器必须加上方括号，以避免与寄存器寻址指令混淆。

【例 3-5】 已知 DS=6000H，SI=1200H，执行指令：MOV AX，[SI]。

因为指令中没有指定段重设，所以寻址时使用默认的段寄存器 DS。由已知条件可计算出操作数的物理地址= 60000H + 1200H = 61200H。指令执行情况如图 3-5 所示。

执行结果：AX = 3344H。

若操作数存放在附加段，则本例中的指令应表示成以下形式：

```
MOV AX,ES: [SI]
```

例 3-5 中，若间址寄存器采用 BP，则操作数默认存放在堆栈段。

【**例 3-6**】 若已知 SS＝8000H，BP＝0200H。指令"MOV BX，EBP"执行后；BL＝[80200H] 单元中的内容，BH＝[80201H]单元中的内容。

有些书中又将使用 BX、BP 作为间址寄存器的寄存器寻址方式称为基址寻址方式；而将使用 SI、DI 作为间址寄存器的寄存器寻址方式称为变址寻址方式。

3.2.5 寄存器相对寻址

在寄存器相对寻址方式中，操作数在内存中的存放地址（偏移地址）由间址寄存器的内容加上指令中给出的一个 8 位或 16 位的位移量组成。操作数所在段由所使用的间址寄存器决定（规则与寄存器间接寻址方式相同）。因位移量可看作相对值，故把这种带位移量的寄存器间接寻址方式称为寄存器相对寻址。

【**例 3-7**】 指令 MOV AX，DATA[BX]的寻址过程示例。

设：DS＝6000H，BX＝1000H，DATA＝0008H。

则操作数所在单元的物理地址＝60000H ＋ 1000H ＋ 0008H ＝ 61008H。

执行结果：AX＝5566H。

指令的执行情况如图 3-6 所示。

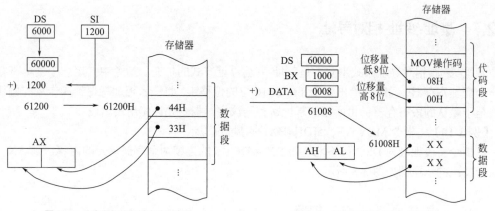

图 3-5 寄存器间接寻址方式示意图　　　**图 3-6** 寄存器相对寻址方式示意图

寄存器相对寻址常用于存取表格或一维数组中的元素——把表格的起始地址作为位移量，元素的下标值放在间址寄存器中（反过来也可以）。这样，就可存取表格中的任意一个元素。

【**例 3-8**】 某数据表的首地址（偏移地址）为 TABLE，要取出该表中的第 10 个字节并存放到 AL 中，可用如下指令段实现（注意位移量是从 0 开始的）：

```
MOV SI,9                    ;第 10 个数的位移量为 9
MOV AL,[TABLE+SI]           ;第 10 个数的偏移地址为 TABLE+ 9
```

在汇编语言中，相对寻址指令的书写格式允许有几种不同的形式。例如，以下几种写法实质上是完全等价的：

```
MOV AL,DATA[SI]
MOV AL,[SI]DATA
MOV AL,DATA+[SI]
```

```
MOV AL,[SI]+DATA
MOV AL,[DATA+SI]
MOV AL,[SI+DATA]
```

3.2.6 基址-变址寻址

基址-变址寻址方式由一个基址寄存器（BX 或 BP）的内容和一个变址寄存器（SI 或 DI）的内容相加而形成操作数的偏移地址。在默认的情况下，指令中若用 BX 作基址寄存器，则段地址在 DS 中；如果用 BP 作基址寄存器，则段地址在 SS 中，但允许使用段重设。

【例 3-9】 指令 MOV AX, [BX] [SI]的寻址过程如图 3-7 所示。

设：DS=8000H，BX=2000H，SI=1000H。

则操作数的物理地址= 80000H + 2000H + 1000H = 83000H。

指令执行后：AL = [83000H]，AH = [83001H]。

注意：使用基址-变址方式时，不允许将两个基址寄存器或两个变址寄存器组合在一起寻址，即指令中不允许同时出现两个基址寄存器或两个变址寄存器。例如，以下指令是非法的：

```
MOV AX,[BX] [BP]                    ;错误！同时出现两个基址寄存器
MOV AX,[SI] [DI]                    ;错误！同时出现两个变址寄存器
```

3.2.7 基址-变址-相对寻址

基址-变址-相对寻址方式事实上是基址-变址寻址方式的扩充。指令中指定一个基址寄存器和一个变址寄存器，同时还给出一个 8 位或 16 位的位移量，将三者相加就得到操作数的偏移地址。至于默认的段寄存器仍由所用的基址寄存器决定，指令允许使用段重设。

【例 3-10】 指令 MOV AX, 5[DI] [BX]的寻址过程示例。

该指令将段地址为 DS、偏移地址为 BX + DI + 5 的连续两个存储单元的内容送到 AX。指令执行情况的示意图如图 3-8 所示。

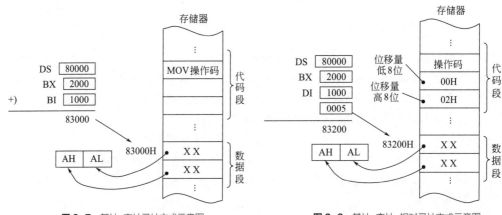

图 3-7 基址-变址寻址方式示意图   图 3-8 基址-变址-相对寻址方式示意图

使用这种寻址方式可以很方便地访问二维数组。例如，用基址寄存器存放数组的首地址（偏

移地址），而变址寄存器和位移量分别存放行和列的值，指令就可以直接访问二维数组中指定的
行和列的元素。

与寄存器间接寻址方式类似，基址-变址-相对寻址指令同样也可以表示成多种形式，例如：

```
MOV AX,DATA[SI][BX]
MOV AX,[BX+DATA][SI]
MOV AX,[BX+SI+DATA]
MOV AX,[BX]DATA[SI]
MOV AX,[BX+SI]DATA
```

同样，基址-变址-相对寻址也不允许在指令中同时出现两个基址寄存器或两个变址寄存器，
即下列指令也是非法的：

```
MOV AX,DATA [SI] [DI]          ;错误! 同时出现两个变址寄存器
MOV AX,[BX] [BP] DATA          ;错误! 同时出现两个基址寄存器
```

3.2.8　隐含寻址

有些指令的操作码中不仅包含了操作的性质，还隐含了部分操作数的地址。如乘法指令
MUL，在这条指令中只需指明乘数的地址，而被乘数以及乘积的地址是隐含且固定的。这种将
一个操作数隐含在指令码中的寻址方式就称为隐含寻址。

【例 3-11】　指令 MUL BL 的功能是把 AL 中的内容与 BL 中的内容相乘，乘积送到 AX 寄
存器，即 AL×BL→AX。这条指令隐含了被乘数 AL 及乘积 AX。

3.3　8086 指令系统

本节将详细介绍 8086 指令系统。这里首先给出以下介绍中要用到的一些符号。

OPRD：泛指各种类型的操作数。

mem：存储器操作数。

acc：累加器操作数。

dest：目标操作数。

src：源操作数。

disp：8 位或 16 位偏移量，可用符号地址表示。

DATA：8 位或 16 位立即数。

port：输入/输出端口，可用数字或表达式表示。

[ ]：表示存储器操作数，方括号中的内容表示数据的偏移地址。

3.3.1　数据传送指令

数据传送指令是实际程序中使用最为频繁的一类指令，因为无论什么样的程序都需要将原
始数据、中间运算结果、最终结果及其他信息在 CPU 的寄存器和存储器之间进行传送。绝大多
数数据传送指令都不会对状态寄存器 FLAGS 产生影响。

数据传送类指令按功能可分为 4 类：通用数据传送指令、目标地址传送指令、标志传送指令、输入/输出指令。

3.3.1.1　通用数据传送指令

通用数据传送指令包括一般传送指令 MOV、堆栈操作指令 PUSH 和 POP、交换指令 XCHG、查表转换指令 XLAT 和字位扩展指令。

（1）一般传送指令 MOV

指令格式及操作：

```
MOV dest,src                        ; (dest) ← (src)
```

其中，dest 表示目标操作数，src 表示源操作数。指令的功能是将一个操作数从源地址传送到目标地址，而源地址中的数据保持不变。也就是说，MOV 指令实际上是完成了一次数据的复制。

在汇编语言中，规定具有双操作数的指令必须将目标操作数写在前面，源操作数写在后面，两者之间用一个逗号隔开。

① 指令特点。MOV 指令是最普通、最常用的传送指令，它具有如下几个特点：

a. 指令中的操作数可以是 8 位，也可以是 16 位。一次传送的数据到底是字节还是字取决于指令中涉及的寄存器是 8 位还是 16 位的。

b. 可以使用 3.2 节讨论过的各种寻址方式。

② 指令实现的操作。MOV 指令可以实现以下各种传送。

a. 寄存器与寄存器或寄存器与段寄存器之间的传送。例如：

```
MOV BX,SI          ;将变址寄存器 SI 中的内容送到基址寄存器 BX
MOV DS,AX          ;将累加器 AX 中的内容送到段寄存器 DS
MOV AL,CL          ;将通用寄存器 CL 中的内容送 AL
```

b. 寄存器与存储器之间的传送。MOV 指令可以在寄存器与存储器之间进行数据传送。若传送的是字操作数，那么将对连续两个存储器单元进行存取，且寄存器的高 8 位对应存储器的高地址单元，寄存器的低 8 位对应存储器的低地址单元。例如：

若有 DS=6000H，SS=8000H，AX = 1234H，BX=1200H，DI = 0383H，BP=1020H，则有

```
MOV [BX],AX        ;将 AX 的内容送内存单元。其中[61200H] = 34H,
                   ;[61201H] = 12H
MOV CL,[BP][DI]    ;将堆栈段中偏移地址为 BP+DI=13A3H 单元的内容送
                   ;CL,即物理地址为 813A3H 单元的内容送 CL
MOV AX,[6000H]     ;将 DS 段的 6000H 和 6001H 两个单元的内容送 AX
```

c. 立即数到寄存器的传送。

```
MOV AL,5           ;将立即数 5 送累加器 AL
MOV BX,3078H       ;将立即数 3078H 送寄存器 BX
```

d. 立即数到存储器的传送。

```
MOV BYTE PTR [BP+SI],5      ;将 5 送堆栈段中偏移地址为 BP+SI 所指的单元中
MOV WORD PTR [BX],1005H     ;将 1005H 送数据段中偏移地址为 BX 和 BX+1 两单元
```

e. 存储器与段寄存器之间的传送。

```
MOV DS,[1000H]     ;将数据段中偏移地址为 1000H 字单元内容送数据段
                   ;寄存器 DS
MOV [BX],ES        ;将附加段寄存器 ES 内容送数据段中 BX 所指向的字单元
```

③ 指令对操作数的要求。

a. MOV 指令中两个操作数字长必须相同。两个操作数可同为字节数或同为字操作数。

b. 两个操作数不能同时为存储器操作数。若要在两个存储器单元之间进行数据传送，需用两条 MOV 指令实现。

c. 不能用立即数直接给段寄存器赋值。要实现此功能，需使用两条 MOV 指令。

d. 两个操作数不能同时为段寄存器。同样，要实现段寄存器到段寄存器的数据传送，需用两条 MOV 指令。

e. 一般情况下，指令指针 IP 及代码段寄存器 CS 的内容不通过 MOV 指令修改，即它们不能作为目标操作数，但可以作为源操作数。

f. 虽然许多指令的执行都对状态寄存器 FLAGS 的标志位产生影响，但通常情况下，FLAGS 整体不能作为操作数。

实际编写程序中，有时需要将内存一个区域中若干单元的数据（称为数据块）传送到另外一个区域或是向若干单元赋同样的值(如清零)。对于这种重复性的工作，计算机是最乐意做的，下面就通过一个例子来说明如何利用 MOV 指令完成数据块的传送。

【例 3-12】　把内存中首地址为 MEM1 的 200 个字节送到首地址为 MEM2 的区域中。

题目分析：两个内存单元间的数据传送需要用两条 MOV 指令实现，在这里当然不希望用 400 条 MOV 指令来完成这 200 个单元数据的传送。较好的实现方式是通过循环程序来实现这个数据块的传送。下面的程序段中某些指令还没有学到，这里先拿来用用。

```
        MOV SI,OFFSET MEM1      ;源数据块首地址（偏移地址）送 SI
        MOV DI,OFFSET MEM2      ;目标首地址（偏移地址）送 DI
        MOV CX,200             ;数据块长度送 CX,即循环次数
NEXT:   MOV AL,[SI]            ;源数据块中当前字节送 AL
        MOV [DI],AL            ;AL 内容送目标地址,完成一个字节数据的传送
        INC SI                ;SI 加 1,修改源地址指针
        INC DI                ;DI 加 1,修改目标地址指针
        DEC CX                ;CX 减 1,修改循环次数
        JNZ NEXT              ;若循环次数（CX）不为零,则转移到 NEXT 标号处
        HLT                   ;停止
```

（2）堆栈操作指令 PUSH 和 POP

① 堆栈的概念。堆栈是内存中一个特定的区域，用以存放寄存器或存储器中暂时不用又必须保存的数据。它在内存中所处的段称为堆栈段，其段地址放在堆栈段寄存器 SS 中。可以将堆栈看作是一个小存储器，但不能任意存取，必须遵循以下的原则。

a. 堆栈的存取每次必须是一个字（16 位），即堆栈指令中的操作数必须是 16 位，而且只能是寄存器或存储器操作数，不能是立即数。

b. 向堆栈中存放数据时，总是从高地址向低地址方向增长，而从堆栈取数据时方向则正好相反。

c. 堆栈段在内存中的位置由 SS 决定，堆栈指针 SP 总是指向栈顶，即 SP 的内容等于当前栈顶的偏移地址。所谓栈顶是指当前可用堆栈操作指令进行数据交换的存储单元，如图 3-9 所示。在压入操作数之前，SP 先减 2，每弹出一个字，SP 加 2。

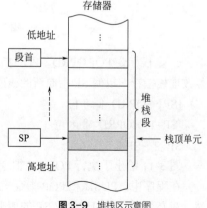

图 3-9　堆栈区示意图

d. 对堆栈的操作遵循"后进先出"（LIFO）的原则。

e. 在程序中，堆栈主要应用于子程序调用、中断响应等操作时的参数保护，也可用于实现参数传递。

② 堆栈操作指令。堆栈操作指令共有两条：压入堆栈（压栈）指令 PUSH 和弹出堆栈（出栈）指令 POP。其格式为：

```
PUSH    src
POP     dest
```

指令中的操作数 src 和 dest 必须为字操作数（16 位），它们可以是：16 位的通用寄存器或段寄存器（CS 除外，PUSH CS 指令是合法的，而 POP CS 指令是非法的）；存储器单元（地址连续的两个存储单元）。例如：

```
PUSH AX                    ;通用寄存器内容压入堆栈
PUSH WORD PTR[DATA+SI]     ;数据段中两个连续存储单元内容压入堆栈
POP DS                     ;从栈顶弹出一个字到段寄存器
POP WORD PTR[BX]           ;从栈顶弹出一个字到数据段两个连续存储单元中
```

③ 堆栈指令的执行过程。

a. 压栈指令 PUSH OPRD。PUSH 指令是将指令中指定的字操作数压入堆栈。指令的执行过程为：

SP−2→SP

OPRD 高 8 位→[SP+1]

OPRD 低 8 位→[SP]

b. 图 3-10 表示了执行 PUSH AX 指令前后堆栈区的变化情况。这里假设 AX=1122H。由图 3-10 可见，PUSH 指令是将 16 位的源操作数送到堆栈的顶部。

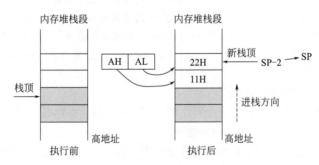

图 3-10 PUSH AX 指令执行示意图

c. 出栈指令 POP OPRD。POP 指令是将当前栈顶的一个字送到指定的目标地址，并紧接着修改堆栈指针，以使 SP 指向新的栈顶位置。指令的执行过程为：

[SP]→OPRD 低 8 位

[SP+1]→OPRD 高 8 位

SP+2→SP

图 3-11 给出了执行 POP AX 指令前后堆栈区的变化情况。这里依然设 AX=1122H。

在程序中，PUSH 和 POP 指令一般成对出现，且执行顺序相反，以保持堆栈原有状态。当然，在必要时也可通过修改 SP 的值来恢复堆栈原有状态。

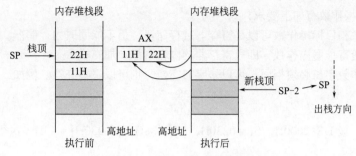

图 3-11　POP AX 指令执行示意图

【例 3-13】　按"先进先出"原则进行堆栈操作的程序为例。其执行示意图如图 3-12 所示。

```
MOV AX,9000H
MOV SS,AX
MOV SP,0E200H
MOV DX,38FFH
PUSH DX
PUSH AX
…
POP DX
POP AX
```

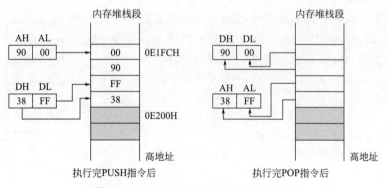

图 3-12　按"先进先出"原则的堆栈操作示意图

例 3-13 中，PUSH 和 POP 指令的执行顺序未遵循"后进先出"原则，结果出栈后 AX 和 DX 的内容就没有保持压栈前的状态，而是进行了互换（有时可利用堆栈的这一特点实现两操作数内容互换）。

堆栈除在子程序调用和响应中断时用于保护断点地址外，还可在需要时对某些寄存器内容进行保存。例如，用 CX 寄存器同时作为两重循环嵌套的计数器，可先将外循环计数值送 CX，当内循环开始时将 CX 中的外循环计数值压入堆栈保存，然后把内循环计数值写入 CX，内循环完成后再将外循环计数值从堆栈中弹出到 CX。

（3）交换指令 XCHG

指令格式及操作：

```
XCHG OPRD1,OPRD2          ;（OPRD1）←→（OPRD2）
```

交换指令的操作是将源地址与目标地址中的内容进行互换，即将源操作数送到目标操作数，同时将目标操作数传送到源操作数。

交换指令对操作数有如下要求：

① 源操作数和目标操作数可以是寄存器或存储器，但不能同时为存储器。

② 不能为段寄存器操作数，即段寄存器的内容不能参加交换。

③ 两个操作数字长必须相同，可以是字节交换，也可以是字交换。例如：

```
XCHG AX,BX          ;AX→BX,BX→AX
XCHG CL,DL          ;CL→DL,DL→CL
```

【例 3-14】　设 DS=2000H，SI = 0230H，DL = 88H，[20230H] = 44H，执行指令：

```
XCHG [SI],DL
```

执行结果为[20230H] = 88H，DL=44H。DL 的内容与[20230H]的内容进行了交换。

（4）查表转换指令 XLAT

XLAT 是一条字节的查表转换指令，可以根据表中元素的序号查出表中相应元素的内容。

预先将要查找的代码排成一个表放在内存某区域中。指令要求将表的首地址（偏移地址）送寄存器 BX，要查找的元素的序号送 AL（表中第一个元素的序号为 0，然后依次为 1、2、3、…）。执行 XLAT 指令后，表中指定序号的元素被存入 AL。

指令格式：

```
XLAT                ;将偏移地址为 BX+AL 所指单元的内容送到 AL 中
```

或：

```
XLAT src_table      ;（src_table 表示要查找的表的首地址）
```

利用 XLAT 指令实现查表转换的操作十分方便。

【例 3-15】　在内存的数据段中存放有一张数值为 0～9 的 ASCII 码转换表，首地址为 Hex_table，如图 3-13 所示。现要把数值 8 转换成对应的 ASCII 码，可用以下几条指令实现。

```
LEA BX,Hex_table    ;BX←表首偏移地址
MOV AL,8            ;AL←8
XLAT                ;查表转换
```

结果 AL=38H，为 8 所对应的 ASCII 码。

由于要查找元素的序号放在 AL 中，所以表格的最大长度不能超过 256 个字节。

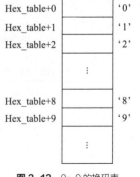

图 3-13　0～9 的换码表

3.3.1.2　输入/输出指令

输入/输出（I/O）指令是专门面向输入/输出端口进行读写的指令，共有两条：IN 和 OUT。输入指令 IN 用于从 I/O 端口读数据到累加器 AL（或 AX）中，输出指令 OUT 用于把累加器 AL（或 AX）的内容写到 I/O 端口。即从 CPU 方面看，只有累加器 AL（或 AX）才能与 I/O 端口进行数据传送，所以这两条指令也称为累加器专用传送指令。

8088 系统可连接多个外设端口，可以像存储器一样用不同的地址来区分它们。在 8088 的 I/O 指令中，允许用两种形式来表示端口地址，或称为两种寻址方式。

直接寻址：指令中的 I/O 端口地址为 8 位，此时允许寻址 256 个端口，端口地址范围为 0～FFH。

寄存器间接寻址：端口地址为 16 位，由 DX 寄存器指定，可寻址 64K 个端口，地址范围为 0～FFFFH。

间接寻址方式的适用范围较大，在编制程序时要尽量采用这种方式。

（1）输入指令 IN

指令格式：

```
IN acc,port            ;直接寻址,port 为用 8 位立即数表示的端口地址
```

或：

```
IN acc,DX              ;间接寻址,16 位端口地址由 DX 给出
```

IN 指令从端口输入一个字节到 AL 或输入一个字到 AX 中。

【例 3-16】

```
MOV DX,03B0H           ;将 16 位端口地址送 DX
IN AL,DX               ;从地址为 3B0H 的端口输入一个字节到 AL
IN AX,3FH              ;从地址为 3FH 的端口输入一个字到 AX
```

（2）输出指令 OUT

指令格式：

```
OUT port,acc           ;直接寻址,port 为用 8 位立即数表示的端口地址
```

或：

```
OUT DX,acc             ;间接寻址,16 位端口地址由 DX 给出
```

OUT 指令将 AL（或 AX）的内容输出到指定的端口。

【例 3-17】

```
OUT 43H,AL             ;将 AL 的内容输出到地址为 43H 的端口
OUT 44H,AX             ;将 AX 的内容输出到地址为 44H 的端口,端口地址 33FH 送 DX
MOV DX,33FH            ;将 AL 的内容输出到地址为 33FH 的端口
OUT DX,AL
```

注意：采用间接寻址的 IN/OUT 指令只能用 DX 寄存器作为间址寄存器。

3.3.1.3　取偏移地址指令

指令格式：

```
LEA reg16,mem
```

LEA 指令将存储器操作数 mem 的 16 位偏移地址送到指定的寄存器。其中，源操作数必须是存储器操作数，目标操作数必须是 16 位通用寄存器。因该寄存器常作为地址指针，故在此最好选用 4 个间址寄存器之一。

【例 3-18】

```
LEA BX,BUFFER          ;将内存单元 BUFFER 的偏移地址送 BX
MOV AL,[BX]            ;取出 BUFFER 中的第一个数据送 AL
MOV AH,[BX+1]          ;取出 BUFFER 中的第二个数据送 AH
```

【例 3-19】　若设 BX = 1000H，DS=6000H，[61050H] = 33H，[61051H] = 44H。比较以下两条指令的执行结果。

```
LEA BX,[BX+50H]
MOV BX,[BX+50H]
```

执行过程如图 3-14 所示。第一条指令执行后 BX= 1050H；第二条指令执行后 BX = 4433H。

3.3.1.4　其他传送指令

除以上传送类指令外，8086 指令系统中还有一些其他的数据传送指令，它们的格式和功能如表 3-3 所示。

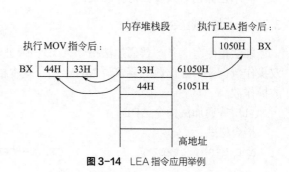

图 3-14　LEA 指令应用举例

表 3-3　其他传送类指令

指令类型	汇编格式	指令的操作	示例
字位扩展指令	CBW	将 AL 中的字节数扩展为字，并存放在 AX 中。扩展的原则是：将符号位扩展到整个高位	MOV AL，8EH CBW ；结果：AX=FF8EH
	CWD	将 AX 中的字扩展为双字，扩展后的高 16 位存放在 DX 中。扩展的原则与 CBW 指令相同	MOV AX，438EH CWD ；结果：AX=438EH，DX=0000H
远地址传送指令	LDS regl6，mem32	mem32 为内存中连续 4 个单元的首地址。指令将[mem32]和[mem32+1]单元的内容送 regl6，将[mem32+2]和[mem32+3]单元的内容送 DS	设 1234H 为首的 4 个单元的内容分别为：HH，22H，00H，90H。则执行完指令： LDS SI，[1234H] ；SI=2211H，DS=9000H
	LES regl6，mem32	指令将[mem32]和[mem32+1]单元的内容送 regl6，将[mem32+2]和[mem32+3]单元的内容送 ES	
标志传送指令	LAHF	将 FLAGS 低 8 位的内容送 AH	设 SF=1，ZF=0，AF=1，PF=1，CF=0 执行指令 LAHF；AH 各位状态为 10×1×1×0 （×表示任意状态）
	SAHF	将 AH 的内容送到 FLAGS 低 8 位	
	PUSHF	将 FLAGS 的内容压入堆栈中保存	
	POPF	将当前栈顶的两个单元的内容弹出到 FLAGS 中	

3.3.2　算术运算指令

8086 提供了加、减、乘、除 4 组基本的算术运算指令，可实现字节或字、无符号数或有符号数的运算。指令对操作数的要求类似于数据传送类指令，即单操作数指令中的操作数不允许使用立即数；在双操作数指令中，立即数只能作为源操作数；不允许源操作数和目的操作数都是存储器等。

算术运算涉及运算结果是否可能溢出。由第 1 章已经知道，无符号数和有符号数的表示方法、数的可表示范围及溢出标志都不一样。有符号数的溢出是一种出错，而无符号数的溢出不能简单地认为是出错，也可看作是向更高位的进位。它们的判断标志分别为 CF 和 OF。

除 4 组二进制的算术运算指令外，8086 还提供了与之对应的 4 类十进制调整指令，可将运算结果调整为以 BCD 码表示的十进制数。

算术运算指令大多会对标志位产生影响，下面分别介绍这 4 组指令。

3.3.2.1　加法指令

加法指令有 3 条：普通加法指令 ADD、带进位的加法指令 ADC 及加 1 指令 INC。其中，双操作数指令对操作数的要求与 MOV 指令基本相同，但有一点：段寄存器不能作为加法指令的操作数。

(1) 普通加法指令 ADD

指令格式：

```
ADD OPRD1,OPRD2                    ;OPRD1←OPRD1 + OPRD2
```

ADD 指令的执行是将源操作数和目标操作数相加，结果送回目标地址中。

其中，源操作数 OPRD2 和目标操作数 OPRD1 均可以是 8 位或 16 位的寄存器或存储器操作数，源操作数还可以是立即数，可以是无符号数，也可以是带符号数。

以下指令是合法的：

```
ADD CL,20H                          ;CL←CL+20H
ADD DX,[BX+SI]                      ;DX←DX+ [BX+SI]
```

以下两条指令则是非法的：

```
ADD [SI],[BX]                       ;不允许两个操作数都是存储器操作数
ADD DS,AX                           ;不允许把段寄存器作为操作数
```

ADD 指令的执行对全部 6 个状态标志位都会产生影响。

【例 3-20】

```
MOV AL,7EH                          ;AX←7EH
ADD AL,5BH                          ;AL←7EH+5BH
```

这两条指令执行后，状态标志位的状态分别为：

AF=1，表示 D_3 向 D_4 有进位

CF=0，表示最高位向前无进位

OF=1，表示若为有符号数加法，其运算结果产生溢出

PF=0，表示 8 位的运算结果中，"1"的个数为奇数

SF=1，表示运算结果的最高位为"1"

ZF=0，表示运算结果不为"0"

事实上，指令执行后，AL=D9H>7FH（8 位带符号数的最大值），但 D9H<FFH（8 位无符号数的最大值）。所以有 CF=0，OF =1。

（2）带进位的加法指令 ADC

指令格式：

```
ADC OPRD1,OPRD2                     ;OPRD1←OPRD1+OPRD2+CF
```

ADC 指令与 ADD 指令在功能、格式及对标志位的影响上都基本相同，只是 CF 也要参加求和运算，结果依然送目标操作数。

【例 3-21】 设 CF = 1，写出以下指令执行后的结果。

```
MOV AL,7EH
ADC AL,0ABH
```

指令执行后：AL=7EH + 0ABH + 1 = 2AH，且 CF=1。

ADC 指令主要用于多字节加法运算，由于 8086 一次最多只能实现两个 16 位数相加，故对多于两个字节的数的加法，只能先加低 16 位（或低 8 位），再加高 16 位（或高 8 位），但在高位相加时，必须要考虑低位向上的进位，这时就需使用 ADC 指令。

【例 3-22】 求两个 4 字节无符号数 0107A379H 和 10067E4FH 之和。

```
MOV AX,0A379H                       ;第一个数低16位送AX
ADD AX,7E4FH                        ;两个数的低16位相加,结果送AX
MOV BX,0107H                        ;第一个数高16位送BX
ADC BX,1006H                        ;两个数的高16位相加,结果送BX
```

相加的最后结果为：110E21C8H。

（3）加 1 指令 INC

指令格式：

```
INC OPRD                            ;OPRD←OPRD+1
```

INC 指令是将指定操作数的内容加 1，再送回该操作数。其操作类似于 C 语言中的 "＋＋" 运算符。这里，操作数 OPRD 可以是寄存器或存储器操作数；可以是 8 位，也可以是 16 位；但不能是段寄存器，也不能是立即数。例如：

```
INC AX              ;AX←AX+1
INC BYTE PTR [SI]          ;将 SI 内容为偏移地址的存储单元的内容+1,结果送回该单元
```

INC 指令不影响 CF 标志位，但对其他 5 个状态标志 AF、OF、PF、SF 及 ZF 会产生影响。它通常用于在循环程序中修改地址指针及循环次数等。

3.3.2.2 减法指令

8088/8086 共有 5 条减法指令：不考虑借位的普通减法指令 SUB、考虑借位的减法指令 SBB、减 1 指令 DEC、求补指令 NEG 以及比较指令 CMP。

（1）不考虑借位的减法指令 SUB

指令格式；

```
SUB OPRD1,OPRD2          ;OPRD1←OPRD1-OPRD2
```

SUB 指令是一条双操作数指令，其功能是用目标操作数减去源操作数，并将结果送目标操作数所在地址中。

该指令对操作数的要求以及对状态标志位的影响与 ADD 指令完全相同。例如：

```
SUB BL,30H              ;BL←BL-30H
SUB AL,[BP+SI]          ;AL-SS:[BP+SI]单元内容,结果送 AL
```

（2）考虑借位的减法指令 SBB

指令格式：

```
SBB OPRD1,OPRD2          ;OPRD1←OPRD1-OPRD2-CF
```

SBB 指令的功能是用目标操作数减去源操作数以及标志位 CF 的值，并将结果送目标操作数所在的地址中。其对操作数的要求以及对状态标志位的影响与 SUB 指令完全相同。SBB 指令主要用于多字节的减法运算。例如：

```
SBB BL,30H              ;BL←BL-30H-CF
```

（3）减 1 指令 DEC

指令格式：

```
DEC OPRD              ;OPRD←OPRD-1
```

DEC 指令与 INC 指令一样，是一条单字节指令，其功能是将操作数的值减 1，结果再送回该操作数所在地址。该指令对操作数的要求及对标志位的影响与 INC 指令相同。

例如：

```
DEC AX              ;AX←AX-1
DEC BYTE PTR[DI]          ;将数据段中 DI 所指单元的内容减 1,结果送回该单元中
```

DEC 指令常用于在循环程序中修改循环次数。

【例 3-23】 编写一个延时程序。

```
        MOV CX,0FFFFH      ;送计数初值到 CX
NEXT:   DEC CX             ;计数值 CX 减 1
        JNZ NEXT           ;若 CX≠0 则转 NEXT
        HLT                ;停止
```

（4）求补指令 NEG

NEG 指令的操作是用 0 减去操作数 OPRD，结果送回该操作数所在地址。指令格式为

```
NEG OPRD              ;OPRD←0-OPRD
```

操作数 OPRD 可以是寄存器或存储器操作数。利用该指令可以得到负数的绝对值。之所以把 NEG 指令称为求补指令，是因为对一个负数取补码就相当于用 0 减去此数。

例如：设 AL＝FFH，执行指令 NEG AL 后，AL＝0–FFH＝01H，即实现了对 FFH（–1 的补码）求补，或者说得到了 AL 中负数的绝对值。

NEG 指令对 6 个状态标志位均有影响。应用该指令时有以下两点需要注意：

① 执行 NEG 指令后，一般情况下都会使 CF 为 1。因为用 0 减去某个操作数，自然会产生借位，而减法的 CF 值正是反映无符号数运算中的借位情况。除非给定的操作数为 0 才会使 CF 为 0。

② 当指定的操作数的值为 80H（–128）或为 8000H（–32768），则执行 NEG 指令后结果不变，即仍为 80H 或 8000H，但 OF 置 1，其他情况下 OF 均置 0。

(5) 比较指令 CMP

指令格式及操作：

```
CMP QPRD1,0PRD2          ;OPRD1-OPRD2,结果不送回 OPRD1
```

CMP 指令是用目标操作数减源操作数，但相减的结果不送回目标操作数，即指令执行后两操作数内容不变，而只是影响 6 个状态标志位。指令对操作数的要求及对标志位的影响与 SUB 指令完全相同。

比较指令主要是用来比较两个数的大小关系。可以在比较指令执行后根据标志位的状态判断两个操作数谁大谁小，或是否相等。判断方法如下：

① 相等关系。如果 ZF＝1，则两个操作数相等；否则不相等。

② 大小关系。分无符号数和有符号数两种情况考虑。

a. 对两个无符号数，根据 CF 标志位的状态确定。若 CF＝0，则被减数大于减数。因为若被减数大于减数，则无须借位，即 CF＝0。

b. 对两个有符号数，情况要稍微复杂一些，须考虑两个数是同符号还是异符号。因为有符号数用最高位来表示符号，可用 SF 来判断谁大谁小。

对两个同符号数，因相减不会产生溢出，即 OF＝0，有：SF＝0，被减数大于减数；SF＝1，减数大于被减数。

如果比较的两个数符号不相同，此时就有可能出现溢出。

若 OF＝0（即无溢出），则有：如果被减数大于减数，SF＝0；如果被减数小于减数，SF＝1；如果被减数等于减数，SF＝0，同时 ZF＝1。

若 OF＝1（有溢出），则有：如果被减数大于减数，SF＝1；如果被减数小于减数，SF＝0。

归纳以上结果，可得出判断两个有符号数大小关系的方法：当 OF⊕SF＝0 时，被减数大于减数；当 OF⊕SF＝1 时，减数大于被减数。

编程序时，一般在比较指令之后都紧跟一个条件转移指令，以根据比较结果决定程序的转向。

【例 3-24】 在内存数据段从 DATA 开始的单元中存放了两个 8 位无符号数，试比较它们的大小，并将大的数送 MAX 单元。

```
LEA BX,DATA              ;DATA 偏移地址送 BX
MOV AL,[BX]              ;第一个无符号数送 AL
INC BX                   ;BX 加 L 指向第二个数
CMP AL,[BX]              ;两个无符号数进行比较
JNC DONE                 ;若 CF=0（无进位,表示第一个数大）,转向 DONE
MOV AL,[BX]              ;否则,第二个无符号数送 AL
DONE: MOV MAX,AL         ;将较大的无符号数送 MAX
HLT                      ;停止
```

3.3.2.3 乘法指令

乘法指令包括无符号数乘法和有符号数乘法指令两种，采用隐含寻址方式，隐含的目标操作数为 AX（与 DX），而源操作数由指令给出。指令可完成两个字节数相乘或字与字相乘。对 8 位数的乘法，乘积为 16 位，存放在 AX 中；对 16 位数相乘，乘积为 32 位，高 16 位放在 DX 中，低 16 位放在 AX 中。

无符号数乘法指令与有符号数乘法指令的区别主要表现在以下 3 个方面。

① 操作数的性质不同，前者是无符号数，后者要求两乘数都须为有符号数。

② 对无符号数乘法，如果乘积的高半部分（在字节相乘时为 AH，在字相乘时为 DX）不为 0，则 CF=OF=1，代表 AH 或 DX 中包含乘积的有效数字；否则 CF=OF = 0。对有符号数乘法，若乘积的高半部分是低半部分的符号位的扩展，则 CF=OF = 0；否则 CF=OF=1。对其他标志均无定义。

③ 无符号数乘法指令中的源操作数应满足无符号数的表示范围，而有符号数乘法指令中给出的源操作数应满足带符号数的表示范围。

这里仅介绍无符号数的乘法指令 MUL，有关带符号数乘法指令 IMUL 的内容会在下面说明。

无符号数乘法指令的格式为：

```
MUL OPRD
```

指令的操作为：

字节乘法　　　　AX←OPRD×AL

字乘法　　　　　DX: AX←OPRD×AX

其中，源操作数 OPRD 可以是 8 位或 16 位的寄存器或存储器。乘法指令要求两操作数字长相等，且不能为立即数。例如：

```
MUL BX                  ;DX: AX←AX×BX
MUL BYTE PTR [SI]       ;AX←AL×[SI]
MUL DL                  ;AX←AL×DL
```

在某些情况下，可用左移指令来代替乘法指令以加快程序的运行速度。这一点将在移位指令中说明。

【例 3-25】　设 AL=0FEH，CL=11H，两数均为无符号数，求 AL 与 CL 的乘积。

```
MUL CL
```

指令执行后：AX = 10DEH，因 AH 中的结果不为零，故 CF=OF=1。

3.3.2.4 除法指令

8088 的除法指令也包括无符号数的除法指令和有符号数的除法指令两种，同样采用隐含寻址方式，隐含了被除数，而除数由指令给出，要求除数不能为立即数。

除法指令要求被除数的字长必须为除数字长的 2 倍。若除数为 8 位，则被除数为 16 位，并放在 AX 中；若除数为 16 位，则被除数为 32 位，放在 DX 和 AX 中，其中 DX 放高 16 位，AX 放低 16 位。实际编程中，若被除数字长不够，就要使用 3.3.1 节介绍过的字位扩展指令来扩展其位数。

无符号数除法指令的格式为：

```
DIV OPRD
```

指令中的操作数 OPRD 可以是 8 位或 16 位的寄存器或存储单元的内容。

指令的操作为：

字节除法　AL←AX/OPRD，AH←AX % 0PRD　　（%为取余数操作）

即 AX 中的 16 位无符号数除以 OPRD，得到的 8 位商放在 AL 中，8 位余数放在 AH 中。

字除法　AX←DX: AX/OPRD, DX←DX: AX％OPRD　　（％为取余数操作）

即 DX: AX 中的 32 位无符号数除以 OPRD，得到的 16 位商放在 AX 中，16 位余数放在 DX 中。若除法运算的结果大于寄存器可保存的值，即超出了 8 位或 16 位无符号数的可表达范围，则在 CPU 内部会产生一个类型 0 中断。

例如：

```
DIV BL              ;AX 除以 BL,商放 AL,余数放 AH
DIV WORD PTR[SI]    ;DX: AX 除以 SI 和 SI+1 所指向单元的内容,商放 AX,余数放 DX
```

【例 3-26】　用除法指令计算 7FA2H÷03DDH。

```
MOV AX,7FA2H        ;AX=7FA2H
MOV BX,03DDH        ;BX=03DDH
CWD                 ;DX: AX=00007FA2H
DIV BX              ;商=AX=0021H,余数=DX=0025H
```

除法指令对 6 个标志位均无影响。

3.3.2.5　其他算术运算指令

除以上指令外，8086 指令系统还具有其他一些算术运算指令，如表 3-4 所示。

表 3-4　其他算术运算指令

指令类型	汇编格式	指令的操作	示例
有符号数乘法指令	IMUL OPRD	字节乘法：AX←OPRD×AL 字乘法：DX: AX←OPRD×AX	设 AL=0FEH, CL=11H, 两操作数视为有符号数，则: IMUL CL; AX =FFDEH=−34。因 AH 中内容为 AL 中的符号扩展，故 CF=OF=0
有符号数除法指令	IDIV OPRD	功能和操作都与 DIV 指令类似，商和余数均为带符号数，且余数符号与被除数符号相同	IDIV CX ; DX 和 AX 中的 32 位数除以 CX，商在 AX 中，余数在 DX 中

BCD 码调整指令（需与相应的加、减、乘、除指令配合使用）	DAA	将按二进制运算规则执行后存放在 AL 中的结果调整为压缩 BCD 码	MOV AL, 48H
			ADD AL, 27H; AL=6FH
			DAA; 结果: AL=75H

	AAA	对两个非压缩（扩展）BCD 数相加之后存放于 AL 中的和进行调整，形成正确的扩展 BCD 码，调整后的结果的低位在 AL 中，高位在 AH 中	MOV AL, 09H
			ADD AL, 4
			AAA; 结果: AL=03H
			AH = 1, CF=1

	DAS	对两个压缩 BCD 码相减后的结果（在 AL 中）进行调整，产生正确的压缩 BCD 码	
	AAS	对两个非压缩 BCD 码数相减之后的结果（在 AL 中）进行调整，形成一个正确的非压缩 BCD 码，其低位在 AL 中，高位在 AH 中	

	AAM	对两个非压缩 BCD 数相乘的结果（AX 中）进行调整，得到正确的非压缩 BCD 数（把 AL 寄存器的内容除以 0AH，商放 AH 中，余数放 AL 中）	MOV AL, 07H
			MOV BL, 09H
			MUL BL; AX = 003FH
			AAM; 结果: AX=0603H,
			即非压缩 BCD 数 63

	AAD	在进行除法之前执行。将 AX 中的非压缩 BCD 码（十位数放 AH，个位数放 AL）调整为二进制数，并将结果放 AL 中	MOV AX, 0203H; AX = 23
			MOV BL, 4
			AAD; AX = 0017H
			DIV BL; 结果:
			AH = 03H, AL=05H

注：BCD 码调整指令仅对部分状态标志位有影响。

3.3.3 逻辑运算和移位指令

逻辑运算和移位指令包括逻辑运算指令和移位指令两大部分，移位指令中又分为非循环移位指令和循环移位指令。

3.3.3.1 逻辑运算指令

8088/8086 提供的逻辑运算指令共有 5 条，包括 AND（逻辑"与"）、OR（逻辑"或"）、NOT（逻辑"非"）、XOR（逻辑"异或"）及 TEST（测试）指令。这些指令可对 8 位或 16 位的寄存器或存储器单元中的内容进行按位操作。除 NOT 指令外，其他 4 条指令对操作数的要求与 MOV 指令相同。它们的执行都会使 CF=OF = 0，AF 值不定，并对 SF、PF 和 ZF 有影响。NOT 指令对操作数的要求与 INC 指令相同，但其执行对所有标志位都不影响。

(1) 逻辑"与"指令 AND

指令格式：

```
AND OPRD1,OPRD2          ;OPRD1←OPRD1∧OPRD2
```

AND 指令使源操作数和目标操作数按位相"与"，结果送回目标操作数中。AND 指令在程序中主要应用于 3 个方面。

① 实现两操作数按位相"与"。例如：

```
AND AX,[BX]             ;AX 和[BX]所指字单元的内容按位相"与"，结果送 AX
```

② 使目标操作数中某些位保持不变，把其他位清 0。例如：

```
AND AL,0FH             ;将 AL 的高 4 位清 0，低 4 位保持不变
```

此时需要指定一个屏蔽字，屏蔽字各位的设置原则是：目标操作数中哪些位要清 0，就把屏蔽字相对应的位设为 0，其他位设为 1。上面指令中，0FH 就是屏蔽字，其高 4 位为 0，低 4 位为 1，表示将 AL 中的高 4 位清除，而低 4 位保留。

③ 使操作数不变，但影响 6 个状态标志位，并使 CF=OF=0。例如：

```
AND AX,AX             ;AX 自身按位相"与"，不改变 AX 内容，但影响 6 个状态标志位
```

(2) 逻辑"或"指令 OR

指令格式：

```
OR OPRD1,OPRD2          ;OPRD1←OPRD1∨OPRD2
```

OR 指令实现对源操作数和目标操作数按位相"或"，结果送回目标操作数中。对应 AND 指令，OR 指令在程序中也主要应用于以下 3 个方面。

① 实现两操作数按位相"或"。例如：

```
OR [BX],AL             ;[BX]单元的内容和 AL 的内容相"或"，结果送回[BX]单元
```

② 使目标操作数某些位保持不变，将另外一些位置 1。此时源操作数应这样设置：目标操作数哪些位需要置为"1"，就把源操作数中与之对应的位设为 1，其他位设为 0。例如：

```
OR AL,20H             ;将 AL 中的 D 位置 1，其余位不变
```

③ 使操作数不变，但影响 6 个状态标志位，并使 CF=OF=0。例如：

```
OR AX,AX             ;AX 内容不变，但影响 6 个状态标志位
```

【例 3-27】 为了保证数据通信的可靠性，往往需要对传送的 ASCII 码数据进行校验。校验的方法之一就是使用奇偶校验，偶校验是使要传送的 ASCII 码中 1 的个数为偶数，奇校验则使 1 的个数为奇数。奇偶校验位放在 ASCII 码的最高位上。

假定要传送的 ASCII 码在 AL 中，则对 AL 的内容加上偶校验的程序段如下：

```
OR AL,AL             ;不改变 AL 中的内容，但影响各标志位
```

```
JPE CONTINUE              ;若 PF=1（AL 中 1 的个数为偶数）则转移
OR AL,80H                 ;若 AL 中 1 的个数为奇数则将其变为偶数
CONTINUE：…
```

（3）逻辑"非"指令 NOT

指令格式：

```
NOT OPRD
```

NOT 指令是单操作数指令，它将指定的操作数 OPRD 按位取反，再送回该操作数。这里，OPRD 可以是 8 位或 16 位的寄存器或存储器操作数，但不能是立即数。NOT 指令对标志位无影响。

例如：

```
NOT AX                    ;将 AX 中内容按位取反,结果送回 AX
NOT WORD PTR [SI]         ;将[SI]所指两个单元中的内容按位取反,再送回这两单元
```

（4）逻辑"异或"指令 XOR

指令格式及操作：

```
XOR OPRD1,OPRD2           ;OPRD1←OPRD1⊕OPRD2
```

XOR 指令将源操作数和目标操作数按位进行"异或"运算，结果送回目标操作数。"异或"操作的原则是：两位操作数相同时结果为 0，不同时结果为 1。例如：

```
XOR AX,1122H              ;AX 的内容与 1122H"异或",结果送回 AX
```

根据"异或"运算的性质，某一操作数和自身相"异或"，结果为 0。在程序中常利用这一特性，使某寄存器清零。例如：

```
XOR AX,AX                 ;使 AX 清零
```

（5）测试指令 TEST

TEST 指令的格式、对操作数的要求及完成的操作和 AND 指令类似，区别是：TEST 指令不将"与"的结果送回目标操作数，而只影响标志位，故这条指令常用于在不破坏目标操作数内容的情况下检测操作数中某些位是"1"还是"0"。例如：

```
TEST AL,02H               ;若 AL 中 D₁ 位为 1,ZF=0,否则 ZF=1
```

【例 3-28】　从 4000H 开始的单元中放有 32 个有符号数，要求统计出其中负数的个数，并将统计结果存入 BUFFER 单元。程序段如下：

```
XOR DX,DX                 ;清 DX 内容,DX 用于存放中间结果
MOV SI,4000H              ;SI←起始地址
MOV CX,20H                ;CX←统计次数
AGAIN: MOV AL,[SI]        ;AL←取第一个数
INC SI                    ;地址指针加 1
TEST AL,80H               ;测试所取的数是否为负数
JZ NEXT                   ;不为负数则转 NEXT
INC DX                    ;若为负数则 DX←DX+1
NEXT：DEC CX              ;CX←CX-1
JNZ AGAIN                 ;若 CX≠0 则继续检测下一个
MOV BUFFER,DX             ;统计结果送 BUFFER 单元
```

3.3.3.2　移位指令

移位指令包括非循环移位指令和循环移位指令两类。指令实现将寄存器操作数或内存操作数进行指定次数的移位。当移动 1 位时，移动次数由指令直接给出，移动 2 位或更多位时，移动的位数要放在 CL 寄存器中，即指令的原操作数是移位次数（1 或 CL），目标操作数是被移动

的对象（8 位或 16 位的寄存器或存储器单元）。这类指令的执行大多会影响 6 个状态标志位。

（1）非循环移位指令

8086/8088 有 4 条非循环移位指令：算术左移指令 SAL（Shift Arithmetic Left）、算术右移指令 SAR（Shift Arithmetic Right）、逻辑左移指令 SHL（Shift Logic Left）、逻辑右移指令 SHR（Shift Logic Right）。

4 条指令的格式完全相同，可实现对 8 位或 16 位寄存器操作数或内存操作数进行指定次数的移位。逻辑移位指令针对的是无符号数，算术移位指令针对有符号数。

① 算术左移和逻辑左移指令 SAL/SHL。算术左移指令 SAL 和逻辑左移指令 SHL 执行完全相同的操作，其指令格式：

```
SHL OPRD,1              SAL 0PRD,1
```

或：

```
SHL OPRD,CL             SAL OPRD,CL
```

SHL/SAL 指令执行的操作是将目的操作数的内容左移一位或 CL 所指定的位，每左移一位，左边的最高位移入标志位 CF，而在右边的最低位补零。指令操作的示意图如图 3-15 所示。

在移动次数为 1 的情况下，若移位之后操作数的最高位与 CF 标志位状态不相同，则 OF=1；否则 OF=0。这可用于判断移位前后的符号位是否一致。另外，指令还影响标志位 PF、SF 和 ZF。

OF=1 对 SHL 指令不表示左移后溢出，而对 SAL 指令则表示移位后超出了符号数的表示范围。

【例 3-29】

```
MOV AL,41H
SHL AL,1
```

执行结果为 AL=82H，CF = 0，OF=1。若视 82H 为无符号数，则它没有溢出（82H<FFH）；若视它为有符号数，则溢出了（82H>7FH），因为移位后正数变成了负数。

将一个二进制无符号数左移一位相当于将该数乘 2，所以可利用左移指令实现把一个数乘上 2 的运算。由于左移指令比乘法指令的执行速度快得多，在程序中用左移指令来代替乘法指令可加快程序的运行。

【例 3-30】 把以 DATA 为首址的两个连续单元中的 16 位无符号数乘以 10。因为 $10x = 8x + 2x = 2^3 x + 2^1 x$，所以可用左移指令实现该乘法运算。程序如下：

```
LEA SI,DATA          ;DATA 单元的偏移地址送 SI
MOV AX,[SI]          ;AX←被乘数
SHL AX,1             ;AX=DATA×2
MOV BX,AX            ;暂存 BX
MOV CL,2             ;CL←移位次数
SHL AX,CL            ;AX=DATA×8
ADD AX,BX            ;AX=DATA×10
HLT
```

② 逻辑右移指令 SHR。SHR 指令格式与 SHL 相同，它将指令中的目标操作数视为无符号数。其操作是将目标操作数顺序向右移一位或 CL 指定的位数，每右移一位，右边的最低位移入标志位 CF，而在左边的最高位补零。SHR 指令操作的示意图如图 3-16 所示。

图 3-15 SHL/SAL 左移指令操作示意图　　　图 3-16 SHR 指令操作示意图

SHR 指令也影响标志位 CF 和 OF。如果移动次数为 1 且移位之后新的最高位和次高位不相

等，则标志位 OF=1；否则 OF=0。若移位次数不为 1，则 OF 状态不定。

【例 3-31】

```
MOV AL,82H
SHR AL,1
```

执行结果：AL=41H，CF = 0，OF = 1。

与左移类似，每逻辑右移一位，相当于无符号的目标操作数除以 2。因此同样可利用 SHR 指令完成把一个数除以 2^i 的运算。SHR 指令的执行速度也比除法指令要快得多。

③ 算术右移指令 SAR。SAR 指令是将指令中目标操作数视为有符号数格式，与 SHR 相同，SAR 指令的操作是将目标操作数顺序向右移一位或 CL 指定的位数，操作数最低位移入标志位 CF。它与 SHR 指令的区别是：算术右移时最高位不是补零，而是保持不变。指令的操作如图 3-17 所示。将例 3-31 中的 SHR 指令改为 SAR 指令，则指令的执行结果为：AL=C1H，CF=0。

图 3-17　SAR 指令操作示意图

SAR 指令对标志位 CF、PF、SF 和 ZF 有影响，但不影响 OF、AF。

同样，算术右移指令也可以完成有符号操作数除以 2^i 的运算。

（2）循环移位指令

8088 CPU 有 4 条循环移位指令：不带进位标志位 CF 的循环左移指令 ROL、不带进位标志位 CF 的循环右移指令 ROR、带进位标志位 CF 的循环左移指令 RCL、带进位标志位 CF 的循环右移指令 RCR。

循环移位指令的操作数类型及指令格式与非循环移位指令相同。4 条循环移位指令的操作示意图如图 3-18 所示。

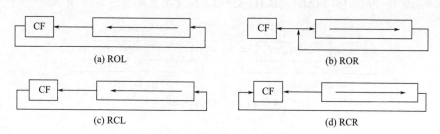

(a) ROL　　(b) ROR　　(c) RCL　　(d) RCR

图 3-18　循环移位指令操作示意图

① 不带 CF 的循环左移指令 ROL。

指令格式：

```
ROL OPRD,1
```

或：

```
ROL OPRD,CL
```

ROL 指令将目标操作数向左循环移动一位或由 CL 指定的位数，最高位移入 CF，同时再移入最低位构成循环，进位标志 CF 不在循环之内，如图 3-18（a）所示。

ROL 指令影响标志位 CF 和 OF。若循环移位次数为 1，且移位之后目标操作数的最高位和 CF 值不相等，则标志位 OF=1，否则 OF = 0；若移位次数不为 1，OF 状态不定。

【例 3-32】

```
MOV AL,82H
ROL AL,1
```

执行结果：AL=05H，CF=1，OF=1。

② 不带 CF 的循环右移指令 ROR。

指令格式：

```
ROR OPRD,1
```

或：

```
ROR OPRD,CL
```

ROR 指令将目标操作数向右循环移动一位或 CL 指定位数，最低位移入 CF，同时再移入最高位构成循环，如图 3-18 (b) 所示。

ROR 指令影响标志位 CF 和 OF。如果循环移位次数为 1，且移位之后新的最高位和次高位不等，则标志位 OF = 1，否则 OF=0；若移位次数不为 1，则 OF 状态不定。

若将例 3-32 中的 ROL 指令改为 ROR 指令，则指令的执行结果为：AL=41H，CF = 0，OF=1。

③ 带 CF 的循环左移指令 RCL。

指令格式：

```
RCL OPRD,1
```

或：

```
RCL OPRD,CL
```

RCL 指令将目标操作数连同进位标志位 CF 一起向左循环移动一位或 CL 指定位数，最高位移入 CF，而 CF 原来的值移入最低位，如图 3-18 (c) 所示。

RCL 指令对标志位的影响与 ROL 指令相同。

【例 3-33】

```
RCL BYTE PTR [100AH],1
```

设 DS=6000H，且指令执行前[6100AH] = 8EH，CF=0。

执行上面的指令后：[6100AH] = 1CH，CF=1，操作示意图如图 3-19 所示。

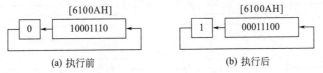

(a) 执行前   (b) 执行后

图 3-19 RCL 指令执行举例

④ 带 CF 的循环右移指令 RCR。指令格式：

```
RCR OPRD,1
```

或：

```
RCR OPRD,CL
```

RCR 指令将目标操作数连同进位标志位 CF 一起向右循环移动一位或 CL 指定位数，最低位移入 CF，而 CF 原来的值移入最高位，如图 3-18 (d) 所示。

RCR 指令对标志位的影响与 ROR 指令相同。

循环移位指令与非循环移位指令不同，循环移位后，操作数中原来各位数的信息不会丢失，而只是改变了位置而已（仍在操作数中的其他位置上或 CF 中），如果需要还可恢复（反向移动即可）。

利用循环移位指令可以测试操作数某一位的状态。

【例 3-34】 测试 BL 寄存器中第 4 位的状态，并保持原内容不变。程序如下：

```
MOV CL,4            ;CL←移位次数
ROL BLZ CL          ;CF←BL 第 4 位
JNC ZERO            ;如果 CF=0 则转到 ZERO
```

```
ROR BL,CL                    ;恢复原 BL 内容
...
ZERO: ROR BL,CL              ;恢复原 BL 内容
```

例 3-34 显然也可用 TEST 指令来实现，具体的程序编写留作读者思考。

【例 3-35】　将 DX 和 AX 两个寄存器组合成一个 32 位操作数，一起逻辑左移一位，即 AX 的最高位应移入 DX 的最低位，如图 3-20 所示，可用两条指令实现这个操作。

```
SHL AX,1                     ;AX 左移一位,CF←AX 最高位
RCL DX,1                     ;DX 带进位位循环左移一位,DX 最低位←CF
```

图 3-20　32 位寄存器左移一位

3.3.4　串操作指令

3.3.4.1　串操作指令的共同特点

存储器中地址连续的若干单元的字符或数据称为字符串或数据串。串操作指令就是用来对串中每个字符或数据做同样操作的指令。串指令既可处理字节串，也可处理字串，并在每完成一个字节（或字）的操作后能够自动修改指针，去执行下一个字节（或字）的操作。串操作指令可以处理的最大串长度为 64KB（或 W）。

所有的串操作指令（除与累加器打交道的串操作指令外）都具有以下共同点：

① 源串（源操作数）默认为数据段，即段基地址在 DS 中，但允许段重设。偏移地址用 SI 寄存器指定，即源串指针为 DS：SL。

② 目标串（目标操作数）默认在 ES 附加段中，不允许段重设。偏移地址用 DI 寄存器指定，即目标串指针为 ES：DI。

③ 串长度值放在 CX 寄存器中。

④ 串操作指令本身可实现地址指针的自动修改。在对每个字节（或字）操作后，SI 和 DI 寄存器的内容会自动修改，修改方向与标志位 DF 的状态有关。若 DF＝0，SI 和 DI 按地址增量方向修改（对字节操作加 1，对字操作则加 2）；否则，SI 和 DI 按地址减量方向修改。

⑤ 可以在串操作指令前使用重复前缀。若使用了重复前缀，在每一次串操作后，CX 的内容会自动减 1。

综上所述，使用串操作指令关键的要点是：应预先设置源串指针（DS、SI）、目标串指针（ES、DI）、重复次数（CX）以及操作方向（DF）。

3.3.4.2　重复操作前缀

在串操作指令前面加一个适当的重复操作前缀，能够使该指令重复执行，即指令在执行时不仅能够按照 DF 所决定的方向自动修改地址指针 SI 和 DI 的内容，还可在每完成一次操作后自动修改串长度 CX 的值，重复执行串指令，直至 CX＝0 或满足指定的条件为止。

用于串操作指令的重复操作前缀分为两类：无条件重复前缀（1 条）及有条件重复前缀（共 4 条）。

① REP：无条件重复前缀，重复执行指令规定的操作，直到 CX=0。

② REPE/REPZ：相等/结果为 0 时重复，ZF=1，且 CX≠0 时重复。

③ REPNE/REPNZ：不相等/结果不为 0 时重复，ZF =0，且 CX≠0 时重复。

加重复操作前缀可简化程序的编写，并加快串运算指令的执行速度。加重复操作前缀之后的串操作指令的执行动作可表示为：①执行规定的操作；②SI 和 DI 自动增量（或减量）；③CX内容自动减 1；④根据 ZF 的状态自动决定是否重复执行。

3.3.4.3 串操作指令

串操作指令是 8086 指令系统中唯一的一组能直接处理源和目标操作数都在存储单元的指令。串操作指令共有 5 条。

（1）串传送指令

串传送指令（Move String）有 3 种指令格式：

```
MOVS OPRD1,OPRD2
MOVSB
MOVSW
```

第一种格式中，OPRD1 为目标串地址，OPRD2 为源串地址。指令将源串地址中的字节或字传送到目标串地址中。源串和目标串的段地址可以使用默认值（即预先对 DS、ES 设定的值），源串也可用段重设指定在其他段中。第一种格式多用于需要段重设的情况。第二种和第三种格式隐含了两个操作数的地址，此时源串和目标串地址必须符合默认值，即源串在数据段、偏移地址在 SI 中，目标串在附加段、偏移地址在 DI 中。

MOVSB 指令一次完成一个字节的传送，MOVSW 指令一次完成一个字的传送。

串传送指令实现内存单元到内存单元的数据传送，解决了 MOV 指令不能直接在内存单元之间传送数据的限制。

MOVS 指令常与无条件重复前缀 REP 联合使用，以提高程序运行速度。

【例 3-36】 将 2000H：1200H 地址开始的 100 个字节传送到 6000H：0000H 开始的内存单元中。程序如下：

```
MOV AX,2000H
MOV DS,AX              ;设定源串段地址
MOV AX,6000H
MOV ES,AX              ;设定目标串段地址
MOV SI,1200H          ;设定源串偏移地址
MOV DI,0              ;设定目标串偏移地址
MOV CX,100           ;串长度送 CX
CLD                  ;DF=0,使地址指针按增量方向修改
REP MOVSB            ;每传送一个字节,自动修改地址指针及 CX 直至 CX=0
HLT                  ;暂停执行
```

串传送指令的执行不影响标志位。

（2）串比较指令

串比较指令（Compare String）有 3 种格式：

```
CMPS  OPRB1,OPRD2
CMPSB
CMPSW
```

串比较指令与比较指令 CMP 的操作类似，CMP 指令比较的是两个数据，而 CMPS 进行的是两个数据串的比较。它将源串地址与目标串地址中的数据按字节（或字）进行比较，比较结果不送回目标串地址中，而只反映在标志位上。每进行一次比较后自动修改地址指针，指向串

中的下一个元素。在以上 3 种格式中，第一种格式主要用在需要段重设的情况下，CMPSB 是按字节进行比较，CMPSW 是按字进行比较。

串比较指令通常和条件重复前缀 REPE（REPZ）或 REPNE（REPNZ）连用，用来检查两个字符串是否相等。

在加条件重复前缀的情况下，结束串比较指令的执行就有两种可能：①不满足条件前缀所要求的条件；②CX=0（此时表示已全部比较结束）。因此在程序中，串比较指令的后边需要一条指令来判断是何种原因结束了串比较，判断的条件是 ZF 标志位。串比较指令的执行会影响 ZF 的状态。对 REPE/REPZ，ZF=1 会重复；对 REPNE/REPNZ，ZF=0 则会重复。CX 是否为 0 不影响 ZF 的状态。

【例 3-37】　比较两个字符串是否相同，并找出其中第一个不相等字符的地址，将该地址送 BX，不相等的字符送 AL。两个字符串的长度均为 200 个字节，M1 为源串首地址，M2 为目标串首地址。程序如下：

```
LEA SI,M1              ;SI←源串首地址
LEA DI,M2              ;DI←目标串首地址
MOV CX,200             ;CX←串长度
CLD                    ;DF=0,使地址指针按增量方向修改
RE PE CMPSB            ;若相等则重复比较
JZ STOP                ;若 ZF=1,表示两数据串完全相等,转 STOP
DEC SI                 ;否则 SI-1,指向不相等单元
MOV BX,SI              ;BX←不相等单元的地址
MOV AL,[SI]            ;AL←不相等单元的内容
STOP: HLT              ;停止
```

程序中找到第一个不相等字符后，地址指针自动加 1，所以将地址指针再减 1 即可得到不相等单元的地址。

（3）串扫描指令

串扫描指令（Scan String）有 3 种格式：

```
SCAS OPRD              ;OPRD 为目标串
SCASB
SCASW
```

SCAS 指令的执行与 CMPS 指令类似，也是进行比较操作。只是 SCAS 指令是用累加器 AL 或 AX 的值与目标串（由 ES: DI 指定）中的字节或字进行比较，比较结果不改变目标操作数，只影响标志位。

SCAS 指令常用来在一个字符串中搜索特定的关键字，把要找的关键字放在 AL（或 AX）中，再用本指令与字符串中各字符逐一比较。

【例 3-38】　在 ES 段中从 2000H 单元开始存放了 10 个字符，寻找其中有无字符"A"。若有则记下搜索次数（次数放 DATA1 单元），并记下存放"A"的地址（地址放 DATA2 单元）。程序段如下：

```
MOV DI,2000H           ;目标字符串首地址送 DI
MOV BX,DI              ;首地址暂存在 BX 中
MOV CX,0AH             ;字符串长度送 CX
MOV AL,'A'             ;关键字"A"的 ASCII 码送 AL
CLD                    ;清 DF,每次扫描后指针增量
REPNZ SCASB            ;扫描字符串,直到找到"A"或 CX=0
JZ FOUND               ;若找到则转移
```

```
     MOV DI,0                    ;没找到要搜索的关键字,使 DI=0
     JMP DONE
     FOUND: DEC DI               ;DI-1,指向找到的关键字所在地址
     MOV DATA2,DI                ;将关键字地址送 DATA2 单元
     INC DI
     SUB DI,BX                   ;用找到的关键字地址减去首地址得到搜索次数
     DONE: MOV DATA1,DI          ;将搜索次数送 DATA1 单元
          ...
```

上面的程序中,SCAS 指令加上前缀 REPNZ 表示串元素不等于关键字(ZF = 0)且串未结束(CX≠0)时就继续搜索。若此例改为找到第一个不是"A"的字符,则 SCAS 前应加上前缀 REPZ 表示串元素等于关键字且串未结束时就继续搜索。

例 3-38 中,退出 REPNZ SCASB 串循环有两种可能:①已找到关键字,从而退出,此时 ZF=1;②未搜索到关键字,但串已检索完毕,从而退出,此时 ZF=0,CX = 0。因而退出之后,可根据对 ZF 标志的检测来判断是属于哪种情况。

同例 3-37 一样,执行 REPNZ SCASB 操作时,每比较一次,目的串指针自动加 1(因 DF=0),所以找到关键字后,需将 DI 内容减 1 才能得到关键字所在地址。

(4)串装入指令

串装入指令(Load String)有 3 种格式:

```
     LODS OPRD                   ;OPRD 为源串
     LODSB
     LODSW
```

LODS 指令把由 DS: SI 指向的源串中的字节或字取到累加器 AL 或 AX 中,之后根据 DF 的值自动修改指针 SI,以指向下一个要装入的字节或字。

LODS 指令不影响标志位且一般不带重复前缀,因为每重复一次 AL 或 AX 中内容将被后一次所装入的字符所取代。

【例 3-39】　以 MEM 为首地址的内存区域中有 10 个以非压缩 BCD 码形式存放的十进制数,它们的值可能是 0~9 中的任意一个,现编程将这 10 个数顺序显示在屏幕上。程序段如下:

```
     LEA SI,MEM                  ;SI←源串偏移地址
     MOV CX,10                   ;设置串长度
     CLD                         ;DF←0
     MOV AH,02H                  ;AH←功能号(表示单字符显示输出)
     NEXT: LODSB                 ;取一个 BCD 码到 AL
     ADD AL,30H                  ;BCD 码转换为对应的 ASCII 码
     MOV DL,AL                   ;DL←字符的 ASCII 码
     INT 21H                     ;输出显示
     DEC CX                      ;CX←CX-1
     JNZ NEXT                    ;ZF=0 则重复
     HLT
```

LODSB 指令可用来代替以下 2 条指令:

```
     MOV AL,[SI]
     INC SI
```

LODSW 指令可用来代替以下 3 条指令:

```
     MOV AX,[SI]
     INC SI
     INC SI
```

(5) 串存储指令

串存储指令（Store String）有 3 种格式：

```
STOS OPRD                       ;OPRD 为目标串
STOSB
STOSW
```

STOS 指令把累加器 AL 中的字节或 AX 中的字存到由 ES:DI 指向的存储器单元中，之后根据 DF 的值自动修改指针 DI 的值（增量或减量），以指向下一个存储单元。利用重复前缀 REP 可对连续的存储单元存入相同的值。STOS 指令对标志位没有影响。

【例 3-40】　把 6000H:1200H 单元开始的 100 个字存储单元内容清零，可用串存储指令实现如下：

```
MOV AX,6000H
MOV ES,AX                       ;ES←目标串的段地址
MOV DI,1200H                    ;DI←目标串的偏移地址
MOV CX,100                      ;CX←串长度
CLD                             ;DF←0,从低地址到高地址的方向进行存储
MOV AX,0                        ;AX←0,即要存入到目的串的内容
REP STOSW                       ;将 100 个单元清零
HLT
```

3.3.5　程序控制指令

程序控制指令包括转移指令、循环控制指令、过程调用指令和中断指令四大类，用于程序的分支转移、循环控制及过程调用等。

3.3.5.1　无条件转移指令 JMP

JMP（Jump）指令的操作是无条件地使程序转移到指定的目标地址，并从该地址开始执行新的程序段。寻找目标地址的方法有两种：直接方式、间接方式。另外，考虑到 8086/8088 的内存是分段管理，因此将无条件转移指令分成 4 种。

（1）段内直接转移

指令格式：

```
JMP LABEL
```

其中，LABEL 是一个标号，也称为符号地址，它表示转移的目的地。该标号在本程序所在代码段内。指令被汇编时，汇编程序会计算出 JMP 指令的下一条指令到 LABEL 所指示的目标地址之间的位移量（也就是相距多少个字节单元），该地址位移量可正可负，可以是 8 位的或 16 位的。若为 8 位，表示转移范围为–128～+127 字节；若位移量为 16 位，表示转移范围为–32768～+32767 字节。段内转移时的标号前可加运算符 NEAR，也可不加，省略时为段内转移。

指令的操作是将 IP 的当前值加上计算出的地址位移量形成新的 IP，并使 CS 保持不变，从而使程序按新地址继续运行（即实现了程序的转移）。

【例 3-41】

```
…
MOV AX,BX
JMP NEXT                        ;无条件段内转移,转向符号地址 NEXT 处
AND CL,0FH
NEXT: OR CL,7FH
```

其中，NEXT 是一个段内标号，汇编程序计算出 JMP 的下条指令（即 AND CL，0FH）的地址到 NEXT 标号代表的地址之间的距离（也就是相对位移量）。执行 JMP 指令时，将这个位移量加到 IP 上，于是在执行完 JMP 指令后不再执行 AND CL，7FH 指令（因为 IP 已经改变），而转去执行 OR CL，7FH 指令（因为此时 IP 指向这条指令）。

（2）段内间接转移

指令格式：

```
JMP OPRD
```

指令中的操作数 OPRD 是 16 位的寄存器或者存储器地址，可以采用各种寻址方式。指令的执行是用指定的 16 位寄存器内容或存储器两单元内容作为转移目标的偏移地址，用其内容取代原来 IP 的内容，从而实现程序的转移。

例如：

```
JMP BX                      ;指令执行后,IP=BX
JMP WORD PTR [BX+DI]
```

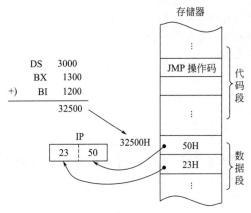

对上面第二条指令，设指令执行前：DS=3000H, BX=1300H, DI=1200H, [32500H]=2350H，则指令执行后，IP=2350H。指令执行的过程如图 3-21 所示。

上述指令中，若操作数 OPRD 是存储器，则要加上类型指示符 WORD PTR 以说明后边的存储器操作数是一个字（因为要送到 IP 的偏移地址是 16 位的）。另外，由于是段内转移，其范围一定在当前代码段内，所以 CS 的内容不变。

（3）段间直接转移

采用段间直接转移时，指令中直接提供了要转移的 16 位段地址和 16 位偏移地址。

图 3-21 段内间接转移指令操作示意图

指令格式：

```
JMP  FAR LABEL
```

其中，FAR 表明其后的标号 LABEL 是一个远标号，即它在另一个代码段内。汇编程序根据 LABEL 的位置确定出 LABEL 所在的段基地址和偏移地址，然后将段地址送入 CS，偏移地址送入 IP，结果使程序转移到另一个代码段（CS：IP）继续执行。例如：

```
JMP FAR PTR NEXT            ;远转移到NEXT 处
JMP 8000H: 1200H            ;IP 1200H,CS←8000H
```

（4）段间间接转移

指令格式：

```
JMP OPRD
```

其中，操作数 OPRD 是一个 32 位的存储器地址。指令的执行是将指定的连续 4 个内存单元的内容送入 IP 和 CS 中（低字内容送 IP，高字内容送 CS），从而程序转移到另一个代码段继续执行。此处的存储单元地址可采用 3.2 节讲过的各种寻址方式（立即数和寄存器方式除外）。

【例 3-42】

```
JMP DWORD PTR[BX]
```

设指令执行前：DS = 3000H，BX = 3000H，[33000H] = 0BH，L33001H] = 20H，[33002H] = 10H，[33003H] = 80H，则指令执行后，IP=200BH，CS=8010H。

转移的目标地址= 8210BH。其操作示意图如图 3-22 所示。

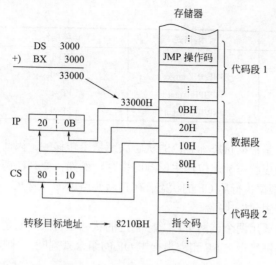

图 3-22　段间间接转移指令操作示意图

由于段间转移是控制程序转移到另一个代码段中，不仅 IP 的内容要改变，CS 的内容也要改变，即转移地址一定是 32 位字长。因此，在操作数前要加上 DWORD PTR，表示其后的操作数为双字。

JMP 指令对标志位无影响。

3.3.5.2　条件转移指令 JCC

8088/8086 共有 18 条不同的条件转移指令，如表 3-5 所示。它们根据其前一条指令执行后标志位的状态来决定程序是否转移。若满足转移指令规定的条件，则程序转移到指令指定的地址去执行从那里开始的指令；若不满足条件，则顺序执行下一条指令。所有的条件转移都是直接寻址方式的短转移，即只能在以当前 IP 值为中心的 −128～+127 字节范围内转移。条件转移指令不影响标志位。

表 3-5　条件转移指令

指令名称	汇编格式	转移条件	备注
CX 内容为 0 转移	JCXZ target	CX=0	
大于/不小于等于转移	JG/JNLE target	SF=OF 且 ZF=0	带符号数
大于等于/不小于转移	JGE/JNL target	SF=OF	带符号数
小于/不大于等于转移	JL/JNGE target	SF=OF 且 ZF=0	带符号数
小于等于/不大于转移	JLE/JNG target	SF=OF 或 ZF=1	带符号数
溢出转移	JO target	OFF	
不溢出转移	JNO target	OF=0	
结果为负转移	JS target	SF=1	
结果为正转移	JNS target	SF=0	
高于/不低于等于转移	JA/JNBE target	CF=0 且 ZF=0	无符号数
高于等于/不低于转移	JAE/JNB target	CF=0	无符号数
低于/不高于等于转移	JB/JNAE target	CF=1	无符号数
低于等于/不高于转移	JBE/JNA target	CF=1 或 ZF=1	无符号数
进位转移	JC target	CF=1	
无进位转移	JNC target	CF=0	

续表

指令名称	汇编格式	转移条件	备注
等于或为零转移	JE/JZ target	ZF=1	
不等于或非零转移	JNE/JNZ target	ZF=0	
奇偶校验为偶转移	JP/JPE target	PF=1	
奇偶校验为奇转移	JNP/JPO target	PF=0	

由于条件转移指令是根据状态标志位的状态决定是否转移的，因此在使用时，其前一条指令应是执行后能够对相应状态标志位产生影响的指令。例如，要判断两个无符号数的大小，应当用 CMP 指令，然后根据执行后 CF 的状态，在其后使用 JNC（或 JC）指令决定如果目标操作数大（或小）程序转移到何处执行。

在有些情况下，需要用两个或两个以上标志位的状态组合来判断是否实现转移。例如，对有符号数的比较需根据符号标志 SF 和溢出标志 OF 的组合来判断，若包含"等于"条件，还需组合 ZF 标志。

【例 3-43】 在内存的数据段中存放了 100 个 8 位带符号数，其首地址为 TABLE，试统计其中正元素、负元素和零元素的个数，并分别将个数存入 PLUS、MINUS 和 ZERO 这 3 个单元中。

题目分析：为实现上述功能，可先将 PLUS、MINUS 和 ZERO 这 3 个单元清零，之后将数据表中的带符号数逐个放入 AL 中，利用条件转移指令测试该数是正数、负数还是零，再分别在对应的单元中计数。程序如下：

```
START: XOR AL,AL          ;AL 清零
       MOV PLUS,AL        ;PLUS 单元清零
       MOV MINUS,AL       ;MINUS 单元清零
       MOV ZERO,AL        ;ZERO 单元清零
       LEA SI,TABLE       ;数据表首地址送 SI
       MOV CL,100         ;表长度送 CL
       CLD                ;使 DF=0
CHECK: LODSB              ;取一个数到 AL
       OR AL,AL           ;操作数自身相"或"，仅影响标志位
       JS X1              ;若为负,转 X1
       JZ X2              ;若为零,转 X2
       INC PLUS           ;否则为正,PLUS 单元加 1
       JMP NEXT
X1:    INC MINUS          ;MINUS 单元加 1
       JMP NEXT
X2:    INC ZERO           ;ZERO 单元加 1 1
NEXT:  DEC CL             ;CL 减 1
       JNZ CHECK          ;若 ZF=0 转 CHECK
       HLT                ;停止
```

3.3.5.3 循环控制指令

循环控制指令，顾名思义，是在循环程序中用来控制循环的。其控制转向的目标地址是以当前 IP 内容为中心的-128～+127 字节范围内。循环次数必须预先送入 CX 寄存器中。一般情况下，循环控制指令放在循环程序的开始或结尾。

循环控制指令共有 3 条，它们均不影响标志位。

（1）LOOP 指令

指令格式：

```
LOOP LABEL
```

这里的 LABEL 相当于一个近地址标号。指令的执行是先将 CX 内容减 1，再判断 CX 是否为 0，若 CX≠0，则转至目标地址继续循环；否则就退出循环，执行下一条指令，即 LOOP 指令相当于以下两指令的组合：

```
DEC CX
JNZ NEXT
```

【例 3-44】 在以 DATA 为首地址的内存数据段中存放有 200 个 16 位带符号数，试找出其中最大和最小的符号数，并分别放在以 MAX 和 MIN 为首的内存单元中。

题目分析：为寻找最大和最小的数，可先取出数据段中的一个数据作为标准，将其同时暂存于 MAX 和 MIN 中，然后使其他数据分别与 MAX 和 MIN 中的数进行比较。若大于 MAX 内容，则取代原 MAX 中的数；若小于 MIN 内容，则将新数放于 MIN 中，最后就得出了数据段中最大和最小的带符号数。要注意的是，比较带符号数的大小时应采用 JG 和 JL 等用于符号数的条件转移指令。程序如下：

```
START: LEA SI,DATA          ;SI←数据段首地址
       MOV CX,200           ;CX←数据段长度
       CLD                  ;清方向标志 DF
       LODSW                ;AX←一个 16 位带符号数
       MOV MAX,AX           ;将该数送 MAX
       MOV MIN,AX           ;将该数送 MIN
       DEC CX               ;CX←CX-1
NEXT:  LODSW                ;取下一个 16 位带符号数
       CMP AX,MAX           ;与 MAX 单元内容进行比较
       JG LARGER            ;若大于则转 LARGER
       CMP AX,MIN           ;否则再与 MIN 单元内容进行比较
       JL SMALL             ;若小于 MIN 的内容则转 SMALL
       JMP GOON             ;否则就转至 GOON
LARGER: MOV MAX,AX          ;MAX←AX
        JMP GOON
SMALL: MOV MIN,AX           ;MIN←AX
GOON:  LOOP NEXT            ;CX-1,若 CX≠0 则转 NEXT
       HLT
```

（2）LOOPZ（或 LOOPE）指令

指令格式：

```
LOOPZ LABEL
```

或：

```
LOOPE LABEL
```

LOOPZ 指令在执行时先使 CX 内容减 1，再根据 CX 中的值及 ZF 的值来决定是否继续循环。继续循环的条件是 CX≠0，且 ZF=1；若 CX = 0 或者 ZF=0，则退出循环。

（3）LCOPNZ（或 LOOPNE）指令

指令格式：

```
LOOPNZ LABEL
```

或：

```
LOOPNE LABEL
```

LOOPNZ 指令与 LOOPZ 指令类似，只是其中 ZF 条件与之相反。它先将 CX 内容减 1，然后再判断 CX 和 ZF 的内容，当 CX≠0 且 ZF=0 的条件下，就转至目标地址继续循环；否则退出循环。

【例 3-45】 比较两组输入端口的数据是否一致。主端口的首地址为 MAIN_PORT，冗余端口的首地址为 REDUNDANT_PORT，端口数目均为 NUMBER。

```
        MOV DX,MAIN_PORT            ;DX←主端口地址指针
        MOV BX,REDUNDANT_PORT       ;BX←冗余端口地址指针
        MOV CX,NUMBER               ;CX←端口数
TOP:    IN AX,DX                    ;AX←从主端口输入一个数据
        XCHG AX,BP                  ;主端口输入的数据暂存于 BP
        INC DX                      ;主端口地址指针加 1
        XCHG BX,DX                  ;DX←冗余端口地址指针
        IN AX,DX                    ;AX←从冗余端口输入一个数据
        INC DX                      ;冗余端口地址指针加 1
        XCHG BX,DX                  ;两端口地址指针恢复到原寄存器中
        CMP AX,BP                   ;比较两端口的数据
        LOOPE TOP                   ;若两端口数据相等且 CX-1≠0,则转 TOP
        JNZ PORT_ERROR              ;若两端口数据不相等,则转至 PORT_ERROR
        …
PORT_ERROR: …
        …
```

3.3.5.4 过程调用和返回指令

在编程过程中，为了节省内存单元，往往将程序中常用到的具有相同功能的部分独立出来，编写成一个模块，称之为子程序（或过程）。程序执行中，主程序在需要时可随时调用这些子程序；子程序执行完以后，又返回到主程序继续执行。在需要时还可多级调用，如图 3-23 所示。8086/8088 指令系统为实现这一功能提供了调用指令 CALL 和返回指令 RET。

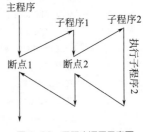

图 3-23 子程序调用示意图

调用指令 CALL 执行时，CPU 先将下一条指令的地址（称为返回地址）压入堆栈保护起来，然后将子程序入口地址赋给 IP（或 CS 和 IP），以便转到子程序执行。

返回指令 RET 一般安排在子程序末尾，执行 RET 时，CPU 将堆栈顶部保留的返回地址弹出到 IP（或 CS 和 IP），这样即可返回到 CALL 的下一条指令，继续执行主程序。

由于子程序有可能与主程序同在一个段内，也有可能不同在一个段内。所以与无条件转移指令一样，CALL 指令也有 4 种形式，即段内直接调用、段内间接调用、段间直接调用以及段间间接调用。

（1）段内直接调用

指令格式：

```
CALL NEAR PROC
```

其中，PROC 是一个近过程的符号地址，表示指令调用的过程是在当前代码段内。指令在汇编后会得到 CALL 指令的下一条指令与被调用过程的入口地址之间相差的 16 位相对位移量（也可以理解为是字节表示的距离）。

CALL 指令执行时，首先将下面一条指令的偏移地址压入堆栈，然后将指令中 16 位的相对位移量和当前 IP 的内容相加，新的 IP 内容即为所调用过程的入口地址（确切地说是入口地址

的偏移地址)。执行过程表示如下:

```
SP←SP-2
SP+1←IPH
SP←IPL
IP←IP+16 位偏移量
```

对于段内调用,指令中的 NEAR 可以省略。例如,"CALL TIME"指令将调用一个名为 TIME 的近过程。

(2) 段内间接调用

指令格式:

```
CALL OPRD
```

其中,OPRD 为 16 位寄存器或两个存储器单元的内容。这个内容代表的是一个近过程的入口地址。指令的操作是将 CALL 指令的下面一条指令的偏移地址压入堆栈,若指令中的操作数(OPRD)是一个 16 位通用寄存器,则将寄存器的内容送 IP;若是存储单元,则将存储器的两个单元的内容送 IP。例如:

```
CALL AX                    ;IP←AX,子程序的入口地址由 AX 给出
CALL WORD PTR [BX]         ;IP←([BX+1]:[BX]),子程序的入口地址为数据
                          ;段[BX]和[BX+1]两存储单元的内容
```

(3) 段间直接调用

指令格式:

```
CALL FAR PROC
```

其中, PROC 是一个远过程的符号地址,表示指令调用的过程在另外的代码段内。

指令在执行时先将 CALL 指令的下一条指令的地址, 即 CS 和 IP 寄存器的内容压入堆栈, 然后用指令中给出的段地址取代 CS 的内容, 偏移地址取代 IP 的内容。执行过程如下:

```
SP←SP-2,([SP+1]:[SP])←CS    ;CS←被调用过程入口的段地址
SP←SP-2,([SP+1]:[SP])←IP    ;IP←被调用过程入口的偏移地址
```

例如,指令 "CALL 3000H: 2100HM" 直接给出了被调用过程的段地址和偏移地址 "3000H: 2100H"。

(4) 段间间接调用

指令格式:

```
CALL OPRD
```

其中, OPRD 为 32 位的存储器地址。指令的操作是将 CALL 指令的下一条指令的地址, 即 CS 和 IP 的内容压入堆栈, 然后把指令中指定的连续 4 个存储单元中的内容送 IP 及 CS, 低地址的两个单元内容为偏移地址, 送入 IP; 高地址的两个单元内容为段地址, 送入 CS。

【例 3-46】　设 DS=6000H, SI=0560H, 执行指令 CALL DWORD PTR[SI]。

该指令表示所调用程序的入口地址存放在当前数据段中 SI 的内容为首地址的连续 4 个字节单元中。指令操作示意图如图 3-24 所示。

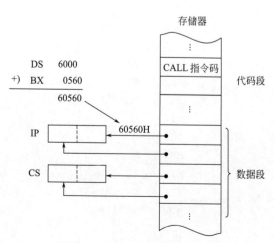

图 3-24　段间间接调用指令操作示意图

【例 3-47】 执行下列指令后，（AX）=？ （DX）=？

```
CS:    2000H    MOV      AX,2012H
       2003H    MOV      CX,200CH
       2006H    PUSH     CX
       2007H    CALL     4000H
       200AH    ADD      AX,BX
       200CH    ADD      AX,DX
       200EH    HTL
                ...
                ...
CS:    4000H    MOV      BX,200AH
                POP      DX
                RET
```

题目分析：当执行完地址为 2007H 处的 CALL 指令后，堆栈内的数据结构如图 3-25 所示，其中堆栈最低两位地址的数据 200AH，即为返回地址。进入调用程序后，当执行地址为 4000H 处的 POP 指令时，将栈顶的 8 位二进制数据 200A 送至 DX 寄存器，则在执行下一条指令时，返回地址变为 200CH，而不是 200AH。因此，AX 寄存器最后的值为 2012H+200AH=401CH。

（5）返回指令 RET

指令格式：

```
RET
```

返回指令执行与调用指令相反的操作。对于近过程（与主程序在同一段内），用 RET 返回主程序时，只需从堆栈顶部弹出一个字的内容给 IP 作为返回的偏移地址；对于远过程（与主程序不在同一段），用 RET 返回主程序时，则需从堆栈顶部弹出两个字作为返回地址，先弹出一个字的内容给 IP 作为返回的偏移地址，再弹出一个字的内容给 CS 作为返回的段地址。

无论是段间返回还是段内返回，返回指令在形式上都是 RET。

返回指令一般作为子程序的最后一条语句。所有的返回指令都不影响标志位。

【例 3-48】 试分析执行下列指令后的堆栈数据变化。

```
        MOV      SP,1009H
        MOV      AX,2000H
        MOV      BX,4000H
        PUSH     AX
        PUSH     BX
        CALL     NEAR      ADDPRG
        MOV      AX,MEM1
        HTL
ADDPRG: PUSHF
        MOV      BP,SP
        MOV      AX,[BP+4]
        ADD      AX,[BP+6]
        MOV      MEM1,AX
        POPF
        RET      4
```

0A
20
0C
20
栈顶

SP →

图 3-25 堆栈数据示意图

题目分析：当执行到 CALL 指令时，堆栈内存放了 AX、BX 寄存器的数据，执行完 CALL 指令后，堆栈内多了返回地址的数据 $D_H D_L$。进入子程序中，执行完 PUSHF 后，FLAG 寄存器数据被压入堆栈，即 $F_H F_L$。此时，堆栈内的数据如图 3-26 所示。执行完 POPF 程序后，栈顶的 FLAG 寄存器数据被弹出。在子程序执行最后一条指令"RET 4"时，弹出返回地址 $D_H D_L$ 后，还将丢弃栈顶的 4 个字节的数据，即 2000H、4000H。

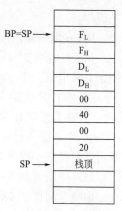

图 3-26　堆栈示意图

3.3.5.5　中断指令

所谓中断，是指在程序运行期间因某种随机或异常的事件，要求 CPU 暂时中止正在运行的程序转去执行一组专门的中断服务程序来处理这些事件，处理完毕后又返回到原被中止处继续执行原程序的过程。

引起中断的事件叫作中断源，它可以是在 CPU 内部，也可以是在 CPU 外部。内部中断源引起的中断称为内部中断；相应地，外部中断源引起的中断就称为外部中断。8086/8088 中断系统分为外部中断（或叫硬件中断）和内部中断（或叫软件中断）。外部中断主要用来处理外设和 CPU 之间的通信。内部中断包括运算异常及中断指令引起的中断。

中断指令用于产生软件中断，以执行一段特殊的中断处理过程。中断指令主要有以下几个用途：

① 用户程序可通过中断指令调用操作系统提供的特殊子程序（称为系统功能调用）。这些特殊子程序为用户程序提供了控制台输入/输出、文件系统、软硬件资源管理、通信等丰富的服务。在用户程序中只要用一条中断指令即可使用这些服务，而不用再自己编写类似的程序，大大简化了应用软件的开发。

② 用来实现一些特殊的功能，如调试程序时单步运行、断点等。

③ 调用 BIOS 提供的硬件底层服务。

关于中断，将在本书第 6 章进行详细介绍，这里仅介绍指令的格式及操作。8086/8088 指令系统提供了 3 条与软件中断相关的指令。

（1）INT 指令

指令格式：

```
INT n
```

其中，n 为中断向量码（也称中断类型码），是一个常数，取值范围为 0～255。

指令执行时，CPU 根据 n 的值计算出中断向量的地址，然后从该地址中取出中断服务程序的入口地址，并转到该中断服务子程序去执行。中断向量地址的计算方法是将中断向量码 n 乘 4。INT 指令的具体操作步骤如下：

① SP←SP-2，([SP+1]:[SP])-FLAGS　　　；把标志寄存器的内容压入堆栈

② TF←0，IF←0　　　　　　　　　　　；清除 IF 和 TF，保证不会中断正在执行的中断子程序，并且不响应单步中断

③ SP←SP-2，([SP+1]:[SP])←CS
　　 SP←SP-2，([SP+1]:[SP])←IP　　　；把断点地址（即 INT 指令的下一条指令的地址）压入堆栈

④ IP←（[n×4+1]:[n×4]）　CS←（[n×4+3]:[n×4+2]）

由 $n×4$ 得到中断向量地址，进而得到中断处理子程序的入口地址。

以上操作完成后，CS:IP 就指向中断服务程序的第一条指令，此后 CPU 开始执行中断服务

子程序。

INT n 指令除复位 IF 和 TF 外，对其他标志位无影响。

从 CPU 执行中断指令的过程可以看出，INT 指令的基本操作与存储器寻址的段间间接调用指令非常相似，所不同的有以下 3 点：

① INT 指令要把标志寄存器 FLAGS 压入堆栈，而 CALL 指令不保存 FLAGS 内容。

② INT 影响 IF 和 TF 标志位，而 CALL 指令不影响。

③ 中断服务程序入口地址放在内存的固定位置，以便通过中断向量码找到它，而 CALL 指令可任意指定子程序入口地址的存放位置。

(2) 中断返回指令 IRET

中断返回指令 IRET 用于从中断服务子程序返回到被中断的程序继续执行。任何中断服务子程序无论是由外部中断引起的，还是内部中断引起的，其最后一条指令都是 IRET 指令。该指令首先将堆栈中的断点地址弹出到 IP 和 CS，接着将 INT 指令执行时压入堆栈的标志字弹出到标志寄存器以恢复中断前的标志状态。显然，本指令对各标志位均有影响。指令的操作如下：

① IP← ([SP+1]: [SP])，SP←SP+2

② CS← ([SP+1]: [SP])，SP←SP+2

③ FLAGS← ([SP+1]: [SP])，SP←SP+2

3.3.6　处理器控制指令

处理器控制指令用来对 CPU 进行控制，如修改标志寄存器、使 CPU 暂停、使 CPU 与外部设备同步等，共分为两大类：标志位操作指令和外部同步指令。各指令的功能如表 3-6 所示。

表 3-6　处理器控制指令

汇编格式		操作
标志位操作指令	CLC	CF←0　　　　　　；清进位标志位
	STC	CF←1　　　　　　；进位标志位置位
	CMC	CF←CF̄　　　　　；进位标志位取反
	CLD	DF←0　　　　　　；清方向标志位，串操作从低地址到高地址
	STD	DF←1　　　　　　；方向标志位置位，串操作从高地址到低地址
	CLI	IF←0　　　　　　；清中断标志位，即关中断
	STI	IF←1　　　　　　；中断标志位置位，即开中断
外部同步指令	HTL	暂停指令，使 CPU 处于暂停状态，常用于等到中断的产生
	WAIT	当 TEST 引脚为高电平（无效）时，执行 WAIT 指令会使 CPU 进入待机状态；主要用于 8088 与协处理器和外部设备的同步
	ESC	处理器交权指令，用于与协处理器配合工作时
	LOCK	总线锁定指令，主要用于多机共享资源设计
	NOP	空操作指令，消耗 3 个时钟周期，常用于程序的延时等

3.4　Pentium 新增指令简介

8086/8088 指令系统是 80×86 系列 CPU 的基本指令系统，它的指令编码、寻址方式与 Intel

80×86 系列 CPU 运行在实地址模式下是完全相同的。由于从 80386 起增加了虚地址模式，因此相应地增加了虚地址模式下的寻址方式，其指令系统也随之扩充，功能进一步增强。本节以 80386 为例，简要介绍 80×86 系列 CPU 在 8086 指令系统基础上新增的指令功能及寻址方式。

3.4.1　80×86 虚地址下的寻址方式

相对于实地址模式下的 8 种对操作数的寻址方式，80×86 增加了虚地址下寻址 32 位数的寻址能力，如表 3-7 所示。

表 3-7　80×86 虚地址下的寻址方式

寻址方式	操作示例	
立即寻址	MOV EAX, 12345678H	; 将 32 位立即数送 32 位寄存器 EAX
直接寻址	MOV EAX, [11202020H]	; 直接给出 32 位地址
寄存器寻址	MOV EAX, EBX	; 将 32 位寄存器 EBX 的内容送到 EAX
寄存器间接寻址	MOV EBX, [EAX]	; 将数据段中偏移地址为 EAX 内容的 4 个字节数送 EBX
寄存器相对寻址	MOV AX, DATA [EBX]	; 将 EBX 的内容与 32 位位移量 DATA 的和所指的两单元的内容送 AX
基址、变址寻址	MOV EAX, [EBX] [ESI]	; 将数据段中 EBX+ESI 所指的 4 单元内容送 EAX
基址、变址、相对寻址	MOV EAX, [EBX+EDI+0FFFFFFF0H]	
带比例因子的变址寻址	MOV EAX, DATA [ESI×4]	; 将变址寄存器 ESI 的内容乘上一个比例因子，再加上位移量形成存放 ; 操作数的有效偏移地址
带比例因子的基址、变址寻址	MOV EBX, [EDXX4] [EAX]	; 将数据段中（EDXX4）+EAX 所指 4 单元的内容送 EBX
带比例因子的基址、变址、相对寻址	MOV EAX, [EBX+DATA] [EDI×4]	

注：① 80×86 允许所有的通用寄存器都可用作间接寻址，除 ESP 和 EBP 默认数据在堆栈段外，其他通用寄存器作间址寄存器时，都默认数据在数据段，但允许段重设。

② 在基址、变址、相对寻址方式中，当位移量是 32 位时，基址寄存器和变址寄存器可以是任何一个通用寄存器，由基址寄存器决定数据默认在哪一个段。

③ 在带比例因子的变址寻址中，比例因子的选取与操作数的字长相同，如操作数可以是 1 字节、2 字节、4 字节或 8 字节，相应地，比例因子可以是 1、2、4 或 8，乘比例因子的那个寄存器被认为是变址寄存器，操作数默认的段由选用的基址寄存器决定。

3.4.2　80×86 CPU 新增指令简述

随着 Intel 公司系列微处理器技术的发展，CPU 的字长由 16 位扩展到了 32 位，其指令系统也随之得到了相应的扩充和增强。除增强了部分 8086 指令的功能外，还增加了一些新的指令，以使程序的编写更加方便，并使整个系统的功能增强、执行速度提高。

从 80386 CPU 之后都是 32 位的微处理器，具有 32 位的内部通用寄存器和 32 位数据总线，可以进行 32 位数据的并行操作。它们的指令系统中除加强了 8086 部分指令的功能外，主要是增加了对 32 位数的操作，表 3-8 列出了部分主要新增指令及其功能。

表 3-8　80386 及之后微处理器主要新增或增强指令

指令类型	汇编格式	操作说明
数据传送及扩展指令	MOVSX reg，reg/mem	源操作数是 8 位/16 位寄存器/存储器，目标操作数是 16 位或 32 位的寄存器。指令的功能是将源操作数的符号位扩展后送到目标地址。若源操作数是 8 位，则扩展为 16 位；源操作数是 16 位，则扩展为 32 位
	MOVSX reg，reg/men	与 MOVSX 的格式和操作相同，只是将高位全部扩展为 0
堆栈操作指令	PUSH/POP imm	imm 可以是 16 位或 32 位立即数
	PUSHA/POPA	保存/弹出全部 16 位寄存器集
	PUSHAD/POPAD	保存/弹出全部 32 位寄存器集
	PUSHFD/POPFD	保存/弹出 32 位标志寄存器
串输入/串输出指令	INS（INSB/INSW/INSD 等）	从 I/O 设备传送字节、字或双字数据到 DI 寻址的附加段内的存储单元
	OUTS（OUTSB/OUTSW/OUTSD 等）	从 SI 寻址的数据段存储单元把字节、字或双字数据传送到 I/O 设备
*字节交换指令	BSWAP reg	将给定 32 位寄存器内的第 1 字节与第 4 字节及第 2 字节与第 3 字节交换
**条件传送指令	CMOV（CMOVB/CMOVS/CMOVZ 等）	指令根据当前标志位的状态，决定是否进行数据传送
*交换并相加指令	XADD reg/mem，reg	指令中的操作数可以是 8 位、16 位或 32 位的寄存器或存储器，指令的执行将目标操作数和源操作数相加，结果送回目标地址；同时，目标地址中的原值送入源操作数地址中。同加法指令一样，指令的执行会对状态标志位产生影响
*比较交换指令	CMPXCHG reg/mem，reg	使目标操作数与累加器内容比较，若相等，将源操作数复制到目标操作数；若不相等，就将目标操作数复制到累加器中
双精度移位指令	SHRD reg/mem，reg，imm	将目标操作数中的内容逻辑右移 imm 指定的位数，移位后，中间操作数中右边的 imm 位移入目标操作数左边 imm 位中
	SHLD reg/mem，reg，imm	将目标操作数中的内容逻辑左移 imm 指定的位数，移位后，中间操作数中最左边的 imm 位移入目标操作数最右边 imm 位中
位测试与置位指令	BT reg/mem，reg BT reg/mem，imm	测试目标操作数中由源操作数所指定的位的状态，并将该位的状态复制到进位标志位 CF 中
	BTC reg/mem，reg BTC reg/mem，imm	测试目标操作数中由源操作数所指定的位的状态，并将该位取反后复制到 CF 中
	BTR reg/mem，reg BTR reg/mem，imm	测试目标操作数中由源操作数所指定的位的状态，并在将该位复制到 CF 中后将该位清 0
	BTS reg/mem，reg BTS reg/mem，imm	测试目标操作数中由源操作数所指定的位的状态，并在将该位复制到 CF 中后将该位置 1
高级语言类	BOUND reg，mem（数组边界检查指令）	源操作数是两个存储单元，其内容分别表示上界和下界。指令用于测试目标寄存器中的内容是否属于上下界之内，若不属于则产生 5 号中断，否则不做任何操作
	ENTER OPRD1，OPRD2（设置堆栈空间指令）	为高级语言正在执行的过程设置堆栈空间。OPRD1 是 16 位常数，表示堆栈区域的字节数；OPRD2 是 8 位常数，表示允许过程嵌套的层数
	LEAVE（撤销堆栈空间指令）	撤销 ENTER 指令所设置的堆栈空间。一般与 ENTER 指令配对使用
控制保护类	LAR（装入访问权限）　　　　LSL（装入段限符） LGDT（装入全局描述符表）　SGDT（存储全局描述符表） LIDT（装入 8 字节中断描述符表）SIDT（存储 8 字节中断描述符表） LLDT（装入局部描述符表）　SLDT（存储局部描述符表） LTR（装入任务寄存器）　　STR（存储任务寄存器） LMSW（装入机器状态字）　SMSW（存储机器状态字） VERR（存储器或寄存器读校验）VERW（存储器或寄存器写校验） ARPL（调整已请求特权级别）CLTS（清除任务转移标志）	

注：reg 表示寄存器操作数；mem 表示存储器操作数；imm 表示立即数；*表示仅在 Intel 80486 及其以上微处理器中使用；**表示仅在 Intel Pentium 及其以上微处理器中使用。

习题

3.1　什么叫寻址方式？8086/8088 CPU 共有哪几种寻址方式？

3.2　设 DS=6000H，ES = 2000H，SS=1500H，SI=00A0H，BX = 0800H，BP=1200H，字符常数 VAR 为 0050H。请分别指出下列各条指令源操作数的寻址方式，并计算除立即寻址外的其他寻址方式下源操作数的物理地址。

　　① MOV AX，BX　　　　　　② OV DL，80H

　　③ MOV AX，VAR　　　　　　④ MOV AX，VAR[BX][SI]

　　⑤ MOV AL，'B'　　　　　　⑥ MOV DI，ES：[BX]

　　⑦ MOV DX，[BP]　　　　　　⑧ MOV BX，20H[BX]

3.3　假设 DS=212AH，CS=0200H，IP=1200H，BX = 0500H，位移量 DATA = 40H，[217A0H] = 2300H，[217E0H] = 0400H，[217E2H]=9000H。试确定下列转移指令的转移地址：

　　① JMP BX

　　② JMP WORD PTR[BX]

　　③ JMP DWORD PTR[BX+DATA]

3.4　试说明指令 MOV BX，5[BX]与指令 LEA BX，5[BX]的区别。

3.5　设堆栈指针 SP 的初值为 2300H，AX=50ABH，BX=1234H。执行指令 PUSH AX 后，SP=？再执行指令 PUSH BX 及 POP AX 之后，SP=？AX=？BX=？

3.6　判断下列指令是否正确，若有错误，请指出并改正之。

　　① MOV AH，CX　　　　　　② MOV 33H，AL

　　③ MOV AX，[SI][DI]　　　　④ MOV [BX]，[SI]

　　⑤ ADD BYTE PTR[BP]，256　⑥ MOV DATA[SI]，ES：AX

　　⑦ JMP BYTE PTR[BX]　　　⑧ OUT 230H，AX

　　⑨ MOV DS，BP　　　　　　⑩ MUL 39H

3.7　已知 AL = 7BH，BL = 38H，试问执行指令 ADD AL，BL 后，AF、CF、OF、PF、SF 和 ZF 的值各为多少？

3.8　试比较无条件转移指令、条件转移指令、调用指令和中断指令的异同。

3.9　试判断下列程序执行后 BX 中的内容：

```
MOV CL,3
MOV BX,0B7H
ROL BX,1
ROR BX,CL
```

3.10　按下列要求写出相应的指令或程序段：

　　① 写出两条使 AX 内容为 0 的指令。

　　② 使 BL 寄存器中的高 4 位和低 4 位互换。

　　③ 屏蔽 CX 寄存器的 D_{11}、D_7 和 D_3 位。

　　④ 测试 DX 中的 D_0 和 D_8 位是否为 1。

3.11　分别指出以下两个程序段的功能：

```
① MOV CX,10          ② CLD
   LEA SI,FIRST          LEA DI,[1200H]
   LEA DI,SECOND         MOV CX,0F00H
   STD                   XOR AX,AX
   REP MOVSB             REP STOSW
```

3.12   执行以下两条指令后，标志寄存器 FLAGS 的 6 个状态位各为什么状态?

```
MOV AX,84A0H
ADD AX,9460H
```

3.13   将+46 和–38 分别乘以 2，可用什么指令来完成? 如果除以 2 呢?

3.14   已知 AX= 8060H，DX = 03F8H，端口 PORT1 的地址是 48H，内容为 40H; PORT2 的地址是 84H，内容为 85H。指出下列指令执行后的结果:

    ① OUT DX，AL

    ② IN AL，PORT1

    ③ OUT DX，AX

    ④ IN AX，48H

    ⑤ OUT PORT2，AX

3.15   试编写程序，统计 BUFFER 为起始地址的连续 200 个单元中 0 的个数。

3.16   写出完成下述功能的程序段:

    ① 从地址 DS: 0012H 中传送一个数据 56H 到 AL 寄存器。

    ② 将 AL 中的内容左移两位。

    ③ AL 的内容与字节单元 DS: 0013H 中的内容相乘。

    ④ 乘积存入字单元 DS: 0014H 中。

3.17   若 AL=96H，BL=12H，在分别执行指令 MUL 和 IMUL 后，其结果是多少? OF=? CF=?

第4章

汇编语言程序设计

引 言

任何计算机系统都需要软件的支持，虽然已有多种更接近于人类自然语言的高级语言问世，但汇编语言以其执行速度快和能够实现对硬件的直接控制等独特优点，依然应用于实时控制系统、嵌入式系统等软件开发的应用中。由于它是底层语言，因此学习汇编程序，特别有助于对计算机基本工作过程的理解。本章介绍汇编语言源程序的基本结构、汇编语言的语法及程序设计的基本方法。通过这一章的学习，可掌握基本的汇编语言程序设计方法。

 教学目的

① 了解汇编语言源程序的结构；
② 深入理解伪指令系统；
③ 深入理解 DOS 功能调用；
④ 掌握汇编语言源程序的设计方法。

扫码获取拓展
阅读材料

4.1 汇编语言源程序

任何一段计算机程序都是用某种计算机语言来编写的。根据计算机语言是更接近人类还是更接近于计算机，可将其分成高级语言和低级语言。低级语言包括机器语言和汇编语言两种。

机器语言（Machine Language）是用二进制码来表示指令和数据的语言，是计算机硬件系统唯一能够直接理解和执行的语言，具有执行速度快、占用内存少等优点。但是其不直观、不易理解和记忆，因此编写、阅读和修改程序都比较麻烦。

汇编语言（Assembly Language）弥补了机器语言的不足，它用指令助记符、符号地址、标号和伪指令等来书写程序。由于助记符接近于自然语言，因此与机器语言相比，它在程序的编写、阅读和修改方面都比较方便、不易出错，且执行速度和机器语言程序相同。

用汇编语言编写的程序称为汇编语言源程序。由于计算机只能辨认和执行机器语言，因此必须将汇编语言源程序"翻译"成能够在计算机上执行的机器语言（称为目标代码程序），这个翻译的过程称为汇编（Assemble），完成汇编过程的系统程序叫作汇编程序（Assembler）。目前使用较多的汇编程序称为宏汇编（MASM）程序。它除了能将源程序翻译成目标代码外，还提供了很多增强功能，如允许使用宏定义以简化编程；能检查出源程序编写过程中出现的语法错误；还可根据用户要求自动分配各类存储区（程序区、数据区等）；能自动将非二进制数转换为二进制数，自动进行字符到 ASCII 码的转换以及计算指令中表达式值，等等。

汇编语言和机器语言一样，都是面向具体机器的语言。也就是说，不同种类的 CPU 具有不同的汇编语言，相互之间不能通用（但同一系列的 CPU 是向前兼容的）。例如，x86 系列 CPU（包括 Intel 公司的 8088/8086、Pentium）和 AMD 公司的 K5/K6/K7 等的汇编语言程序就不能在PowerPC 系列的 CPU 上运行，这是它与高级语言很本质的区别之一。因此，使用汇编语言编写程序需要对它所适用的计算机系统的结构及工作原理有一定的了解。

与上述两种语言相比，高级语言（High Level Language）的语句更接近人类语言，所以用高级语言编写的程序易读、易编，相对比较简短。它与具体的计算机无关，不受 CPU 类型的限制，通用性很强。用高级语言编程不需了解计算机内部的结构和原理，对于非计算机专业的人员来讲比较易于掌握。用高级语言编写的源程序同样必须"翻译"成为机器代码后计算机才能执行，完成这个"翻译"过程的系统软件称为编译程序或解释程序。它通常要比汇编程序复杂得多，需要占用更多的内存，编译或解释的过程也要花费更多的时间。

目前，随着计算机技术的发展，人们已极少直接使用机器语言编写程序。汇编语言主要应用在对程序执行速度要求较高而内存容量又有限的场合（如某些工控和实时控制系统中）或需要直接访问硬件的场合等。高级语言的优势是众所周知的，但它也有需要内存容量大、执行速度相对较慢等缺点。为了扬长避短，有时在一个程序中对执行速度或实时性要求较高的部分用汇编语言编写，而其余部分则可用高级语言编写。

4.1.1　汇编语言源程序的结构

在第 3 章关于指令系统的介绍中，曾列举过一些用汇编语言编写的程序。但是这些程序都不是完整的汇编语言源程序，在计算机上不能通过汇编生成目标代码，当然也就不能在机器上运行。那么，完整的汇编语言源程序是什么样的呢？

一个完整的汇编语言源程序通常由若干个逻辑段（Segment）组成，包括数据段、附加段、堆栈段和代码段，它们分别映射到存储器中的物理段上。每个逻辑段以 SEGMENT 语句开始，以 ENDS 语句结束，整个源程序用 END 语句结尾。

代码段中存放源程序的所有指令码，数据、变量等则放在数据段和附加段中。程序中可以定义堆栈段，也可以直接利用系统中的堆栈段。具体一个源程序中要定义多少个段应根据实际需要来定。但一般来说，一个源程序可以有多个代码段，也可以有多个数据段、附加段及堆栈段，但一个源程序模块只可以有一个代码段、一个数据段、一个附加段和一个堆栈段。将源程序以分段形式组织是为了在程序汇编后，能将指令码和数据分别装入存储器的相应物理段中。

为了帮助读者建立起汇编语言源程序的整体结构，下面先给出一个完整的汇编语言源程序的结构框架，具体内容将在 4.2 节伪指令部分做详细介绍。

段名 1 SEGMENT
 ⋮
段名 1 ENDS
 ⋮

段名 2 SEGMENT

⋮

段名 2 ENDS

…

段名 *n* SEGMENT

⋮

段名 *n* ENDS

END

下面以一个具体的例子来说明一个完整汇编语言程序的结构。

【**例 4-1**】　　编写一个两个字相加的程序。程序如下：

```
DSEG SEGMENT              ;定义数据段
DATA1 DW 0F865H          ;定义被加数
DATA2 DW 360CH           ;定义加数
DSEG ENDS
;
ESEG SEGMENT              ;定义附加段
SUM DW 2 DUP（？）         ;定义存放结果区
ESEG ENDS
;
CSEG SEGMENT              ;定义代码段
;下面的语句说明程序中定义的各段分别用哪个段寄存器寻址
ASSUME CS: CSEGz, DS: DSEG,ES: ESEG
START: MOV AX,DSEG
       MOV DS,AX
       MOV AX,ESEG
       MOV DS,AX          ;初始化 DS
       MOV AX,ESEG
       MOV ES,AX          ;初始化 ES
       LEA SI,SUM         ;存放结果的偏移地址送 SI
       MOV AX,DATA1       ;取被加数
       ADD AX,DATA2       ;两数相加
       MOV ES: [SI],AX    ;和送附加段的 SUM 单元中
       HLT
CSEG ENDS                 ;代码段结束
       END START          ;源程序结束
```

4.1.2　汇编语言语句类型及格式

汇编语言源程序的语句可分为两大类：指令性语句和指示性语句。

指令性语句是由指令助记符等组成的可被 CPU 执行的语句，第 4 章中介绍的所有指令都属于指令性语句；指示性语句用于告诉汇编程序如何对程序进行汇编，是 CPU 不执行的指令，由于它并不能生成目标代码，故又称其为伪操作语句或伪指令。

汇编语言的语句由若干部分组成，指令性语句和指示性语句稍微有一点区别。

指令性语句的一般格式为

[标号：] [前缀] 操作码 [操作数 [,操作数]] [;注释]

指示性语句的一般格式为

[名字] 伪操作操作数 [,操作数,…]] [;注释]

其中，加方括号的是可选项，可以有，也可以没有，需要根据具体情况来定。

指令性语句和指示性语句在格式上的区别主要有以下两点：

① 指令性语句中的"标号"和指示性语句中的"名字"在形式上类似，但标号表示指令的符号地址，需要加上"："；名字通常表示变量名、段名和过程名等，其后不加"："。不同的伪操作对于是否有名字有不同的规定，有些伪操作规定前面必须有名字，有些则不允许有名字，还有一些可以任选。名字在多数情况下表示的是变量名，用来表示存储器中一个数据区的地址。

② 指令性语句中的操作数最多为双操作数，也可以没有操作数；而指示性语句中的操作数至少要有一个，并可根据需要有多个，当操作数不止一个时，相互之间用逗号隔开。例如：

START: MOV AX,DATA   ;指令性语句,将立即数 DATA 送累加器 AX

DATA1 DB 11H,22H,33H   ;指示性语句,定义字节型数据。"DB"是伪操作

注释（Comment）是汇编语言语句的最后一个组成部分。它并不是必要的，加上的目的是增加源程序的可读性。对一个较长的应用程序来讲，如果从头到尾没有任何注释，读起来会很困难。因此，最好在重要的程序段前面以及关键的语句处加上简明扼要的注释。注释的前面要求加上分号"；"，注释可以跟在语句后面，也可作为一个独立的行。如果注释的内容较多，超过一行，则换行以后前面还要加上分号。注释不参加程序汇编，即不生成目标程序，它只是为程序员阅读程序提供方便。

指令性语句的操作码和前缀在第 3 章中已进行了详细的讨论，伪操作将在 4.2 节中介绍。下面主要讨论汇编语言语句中的操作数部分。

4.1.3　数据项及表达式

操作数是汇编语言语句中的一个重要组成部分。它可以是寄存器、存储器单元或数据项，而数据项又可以是常量、标号、变量和表达式。

4.1.3.1　常量

常量（Constant）包括数字常量和字符串常量两种。数字常量可以用不同的数制表示：

① 十进制常量，以字母"D"（Decimal）结尾或不加结尾，如 23D，23。

② 二进制常量，以字母"B"（Binary）结尾的二进制数，如 10101001B。

③ 十六进制常量，以字母"H"（Hexadecimal）结尾，如 64H、0F800H。程序中，若是以字母 A～F 开始的十六进制数，在前面要加一个数字 0。

字符串常量是用单引号括起的一个或多个 ASCII 码字符。汇编程序将其中的每一个字符分别翻译成对应的一个字节的 ASCII 值，如'AB'，汇编时将翻译为 41H、42H。

4.1.3.2　标号

指令的标号（Label）是由程序员确定的，它不能与指令助记符或伪指令重名，也不允许由数字打头，字符个数不超过 31 个。

指令性语句中的标号代表存放一条指令的存储单元的符号地址，其后须加冒号。并不是每

条指令性语句都必须有标号，但如果一条指令前面有一个标号，则程序中其他地方就可以引用这个标号，因此可以作为转移（无条件转移或条件转移）、过程调用以及循环控制等指令的操作数。

标号具有 3 种属性：段值、偏移量和类型。

① 段值属性。段值属性是标号所在段的段地址，当程序中引用一个标号时，该标号应在代码段中。

② 偏移量属性。偏移量属性是标号所在段的段首到定义该标号的地址之间的字节数（即偏移地址）。偏移量是一个 16 位无符号数。

③ 类型。标号的类型有两种：NEAR 和 FAR。前一种称为近标号，只能在段内被引用，地址指针为 2 个字节；后一种称为远标号，可以在其他段被引用，地址指针为 4 个字节。

4.1.3.3 变量

变量（Variable）与标号一样也具有 3 种属性。变量的段属性就是它所在段的段地址，因为变量一般在存储器的数据段或附加段中，所以变量的段值在 DS 或 ES 寄存器中。

变量的偏移量属性是该变量所在段的起始地址到变量地址之间的字节数。

变量的类型有 BYTE（字节）、WORD（字）、DWORD（双字）、QWORD（四字）、TBYTE（十字节）等，表示数据区中存取操作对象的大小。

变量是存储器中某个数据区的名字，由于数据区中内容是可以改变的，因此变量的值也可以改变。变量在指令中可以作为存储器操作数引用。

变量名由字母开头，其长度不能超过 31 个字符，在使用变量时应注意以下两点。

① 变量类型与指令的要求必须相符。例如：

```
MOV AX,VARI          ;要求 VARI 必须定义为字类型变量,否则这里的引用就是错误的
MOV BL,VAR2          ;要求 VAR2 必须定义为字节型变量,否则这里的引用就是错误的
```

② 在定义变量时，变量名对应的是数据区的首地址。如果数据区中有多个数据，则在对其他数据操作时需修改地址。例如：

```
MOV BL,NUM           ;将 1H 送 BL
MOV AL,NUM+2         ;将 33H 送 AL
```

4.1.3.4 表达式

汇编语言语句中的表达式（Expression）不是指令，本身不能执行。在程序汇编时，汇编程序将表达式进行相应的运算，得出一个确定的值。所以在程序执行时，表达式本身已是一个有确定值的操作数。表达式仅是将求其值的计算任务交给了汇编程序来完成。

表达式中常用的运算符有以下几种。

（1）算术运算符

表达式中常用的算术运算符有+、−、*、/和 MOD（取余数）等。当算术运算符用于数值表达式时，其汇编结果是一个数值。例如：

```
MOV AL,8+5
```

等价于

```
MOV AL,13
```

当算术运算符用于地址表达式时，通常只使用其中的"+"和"−"两种运算符。例如，VAR+2 表示变量 VAR 的地址加上 2 得到新的存储单元地址。

【**例 4-2**】 将字数组 NUM 的第 8 个字送累加器 AX。指令为

```
MOV AX,NUM+(8-1) * 2
```

其中，NUM 代表数组的首地址，(8−1)*2 是第 8 个字相对首地址的位移量。

（2）逻辑运算符

逻辑运算符包括 AND、OR、NOT 和 XOR。逻辑运算符只用于数值表达式，用来对数值进行按位逻辑运算并得到一个数值结果。例如：

```
MOV AL,OADH AND OCCH
```

等价于

```
MOV AL,8CH
```

请注意，不要把逻辑运算符 AND、OR、XOR、NOT 与同名称的 CPU 指令相混淆。

（3）关系运算符

关系运算符共有 6 个：EQ（等于）、NE（不等于）、LT（小于）、GT（大于）、LE（小于等于）、GE（大于等于）。参与关系运算的必须是两个数值或同一段中的两个存储单元地址，运算结果是一个逻辑值。当关系不成立（为假）时，结果为 0；关系成立（为真）时，结果为 0FFFFH。例如：

```
MOV AX,4 EQ 3          ;关系不成立,汇编成指令 MOV AX,0
MOV AX,4 NE 3          ;关系成立,汇编成指令 MOV AX,0FFFFH
```

（4）取值运算符和属性运算符

取值运算符用来分析一个存储器操作数的属性，而属性运算符则可以规定存储器操作数的某个属性。

这里介绍常用的两个取值运算符 OFFSET 和 SEG 及属性运算符 PTR。

① OFFSET。利用运算符 OFFSET 可以得到一个标号或变量的偏移地址。例如：

```
MOV SI,OFFSET DATA1       ;将变量 DATA1 的偏移地址送 SI
```

这条指令与下边的指令执行结果相同。

```
LEA SI,DATA1              ;取 DATA1 的偏移地址送 SI
```

② SEG。利用运算符 SEG 可以得到一个标号或变量的段地址。例如：

```
MOV AX,SEG DATA          ;将变量 DATA 的段地址送 AX
MOV DS,AX                ;DS←AX
```

③ PTR。属性运算符用来指定位于其后的存储器操作数的类型。例如：

```
CALL DWORD PTR[BX]       ;说明存储器操作数为 4 个字节长,即调用远过程
MOV AL,BYTE PTR[SI]      ;将 SI 指向的一个字节数送 AL
```

如果一个变量已经定义为字变量，利用 PTR 运算符可以修改它的属性。例如，变量 VAR 已定义为字，现要将 VAR 当作字节操作数使用，则

```
MOV AL,VAR               ;指令非法,因为两操作数字长不相等
MOV AL,BYTE PTR VAR      ;指令合法,BYTE PTR 强制将 VAR 变为字节操作数
```

PTR 运算符仅对当前指令有效。

（5）其他运算符

① 方括号“[ ]”。指令中用方括号表示存储器操作数，方括号里的内容表示操作数的偏移地址。

② 段重设运算符“：”。运算符“：”（冒号）跟在某个段寄存器名（DS、ES、SS）之后表示段重设，用来指定一个存储器操作数的段属性而不管其原来隐含的段是什么。例如：

```
MOV AX,ES:[DI]           ;把 ES 段中由 DI 指向的字操作数送 AX
```

4.2 伪指令

指示性语句中的伪操作命令，无论表示形式或其在语句中所处的位置都与 CPU 指令相似，

因此也称为伪指令。但两者之间有着重要的区别。首先，CPU 指令在程序运行时由 CPU 执行，每条指令对应 CPU 的一种特定的操作，如数据传送、算术运算等；而伪操作命令在汇编过程中由汇编程序执行，如定义数据、分配存储区、定义段以及定义过程等。其次，汇编以后，每条 CPU 指令都被汇编并产生一条与之对应的目标代码，而伪操作则不产生与之相应的目标代码。

宏汇编程序 MASM 提供了几十种伪操作，限于篇幅，这里只介绍几种常用的伪操作指令。

4.2.1 数据定义伪指令

数据定义伪指令用来定义变量的类型、给变量赋初值或给变量分配存储空间。

4.2.1.1 格式

数据定义伪指令的一般格式为

```
[变量名] 伪操作 操作数 [,操作数…]
```

方括号中的变量名为可选项，变量名后面不跟冒号。常用数据定义伪指令有以下 5 种：

① DB（Define Byte）：定义变量为字节类型。变量中的每个操作数占一个字节（0～0FFH）。DB 伪指令也常用来定义字符串。

② DW（Define Word）：定义变量为字类型。DW 伪指令后面的每个操作数都占用 2 个字节。在内存中存放时，低字节在低地址，高字节在高地址。

③ DD（Define Double Word）：用来定义双字类型的变量。DD 伪指令后面的每个操作数都占用 4 个字节。在内存中存放时，同样是低字节在低地址，高字节在高地址。

④ DQ（Define Quad Word）：定义四字（QWORD，8 个字节）类型的变量。在内存中存放时，低字节在低地址，高字节在高地址。

⑤ DT（Define Ten Bytes）：定义十字节（TBYTE）类型的变量。DT 伪操作后面的每个操作数都为 10 个字节的压缩 BCD 数。

4.2.1.2 操作数

数据定义伪操作后面的操作数可以是常数、表达式或字符串。一个数据定义伪指令可以定义多个数据元素，但每个数据元素的值不能超过由伪操作所定义的数据类型限定的范围。例如，DB 伪指令定义数据的类型为字节，则所定义的数据元素的范围为 0～255（无符号数）或-128～+127（有符号数）。字符和字符串都必须放在单引号中。超过两个字符的字符串只能用于 DB 伪指令。例如：

```
DATA DB 11H,'$'              ;定义包含两个元素的字节变量 DATA
NUM DW  100* 5+88           ;定义一个字类型变量 NUM,其初值为表达式的值
STR DB  'Hello! '           ;定义一个字符串,字符串的首地址为 STR
SUM DQ  0011223344556677H   ;将 4 个字存入变量 SUM。它们在内存中的存放
                            ;地址由低到高分别为 77H、66H、55H、44H、
                            ;33H、22H、11H、00H
ABC DT 1234567890H          ;将一个 10 字节的压缩 BCD 数赋给变量 ABC
                            ;它们在内存中的存放地址由低到高分别为
                            ;90H、78H、56H、34H、12H、00H、00H、00H、
                            ;00H、00H
```

数据定义伪操作的操作数除以上几种外，还可以是问号"？"。"？"在这里的作用是给变量保留相应的存储单元，而不赋予变量确定的值。例如：

```
DATA2 DW ?                          ;为变量 DATA2 分配 2 个字节的空间,初值为任意值
```

在命令行"DATA DB 11H, '$'"中,操作数中使用'$',表示的是地址计数器的当前值。例如:

```
TABLE DB 10 DUP (?)
BUFFER DW TABLE,$+3
```

设 TABLE 的偏移地址为 0080H,则汇编后内存存储顺序如图 4-1 所示。

在 008CH 存储单元的数据为$+3,即 8CH+3=8FH。

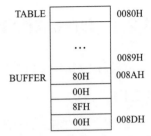

4.2.1.3 重复操作符

当同样的操作数重复多次时,可用重复操作符"DUP"表示。DUP 的一般格式为

```
[变量名] 数据定义伪操作 n DUP(初值[, 初值...])
```

圆括号中为重复的内容,n 为重复次数。如果用"n DUP (?)"作为数据定义伪操作的唯一操作数,则汇编程序仅保留 n

图 4-1 汇编后内存存储顺序

个元素大小的数据区。数据区中的初始值为任意值。例如:

```
DATA1 DB 20 DUP (?)              ;为变量 DATA1 分配 20 个字节的空间,初值为任意值
DATA3 DB 20 DUP (30H)           ;为变量 DATA3 分配 20 个字节空间,初值均为 30H
```

重复操作符主要应用于需要预留存储区域且对其初始值不关心的场合,如定义堆栈区、为数据定义缓冲区等。

【**例 4-3**】 画图表示下列变量在内存中的存放顺序。

```
VAR1 DB 11H,'HELLO!'
VAR2 DW 12H,3344H
VAR3 DD 1234H
VAR4 DW 2 DUP (88H)
VAR5 DB 2 DUP (56H,78H)
```

以上各变量在内存中的存放顺序如图 4-2 所示。

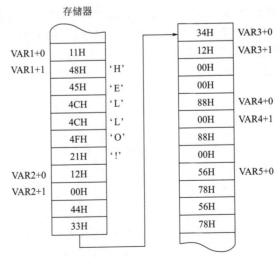

图 4-2 例 4-3 变量定义图

4.2.2 符号定义伪指令

在程序中，有时会多次出现同一个表达式，为了方便起见，常将该表达式赋予一个名字，以后凡是用到该表达式的地方就用这个名字来代替。在需要修改该表达式的值时，只需在赋予名字的地方修改即可。

符号定义伪指令 EQU 就是用于给某个表达式赋予一个名字或者说是使某个字符名等于某个表达式的值。符号定义伪指令的一般格式为

名字 EQU 表达式

格式中的表达式可以是一个常数、符号、数值表达式、地址表达式甚至可以是指令助记符。例如：

```
CR EQU 0DH                    ;表示 CR=0DH
TEN EQU 0AH                   ;表示 TEN=0AH
VAR EQU TEN*2+1024            ;表 VAR=伪操作后边表达式的值
ADR EQU ES:[BP+DI+5]         ;地址表达式
```

在程序段中应用以上的定义：

```
MOV AL,TEN                   ;AL←0AH
CMP AL,TEN                   ;AL 的内容与 0AH 进行比较
GOTO WORD PTR ADR            ;转到以字单元 ES:[BP+DI+5]的内容为地址的程序段执行
```

利用 EQU 伪指令可以用一个名字代表一个数值或用一个较简短的名字代表一个较长的名字等，但不允许用 EQU 对同一个符号重复定义。若希望对一个符号重复定义，可用 "="伪指令。例如：

```
FACTOR=10H                   ;FACTOR 代表了数值 10H
...
FACTOR=25H                   ;从现在开始,FACTOR 代表了数值 25H
```

4.2.3 段定义伪指令

前边已经讲过，汇编语言源程序是用分段的方法来组织程序、数据和变量的。一个源程序由若干个逻辑段组成。段定义伪指令用来定义汇编语言源程序中的逻辑段。其格式为

段名 SEGMENT [定位类型] [组合类型] ['类别']
...
段名 ENDS

源程序中的每个逻辑段由 SEGMENT 语句开始，到 ENDS 语句结束。二者总是成对出现，缺一不可。中间省略的部分称为段体。对数据段、附加段和堆栈段来说，段体一般为变量、符号定义等伪指令；对代码段则是程序代码。SEGMENT 和 ENDS 前面的段名表示定义的逻辑段的名字，必须相同，否则汇编程序将无法辨认。起什么名字可由程序员自行决定，但不要与指令助记符或伪指令等保留字重名。后面方括号中为可选项，规定了该逻辑段的一些其他特性，下面分别予以介绍。

4.2.3.1 定位类型

定位类型（Align）告诉汇编程序如何确定逻辑段的地址边界。定位类型有 4 种：

① PARA（Paragraph）：说明逻辑段从一个节的边界开始。16 个字节称为一个节，所以段

的起始地址应能被 16 整除，也就是段起始物理地址应为××××0H。在省略情况下，定位类型默认为 PARA。

② BYTE：说明逻辑段从字节边界开始，即可以从任何地址开始。此时本段的起始地址紧接在前一个段的后面。

③ WORD：说明逻辑段从字边界开始，即本段的起始地址必须是偶数。

④ PAGE：说明逻辑段从页边界开始。256 字节称为一页，故本段的起始物理地址应为×××00H。

4.2.3.2 组合类型

组合类型（Combine）主要用在具有多个模块的程序中。组合类型用于告诉汇编程序，当一个逻辑段装入存储器时它与其他段如何进行组合。组合类型共有以下 6 种：

① NONE：表示本段与其他逻辑段不组合，即对不同程序模块中的逻辑段，即使具有相同的段名，也分别作为不同的逻辑段装入内存而不进行组合。默认情况下，组合类型是 NONE。

② PUBLIC：表示对于不同程序模块中用 PUBLIC 说明的具有相同段名的逻辑段，汇编时将它们组合在一起，构成一个大的逻辑段。

③ STACK：组合类型为 STACK 时，其含义与 PUBLIC 基本一样，但仅限于作为堆栈的逻辑段使用，即在汇编时，将不同程序模块中用 STACK 说明的同名堆栈段集中成为一个大的堆栈段，由各模块共享。堆栈指针 SP 指向这个大的堆栈区的栈顶（最高地址+1）处。

④ COMMON：表示对于不同程序模块中用 COMMON 说明的同名逻辑段，连接时从同一个地址开始装入，即各个逻辑段重叠在一起。连接之后的段长度等于原来最长的逻辑段的长度。重叠部分的内容是最后一个逻辑段的内容。

⑤ MEMORY：表示当几个逻辑段连接时，本逻辑段定位在地址最高的地方。如果被连接的逻辑段中有多个段的组合类型都是 MEMORY，则汇编程序只将首先遇到的段作为 MEMORY 段，而其余的段均当作 COMMON 段处理。

⑥ AT 表达式：表示本逻辑段根据表达式求值的结果定位段地址。例如，AT 8000H 表示本段的段地址为 8000H，即本段的起始物理地址为 8000H。

4.2.3.3 类别

类别（Class）是用单引号括起来的字符串，如代码段（'CODE'）、堆栈段（'STACK'）等，当然也可以是其他名字。设置类别的作用是，当几个程序模块进行连接时，将具有相同类别名的逻辑段装入连续的内存区内，类别名相同的逻辑段按出现的先后顺序排列；没有类别名的逻辑段与其他无类别名的逻辑段一起连续装入内存。

上述 3 个可选项主要用于多个程序模块的连接。若程序只有一个模块，即只包括代码段、数据段、附加段和堆栈段时，除堆栈段建议用组合类型 STACK 说明外，其他段的组合类型及类别均可省略。定位类型一般采用默认值 PARA。

【例 4-4】 将两个模块中的同名段进行组合。

模块 1：

```
STACK SEGMENT STACK
    DB 100 DUP (0)
STACK ENDS

DATA SEGMENT COMMON
    AREA1 DB 1024 DUP (0)
```

```
DATA ENDS

CODE SEGMENT PUBLIC
...
CODE ENDS
```
模块 2:
```
STACK SEGMENT STACK
    DB 50 DUP (0)
STACK ENDS
DATA SEGMENT COMMON
    AREA1 DB 8192 DUP (0)
DATA ENDS
CODE SEGMENT PUBLIC
...
CODE ENDS
END
```

汇编连接后,存储器中的分配情况如图 4-3 所示。两个模块中的代码段的名字相同,组合类型为 PUBLIC,故将它们连接成一个大的代码段;数据段的名字也相同,用 COMMON 说明,则将它们重叠。因为模块 2 的数据段比模块 1 的长,所以数段长度为 8192 字节;同理,堆栈段组合成为一个大的堆栈区,共 150 字节。

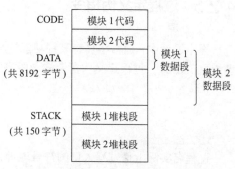

图 4-3 内存分配示意图

4.2.4 设定段寄存器伪指令

ASSUME 伪指令用于向汇编程序说明所定义的逻辑段属于何种类型的逻辑段。说明的方法是将逻辑段的段名与对应的段寄存器联系起来。该伪操作的一般格式为

ASSUME 段寄存器名:段名[,段寄存器名:段名[…]]

格式中的段寄存器名可以是 CS、DS、ES 或 SS。

8088 的存储器采用分段结构,每个逻辑段最大可以是 64KB,且可有多个逻辑段。但每个程序模块最多只允许有 4 个逻辑段,即一个代码段、一个数据段、一个附加段和一个堆栈段。ASSUME 伪指令用来告诉汇编程序当前正在使用的各段的名字,换句话说,就是告诉汇编程序用 SEGMENT 伪操作定义过的段的段地址将要存放在哪个段寄存器中。但系统除了能够自动将代码段的段地址放入段寄存器 CS 之外,其他逻辑段的段地址都需要由程序员自己装入相应的段寄存器中,这个过程称为段寄存器的初始化。这样,当汇编程序汇编一个逻辑段时,即可利用相应的段寄存器寻址该逻辑段中的指令或数据。

在源程序中,ASSUME 伪指令放在可执行程序开始位置的前面,来看下面的例子。

【例 4-5】 ASSUME 伪指令的应用。
```
...
CODE  SEGMENT PARA PUBLIC 'CODE'
      ASSUME CS: CODE,DS: DATA,ES: EDATA,SS: STACK
      MOV AX,DATA
```

```
        MOV DS,AX              ;将数据段的段地址送入 DS
        MOV AX,EDATA
        MOV ES,AX              ;将附加段的段地址送入 ES
        MOV AX,STACK
        MOV SS,AX              ;将堆栈段的段地址送入 SS
        ...
CODE    ENDS
```

这就是一个完整的代码段的定义方法。汇编时，系统自动将代码段的段地址装入段寄存器 CS，所以代码段不需要在程序中初始化。但若定义了数据段、附加段和堆栈段，就需要程序员用指令把 DS、ES、SS 初始化（本程序段中假设已定义了数据段 DATA、附加段 EDATA 及堆栈段 STACK）。

4.2.5 过程定义伪指令

程序设计中，通常将具有某种功能的程序段看作一个过程（即子程序），它可以被别的程序调用（CALL）。过程定义伪指令的一般格式为

```
过程名 PROC [NEAR/FAR]
        ...
        RET
过程名 ENDP
```

过程名实际上是过程入口的符号地址，PROC 和 ENDP 前的过程名必须相同。它们之间的部分是过程体，过程体内至少要有一条返回指令 RET，以便在程序调用结束后能返回原地址。过程可以是近过程（与调用程序在同一个代码段内），此时伪操作 PROC 后的类型是 NEAR，但可以省略；若过程为远过程（与调用程序在不同的代码段内），则伪操作 PROC 后的类型是 FAR，不能省略。过程可以嵌套，即一个过程可以调用另一个过程；过程也可以递归，即过程可以调用过程本身。例如：

```
NAME1  PROC    FAR
        ...
   CALL  NAME2
        ...
        RET
   NAME2 PROC
        ...                    ;过程 NAME2 嵌入过程 NAME1 中
        RET
   NAME2 ENDP
NAME1 ENDP
```

【例 4-6】 编写一个延时的子程序。

```
 DELAY    PROC               ;定义一个近过程
          PUSH BX            ;保护 BX 原来的内容
          PUSH CX            ;保护 CX 原来的内容
          MOV BL,10          ;外循环次数（4T）
 DELAY0:  MOV CX,2801        ;内循环次数（4T）
 DELAY1:  LOOP DELAY1        ;CX≠0 则循环（17T/5T）
          DEC BL             ;修改外循环计数值（3T）
```

```
        JNZ DELAY0          ;BX≠0 则进行第 2 轮循环（16T/4T）
        POP CX              ;恢复 CX 原来的内容（4T）
        POP BX              ;恢复 BX 原来的内容（4T）
        RET                 ;过程返回（20T）
  DELAY  ENDP               ;过程结束
```

程序延时部分执行时间 T1=4T+4T+10*（2801*（17T+3T+16T）–12T）–12T+4T+4T。

4.2.6　宏命令伪指令

在汇编语言源程序中，如果需要多次使用同一个程序段，可以将这个程序段定义为一个宏指令，然后每次需要时即可简单地用宏指令名来代替（称为宏调用），以避免重复书写，使源程序更加简洁、易读。

宏命令伪指令的格式为

```
宏命令名 MACRO ［形式参数,…］
        （宏定义体）
        ENDM
```

宏命令名与过程名类似，是宏定义的标志，它位于宏操作符 MACRO 之前，但宏定义结束符前不加宏命令名。对宏命令名的规定与对标号的规定一样。

宏定义中的形式参数是任选的，可以只有一个，可以有多个，也可以没有。有多个参数时，各参数间要用逗号隔开。中间省略部分是实现某些操作的宏定义体。

在宏调用时，用实际参数顺序代替形式参数，若实际参数比形式参数多，则多余的实际参数被忽略。

【例 4-7】　两个数之和的宏定义和宏调用。

宏定义为

```
DADD MACRO X,Y,Z
     MOV AX,X
     ADD AX,Y
     MOV Z,AX
     ENDM
```

其中，X、Y、Z 是形式参数。在源程序中调用宏 DADD 时可写为

```
DADD DATA1,DATA2,SUM
```

其中，DATA1、DATA2、SUM 是实际参数，在调用时，X、Y、Z 将被这 3 个实际参数替换。事实上，该宏命令汇编后对应的源程序为（称为宏展开）

```
MOV AX,DATA1
ADD AX,DATA2
MOV SUM,AX
```

显然，宏调用与过程（子程序）调用有类似的地方。但这两种编程方法在使用上是有差别的：

① 宏命令伪指令由宏汇编程序 MASM 在汇编过程中进行处理，在每个宏调用处，MASM 都用其对应的宏定义体替换。而调用指令 CALL 和返回指令 RET 则是 CPU 指令，执行 CALL 指令时，CPU 使程序的控制转移到子程序的入口地址。

② 宏指令简化了源程序，但不能简化目标程序。汇编以后，在宏定义处不产生机器代码，但在每个宏调用处，通过宏扩展，宏定义体的机器代码仍然出现多次，因此并不节省内存单元。

而对于子程序,在目标程序中,定义子程序的地方将产生相应的机器代码,每次调用时只需用 CALL 指令,不再重复出现子程序的机器代码,因此可使目标程序较短,节省了内存单元。

③ 从执行时间来看,调用子程序和从子程序返回需要保护断点、恢复断点等,都将额外占用 CPU 的时间,而宏指令则不需要,因此相对来说宏指令执行速度较快。可以这样说,宏指令是用空间换取了时间,而子程序是用时间换取了空间。

但无论如何,宏指令和子程序都是简化编程的有效手段。

4.2.7 模块定义与连接伪指令

在编写较大的汇编语言程序时,通常将其划分为几个独立的源程序(或称模块),然后将各个模块分别进行汇编,生成各自的目标程序,最后将它们连接成为一个完整的可执行程序。

在每一个模块的开始,常用伪指令 NAME 或 TITLE 为该模块定义一个名字,而在模块的结尾处要加结束伪指令 END,以使汇编程序结束汇编。

下面分别来看一下伪指令的格式及操作。

(1) NAME 伪指令

指令格式:

```
NAME 模块名
```

NAME 伪指令用于给汇编后得到的目标程序一个名字。NAME 伪指令的前面不允许再加标号,例如下面的语句是非法的:

```
BEGIN: NAME 模块名
```

(2) TITLE 伪指令

TITLE 伪指令为程序清单的每一页指定打印的标题。其格式为

```
TITLE 标题名
```

标题名最多允许 60 个字符。如果程序中没有 NAME 伪指令,则汇编程序将 TITLE 伪指令后面"标题名"中的前 6 个字符作为模块名;如果源程序中既没有使用 NAME,也没有使用 TITLE 伪操作,则汇编程序将源程序的文件名作为目标程序的模块名。

(3) ORG 伪指令

ORG 规定了段内的指令或数据存放的开始地址(偏移地址的初值),其格式为

```
ORG  <表达式>
```

表达式的值即为开始地址,从此地址起连续存放程序或数据。例如:

```
ABC     SEGMENT
        ORG 100H
begin:  ...
        ...
ABC     ENDS
```

程序中的命令行"ORG 100H"表示 begin 段程序存放起始地址为 100H。

(4) END 伪指令

END 伪指令表示源程序到此结束,指示汇编程序停止汇编。其格式为

```
END  [标号]
```

END 伪操作后面的标号表示程序执行的开始地址。END 伪指令将标号的段值和偏移地址分别提供给 CS 和 IP 寄存器。标号是任选项,也可以没有。如果在 END 伪指令后没指定标号,则汇编程序把程序中第一条指令的地址作为程序执行的开始地址。如果有多个模块连接在一起,则

只有主模块的 END 语句允许使用标号。

以上介绍了汇编语言中常用的各类伪指令及它们在源程序中的应用，下面来看一个定义了数据段和代码段的、具有完整程序结构的汇编语言源程序例。

【例 4-8】　求从 TABLE 开始的 10 个无符号字节数的和，结果放 SUM 字单元中。

```
DATA     SEGMENT                        ;定义数据段
TABLE    DB 12H,23H,34H,45H,56H         ;10 个加数
         DB 67H,78H,89H,9AH,0FDH
SUM      DW ?
DATA     ENDS
;
CODE     SEGMENT                        ;定义代码段
         ASSUME CS: CODE,DS: DATA,ES: DATA
START:   MOV AX,DATA
         MOV DS,AX                      ;初始化 DS
         MOV ES,AX                      ;初始化 ES
         LEA SI,TABLE                   ;指向 TABLE
         MOV CXʳ 10                     ;循环计数器
         XOR AX,AX                      ;AX 为中间结果
NEXT:    ADD AL,[SI]                    ;把一个数加到 AL 中
         ADC AH,0                       ;若有进位,则加到 AH 中
         INC SI                         ;指向下一个数
         LOOP NEXT                      ;若未加完,继续循环
         MOV SUM,AX                     ;若结束,结果存于 SUM
         HLT                            ;结束
CODE     ENDS                           ;代码段结束
         END START                      ;汇编结束,起始运行地址为 START
```

【例 4-9】　求执行下列程序后，各内存单元的数据，其中 X1=2000H。

```
ORG 2000H
X1 DB 00H,01H
X2 EQU 20H
X3 DW 02H,03H
X4 DB 04H
ORG 3000H
X5 DB 05H,06H
```

程序中的命令行"ORG 2000H"表示存放 X1 的起始地址为 2000H；命令行"ORG 3000H"表示存放 X5 的起始地址为 3000H，其他命令行同前述，EQU 不占用内存单元，故得到内存存储数据如图 4-4 所示。

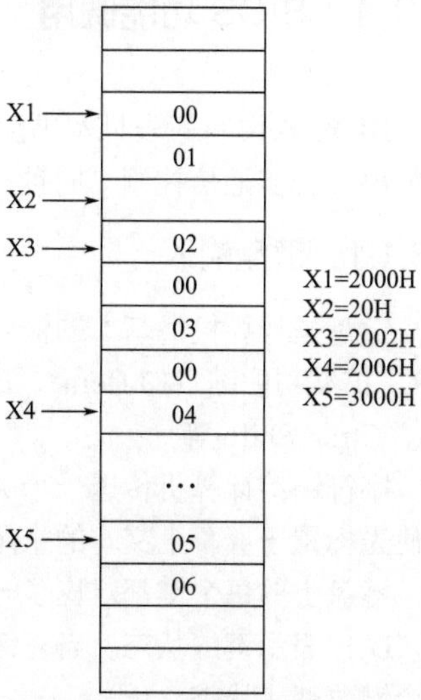

图 4-4　内存存储数据分布

4.3　BIOS 和 DOS 功能调用

微型计算机的系统软件（如操作系统）提供了很多可供用户调用的功能子程序，包括控制

台输入输出、基本硬件操作、文件管理、进程管理等。它们为用户的汇编语言程序设计提供了许多方便，用户可在自己的程序中直接调用这些功能，而无须再自行编写。

系统软件中提供的功能调用有两种：BIOS（Basic Input and Output System）功能调用（也叫低级调用）、DOS（Disk Opration System）功能调用（也称高级调用）。

BIOS 是被固化在计算机主机板上 Flash ROM 型芯片中的一组程序，与系统硬件有直接的依赖关系。在 IBM PC 的存储器系统中，BIOS 存放在地址为 0FE000H 开始的 8KB ROM（只读存储器）存储区域中，其功能包括系统测试程序、初始化引导程序、一部分中断向量装入程序及外部设备的服务程序。使用 BIOS 提供的这些功能模块可以简化程序设计，使程序员不必了解硬件操作的具体细节，只要通过指令设置参数、调用 BIOS 功能程序，就可以实现相应的操作。

DOS 是 IBM PC 系列微机的操作系统（现在的 Pentium 系列微机仍能运行 DOS，而且最新的 Windows 操作系统也继续提供所有的 DOS 功能调用），负责管理系统的所有资源、协调微机的操作，其中包括大量的可供用户调用的服务程序。DOS 的功能调用不依赖于具体的硬件系统。

不论是 BIOS 功能调用还是 DOS 功能调用，用户程序在调用这些系统服务程序时，都不是使用 CALL 命令，而是采用软中断指令 INT n 来实现（故也称 BIOS 中断或 DOS 中断），这里的 n 表示中断类型码，不同的中断类型码表示不同的功能模块。由于不论是 DOS 功能还是 BIOS 功能，其每个功能模块中都包含了若干子功能，这些子功能用功能号来区分，在中断调用前需要将功能号装入 AH 寄存器。常用 DOS 和 BIOS 软中断功能见本书配套电子资源。

一般来讲，调用 DOS 或 BIOS 功能时，有以下几个基本步骤：①AH—功能号；②在指定寄存器中放入该功能所要求的入口参数；③执行 INT n 指令；④分析出口参数。

由于这些系统服务程序在系统启动时已被加载到内存中，程序入口也被放到了中断向量表中，因此用户程序不必与这些服务程序的代码连接。

使用 BIOS 或 DOS 功能调用会使编写的程序简单、清晰、可读性好而且代码紧凑、调试方便。因篇幅所限，下面仅介绍几个最常用的 BIOS 和 DOS 中断。

4.3.1　BIOS 功能调用

BIOS 软中断简表见本书配套电子资源，包括屏幕显示、磁盘输入输出、键盘输入和打印机输出、异步通信控制、时钟控制等。以下简要介绍键盘输入和显示器输出功能。

4.3.1.1　键盘输入

键盘是计算机最基本的输入设备，通常包括 3 种基本类型：字符键（如字母 A～Z、数字等）、扩展功能键（如 Home、End、Back Space、Del 等）以及和其他键组合使用的控制键（如 Alt、Ctrl、Shift 等）。

字符键给计算机传送一个 ASCII 码表示的字符，扩展功能键产生一个动作，如按下 End 键可使光标置于屏幕上文本的末尾，控制键能改变其他键所产生的字符码。

键盘上的每个键都对应了一个扫描码，扫描码用一个字节表示，低 7 位是数字编码，最高位（D_7）表示键的状态。当有键按下时，$D_7=0$；键放开时，$D_7=1$。根据扫描码就能唯一地确定哪个键改变了状态。

BIOS 键盘处理程序将获取的扫描码转换为相应的字符码。对大多数键，字符码就是 ASCII；对部分控制键（如 Alt、F1～F12），字符码为 0。转换后的字符码和扫描码存储在键盘缓冲区中。

BIOS 的键盘中断的类型码为 16H，送入 AH 的功能号可以是 0、1 或 2。

① 若只想取得按键的字符码和扫描码，可使用 0 号功能，通过以下指令实现：

```
MOV AH,0
INT 16H
```

执行结果：AL=字符码，AH =扫描码。

② 若想判断有无键按下，可使用 1 号功能，通过以下指令实现：

```
MOV AH,1
INT 16H
```

执行结果：若 ZF=0，则 AL=字符码，AH =扫描码；若 ZF=1，则键盘缓冲区空。

2 号功能用来判断 Shift、Alt、Num 等功能键是否被按下。进一步描述参见相关书籍。

【例 4-10】　判断是否有控制键 F8 按下，若有则转 NEXT。

题目分析：获取按键的字符码和扫描码可调用类型码为 16H 的 0 号功能。通过查表可知 F8 的扫描码为 42H。

程序如下：

```
        MOV AH,0
        INT 16H     ;读取按键的字符码和扫描码
        CMP AL,0
        JNZ ERROR   ;若不是控制键转 ERROR
        CMP AH,42H  ;判断是否为 F8
        JE NEXT     ;若是 F8 则转 NEXT
        ...
NEXT:
        ...
ERROR:
        ...
```

4.3.1.2　显示器输出

显示器通过显示适配器（Display Adaptor）与 PC 相连。显示适配器也称显卡，是计算机与显示器的接口，分为单色显示适配器（Monochrome Display Adaptor, MDA）和彩色图形适配器（Color Graphics Adaptor, CGA），目前较为流行的图形适配器有 EGA（Enhanced Graphics Adaptor）和 VGA（Video Graphics Adaptor）以及在 VGA 基础上发展起来的 SVGA（Super Video Graphics Adaptor）。

显示器的屏幕是由行和列组成的二维系统。每个字符都对应一个特定的行和列，0 行 0 列表示屏幕的左上角。

BIOS 显示器输出的类型码为 10H，功能较强，主要包括设置显示方式、设置光标大小和位置、设置调色板号、显示字符和图形等。

对所有的显示适配器，文本方式下显示字符的原理都一样。对应屏幕上的每个字符，主存中都有相应的地址。每个字符在主存中占用两个字节单元，一个是字符的 ASCII 码，另一个是字符的属性（这里的属性是指显示的字符是否闪烁、何种颜色、是否亮度加强等）。

若要显示一个字符，通常需要先设置光标位置（功能号为 2），然后提供被显示字符的 ASCII 码及其属性，它们的功能号分别为 9 和 10。这两个功能的共同特点是：在光标处显示字符且显示后光标不动。功能 9 既显示字符也显示其属性；功能 10 只显示字符，其属性值就是该位置上原有的属性。调用格式如下：

```
MOV AH,<功能号>
MOV BH,<页号>                          ;对单色显示,显示页永远是 0
MOV AL,<待显示字符>
MOV BL,<属性值>                         ;对 10 号功能不需要
MOV CX,<重复显示次数>
INT 10H
```

【例 4-11】 将光标置于 0 显示页的 (20，30) 位置，并以正常属性显示一个"$"。

题目分析：置光标位置和字符显示均调用类型码为 10H 的 BIOS 中断。置光标位置的功能号是 2，该功能要求将行、列参数分别送到 DH 和 DL 寄存器中。字符显示可使用功能号 9。

程序如下：
```
MOV AH,2                              ;置光标位置
MOV BH,0                              ;对单色显示,显示页=0
MOV DH,20                             ;行号
MOV DL,30                             ;列号
INT 10H
MOV AH,9                              ;显示字符及其属性
MOV BH,0                              ;页号=0
MOV BL,7                              ;属性设置（正常显示、黑色背景、白色字符）
MOV AL,'$ '                           ;送待显示字符
MOV CX,1                              ;置重复次数
INT 10H
```

4.3.2　DOS 功能调用

所有的 DOS 系统功能调用都是利用软中断指令 INT 21H 来实现的。也就是说，在程序中需要调用 DOS 功能时，只要使用一条 INT 21H 指令即可。INT 21H 是一个具有 90 多个子功能的中断服务程序，这些子功能大致可以分为 4 个方面：设备管理、目录管理、文件管理和其他。其功能一览表见本书配套电子资源。为了便于用户使用这些子功能，INT 21H 对每一个子功能都进行了编号，称为功能号。这样，用户就能通过指定功能号来调用 INT 21H 的不同子功能。

DOS 系统功能调用的使用方法如下：①AH——功能号；②在指定寄存器中放入该功能所要求的入口参数；③执行 INT 21H 指令；④分析出口参数。

下面介绍 INT 21H 的几个最常用的功能。

4.3.2.1　键盘输入

键盘上的按键分为 3 种类型：①字符键，如字母、数字等；②功能键，如 Del、Enter 等；③组合键，如 Shift、Alt 等。

DOS 系统功能通过调用字符输入子功能，可以接收从键盘上输入的字符，输入的字符将以对应的 ASCII 码的形式存放。例如，若在键盘上按下数字键"9"，则键盘输入功能将返回一个字符 9 的 ASCII 码 39H。如果程序要求的是其他类型的值，则应自行编程进行转换。INT 21H 提供了若干支持键盘输入的子功能，这里只介绍单字符输入和字符串输入两种。

（1）单字符输入

功能号 1、7 和 8 都可以接收键盘输入的单字符，输入的字符以 ASCII 码形式存放在累加器 AL 中。其中，7 号和 8 号功能无回显，1 号功能有回显（回显是指键盘输入的内容同时也显

示在显示器上)。编程时，可根据输入的信息是否需要自动显示来选择三者之一。这些功能常用来回答程序中的提示信息，或选择菜单中的可选项以执行不同的程序段。

【例 4-12】　从键盘输入一个"Y"或"N"字符。

```
         ...
KEY :    MOV AH,1              ;有回显的键盘输入。功能号 1 送 (AH)
         INT 21H               ;当按下键后,返回 AL=字符的 ASCII 码
         CMP AL,'Y'            ;比较输入的是否是 Y
         JE YES                ;输入字符则转至 Yes 语句处
         CMP AL,'N'            ;比较输入的是否是 N
         JE NOT                ;输入字符"N"则转至 NOT 语句处
         JMP KEY               ;输入其他字符,转至 KEY 语句处,继续等待输入
YES:
         ...
NOT:
         ...
```

(2) 字符串输入

输入字符串可通过调用 DOS 功能的 0AH 号功能来实现。该功能要求用户指定一个输入缓冲区来存放输入的字符串。缓冲区一般定义在数据段，其定义格式有严格的要求，必须按照图 4-5 所示的结构。第一个字节为用户定义的缓冲区长度，若输入的字符数（包括回车符）大于此值，则喇叭会发出"嘟嘟"叫声，且光标不再右移直到输入回车符为止。

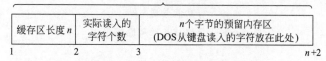

图 4-5　字符串输入缓存区的定义格式

缓冲区第二个字节为实际输入的字符数（不包括回车符），由 0AH 号功能自动填入；DOS 从第三个字节开始存放输入的字符。显然，缓冲区的总长度等于缓冲区长度加 2。在调用本功能前，应把输入缓冲区的起始偏移地址预置入 DX 寄存器。

【例 4-13】　从键盘上输入字符串 HELLO，并在串尾加结束标志。

```
DATA SEGMENT
STRING DB 10,0,10 DUP (？)       ;定义缓冲区
DATA ENDS
CODE SEGMENT
ASSUME  CS: CODE,DS: DATA
START:  MOV AX,DATA
        MOV DS,AX
        LEA DX,STRING            ;缓冲区偏移地址送 DX
        MOV AH,0AH               ;字符串输入功能号 0AH 送 AH
        INT 21H                  ;从键盘输入字符串
        MOV CL,STRING+1          ;实际输入的字符个数送 CL
        XOR CH,CH
        ADD DX,CX                ;得到字符串尾地址
```

```
            MOV BX,DX
            MOV BYTE PTR[BX+ 2],'$'      ;插入串结束符
            MOV AH,4CH                   ;返回 DOS
            INT 21H
            CODE ENDS
                END START
```

4.3.2.2　显示器输出

在显示器（CRT）上显示的内容都是字符形式，如果是数字，则一定是其对应的 ASCII 码。例如，若要在显示器上显示 5，需要先将二进制的 5 转换为 5 的 ASCII 码 35H。

要将一个字符串送到显示器显示，可调用 DOS 功能的 2、6、9 号功能实现。其中，功能 2、6 用于显示单个字符，功能 9 显示一个字符串。

（1）单字符显示

用功能 2 显示一个字符的程序段如下：

```
     ...
     MOV DL,<要显示的字符>            ;要显示的字符必须放在 DL 中
     MOV AH,2                        ;功能号送 AH
     INT 21H                         ;执行系统功能调用
     ...
```

用功能 6 显示一个字符的程序段如下：

```
     ...
     MOV DL,<要显示的字符>            ;要显示的字符必须放在 DL 中（但不能是 0FFH）
     MOV AH,6                        ;功能号送 AH
     INT 21H                         ;执行系统功能调用
     ...
```

【例 4-14】　在屏幕上依次显示"1""2""3""A""B""C"六个字符。

```
DATA SEGMENT
STR DB '123ABC'
DATA ENDS
CODE SEGMENT
ASSUME CS: CODE,DS: DATA
START:      MOV AX,DATA
            MOV DS,AX          ;初始化段寄存器
            LEA BX,STR         ;取字符变量的偏移地址
            MOV CX,6           ;设循环次数
LPP:        MOV AH,2           ;将功能号 2 送 AH
            MOV DL,[BX]        ;取一个要显示的字符到 DL
            INC BX             ;修改指针
            INT 21H            ;调用中断 21H
            LOOP LPP
            MOV AH,4CH         ;返回 DOS
            INT 21H
CODE        ENDS
            END START
```

（2）字符串显示

要在显示器上显示字符串，可调用 DOS 功能的 9 号功能。9 号功能是 DOS 调用独有的，该功能要求被显示的字符串必须以'$'字符作为结束符，否则会引起屏幕混乱。显示时如果希望光标能自动换行，则应在字符串结束前加上回车及换行的 ASCII 码 0DH 和 0AH。

【例 4-15】　在屏幕上显示欢迎字符串"Hello，World!"。

```
DSEG SEGMENT
STRING DB 'Hello,World! ',0DH,0AH,'$ '   ;定义要显示的字符串
DSEG ENDS
CSEG SEGMENT
ASSUME CS: CSEG,DS: DSEG
START:          MOV AX,DSEG
                MOV DS,AX
                LEA DX,STRING           ;获取要显示字符串的首地址
                MOV AH,09H              ;调用字符串显示功能
                INT 21H
                MOV AH,4CH              ;调用返回 DOS 功能
                INT 21H                ;返回 DOS
CSEG            ENDS
                END START
```

【例 4-16】　从键盘输入一串字符，在字符串尾插入'$'，并显示该字符串。

```
DATA SEGMENT
BUFSIZE DB 50                          ;最多可输入 50 个字符
ACTLEN DB ?                            ;实际输入的字符数
CHARS DB 50 DUP（20H）                 ;实际输入的字符从此开始存放
DATA ENDS
;
CODE SEGMENT
    ASSUME CS: CODE,DS: DATA
START:          MOV AX,DATA
                MOV DS,AX
                MOV DX,OFFSET BUFSIZE  ;输入缓冲区起始偏移地址送 DX
                MOV AH,0AH
                INT 21H                ;输入字符串并放入缓冲区
                XOR CX,CX
                MOV CL,ACTLEN          ;取得输入的字符个数
                MOV DX,OFFSET CHARS    ;输入的字符串起始地址送 DX
                MOV BX,DX              ;将字符串首地址送 BX
                ADD BX,CX              ;得到字符串尾地址
                MOV BYTE PTR[BX],'$ '  ;在字符串尾插入
                MOV AH,09H             ;字符串显示功能
                INT 21H                ;显示输入的字符串
                MOV AH,4CH             ;调用返回 DOS 功能
                INT 21H                ;返回 DOS
CODE ENDS
    END START
```

4.3.2.3 返回到 DOS

一个实际可运行的用户程序在执行完后,应该返回到 DOS 提示符状态(简称为返回 DOS),简单地用 HLT 指令使 CPU 停止运行将无法把控制权交还给 DOS 操作系统。为了能使程序正常退出并返回 DOS,可使用 DOS 系统功能调用的 4CH 号功能。用 4CH 号功能返回 DOS 的程序段如下:

```
MOV AH,4CH      ;功能号送 AH
INT 21H         ;返回 DOS
```

4.4　汇编语言程序设计基础

在前面几节中已分别介绍了 8088/8086 CPU 的指令系统、汇编语言源程序的格式、伪操作指令以及 DOS 的功能调用等。汇编语言程序设计要求能够综合运用这些知识来解决实际工程问题。本节将通过一些具体的实例说明汇编语言源程序的基本设计方法。

4.4.1　程序设计概述

(1) 程序质量的评价标准

一个高质量的程序不仅应满足设计要求、实现预先设定的功能并能够正常运行,还应具备可理解性、可维护性和高效率等性能。衡量一个程序的质量通常有以下几个标准:①程序的正确性和完整性;②程序的易读性;③程序的执行时间和效率;④程序所占内存的大小。

编写一个程序首先要保证它的正确性,包括语法上和功能上;应尽量采用结构化、模块化的程序设计方法,每个模块由基本程序结构组成,完成一个基本的功能;为便于阅读、理解,并易于测试和维护,应在每个功能模块前添加一定的功能说明,在程序语句后添加相应的语句注释,对较大型的程序,还应有完整的文档资料和管理。另外,程序的响应时间、实时处理能力、输入输出方式和结果、内存占用大小及安全可靠性等也都是非常重要的性能指标。

(2) 程序设计的一般步骤

依照软件工程理论,汇编语言的程序设计与高级语言的程序设计一样可分为以下几个步骤:

① 通过对实际问题的分析抽象出系统数学模型,建立系统的模块结构图。

② 确定各程序模块的数据结构及算法。算法设计是非常重要的,对同一个问题可能有不同的算法,一个算法的好坏对程序执行的效率会有很大的影响(如对有序表的查表,线性查找和折半查找算法的区别很大)。

③ 画程序流程图。流程图是算法的一种表示方法。

④ 用指令或伪指令为数据和程序代码分配内存单元和寄存器,这是汇编语言程序设计的一个重要特点。

⑤ 编写源程序并保存,形成源程序文件(.ASM)。

⑥ 通过汇编生成目标代码文件(.OBJ),同时完成静态的语法检查。

⑦ 通过链接生成可执行文件(.EXE)。

⑧ 程序调试,通过后可进行整个系统的测试。

(3) 程序的基本结构

任何一个复杂的程序都是由简单的基本程序构成的,同高级语言类似,汇编语言程序的设计也常用到以下几种基本程序结构：顺序程序、分支程序、循环程序、子程序。

顺序程序是直线运动的，既无分支，也无循环或转移，是最简单的一种程序结构。

但总是沿直线运动的程序并不多，经常会碰到因不同的条件去执行不同程序的情况，这就是所谓的分支程序。分支程序可以是双分支，也可以是多分支。

对于需要反复做同样工作的情况则用循环程序实现。循环结构可以缩短程序长度且便于维护，但循环程序中需要有循环准备、结束判断等指令，故执行速度要比顺序结构的程序略慢一些。

子程序又称过程，相当于高级语言中的函数或过程，是具有独立功能的模块。在程序设计中，为了便于编写、调试和修改，使程序结构尽量简单、清晰，增强可读性，常采用模块化的程序设计方法，即按功能将程序划分为一个个独立的模块，还可进一步根据具体的任务划分成小的子模块。每个模块都可单独编辑和编译，生成自己的源文件（.ASM 和 .OBJ），然后通过链接形成一个完整的可执行文件。

4.4.2 节～4.4.6 节将通过举例进一步说明这几种基本程序结构的设计方法。

4.4.2　顺序程序

顺序程序是最常见、最基本的程序结构。CPU 按照指令的排列顺序逐条执行。

【例 4-17】　编写 S=86H×34H–21H 的程序，式中的 3 个数均为无符号数。

题目分析：

① 有 3 个数参加运算，所以要定义 3 个源操作数，因它们的类型相同，题目中又没有要求分别存放，故只需定义一个字节类型变量来标识存放 3 个数的地址。

② 还需要定义一个变量来存放运算结果，因运算中有乘法，故结果应为 16 位，因而存放结果的变量应定义为字类型的变量。

③ 运算中要用到乘法指令，因 3 个操作数为无符号数，所以乘法指令用 MUL。

该顺序程序的流程图如图 4-6 所示。其程序如下：

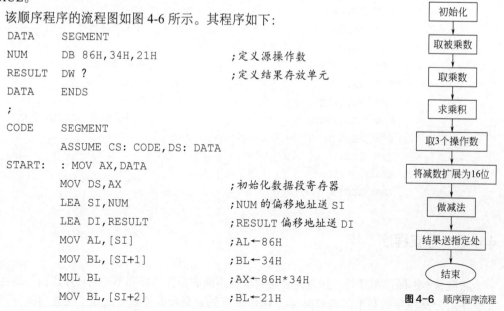

```
DATA      SEGMENT
NUM       DB 86H,34H,21H         ;定义源操作数
RESULT    DW ?                   ;定义结果存放单元
DATA      ENDS
;
CODE      SEGMENT
          ASSUME CS: CODE,DS: DATA
START:  : MOV AX,DATA
          MOV DS,AX              ;初始化数据段寄存器
          LEA SI,NUM             ;NUM 的偏移地址送 SI
          LEA DI,RESULT          ;RESULT 偏移地址送 DI
          MOV AL,[SI]            ;AL←86H
          MOV BL,[SI+1]          ;BL←34H
          MUL BL                 ;AX←86H*34H
          MOV BL,[SI+2]          ;BL←21H
```

图 4-6　顺序程序流程

```
            MOV BH,0              ;BL←0
            SUB AX,BX            ;AX←86H*34H-21H
            MOV [DI],AX          ;结果S送RESULT单元
            MOV AH,4CH           ;返回DOS
            INT 21H
    CODE    ENDS
            END START
```

【例 4-18】 内存自 TABLE 开始的连续 16 个单元中存放着 0~15 的平方值（称平方表），查表求 DATA 中任意数 X（$0 \leqslant X \leqslant 15$）的平方值，并将结果放 RESULT 中。

题目分析：由表的存放规律可知，表的起始地址与数 X 的和就是 X 的平方值所在单元的地址。

程序如下：

```
DSEG        SEGMENT
TABLE       DB 0,1,4,9,16,25,36,49,64,81,      ;定义平方表
               100,121,144,169,196,225
DATA        DB ?
RESULT      DB ?                               ;定义结果存放单元
DSEG        ENDS
;
SSEG        SEGMENT STACK 'STACK'
DB 100 DUP（?）                                ;定义堆栈空间
SSEG ENDS
;
CSEG        SEGMENT
            ASSUME CS: CSEG,DS: DSEG,SS: SSEG
BEGIN:      MOV AX,DSEG                        ;初始化数据段
            MOV DS,AX
            MOV AX,SSEG                        ;初始化堆栈段
            MOV SS,AX
            LEA BX,TABLE                       ;置数据指针
            MOV AH,0
            MOV AL,DATA                        ;取待查数
            ADD BX,AX                          ;查表
            MOV AL,[BX]
            MOV RESULT,AL                      ;平方值存RESULT单元
            MOV AH,4CH
            INT 21H
DSEG        ENDS
            END BEGIN
```

4.4.3 分支程序

除最基本的顺序程序外，经常还会碰到根据不同的条件转移到不同的程序段执行的各种分支程序。分支程序的基本结构如图 4-7 所示。首先要判断条件是否成立，成立则执行程序段

P1，否则执行程序段 P2。这就是众所周知的 if-then 结构，如图 4-7（a）所示。程序也可有多个分支，条件 1 成立则执行 P1；条件 2 成立则执行 P2；……；条件 n 成立则执行 Pn，如图 4-7(b)所示。这就是 if-then-else if 或 case 型程序结构。

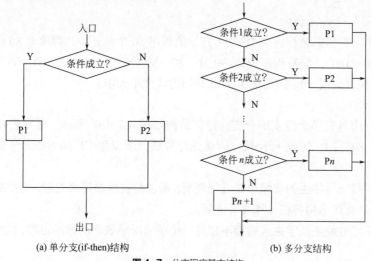

(a) 单分支(if-then)结构　　　　　　　　　(b) 多分支结构

图 4-7　分支程序基本结构

【例 4-19】　编写程序，将数据区中以 BUFFER 为首地址的 100 个字节单元清零。

题目分析：这是一个有两个分支的分支程序，结构如图 4-7(a) 所示，将 00H 送到 BUFFER 起始的每个单元。每送一个字节判断一下计数值是否到 100，若不等于 100 则继续送，否则就结束，退出该程序段。

程序如下：

```
DATA        SEGMENT
BUFFER      DB 100 DUP（？）
COUNT       DW 100
DATA        ENDS
;
STACK       SEGMENT
            DW 32 DUP（？）
STACK       ENDS
;
CODE        SEGMENT
            ASSUME CS: CODE,DS: DATA,SS: STACK
START:      MOV AX,DATA
            MOV DS,AX                    ;初始化数据段
            MOV AX,STACK
            MOV SS,AX                    ;初始化堆栈段
            MOV CX,COUNT
            LEA BX,BUFFER
            ADD CX,BX
AGAIN:      MOV BYTE PTR[BX],0           ;实现100个单元清零
            INC BX
            CMP BX,CX
```

```
            JB AGAIN
            MOV AH,4CH
            INT 21H
CODE        ENDS
            END START
```

【例 4-20】 在当前数据段中 DATA1 开始的顺序 80 个单元中，存放着 80 位同学某门功课的考试成绩（0～100）。编写程序统计≥90 分、80～89 分、70～79 分、60～69 分以及<60 分的人数，并将结果放到同一数据段的 DATA2 开始的 5 个单元中。

题目分析：

① 这是一个具有多个分支的分支程序，结构如图 4-7（b）所示。需要将每一位学生的成绩依次与 90、80、70、60 进行比较，因是无符号数，所以用 CF 标志作为分支条件，相应指令为 JC。

② 由于对每一位学生的成绩都要进行判断，所以需要用循环来处理，每次循环处理一个学生的成绩（循环程序结构将在 4.4.4 节讲到）。

③ 因为无论成绩还是学生人数都不超过一个字节所能表示的数的范围，故所有定义的变量均为字节类型。

④ 统计结果可用一个数组存放，元素 0 存放 90 分以上的人数，元素 1 存放 80 分以上的人数，元素 2 存放 70 分以上的人数，元素 3 存放 60 分以上的人数，元素 4 存放 60 分以下的人数。

程序如下：

```
DATA    SEGMENT
DATA1   DB 80 DUP（？）         ;假定学生成绩已放入这 80 个单元中
DATA2   DB 5 DUP（0）          ;统计结果：≥90、80～89、70～79、60～69、<60
DATA    ENDS
;
CODE    SEGMENT
        ASSUME CS: CODE,DS: DATA
START:  MOV AX,DATA
        MOV DS,AX
        MOV CX,80             ;统计人数送 CX
        LEA SI,DATA1          ;指向学生成绩
        LEA DI,DATA2          ;指向统计结果
AGAIN:  MOV AL,[SI]           ;取一个学生的成绩
        CMP AL,90             ;大于 90 分吗？
        JC NEXT1              ;若不大于,继续判断
        INC BYTE PTR[DI]      ;否则 90 分以上的人数加 1
        JMP STO               ;转循环控制处理
NEXT1:  CMP AL,80             ;大于 80 分吗？
        JC NEXT2              ;若不大于,继续判断
        INC BYTE PTR[DI+1]    ;否则 80 分以上的人数加 1
        JMP STO               ;转循环控制处理
NEXT2:  CMP AL,70             ;大于 70 分吗？
```

```
                JC NEXT3                ;若不大于,继续判断
                JNC BYTE PTR[DI+2]       ;否则 70 分以上的人数加 1
                JMP STO                 ;转循环控制处理
NEXT3:          CMP AL,60               ;大于 60 分吗?
                JC NEXT4                ;若不大于,继续判断
                INC BYTE PTR[DI+3]       ;否则 60 分以上的人数加 1
                JMP STO                 ;转循环控制处理
NEXT4:          INC BYTE PTR[DI+4]       ;60 分以下的人数加 1
STO:            INC SI                  ;指向下一个学生成绩
                LOOP AGAIN              ;循环,直到所有成绩都统计完
                MOV AH,4CH              ;返回 DOS
                INC 21H
CODE            ENDS
                END START
```

4.4.4　循环程序

当在程序设计中碰到某些需要多次重复执行的工作时,就可用循环程序来实现。如例 4-19 中,对每一个学生成绩的统计都要做同样的判断,故使用了循环结构。

循环程序在结构上包括循环初始化、循环体和循环控制 3 个部分。在形式上有两种:①先执行循环体,再判断条件看是否继续循环,如图 4-8(a) 所示;②先检查条件是否满足,满足则执行循环体,否则就退出,如图 4-8(b) 所示。

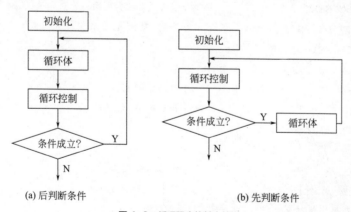

(a) 后判断条件　　　　　　　　　　(b) 先判断条件

图 4-8　循环程序的基本结构

【**例 4-21**】　把从 MEM 单元开始的 100 个 16 位无符号数按从大到小的顺序排列。

题目分析:

① 这是一个排序问题,由于是无符号数的比较,可以直接用比较指令 CMP 和条件转移指令 JNC 来实现。

② 这是一个双重循环程序,先使第一个数与下一个数比较,若大于则使其位置保持不变,

小于则将大数放低地址, 小数放高地址 (即两数交换位置)。

③ 以上完成了一次排序工作, 再通过第二重的 99 次循环, 即可实现对 100 个无符号数的大小排序。

程序如下:

```
DSEG    SEGMENT
MEM     DW 100 DUP (？)           ;假定要排序的数已存入这 100 个字单元中
DSEG    ENDS
;
CSEG    SEGMENT
        ASSUME CS: CSEG,DS: DSEG
START:  MOV AX,DSEG
        MOV DS,AX
        LEA DI,MEM                ;DI 指向待排序数的首址
        MOV BL,99                 ;外循环只需 99 次即可

        ;外循环体从这里开始
NEXT1:  MOV SI,DI                 ;SI 指向当前要比较的数
        MOV CL,BL                 ;CL 为内循环计数器

        ;以下为内循环
NEXT2:  MOV AX,[SI]               ;取第一个数 Ni
        ADD SI,2                  ;指向下一个数 Nj
CMP     CMP AX,[SI]               ;Ni≥Nj?
JNC     JNC NEXT 3                ;若大于, 则不交换
MOV     MOV DX,[SI]               ;否则, 交换 Ni 和 Nj
MOV     MOV [SI-2],DX
MOV     MOV [SI],AX
NEXT3:  DEC CL                    ;内循环结束?
JNZ     NEXT2                     ;若未结束, 则继续
        ;内循环到此结束

        DEC BL                    ;外循环结束?
        JNZ NEXT1                 ;若未结束, 则继续
        ;外循环体结束

        MOV AH,4CH                ;返回 DOS
        INT 21H
CSEG    ENDS
        END START
```

该循环程序属于图 4-8(a) 所示的先执行循环体, 再判断条件以决定是否循环的结构。其程序流程如图 4-9 所示。

4.4.5 子程序设计

子程序（或过程）是程序的一部分，是完成特定功能的程序段，它能够在程序中的任何地方被调用。在使用子程序时应注意以下 3 点：

① 参数的传递。在子程序调用时，经常需要将一些参数传送给子程序，而子程序也常常需要在运行后将结果和状态等信息回送给调用程序。这种子程序和调用程序之间的信息传送就称为参数传递。参数的传递可通过寄存器、变量、地址表、堆栈等方式进行。传送方法有：a. 把参数放在 CPU 内部寄存器中；b. 把参数放在变量中；c. 把参数放在地址表中；d. 利用堆栈传送参数。

② 相应寄存器的内容的保护。由于 CPU 的寄存器数量有限，子程序要用到的一些寄存器在调用程序中也常要用到。为防止破坏调用程序中寄存器的内容，需在子程序入口处将所用到的寄存器内容压入堆栈保存。

③ 子程序还可调用别的子程序，称为子程序的嵌套。在多个子程序嵌套时，需要考虑堆栈空间的大小是否足以保存断点及相关寄存器参数。

前面已介绍过，与子程序调用有关的 CPU 指令有 CALL 和 RET；伪指令有 PROC 和 ENDP。

【例 4-22】 从一个字符串中删去一个字符。

题目分析：这里利用堆栈的方式来实现参数的传递，即在调用程序中将参数或参数地址保存在堆栈中，在子程序里再从堆栈中取出，从而实现参数的传送。

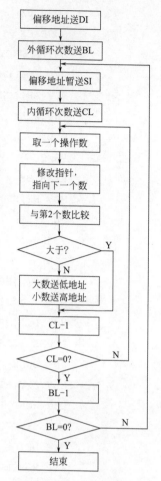

图 4-9 例 4-21 的程序流程图

程序如下：

```
DATA      SEGMENT
STRING    DB 'Experience...'
LENG      DW $ -STRING           ;取字符串的长度
KEY       DB 'x'                 ;要从字符串中删去的字符
DATA      ENDS
;
CODE      SEGMENT
          ASSUME CS: CODE,DS: DATA,ES: DATA
MAIN      PROC FAR
START:    MOV AX,DATA
          MOV DS,AX
          MOV ES,AX
          LEA BX,STRING
          LEA CX,LENG
```

```
                PUSH BX
                PUSH CX                    ;将 STRING 和 LENG 的地址压栈
                MOV AL,KEY
                CALL DELCHAR               ;调用删除一个字符的子程序
                MOV AH,4CH
                INT 21H
MAIN            ENDP
DELCHAR         PROC
                PUSH BP                    ;保存 BP 内容
                MOV BP,SP                  ;将 BP 指向当前栈顶
                PUSH SI
                PUSH DI
                CLD
                MOV SI,[BP+4]              ;得到 LENG 地址
                MOV CX,[SI]                ;取串长度
                MOV DI,[BP+6]              ;得到 STRING 地址
                REPNE SCASB                ;查找待删除的字符
                JNE DONE                   ;若没有找到则退出
                MOV SI,[BP+4]
                DEC WORD PTR[SI]           ;串长度减 1
                MOV SI,DI
                DEC DI
                REP MOVSB                  ;被删除字符后的字符依次向前移位
DONE:           POP DI                     ;恢复寄存器内容
                POP SI
                POP BP
                RET                        ;返回
DELCHAR         ENDP
CODE            ENDS
                END START
```

程序执行中堆栈最满时的状态如图 4-10 所示。

【例 4-23】 设一字符串长度不超过 255 个字符，试确定该字符串的长度并显示长度值。

题目分析：字符串的长度不同于整数，系统并不规定为一个定值，所以在对字符串操作时常需要确定其长度。字符串通常以回车符"CR"或美元符结尾。要确定一个字符串的长度可通过搜索字符串的结束标志来实现，即统计搜索次数直到找到结束符为止。若找不到结束符，则说明该字符串的长度超过了 255，程序应给出提示信息。串长度可通过 DOS 功能调用显示。主程序和子程序的流程图如图 4-11 所示。

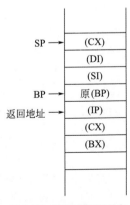

图 4-10 堆栈最满时的状态

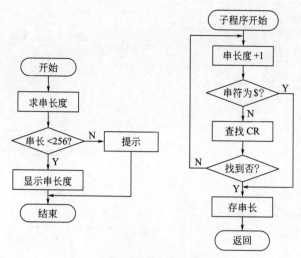

图 4-11 求串长度程序流程

程序如下:

```
DATA        SEGMENT
STRING      DB 'This is a string...',0DH
LENG        DW ?
CRR         DB 13                               ;定义回车符
MESSAGE     DB 'The string is too long! ',0DH,0AH,'$'
DATA        ENDS
;
CODE        SEGMENT
            ASSUME CS: CODE,DS: DATA,ES: DATA
MAIN        PROC FAR
START:      MOV AX,DATA
            MOV DS,AX
            MOV ES,AX
            CALL STRLEN                         ;调用子程序,求字符串长度
            MOV DX,LENG
            CMP DX,100H
            JB NEXT1                            ;若 DX<100H,则转 NEXT1
            LEA DX,MESSAGE                      ;若 DX≥100H,则显示提示信息
            MOV AH,9
            INT 21H
            JMP NEXT2
NEXT1:      MOV DH,DL                           ;串长度暂存 DH
            MOV CL,4
            SHR DL,CL                           ;取串长度高 4 位
            CMP DL,9
            JBE LP
            ADD DL,7
LP:         ADD DL,30H                          ;将串长度高 4 位转换为 ASCII 码
```

```
              MOV AH,2
              INT 21H                    ;显示串长度高4位ASCII码
              MOV DL,DH
              AND DL OFH
              CMP DL,9
              JBE LP1
              ADD DL,7
  LP1:        ADD DL,30H                 ;将串长度低4位转换为ASCII码
              MOV AH,2
              INT 21H                    ;显示串长度低4位ASCII码
              MOV DL,'H'
              MOV AH,2
              INT 21H
  NEXT2:      MOV AH,4CH
              INT 21H
  MAIN        ENDP
  STRLEN      PROC                       ;子程序
              LEA DI,STRING
              MOV CX,0FFFFH              ;CX=-1
              MOV AL,CRR
              MOV AH,'$'
              CLD
  AGAIN:      INC CX                     ;串长度+1
              CMP CX,100H
              JAE DONE                   ;串长度超过255,则结束
              CMP [DI],AH
              JE DONE                    ;遇到'$',则结束
              SCASB                      ;搜索回车符
              JNE AGAIN                  ;没找到,则返回继续执行
  DONE:       MOV LENG,CX
              RET
  STRLEN      ENDP
  CODE        ENDS
              END START
```

【例4-24】 把一个用十六进制表示的字转化为ASCII码，然后送到屏幕上显示。

题目分析：例题中涉及参数的传递，利用堆栈传送参数，在主程序中把参数或参数地址保存在堆栈中，而在子程序中将参数从堆栈取出来。堆栈数据分布如图4-12～图4-15所示。

程序如下：

```
  DATA        SEGMENT
  NUM         DW 25AF                    ;要显示的数
  STRING      DB 4 DUP(? ),13,10,'$'
  DATA        ENDS
  STACK       SEGMENT
```

```
                DB 100 DUP（？）
TOP             EQU $
STACK           ENDS
                ;
CODE            SEGMENT
ASSUME          CS: CODE,DS: DATA,ES: DATA,SS: STACK
BEGIN:          MOV AX,DATA
                MOV DS,AX
                MOV ES,AX
                MOV AX,STACK
                MOV SS,AX
                MOV SP,TOP
                LEA BX,STRING              ;取变量偏址
                PUSH BX                    ;将偏址压栈
                PUSHNUM                    ;将变量压栈
                CALL BINHEX                ;（SP)=005EH
CS: 0113        LEA DX,STRING              ;（DX)=0002H
                MOV AH,9
                INT 21H
                MOV AH,4CH
                INT 21H
                ;*********************
BINHEX          PROC
                PUSH BP                    ;（SP)=005CH
                MOV BP,SP                  ;（BP)=005CH
                PUSH AX                    ;（SP)=005AH
                PUSH DI                    ;（SP)=0058H
                PUSH CX                    ;（SP)=0056H
                PUSH DX                    ;（SP)=0054H

                PUSHF                      ;（SP)=0052H
                MOV AX,[BP+4]              ;（AX)=25AFH
                MOV DI,[BP+6]              ;（DI)=0002H
                ADD DI,LENGTH STRING-4     ;（DI)=0005H
                MOV DX,AX                  ;（DX)=25AFH
                MOV CX,4
                STD                        ;从后往前存
AGAIN:          AND AX,0FH                 ;第一次（AX)=000FH
                CALL HEXD                  ;转换为 ASCII 码
                STOSB
                PUSH CX
                MOV CL,4
                SHR DX,CL                  ;逻辑右移 4 位
                MOV AX,DX                  ;第1次（AX)=025AH
                POP CX
```

```
                    LOOP AGAIN              ;（CX）-1=0？不等,转
                    POPF
                    POP DX
                    POP CX
                    POP DI
                    POP AX
                    POP BP
                    RET 4
BINHEX              ENDP
                    ;*********************
HEXD                PROC
                    CMP   AL,0AH
                    JL    LP
                    ADD   AL,7
LP:                 ADD   AL,30H
                    RET
HEXD                ENDP
CODE                ENDS
                    END BEGIN
```

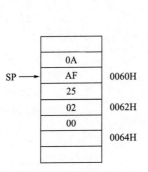

图 4-12 堆栈数据分布（一）

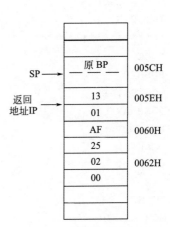

图 4-13 堆栈数据分布（二）

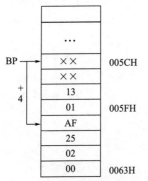

图 4-14 堆栈数据分布（三）

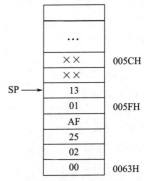

图 4-15 堆栈数据分布（四）

4.4.6 常用程序设计举例

下面介绍一些常见的汇编语言程序设计的实例，供读者阅读。

【例 4-25】 把用 ASCII 码形式表示的数转换为二进制码。ASCII 码存放在以 MASC 为首地址的内存单元中，转换结果放 MBIN。

题目分析：

① 一般来讲，从键盘上输入的数都是以 ASCII 码的形式存放在内存中的；另外，数据区中以字符形式定义的数（用单引号括起来的数），在内存中也是以其对应的 ASCII 码存放的。

② 对十六进制数来讲，0～9 的 ASCII 码分别为 30H～39H，对这 10 个数的转换，减去30H，就得到对应的二进制值，而 A～F 的 ASCII 码分别为 41H～46H，故要减去 37H。

③ 若取的数不在 0～FH 范围，则出错。

程序如下：

```
DATA        SEGMENT
MASC        DB '2','6','A','1'          ;要转换的 ASCII 码
MBIN        DB 2 DUP（？）
DATA        ENDS
CODE        SEGMENT
            ASSUME CS: CODE,DS: DATA
BEGIN:      MOV AX,DATA
            MOV DS,AX
            MOV CL,4                    ;循环次数送 CL
            MOV CH,CL                   ;保存循环次数
            LEA SI,MASC                 ;ASCII 码单元首址送 SI
            CLD                         ;按地址增量方向
            XOR AX,AX                   ;中间结果清零
            XOR DX,DX
NEXT1:      LODSB                       ;装入一个 ASCII 码到 AL
            AND AL,7FH                  ;得到 7 位 ASCII 码
            CMP AL,'0'
            JB ERROR                    ;若 AL≤0,则转 ERROR
            CMP AL,'9'
            JA NEXT2                    ;若 AL≥9,则转 NEXT2
            SUB AL,30H                  ;将 0～9 的数字转换为相应的二进制数
            JMP SHORT NEXT3
NEXT2:      CMP AL,'A'
            JB ERROR                    ;若 AL<'A',则转 ERROR
            CMP AL,'F'
            JA ERROR                    ;若 AL>'F',则转 ERROR
            SUB AL,37H                  ;将 A～F 的数字转换为对应的二进制数
NEXT3:      OR DL,AL                    ;一个数的转换结果送 DL
            ROR DX,CL                   ;整个转换的结果在 DX 中依次存放
ERROR:      DEC CH
            JNZ NEXT1                   ;未转换完则转 NEXT1
```

```
            MOV WORD PTR MBIN,DX          ;最后结果送 MBIN
            MOV AH,4CH                    ;返回 DOS
            INT 21H
            CODE ENDS
            END BEGIN
```

【例 4-26】 把存放在 BUFF 中的 16 位二进制数转换为 ASCII 码表示的等值数字字符串。例如，FFFFH 应转换成等值的数字字符串"65535"。

题目分析：将一个二进制数转换为对应的 ASCII 码，可采用除 10 取余的方法。其基本思路为：任何一个用十六进制表示的二进制数，其除以 10 后的余数即是它对应十进制数的最低位，且一定在 0～9 之间。如"1234H"除以 10，余数为 4，用得到的余数加上 30H，就得到了最低位对应的 ASCII 码。

16 位二进制数能够表示的最大数字字符为"65535"。所以，最多除 5 次就可完成该二进制数的转换。

程序如下：

```
DATA        SEGMENT
BUFF        DW 4FB6H                      ;要转换的数
ASCC        DB 5 DUP（？）                ;ASCII 码结果存放单元
DATA        ENDS
CODE        SEGMENT
            ASSUME CS: CODE,DS: DATA
START:      MOV AX,DATA
            MOV DS,AX
            MOV CX,5                      ;最多不超过 5 位十进制数（65535）
            LEA DI,ASCC                   ;DI 指向结果存放单元
            XOR DX,DX
            MOV AX,BUFF                   ;取要转换的二进制数
            MOV BX,0AH
AGAIN:      DIV BX                        ;用除 10 取余的方法转换
            ADD DL,30H                    ;将余数转换成 ASCII 码
            MOV [DI],DL                   ;保存当前位的结果
            INC DI                        ;指向下一个位保存单元
            AND AX,AX                     ;判断商是否为 0（即转换是否结束）
            JZ STO                        ;若结束,则退出
            MOV DL,0
            LOOP AGAIN                    ;否则循环继续
STO:        MOV AH,4CH
            INT 21H                       ;返回 DOS
CODE        ENDS
            END START
```

【例 4-27】 两个多字节二进制数求和程序。

题目分析：由于 8088/8086 CPU 的内部寄存器均为 16 位。所以，在进行两个多字节数的求和运算时，一次只能完成一个字节或一个字的相加。低位字节（或字）相加的和可能会产生进位，那么在高位字节（或字）相加时则必须考虑该进位，否则就会使结果出错。因此，在多字节数求和运算中，要使用 ADC 指令，而不能使用 ADD 指令。

程序如下：

```
DATA      SEGMENT
BUFF1     DB 4FH,0B6H,7CH,34H,56H,1FH      ;数 1
BUFF2     DB 13H,24H,57H,68H,0FDH,9AH      ;数 2
SUM       DB 6 DUP（？）                    ;和
CONT      DB 3                             ;数的字长为 3
DATA      ENDS
;
CODE      SEGMENT
          ASSUME CS: CODE,DS: DATA
START:    MOV AX,DATA
          MOV DS,AX
          MOV SI,OFFSET BUFF1              ;SI 指向数 1
          MOV DI,OFFSET BUFF2              ;DI 指向数 2
          MOV BX,OFFSET SUM                ;BX 指向存放和的单元
          MOV CL,CONT                      ;共 3 个字,要做 3 次加法
          MOV CH,0
          CLC                              ;CF←0
GOON:     MOV AX,[SI]                      ;取数 1 的一个字
          ADC AX,[DI]                      ;加上数 2 的相应字
          ADD SI,2                         ;修改指针
          ADD DI,2
          MOV [BX],AX                      ;存本次加的结果
          ADD BX,2
          LOOP GOON                        ;未加完,则循环
          MOV AH,4CH
          INT 21H                          ;返回 DOS
CODE      ENDS
          END START
```

【例 4-28】 从键盘上输入一个字符串，并在内存中已有的一张表中查找该字符串，若找到则在屏幕上显示"OK！"，否则显示"NO！"，若输入字符长度大于表长度，则显示"Wrong！"。

题目分析：

① 在查找前，首先判断输入的字符串的长度是否大于表的长度，若大于则表示输入的字符串太长，显示"Wrong！"，否则就进行比较。

② 先在表中查找字符串的第一个字符，若找到，再比较字符串的其他字符是否一致。

③ 在屏幕上显示一个字符串可利用 DOS 功能调用中的 09 号功能，而从键盘上接收一个字符串可利用功能号为 0AH 的 DOS 调用。

程序如下：

```
DATA      SEGMENT
TABLE     DB 'ABCDEFGHIJKLMNOPQRSTUVWXYZ'
STRING1   DB 'Please enter a string: ',ODH,QAH,'$'
STRING2   DB 'Wrong! ',ODH,QAH,'$'
STRINGS   DB 'OK! ','$'
STRING4   DB 'NO! ','$'
```

```
BUFFER    DB 40,?,40 DUP(2)              ;键盘输入缓冲区
TAB_LEN   EQU 26
DATA      ENDS
;
STACK     SEGMENT
          DB 100 DUP(?)
STACK     ENDS
CODE      SEGMENT
          ASSUME CS:CODE,DS:DATA,ES:DATA,SS:STACK
START:    MOV AX,DATA
          MOV DS,AX
          MOV ES,AX
          LEA DX,STRING1                 ;显示"Please enter a string:"
          MOV AH,09H
          INT 21H
          LEA DX,BUFFER                  ;从键盘读字符串
          MOV AH,0AH
          INT 21H
          MOV SI,DX                      ;串首地址送 SI
          INC SI
          MOV BL,[SI]
          MOV BH,0                       ;串长度送 BX
          INC SI                         ;串首地址送 SI
          LEA DI,TABLE                   ;表首地址送 DI
          MOV CX,TAB_LEN                 ;表长度送 CX
          CMP CX,BX                      ;表长≥串长?
          JNC GOON                       ;是则转 GOON
          LEA DX,STRING2                 ;否则显示"Wrong!"
          JMP EXIT
GOON:     CLD                            ;按增地址方向进行比较
          MOV AL,[SI]
SCAN:     REPNZ SCASB                    ;在表中搜索第一个字符
          JZ MATCH                       ;找到则转 MATCH
ERROR:    LEA DX,STRING4                 ;没有找到,显示"NO!"
          JMP EXIT
MATCH:    INC CX
          CMP CX,BX                      ;剩余表长≥串长?
          JC ERROR                       ;不大于,显示"NO!"
          PUSH CX                        ;保存循环变量
          PUSH SI
          PUSH DI
          MOV CX,BX
          DEC DI
          REPZ CMPSB                     ;比较串中其余字符
```

```
               POP DI                      ;恢复循环变量
               POP SI
               POP CX
               JZ FOUND                    ;若找到字符串,转 FOUND
               JCXZ ERROR                  ;未找到字符串,且全表搜索完,转 ERROR
               JMP SCAN                    ;全表未搜索完,转 SCAN
      FOUND:   DEC DI                      ;找到的字符串偏移地址送 DI
               LEA DX,STRING3              ;显示"OK!"
      EXIT:    MOV AH,09H
               INT 21H
               MOV AH,4CH                  ;返回 DOS
               INT 21H
      CODE     ENDS
               END START
```

【例 4-29】　在分辨率为 640×480、16 色的屏幕上绘制一个周期的正弦波。

题目分析:

① 正弦波一个周期的角度值范围为 0°～360°, 函数值范围为−1～1。要使曲线居于屏幕正中, 必须要调整水平和垂直方向的坐标值。

② 在给定 0°～90°的函数值情况下, 绘制正弦波曲线时须先知道角度所在的象限。

a. 若角度在第 Ⅰ 象限, 函数值为正。此时可直接查表取函数值。

b. 若角度在第 Ⅱ 象限, 函数值为正。可利用 $\sin(x) = \sin(180°-x)$, 将角度转换到第 Ⅰ 象限后再查表取函数值。

c. 若角度在第 Ⅲ 或第 Ⅳ 象限, 函数值为负。先将 $x-180°$ 转换到第 Ⅰ 或第 Ⅱ 象限, 再按前述处理, 并把结果取负值。

③ 为简化程序设计, 可在绘图前先计算出曲线各点的坐标值并列成表格, 这样在画图时只需访问这个表格就可以了。设正弦波图形范围为 360×400, 表格 SINE 中为从 0°～90°的放大 200 倍的已取整的正弦值。

程序如下:

```
SETSCREEN    MACRO                  ;设置屏幕分辨率为 640×480,16 色图形方式
             MOV AH,0
             MOV AL,12H
             INT 10H
ENDM
WRITEDOT     MACRO                  ;画点宏定义
             MOV AH,0CH
             MOV AL,02H             ;像素颜色代码
             MOV CX,ANGLE           ;像素点对应的列号送 CX
             ADD CX,140             ;X 方向屏幕中心=(640-360)/2
             MOV DX,TEMP            ;像素点所在的行号送 DX
             INT 10H
ENDM
DATA         SEGMENT
SINE         DB 00,03,07,10,14,17,21,24,28,31,  ;定义坐标表格
             35,38,42,45,48,52,55,58,62,65,
```

```
                    68,72,75,78,81,85,88,91,94,97,
                    100,103,106,109,112,115,118,120,
                    123,126,129,131,134,136,139,141,
                    144,146,149,151,153,155,158,160,
                    162,164,166,168,170,171,173,175,
                    177,178,180,181,183,184,185,187,
                    188,189,190[191,192,193,194,195,
                    196,196,197,198,198,199,199,199,
                    200,200,200,200
ANGLE       DW 0                    ;定义角度变量,初值为 0
TEMP        DW 0                    ;定义点的正弦函数值变量,初值为 0
DATA        ENDS
STACK       SEGMENT
            DB 64 DUP（？）
STACK       ENDS
CODE        SEGMENT
            ASSUME CS: CODE,DS: DATA,SS: STACK
MAIN        PROC FAR
START:      PUSH DS                 ;保护参数
            PUSH AX
            PUSH BX
            MOV AX,DATA
            MOV DS,AX
            MOV AX,STACK
            MOV SS,AX
                                    ;查表确定正弦波函数值,逐点绘制正弦波
            SETSCREEN               ;置屏幕为 640×480 的彩色图形方式
AGAIN:      LEA BX,SINE             ;表的偏移地址送 BX
            MOV AX,ANGLE            ;角度值送 AX
            CMP AX,180              ;看是否大于180°
            JLE QUAD1               ;若不大于则角度在第 I 或第 II 象限
            SUB AX,180              ;若大于则调整角度
QUAD1:      CMP AX,90               ;大于90°否?
            JLE QUAD2               ;若不大于则角度在第 I 象限
            NEG AX                  ;否则角度在第 II 象限
            ADD AX,180              ;调整角度（180-ANGLE）
QUAD2:      ADD BX,AX               ;形成查表偏移量
            MOV AL,SINE[BX]         ;将函数值送 AL
            PUSH AX
            MOV AH,0
            CMP ANGLE,180           ;判断函数值是否大于180°
            JGE BIGDIS              ;若大于则转 BIGDIS
            NEG AL                  ;否则在第 I 或第 II 象限
            ADD AL,240              ;调整显示点的纵坐标为（240-AL）
```

```
              JMP READY
BIGDIS:       ADD AX,240          ;调整显示点的纵坐标为（240+AL）
READY:        MOV TEMP,AX         ;保存到 TEMP
              POP AX
              WRITEDOT            ;调用画点宏操作
              ADD ANGLE,1         ;角度值+1
              CMP ANGLE,360       ;超过 360°吗?
              JLE AGAIN           ;不超过则继续画
              MOV AH,07           ;若有键按下则继续执行,否则等待按键输入
              INT 21H
              MOV AH,0            ;设置屏幕参数
              MOV AL,3            ;设置 80×25 彩色文本方式
              INT 10H
              POP BX              ;恢复参数
              POP AX
              POP DS
              RET                 ;返回
MAIN          ENDP
CODE          ENDS
              END START
```

 习题

4.1　分别用 DB、DW、DD 伪指令写出在 DATA 开始的连续 8 个单元中依次存放数据 11H、22H、33H、44H、55H、66H、77H、88H 的数据定义语句。

4.2　若程序的数据段定义如下，写出各指令语句独立执行后的结果。

```
DSEG SEGMENT
DATA1 DB 10H,20H,30H
DATA2 DW 10 DUP (? )
STRING DB '123'
DSEG ENDS
① MOV AL, DATA1
② MOV BX, OFFSET DATA2
③ LEA SI, STRING
  MOV DI, WORD PTR DATA1
  ADD DI, SI
```

4.3　试编写求两个无符号双字长数之和的程序。两数分别在 MEM1 和 MEM2 单元中，和放在 SUM 单元中。

4.4　试编写程序，测试 AL 寄存器的第 4 位（D_4）是否为 0。

4.5　试编写程序，将 BUFFER 中的一个 8 位二进制数的高 4 位和低 4 位分别转换为 ASCII 码，并按位数高低顺序存放在 ANSWER 开始的内存单元中。

4.6　假设数据项定义如下：

```
DATA1 DB 'HELLO! GOOD MORNING! '
```

```
DATA2 DB 20 DUP（？）
```

用串操作指令编写程序段，使其分别完成以下功能：

① 从左到右将 DATA1 中的字符串传送到 DATA2 中。

② 传送完后，比较 DATA1 和 DATA2 中的内容是否相同。

③ 把 DATA1 中的第 3 和第 4 个字节装入 AX。

④ 将 AX 的内容存入 DATA2 + 5 开始的字节单元中。

4.7　执行下列指令后，AX 寄存器中的内容是多少？

```
TABLE DW 10,20,30,40,50
ENTRY DW 3
MOV BX,OFFSET TABLE
ADD BX,ENTRY
MOV AX,[BX]
```

4.8　编写程序段，将 STRING1 中的最后 20 个字符移到 STR1NG2 中（顺序不变）。

4.9　假设一个 48 位数存放在 DX：AX：BX 中，试编写程序段，将该 48 位数乘以 2。

4.10　试编写程序，比较 AX、BX、CX 中带符号数的大小，并将最大的数放在 AX 中。

4.11　若接口 03F8H 的第 1 位（D_1）和第 3 位（D_3）同时为 1，表示接口 03FBH 有准备好的 8 位数据，当 CPU 将数据取走后，D_1 和 D_3 就不再同时为 1 了。仅当又有数据准备好时才再同时为 1。

试编写程序，从上述接口读入 200 字节的数据，并顺序放在 DATA 开始的地址中。

4.12　画图说明下列语句分配的存储空间及初始化的数据值。

① DATA1 DB 'BYTE，12，12H，2 DUP（0，？，3）

② DATA2 DW 4 DUP（0，1，2），？，−5，256H

4.13　请用子程序结构编写如下程序：从键盘输入一个二位十进制的月份数（01～12），然后显示出相应的英文缩写名。

4.14　给出下列等值语句：

```
ALPHA EQU 100
BETA EQU 25
GRAMM EQU 4
```

试求下列表达式的值：

① ALPHA×100 + BETA

②（ALPHA+4）×BETA−2

③（BETA/3） MOD 5

④ GRAMM OR 3

4.15　画图说明以下数据段在存储器中的存放形式：

```
DATA SEGMENT
DATA1 DB 10H,34H,07H,09H
DATA2 DW 2 DUP（42H）
DATA3 DB 'HELLO！'
DATA4 EQU 12
DATA5 DD OABCDH
DATA ENDS
```

4.16　阅读下面的程序段，试说明它实现的功能：

```
DATA          SEGMENT
DATA1         DB 'ABCDEFG'
```

```
DATA            ENDS
CODE            SEGMENT
                ASSUME CS: CODE,DS: DATA
AAAA:           MOV AX,DATA
                MOV DS,AX
                MOV BX,OFFSET DATA1
                MOV CX,7
NEXT:           MOV AH,2
                MOV AL,[BX]
                XCHG AL,DL
                INC BX
                INT 21H
                LOOP NEXT
                MOV AH,4CH
                INT 21H
CODE            ENDS
                END AAAA
```

4.17　编写一程序段，把从 BUFFER 开始的 100 个字节的内存区域初始化成 55H、0AAH、55H、0AAH、…、55H、0AAH。

4.18　有 16 个字节，编程将其中第 2、5、9、14、15 个字节内容加 3，其余字节内容乘 2（假定运算不会溢出）。

4.19　编写计算斐波那契数列前 20 个值的程序。斐波那契数列的定义如下：

$$\begin{cases} F(0) = 0 \\ F(1) = 1 \\ F(n) = F(n-1) + F(n-2), \quad n \ge 2 \end{cases}$$

4.20　试编写将键盘输入的 ASCII 码转换为二进制数的程序。

第5章

存储器系统

引 言

每个基于微处理器的系统都有存储器。几乎所有的系统都包含两类主要的存储器：只读存储器（ROM）和随机存取存储器（RAM）。ROM 存放系统软件和永久性系统数据，RAM 则通常用于存放临时数据和应用程序。在现代微机系统中，它们作为内存储器而成为主机系统的一个重要组成部件，其自身或与磁盘存储器一起构成存储器系统，在整个微机系统中占据着越来越重要的位置。

本章在介绍存储器系统的基本概念和构成的基础上，主要介绍如何将两类半导体存储器芯片与 CPU 进行连接，以及如何利用已有的存储器芯片构成所需要的内存空间。

 教学目的

① 了解存储器系统的基本概念及不同类型半导体存储器的特点；
② 熟练掌握典型半导体存储器芯片与系统的连接；
③ 掌握存储器扩展技术；
④ 了解高速缓冲存储器的概念及其一般工作原理。

扫码获取拓展
阅读材料

5.1 概述

从程序员的角度，计算机必须把相应的程序和数据装入存储器才能开始运行。存储器是计算机系统的记忆设备，用于存放计算机要执行的指令、处理的数据、运算结果以及各种需要保存的信息，是计算机中不可缺少的一个重要组成部分。从记忆信息的角度，计算机中的存储器就相当于人的大脑。

由第 2 章的内容可知，在程序执行过程中，中央处理器从存储器中取得指令。运算指令中需要的数据也要通过访问存储器指令从存储器中取得。而运算结果在程序结束前必须全部写入存储器中。各种输入输出设备也直接与存储器交换数据。因此，存储器是计算机运行过程中信息存储交换的中心设备，从这个意义上说，现代计算机系统是以存储器为中心的。

存储器有两种基本操作——读和写。读操作是指从存储器中读出信息，不破坏存储单元中原有的内容；写操作是指把信息写入（存入）存储器，新写入的数据将覆盖原有的内容。

5.1.1 存储器系统的一般概念

存储器系统与存储器是两个不同的概念。在现代计算机中通常有多种用途的存储器件，如内存、高速缓存（Cache）、磁盘、可移动硬盘、磁带、光盘等。它们的工作速度、存储容量、单位容量价格、工作方式以及制造材料等各方面都不尽相同。存储器系统的概念是：将两个或两个以上速度、容量和价格各不相同的存储器用软件、硬件或软硬件相结合的方法连接起来，成为一个系统。这个系统从程序员的角度看，是一个存储器整体。所构成的存储器系统的速度接近其中速度最快的那个存储器，存储容量与存储容量最大的那个存储器相等或接近，单位容量的价格接近最便宜的那个存储器。对于一个计算机系统，存储器系统的优劣，特别是它的存取速度和存储容量关系着整个计算机系统的优劣。

5.1.1.1 微机中的存储器系统

现代微机系统中通常有两种存储系统：a.由 Cache 和主存储器构成的 Cache 存储系统，如图 5-1 所示；b.由主存储器和磁盘构成的虚拟存储系统，如图 5-2 所示。两种存储系统的作用各不相同，前者的主要目标是提高存取速度，而后者的主要目标是增加存储容量。

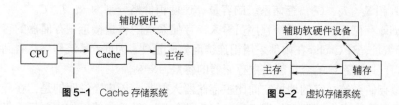

图 5-1 Cache 存储系统　　图 5-2 虚拟存储系统

① Cache 存储系统的管理全部由硬件实现，无须系统程序员干预，即它对软件开发设计人员是透明的（一个实际存在的部件看起来好像不存在，称为"透明"）。

Cache 一般由高速静态存储器（SRAM）组成，存取周期为零点几纳秒，存储容量在几十 KB 至几十 MB，价格较高。主存一般由动态存储器（DRAM）组成，存储周期一般为几纳秒到几十纳秒，存储容量可达几百 MB 到几 GB，价格比 Cache 相对便宜得多。这两种存储器组成了 Cache 存储系统。

Cache 存储系统在设计上，力争在一定的时间区间内，CPU 需要的指令和数据都能在 Cache 中访问到，因此，这个存储系统的存取周期与 Cache 非常接近。由于 Cache 中的数据和地址都是主存相应内容和地址的映像，它们之间的地址变换和映像都由硬件系统管理，对程序员来说"看不到" Cache，所以在编程时，只需要对主存储器编址。因此，Cache 存储器系统的容量就是主存储器的容量。由于 Cache 的容量相比主存的容量要小得多（通常为 1:128），故整个 Cache 存储器系统每单位的平均价格与主存储器很接近。

Cache 中存放 CPU 最近一直在使用的指令和数据。当 Cache 装满后，可将长期不用的数据删除，以提高 Cache 的使用效率。

② 虚拟存储系统由主存储器与磁盘存储器构成。在早期的微机中，磁盘等外存储器作为外部设备的一部分，仅用于长期保存信息。由于内存容量很小，程序员必须花费很大精力将大程序预先分成块，确定好这些程序块在外存设备中的位置和装入主存的地址，并且在运行中还要

预先安排好各块如何和何时调入调出。

由于磁盘存储器不是能随机访问的存储器，即不能被一般指令直接访问，而主存储器的地址空间对使用者来讲又太小，因此，现代虚拟存储系统在操作系统的支持下为用户另外设计了一个虚拟地址空间。它将主存和外存看作一个整体，用软硬件相结合的方法进行管理，使得程序员能够对主存、辅存统一编址，这样形成的一个很大的地址空间，称为虚拟地址空间。虚拟地址空间比实际主存储器的存储容量大得多，32 位微机可访问的编址空间为 4GB。虚拟存储系统在构成原理上与 Cache 存储器系统类似，其访问速度接近主存的速度。由于磁盘存储器每单位容量的价格比主存储器便宜很多，因此，整个存储系统的每单位容量的平均价格接近磁盘存储器。

虚拟地址空间既不是主存地址空间，也不是磁盘存储器的地址空间，它是为使用者设计的一个逻辑地址空间。它远大于主存储器的实际地址空间，在软硬件系统的支持下，可以采用与主存储器同样的随机访问方式。

5.1.1.2 存储系统的主要性能指标

衡量存储器系统的性能主要有 3 个参数：存储容量 S、存取时间 T 和单位容量价格 C，组成存储系统的每个存储器也有 3 个同样的参数。通过分析这些参数之间的关系，可以评测一个存储系统。

（1）存储容量 S

设有两种存储器 M_1 和 M_2，它们组成一个存储系统。两种存储器的容量、速度和价格分别为 S_1、T_1、G_1 和 S_2、T_2、G_2，存储系统的容量、速度和价格分别为 S、T、C。

对于 Cache 存储系统，由系统程序员看来，存储系统的容量接近主存储器的容量，故选择主存 M_2 进行编址，对 Cache 在内部采用相连访问方式管理。因此，系统程序员看到的是主存储器的地址空间，存储系统的容量就是主存储器的容量，$S=S_2$。

对于虚拟存储系统，它的地址空间比主存储器大得多。还应当说明的是，在一般计算机系统中，并不是整个磁盘存储器都作为虚拟存储系统使用。磁盘存储器的主要用途仍然是用来存放系统软件、应用软件和用户文件，只有在多任务多用户操作系统的交换区或交换文件才用来作虚拟存储系统。

（2）存取时间 T

存储器系统的存取时间与命中率 H 有关。命中率表示从速度较快的那个存储器中访问到数据的概率，一般用模拟试验的方法得到。在一组有代表性的程序执行中，分别统计对 M_1 的访问次数 N_1 和对 M_2 的访问次数 N_2，然后代入关系式：

$$H = \frac{N_1}{N_1 + N_2} \tag{5.1}$$

整个存储器系统的存取时间可以用 M_1 和 M_2 两个存储器的存取时间 T_1、T_2 和命中率 H 来表示：

$$T = HT_1 + (1-H)T_2 \tag{5.2}$$

当命中率 $H \rightarrow 1$，$T \rightarrow T_1$，即存储器系统的速度接近于较快的 M_1 存储器的存取周期 T_1。

设存储器系统的访问效率为

$$e = \frac{T_1}{T} \tag{5.3}$$

存储器系统的速度与相对较快的那个存储器的速度越接近，访问效率就越高。将式（5.2）代入式（5.3）得到

$$e = \frac{T_1}{HT_1 + (1-H)T_2} = \frac{1}{H + (1-H)\frac{T_2}{T_1}} \tag{5.4}$$

可以看出，存储器系统的访问效率主要与命中率和构成存储器系统的两级存储器的速度之比有关。因此，如果要使存储器系统的访问效率提高有两条途径：①提高命中率 H；②使构成存储器系统的两级存储器的速度之比不要太大。

对于虚拟存储系统，由于磁盘的存取操作还要依赖机械运动，两级存储器的速度相差悬殊，主存储器的存取速度为纳秒级，硬盘存取速度为毫秒级。若要使访问效率 e 比较高（如 $e=0.9$），需要极高的命中率 H，如果 $T_2/T_1>10^5$，则依式（5.4）计算 H 约为 0.999999，如何使用现有技术达到高命中率呢？

因为磁盘在物理上是以块为单位（每块 512 个字节）访问的，所以，虽然磁盘存储器的寻址定位时间很长，但当磁盘找到要访问的连续的数据块之后，数据的传输速率还是相当高的。因此，当不命中时，通过操作系统的功能调用，把将要使用的一大批程序和数据都调入主存储器，使得在以后的多次对虚拟存储系统的访问都能在主存储器命中。只要主存储器的容量比较大，能够一次装入比较多的程序和数据，这样，尽管两级存储器的速度差异悬殊，一次不命中需要花费较长的时间进行调度，然而由于命中率特别高，整个虚拟存储系统的访问效率还是很高的。

Cache 存储系统要缓冲 CPU 和主存之间的速度差异，目前 CPU 与主存储器的速度相差两个数量级，如果要求 $H\approx0.999$，用一级 Cache 是做不到的。通常采用两级或三级 Cache，再加上 CPU 内部的一些缓冲存储器，像通用寄存器等来提高数据的重复利用率，使得每两级之间的速度比减小。另外，再采用预取技术以大幅提高命中率：当不命中时，在数据从主存储器取出送往 CPU 的同时，把主存储器相邻几个单元中的数据（一个数据块）都取出来送入 Cache 中。CPU 以后再对 Cache 存储系统进行访问时，命中率就会提高。

（3）单位容量的平均价格 C

整个存储器系统的单位容量平均价格可以计算如下：

$$C = \frac{C_1S_1 + C_2S_2}{S_1 + S_2} \tag{5.5}$$

当 S_2 大大超过 S_1 时，$C\approx C_2$。这时，整个存储系统的单位容量价格 C 接近于比较便宜的 M_2 存储器的单位容量价格 C_2。但是 S_2 和 S_1 的差距应在一个合理的范围内，如果差距太大，存储器要达到较高的性能，调度安排将会很困难。

5.1.2 半导体存储器及其分类

计算机的存储器从体系结构的观点来划分，可根据其是设在主机内还是主机外分为内部存储器（内存）和外部存储器（外存）两大类。内部存储器主要由半导体材料制成，也称半导体存储器；外部存储器由磁性材料或复合材料制造，包括硬磁盘、软盘、可移动硬盘、磁带、CD-ROM 等。这两种类型的存储器在性能上主要有以下几个方面的特点：

① 内存（或称主存）是计算机主机的组成部分之一，用来存储当前运行所需的程序和数据，CPU 可以直接访问并与其交换信息；而外存属于外部设备，CPU 不能对它直接访问，必须

通过专门的接口才能实现与 CPU 的信息交换。

② 内存的容量小、存取速度快，价格相对较高；外存储器的容量大、价格低，但速度慢。

③ 内存是数据的"临时住所"，主要用于存放程序运行时所需的信息。当程序运行结束或关机后，除少量信息（如 BIOS 等）外，其他信息都会立即消失。而外存储器则用于大容量、永久性数据的保存。

限于篇幅，本章仅通过一些典型半导体存储器芯片介绍内部存储器的工作原理。对于外部存储器技术，读者可参阅其他相关书籍。

5.1.2.1　存储元

半导体存储器由一些能够表示二进制"0"和"1"的状态的物理器件组成，这些器件本身具有记忆功能，如电容、双稳态电路等。将这些具有记忆功能的物理器件叫作存储元（如一个电容就是一个存储元）。每个存储元可以保存一位二进制信息。若干个存储元就构成了一个存储单元。在微机系统中，一个存储单元通常存放 8 位二进制码（1B），即一个存储单元由 8 个存储元构成，许多存储单元组织在一起就构成了存储器。

我们把存储器中存储单元的总数称为存储器的存储容量。显然，存储容量越大，能够存放的信息就越多，计算机的信息处理能力也就越强。

5.1.2.2　半导体存储器的分类

半导体存储器按照工作方式的不同，可分为随机存取存储器（Random Access Memory, RAM）和只读存储器（Read Only Memory，ROM）。

（1）随机存取存储器 RAM

RAM 的主要特点是可以随机进行读写操作，但掉电后信息会丢失，是目前微机中主内存的主要构成部件。根据制造工艺的不同，RAM 可以分为双极型半导体 RAM 和金属氧化物半导体（MOS）RAM。双极型 RAM 的主要优点是存取时间短，通常为几纳秒到几十纳秒。与 MOS 型 RAM 相比，其集成度低、功耗大，而且价格也较高。因此，双极型 RAM 主要用于要求存取时间非常短的特殊应用场合（如高速缓冲存储器 Cache）。

用 MOS 器件构成的 RAM 又可分为静态读写存储器（SRAM）和动态读写存储器（DRAM）。SRAM 的存储元由双稳态触发器构成。双稳态触发器有两个稳定状态，可用来存储一位二进制信息。只要不掉电，其存储的信息可以始终稳定地存在，故称其为静态 RAM。SRAM 的主要特点是存取时间短(几十到几百纳秒)、外部电路简单、便于使用。常见的 SRAM 芯片容量为 1～64KB。

DRAM 的存储元以电容来存储信息，电路简单。但电容总有漏电存在，时间长了存放的信息就会丢失或出现错误。因此，需要对这些电容定时充电，这个过程称为刷新，即定时地将存储单元中的内容读出再写入。由于需要刷新，所以这种 RAM 称为动态 RAM。DRAM 的存取速度一般较 SRAM 的存取速度低。其最大的特点是集成度非常高，目前 DRAM 芯片的容量已达几百 MB。其还有功耗低、价格比较便宜等优点。

由于用 MOS 工艺制造的 RAM 集成度高，存取速度能满足各种类型微型计算机的要求，而且其价格也比较便宜。因此，现在微型计算机中的内存主要由 MOS 型 DRAM 组成。

（2）只读存储器 ROM

只读存储器包括掩膜 ROM、PROM、EPROM、E2PROM 等几种类型。ROM 的主要特点是掉电后不会丢失所存储的内容，可随机进行读操作，但不能写入或只能有条件编程写入，常用于存放一些相对不变的数据（如 BIOS 等）。

① 掩膜式只读存储器（ROM）。掩膜式 ROM 是芯片制造厂根据要存储的信息，对芯片图

形（掩膜）通过二次光刻生产出来的，故称为掩膜 ROM。其存储的内容固化在芯片内，用户可以读出，但不能改变。这种芯片存储的信息稳定、成本最低，适用于存放一些可批量生产的固定不变的程序或数据。

② 可编程 ROM（Programable ROM，PROM）。如果用户要根据自己的需要来确定 ROM 中的存储内容，则可使用 PROM。PROM 允许用户对其进行一次编程写入数据或程序。一旦编程之后，信息就永久性地固定下来。用户可以读出其内容，但再也无法改变它的内容。

③ 可读写 ROM。上述两种芯片存放的信息只能读出而无法修改，这给许多方面的应用带来不便。由此又出现了可读写的 ROM 芯片，这类芯片允许用户通过一定的方式多次写入数据或程序，也可修改和擦除其中所存储的内容，且写入的信息不会因为掉电而丢失。由于这些特性，可读写 ROM 芯片在系统开发、科研等领域得到了广泛的应用。

可读写 ROM 芯片因其擦除的方式不同又可分为两类：通过紫外线照射（约 20min）实现擦除的称为 EPROM（Erasable Programable ROM）；另外一种通过电信号（通常是加上一定的电压）进行擦除的 ROM 称为 EEPROM（Electrically Erasable PROM）（或 E2PROM）。这两种芯片的内容在擦除后仍可重新编程写入新的内容，擦除和写入都可以多次进行。但有一点要注意，尽管 EPROM 和 EEPROM 芯片都是既可读出也可写入和擦除，但它们和 RAM 还是有本质区别的。首先它们不能够像 RAM 芯片那样随机快速地写入和修改，它们的写入需要一定的条件（这一点将在后面详细介绍）；另外，RAM 中的内容在掉电之后会丢失，而 EPROM（EEPROM）则不会，其上的内容一般可保存几十年。

5.1.3 半导体存储器的主要技术指标

（1）存储容量

存储器芯片的存储容量用"存储单元个数×每存储单元的位数"来表示。例如，SRAM 芯片 6264 的容量为 8K×8b，即它有 8K 个单元（1K=1024），每个单元存储 8 位（一个字节）二进制数据。DRAM 芯片 NMC41257 的容量为 256K×1b，即它有 256K 个单元，每个单元存储 1 位二进制数据。各半导体器件生产厂家为用户提供了许多种不同容量的存储器芯片，用户在构成计算机内存系统时，可以根据要求加以选用。当然，当计算机的内存确定后，选用容量大的芯片则可以少用几片，这样不仅使电路连接简单，而且功耗也可以降低。

（2）存取时间和存取周期

存取时间又称存储器访问时间，即启动一次存储器操作（读或写）到完成该操作所需要的时间。CPU 在读写存储器时，其读写时间必须大于存储器芯片的额定存取时间。如果不能满足这一点，微型计算机则无法正常工作。

存取周期是连续启动两次独立的存储器操作所需间隔的最小时间。若令存取时间为 t_A，存取周期为 T_c，则二者的关系为 $T_c \geqslant t_A$。

（3）可靠性

计算机要正确地运行，必然要求存储器系统具有很高的可靠性。内存发生的任何错误都会使计算机不能正常工作，而存储器的可靠性直接与构成它的芯片有关。目前所用的半导体存储器芯片的平均故障间隔时间（MTBF）为 $5 \times 10^6 \sim 1 \times 10^8$h。

（4）功耗

使用功耗低的存储器芯片构成存储系统，不仅可以减少对电源容量的要求，还可以提高存储系统的可靠性。

5.2　随机存取存储器

随机存取存储器（RAM）主要用来存放当前运行的程序、各种输入输出数据、中间运算结果及堆栈等，其存储的内容既可随时读出，也可随时写入和修改，掉电后内容会全部丢失。本节将从应用的角度出发，以几种常用的典型芯片为例，详细介绍两类 MOS 型随机存取存储器——SRAM（Static RAM）和 DRAM（Dynamic RAM）的特点、外部特性以及它们的应用。

对于 SDRAM 的工作流程，可以形象地比喻为图 5-3 所示：货物基地（主板）连接着物资（数据）的供求方。基地的货物调度厂房（北桥芯片）掌管着若干个用于临时供货/生产与存储的仓库基地（P-Bank），它们通常隶属于某一仓储集团（DIMM），这种基地与调度厂房之间必须由 64 条传送带联系着（P-Bank 位宽），每条传送带一次只能运送一个标准的货物（1bit 数据），而且一次至少要传送 64 个标准货物，这是它们之间的约定，仓库基地必须满足。

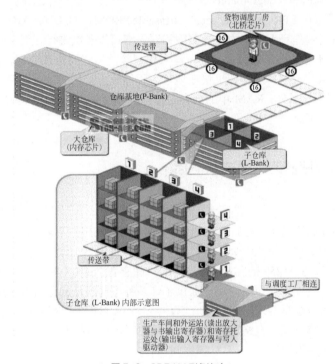

图 5-3　SDRAM 形象比喻

一个仓库基地（P-Bank），它由 4 个大仓库（内存芯片）组成，它们的规模都相当大，每个大仓库为基地提供 16 条传送带（芯片位宽为 16bit），总共加起来刚好就是 64 条。每个大仓库里都有四个规模和结构相同的子仓库（L-Bank），它们都被统一编了号。而子仓库中有很多层（行），每层里又有很多的储藏间（列），每个储藏间可以放置 16 个标准货物。虽然子仓库的规模很大，但每一层和每一个房间也都编好了号，而且每一层都有一个搬运工在值班。

为了与外界联系方便，仓储集团与调度室设置了专线电话，和一个国家一样，每个仓库基地有一个区号（片选），另外还有四个子仓库号码（L-Bank 地址），是所有大仓库共享的，一个号码对应所有大仓库中编号相同的子仓库。而专线电话的数量也是四个，这样可保证与某个子仓库通话时不会妨碍给其他子仓库打电话。在子仓库的每层则设立分机给搬运工使用。子仓库的楼下就是传送带，找到货物把它扔到上面。但每个大仓库只有一个传送带，也就是说同一时间内只有一个子仓库在工作。每个子仓库都有一个自己的生产车间（读出放大器）负责指定货物的生产，并且每个大仓库都有一个外运站（数据输出寄存器）和寄存托运处（数据输入寄存器与写入驱动器）与传送带相连，前者负责货物的输出中转，后者负责接收货物并寄存，然后帮助搬运工运送到指定储藏间。那么它是如何与调度厂房协同工作的呢？

① 需求方有货物请求了，这个请求发送到调度厂房，调度人员根据货主的要求给指定的子仓库打电话，电话号码是：区号+子仓库号码+楼层分机（片选+L-Bank 寻址+行有效/选通）。那一层的搬运工接到电话后就开始准备工作。

② 当搬运工点亮所有储藏间的门牌（tRCD）之后，调度人员会告诉搬运工货物放在哪个储藏间里（列寻址），如果货物很多，并且是连续存放的，调度员会通知搬运工："一会儿要搬的时候，从起始房间开始连续将后面的 n 个房间的货物都搬出来，我就不再重复了"（突发传输）。但是，他告诉搬运工要等一下，要求所有大仓库的人员统一行动，先别出货。

③ 根据事先的规定，搬运工在经过指定的时间后开始将货物扔到传送带上，传送带开始运转并将货物送到生产车间，由它来复制出全新的货物，然后再送到传送带上通过外运站向调度厂房运去。人们通常把从搬运工找到具体储藏间开始，到货物真正出现在送往调度厂房的传送带上的这段时间称为"输出潜伏期"（CL），而从值班人把货物扔到传送带到货物开始传向调度厂房的这段时间被称为"货物输出延迟"（tAC），它体现了值班人员的反应时间和生产车间的效率。

④ 在这个搬运工工作的同时，由于电话对于编号相同的子仓库是并联的，所以其他子仓库相同楼层的搬运工也收到相同的命令，从相同编号的房间搬出货物，运向各自的生产车间。此时，同一批货物同时出现在各自的 16 条传送带上，并整齐地向调度厂房运去。

⑤ 当货物传送完后，原始货物还要送回储藏间保管，这是必须的，但如果没有要求，货物可以一直保留在生产车间，如果再有需要就再生产，而不用再麻烦搬运工了（读出放大器相当于一个 Cache）。调度人员接着会进行下一批货物的调度，当他发现下一批货物在上次操作的子仓库中，但不在刚才通话的那一层，只能再重新拨电话。这时，他通知各子仓库货物翻新运回，清理生产车间，之后挂断电话（预充电命令），这一切必须要在指定时间里（tRP）完成，然后才能给新的楼层打电话。搬运员接到通知后，就将这一层中所有房间的货物都拿到生产车间进行翻新（没有货物的就不用翻新），然后再搬回储藏间。干完这一切之后，搬运工挂了电话（关闭行）就可以休息了，称这种工作为"货物清理返运"（预充电）。这个工作的速度也要快，否则同样会影响集团名声。当然，这个工作可以让搬运工自动完成（自动预充电），只需调度员在当初下搬运指令时提醒一声："货物运送完了，就进行货物清理返运吧，我不管了"（用 A10 地址线）。

⑥ 当有货物要运来存储时，调度员在向子仓库发送货物的同时就给指定的楼层打电话，让他们准备好房间，此时货物已经到了寄存托运处，没有任何的运送延迟（写入延迟=0），搬运工在托运间的帮助下，向指定的储藏间运送货物，这可需要一定的时间了，称为货物堆放时间（tWR）。必须给足搬运工们这一时间，而不能在这期间里让他们干其他的工作，否则他们会令货物丢失并罢工。

另外应注意，将内存比喻为仓库只是为了形象化描述，而不要把内存等同理解为存储，它们是有本质的不同的。在本书的比喻中，它只是一个临时性仓库，这一点请大家分清，不要因此产生新的错误概念。

5.2.1 静态随机存取存储器

静态随机存取存储器（SRAM）的基本存储电路（即存储元）一般是由 6 个 MOS 管组成的双稳态电路（T_1 截止，T_2 导通为状态"1"；T_2 截止，T_1 导通为状态"0"），如图 5-4 所示。

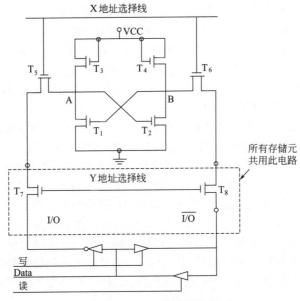

图 5-4 SRAM 基本存储电路

图 5-4 中，T_3、T_4 是负载管，T_1、T_2 是工作管，T_5、T_6、T_7、T_8 是控制管，其中 T_7、T_8 为所有存储元共用。

在写操作时，若要写入 "1"，则 I/O=1，$\overline{I/O}$=0，X 地址选择线为高电平，使 T_5、T_6 导通同时 Y 地址选择线也为高电平，使 T_7、T_8 导通，要写入的内容经 I/O 端和 $\overline{I/O}$ 端进入，通过 T_7、T_8 和 T_5、T_6 与 A、B 端相连，使 A=1，B=0，这样就迫使 T_2 导通，T_1 截止。当输入信号和地址选择信号消失后，T_5、T_6、T_7、T_8 截止，T_1、T_2 就保持被写入的状态不变，使得只要不掉电，写入的信息 "1" 就能保持不变。写入 "0" 的原理与此类似。

读操作时，若某个存储元被选中（X、Y 地址选择线均为高电平），则 T_5、T_6、T_7、T_8 都导通，于是存储元的信息被送到 I/O 端和 $\overline{I/O}$ 端上。I/O 端和 $\overline{I/O}$ 端连接到一个差动读出放大器上，从其电流方向即可判断出所存信息是 "1" 还是 "0"。

SRAM 的使用十分方便，在微型计算机领域有着极其广泛的应用。下面就以典型的 SRAM 芯片 6264 为例，说明它的外部特性及工作过程。

5.2.1.1　6264 存储芯片的引线及其功能

6264 芯片是一个 8K×8b 的 CMOS SRAM 芯片，其引脚如图 5-5 所示。6264 芯片共有 28 条引出线，包括 13 根地址信号线、8 根数据信号线以及 4 根控制信号线，它们的含义分别如下。

① $A_0 \sim A_{12}$: 13 位地址信号线。一个存储芯片上地址线的多少决定了该芯片有多少个存储单元。13 根地址信号线上的地址信号编码最多有 2^{13} 种组合，可产生 8192（8K）个地址编码，从而保证了芯片上的 8K 个单元每单元都有唯一的地址，即芯片的 13 根地址线上的信号经过芯片的内部译码，可以决定选中 6264 芯片上 8K 个存储单元中的任意一个。在与系统连接时，这 13 根地址线通常接到系统地址总线的低 13 位上，以便

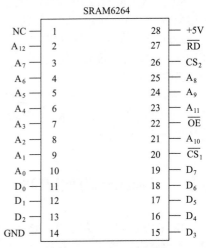

图 5-5 SRAM 6246 外部引线图

CPU 能够寻址芯片上的各个单元。

② $D_0 \sim D_7$：8 根双向数据线。对 SRAM 芯片来讲，数据线的根数决定了芯片上每个存储单元的二进制位数，8 根数据线说明 6264 芯片的每个存储单元中可存储 8 位二进制数，即每个存储单元有 8 位。使用时，这 8 根数据线与系统的数据总线相连。当 CPU 存取芯片上的某个存储单元时，读出和写入的数据都通过这 8 根数据线传送。

③ $\overline{CS_1} \sim CS_2$：片选信号线。当 $\overline{CS_1}$ 为低电平、CS_2 为高电平（$\overline{CS_1}$=0，CS_2=1）时，该芯片被选中，CPU 才可以对其进行读写操作。不同类型的芯片，其片选信号的数量不一定相同，但要选中该芯片，必须所有的片选信号同时有效。事实上，一个微机系统的内存空间是由若干块存储器芯片组成的，某块芯片映射到内存空间的哪一个位置（即处于哪一个地址范围）上是由高位地址信号决定的。系统的高位地址信号和控制信号通过译码产生片选信号，将芯片映射到所需的地址范围上。6264 有 13 根地址线（$A_0 \sim A_{12}$），8086/8088 CPU 则有 20 根地址线，所以这里的高位地址信号就是 $A_{13} \sim A_{19}$。

④ $\overline{OE}$：输出允许信号。只有当 $\overline{OE}$ 为低电平时，CPU 才能够从芯片中读出数据。

⑤ $\overline{WE}$：写允许信号。当 $\overline{WE}$ 为低电平时，允许数据写入芯片；而当 $\overline{WE}$=1，$\overline{OE}$=0 时，允许数据从该芯片读出。

⑥ 其他引线：Vcc 为+5V 电源，GND 是接地端，NC 表示空端。

表 5-1 为芯片 4 个主要控制信号的功能表。

表 5-1　6264 真值表

$\overline{WE}$	$\overline{CS_1}$	CS_2	$\overline{OE}$	$D_0 \sim D_7$
0	0	1	×	写入
1	0	1	0	读出
×	0	0	×	三态
×	1	1	×	（高阻）
×	1	0	×	

5.2.1.2　6264 存储芯片的工作过程

对 6264 芯片的存取操作包括数据的写入和读出。

写入数据的过程：首先把要写入单元的地址送到芯片的地址线 $A_0 \sim A_{12}$ 上；把要写入的数据送到数据线上；然后使 $\overline{CS_1}$、CS_2 同时有效（$\overline{CS_1}$=0，CS_2=1）；再在 $\overline{WE}$ 端加上有效的低电平，$\overline{OE}$ 端状态可以任意。这样，数据就可以写入指定的存储单元中。写入过程的时序如图 5-6 所示。

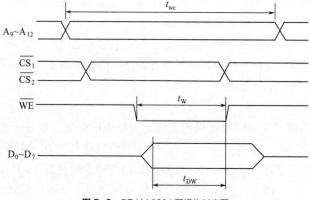

图 5-6　SRAM 6264 写操作时序图

从芯片中读出数据的过程与写操作类似：先把要读出单元的地址送到 6264 的地址线上，然后使 $\overline{CS_1}$ =0 和 CS_2=1 同时有效；与写操作不同的是，此时要使读允许信号 $\overline{OE}$ =0，$\overline{WE}$ =1，这样，选中单元的内容就可从 6264 的数据线读出。读出过程的时序如图 5-7 所示。

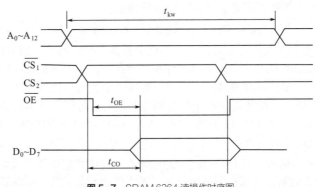

图 5-7　SRAM 6264 读操作时序图

CPU 的取指令周期和对存储器读写都有固定的时序，因此对存储器的存取速度有一定的要求。当对存储器进行读操作时，CPU 发出地址信号和读命令后，存储器必须在读允许信号有效期内将选中单元的内容送到数据总线上。同样，在进行写操作时，存储器也须在写脉冲有效期间将数据写入指定的存储单元。否则，就会出现读写错误。

如果可选择的存储器的存取速度太慢，不能满足上述要求，就需要设计者采取适当的措施来解决这一问题。最简单的解决办法就是降低 CPU 的时钟频率，即延长时钟周期 T_{CLK}，但这样做会降低系统的运行速度。另一种方法是利用 CPU 上的 READY 信号，使 CPU 在对慢速存储器操作时插入一个或几个等待周期 T_W，以等待存储器操作的完成。当然，随着技术的发展，现有存储器芯片的存取时间已达到几纳秒，并通过存储器系统管理技术使现代微型计算机系统中对内存储器的访问速度已基本能够满足使用要求。但在自行开发的系统中，对此应给予足够的重视。

6264 芯片的功耗很小（工作时为 15mW，未选中时仅 10μW），因此在简单的应用系统中，CPU 可直接和存储器相连，不用增加总线驱动电路。

5.2.1.3　SRAM 芯片的应用

在对 SRAM 芯片的外部引脚功能和工作时序有一定了解之后，需要进一步掌握的是如何实现它与系统的连接。将一个存储器芯片接到总线上，除部分控制信号及数据信号线的连接外，主要是如何保证该芯片在整个内存中占据的地址范围能够满足用户的要求。前边已经讲过，芯片的片选信号是由高位地址信号和控制信号的译码产生的。事实上，正是高位地址信号决定了芯片在整个内存中占据的地址范围。

（1）地址译码

先用一个形象的例子来说明地址译码的概念。假设把存储器看成一个居住小区，那么构成存储器的存储芯片就是小区内一座一座的居民楼（假定楼号为 01～30），而存储单元就是楼内的各个居住单元（假定单元号为 101～825）。如果某户居民住在 10 号楼 510 单元，则该住户的地址可以记为 10～510，这里的 10 就是高位地址，相当于楼号；510 就是低位地址，相当于楼内的单元号。要访问小区的 10～510 住户时，首先要找到楼号 10，这就是片选译码（选择一个存储芯片）；然后再找 510 单元，这就是片内寻址（选择一个存储单元）。片内寻址由存储芯片内部完成，使用者无须考虑。使用者要考虑的只是如何根据地址找到具体的住宅楼（芯片）。

因此，所谓译码，简单地讲，就是将一组输入信号转换为一个确定的输出。在存储器技术中，译码就是将高位地址信号通过一组电路（译码器）转换为一个确定的输出信号（通常为低电平）并将其连接到存储器芯片的片选端，使该芯片被选中，从而使系统能够对该芯片上的单元进行读写操作。

根据数据线的根数，可以判断芯片中一个存储单元能保存多少位二进制信息。地址线的根数、SRAM 芯片类型及其单元二进制存储容量如表 5-2 所示。

表 5-2　SRAM 地址按地址线根数分类

地址线根数	11	13	14	15	16
SRAM 型号	6116	6264	62128	62256	62512
单元存储大小	2KB	8KB	16KB	32KB	64KB

8088/8086 CPU 能够寻址的内存空间为 1MB，共有 20 根地址信号线，其中高位（$A_{19} \sim A_i$）用于确定芯片的地址范围（即作为译码器的输入），低位（$A_{i-1} \sim A_0$）用于片内寻址。由于在微机系统中，CPU 通常都工作在最大模式下，其控制信号需通过总线控制器与系统控制总线连接。因此，对存储器进行读写操作时，不是要求最小模式下的读写控制信号 $\overline{RD}$ 和 $\overline{WR}$ 有效，而是要求总线控制信号 $\overline{MEMR}$ 或 $\overline{MEMW}$ 有效。

地址译码的方式多种多样，综合起来主要可分为两种：用基本逻辑门电路构成译码器或用专门译码器进行译码。

（2）地址译码方式

存储器的地址译码方式可以分为两种：全地址译码和部分地址译码。

① 全地址译码方式。所谓全地址译码就是构成存储器时要使用全部 20 位地址总线信号，即所有的高位地址信号都用来作为译码器的输入，低位地址信号接存储芯片的地址输入线，从而使得存储器芯片上的每一个单元在整个内存空间中具有唯一的地址。

对 6264 芯片来讲，就是用低 13 位地址信号（$A_0 \sim A_{12}$）决定每个单元的片内地址，即片内寻址；而用高 7 位地址信号（$A_{13} \sim A_{19}$）决定芯片在内存中的地址边界，即片选地址译码。

图 5-8 所示的是一片 SRAM 6264 与 8086/8088 系统的连接图。图中用地址总线的高 7 位信号（$A_{13} \sim A_{19}$）作为地址译码器的输入，地址总线的低 13 位信号 $A_0 \sim A_{12}$ 接到芯片的 $A_0 \sim A_{12}$ 端，故这是一个全地址译码方式的连接。可以看出，当 $A_{19} \sim A_{13}$ 为 0011111 时，译码器输出低电平，使 SRAM 6264 芯片的片选端 $\overline{CS_1}$ 有效（即表示选中该芯片）。所以，该 6264 芯片的地址范围为 3E000H～3FFFFK（低 13 位可以是从全为 0 到全为 1 之间的任何一个值）。

译码电路的构成不是唯一的，可以利用基本逻辑门电路（如"与""或""非"门等）构成，也可以利用第 1 章中介绍的 3-8 译码器 74LS138 构成。图 5-9 是用 138 译码器实现同样地址范围的译码电路。

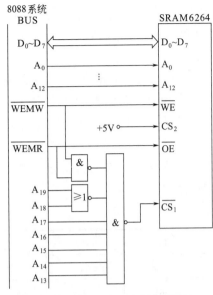

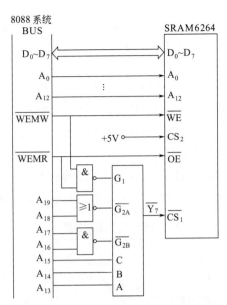

图 5-8　SRAM 6246 的全地址译码连接　　　图 5-9　利用 138 译码器实现全地址译码连接

若对图 5-8 中的基本逻辑门电路进行一定的修改，如图 5-10 所示，则 6264 的地址范围就变成 C0000H～C1FFFH。由此可以看出，使用不同的译码电路可将存储器芯片映射到内存空间任意一个范围中。

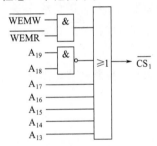

图 5-10　另一种译码电路

② 部分地址译码方式。顾名思义，部分地址译码就是仅把地址总线的一部分地址信号线与存储器连接，通常是用高位地址信号的一部分（而不是全部）作为片选译码信号。图 5-11 就是一个部分地址译码的例子。从图中可以看出，该 6264 芯片被映射到了以下 4 个内存空间中：AE000H～AFFFFH，BE000H～BFFFFH，EE000H～EFFFFH，FE000H～FFFFFH。

该 6264 芯片共占据了 4 个 8KB 的内存地址空间，而 6264 芯片本身只有 8KB 的存储容量。为什么会出现这种情况呢？其原因就在于图中的高位地址译码并没有利用地址总线上的全部地址信号，而只利用了其中的一部分。在图 5-11 中，A_{18} 和 A_{16} 并未参加译码，即 A_{18} 和 A_{16} 无论是什么值都不影响译码器的输出。因此，当 A_{18} 和 A_{16} 分别为 00、01、10、11 这 4 种组合时，对应的 6264 存储芯片就占据了 4 个 8KB 的地址空间。这种只用部分地址线参加译码从而产生地址重复区的译码方式就是部分地址译码的含义。按这种地址译码方式，芯片占用的这 4 个 8KB 的区域绝不可再分配给其他芯片，否则，会造成总线竞争而使计算机无法正常工作。另外，在对这个 6264 芯片进行存取时，可以使用以上 4 个地址范围的任意一个。

部分地址译码使地址出现重叠区，而重叠的部分必须空着不准使用，这就破坏了地址空间的连续性，实际上也减小了总的可用存储地址空间。部分地址译码方式的优点是其译码器的构成比较简单、成本较低。图 5-11 中就少用两条译码输入线，但这点是以牺牲可用内存空间为代价换来的。

可以想象，参加译码的高位地址越少，译码器就越简单，而同时所构成的存储器所占用的内存地址空间就越多。若只用一条高位地址线作片选信号，如在图 5-11 中，若只将 A_{19} 接在 $\overline{CS_1}$ 上，则这片 6264 芯片将占据 00000H～7FFFFH 共 512KB 的地址空间。这种只用一条高位地址线进行片选的连接方法称为线性选择，这种地址译码方法一般仅用于系统中只使用 1～2 个存储芯片的情况。

在实际应用中，采用全地址译码还是部分地址译码应根据具体情况来定。如果地址资源很富余，为使电路简单可考虑用部分地址译码方式；如果要充分利用地址空间，则应采用全地址译码方式。

（3）静态 RAM 的应用举例

以上讲述了当利用 RAM 芯片构成内存时经常采用的两种地址译码方式，其中最常使用的是全地址译码。上面已经提到，实现全地址译码可以使用各种基本逻辑门电路，也可以用现成的译码器芯片，如 74LS138 译码器等。译码器的种类很多，如其他 74 系列芯片、PAL、GAL 等，限于篇幅这里就不一一介绍了。下面通过一个例子来说明如何使用 SRAM 芯片构成所需的存储器。

【例 5-1】 用 SRAM 6116 芯片构成地址范围在 78000H～78FFFH 的一个 4KB 的存储器。

SRAM 6116 芯片是 2K×8b 的存储器芯片，其外部引线如图 5-12 所示。具有 11 根地址线（A_0～A_{10}）、8 根数据线（D_0～D_7）、读写控制信号 R/$\overline{W}$（当 R/$\overline{W}$=0 时写入，R/$\overline{W}$=1 时读出）、输出允许信号及片选信号 $\overline{CS}$。

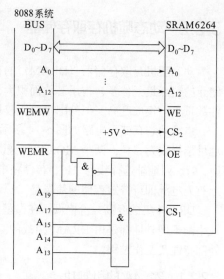

图 5-11　SRAM 6246 的部分地址译码连接图

题目分析：由于 SRAM 6116 的容量为 2KB，因此，要构成一个 4KB 的存储器，需要两片 6116 芯片。内存容量=末地址−首地址+1，由题目所给的地址范围可知，其容量正好为 4KB，即表明两片存储器芯片都具有唯一的地址范围，第一片的地址范围为 78000H～787FFH；第二片的地址范围为 78800H～78FFFH。因此，须采用全地址译码方式。

这里选用 74LS138 作为地址译码器。图 5-13 为存储器与工作在最大模式下的 8088 系统总线的连接图。图中，用 74LS138 和一些门电路构成地址译码器，对地址线高 9 位（A_{11}～A_{19}）进行译码。进一步分析哪些适合作输入，哪些适合作控制。A_{11}～A_{15} 为 74LS138 的控制端，是不变量；A_{16}～A_{19} 为 74LS138 的控制端，用来分别片选两块 6116 芯片，为变化量。进一步，将 $\overline{MEMR}$、$\overline{MEMW}$ 信号组合后接到 138 译码器的使能端，保证了仅在对存储器进行读写操作时 138 译码器才能工作。

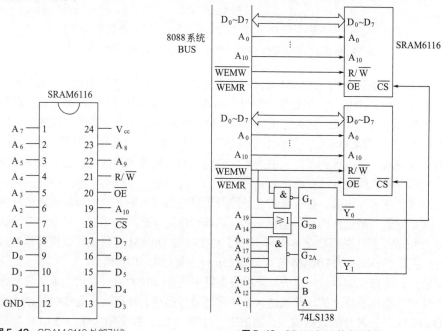

图 5-12　SRAM 6116 外部引线　　　　**图 5-13**　SRAM 6116 的应用连接

5.2.2 动态随机存取存储器

动态随机存取存储器（DRAM）的存储元有两种结构：四管存储元和单管存储元。四管存储元的缺点是元件多、占用芯片面积大，故集成度较低，但外围电路较简单。单管存储元的元件数量少、集成度高，但外围电路比较复杂。这里仅简单介绍一下单管存储元的存储原理。

单管动态存储元电路如图 5-14 所示，它由两个 MOS 管和一个电容构成。写入时，行、列地址选择线为"1"，两个 MOS 管导通，写入的信息通过位线（数据线）存入电容 C 中；读出时，行、列地址选择线为"1"，存储在电容上的电荷通过两个 MOS 管输出到位线上，根据位线上有无电流即可得知存储的信息是"1"还是"0"。

DRAM 集成度高、价格低，在微型计算机中有着极其广泛的使用。构成微机内存的内存条几乎毫无例外地都是由 DRAM 组成的。下面以一种 DRAM 芯片 2164A 为例来说明 DRAM 的外部特性及工作过程。

5.2.2.1 2164A 的引脚功能

2164A 是一块 64K×lb 的 DRAM 芯片，与其类似的芯片有很多种，如 3764、4164 等。图 5-15 所示为 2164A 的引脚图。

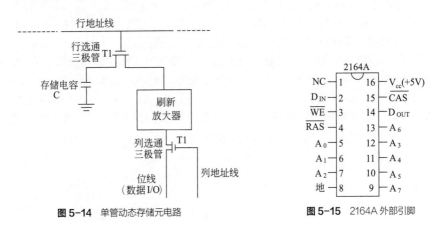

图 5-14 单管动态存储元电路　　图 5-15 2164A 外部引脚

① $A_0 \sim A_7$：地址输入线。DRAM 芯片在构造上的特点是芯片上的地址引线是复用的。虽然 2164A 的容量为 64K 个单元，但它并不像对应的 SRAM 芯片那样有 16 根地址线，而是只有这个数量的一半，即 8 根地址线。那么它是如何用 8 根地址线来寻址这 64K 个单元的呢？实际上，在存取 DRAM 芯片的某单元时，其操作过程是将存取的地址分两次输入到芯片中，每一次都由同一组地址线输入。两次送到芯片上去的地址分别称为行地址和列地址，它们被锁存到芯片内部的行地址锁存器和列地址锁存器中。

可以想象，在芯片内部，各存储单元是按照矩阵结构排列的。行地址信号通过片内译码选择一行，列地址信号通过片内译码选择一列，这样就决定了选中的单元。可以简单地认为该芯片有 256 行和 256 列，共同决定 64K 个单元。对于其他 DRAM 芯片也可以按同样方式考虑。如 21256，它是 256K×lb 的 DRAM 芯片，有 256 行，每行为 1024 列。

综上所述，动态存储器芯片上的地址引线是复用的，CPU 对它寻址时的地址信号分成行地址和列地址，分别由芯片上的地址线送入芯片内部进行锁存、译码，从而选中要寻址的单元。

② D_{IN} 和 D_{OUT}：芯片的数据输入、输出线。其中，D_{IN} 为数据输入线，当 CPU 写芯片的某

一单元时，要写入的数据由此线送到芯片内部；同样，D_{OUT} 是数据输出线，当 CPU 读芯片的某一单元时，数据由此线输出。

③ $\overline{RAS}$：行地址锁存信号。该信号将行地址锁存在芯片内部的行地址锁存器中。

④ $\overline{CAS}$：列地址锁存信号。该信号将列地址锁存在芯片内部的列地址锁存器中。

⑤ $\overline{WE}$：写允许信号。当它为低电平时，允许将数据写入；反之，当 $\overline{WE} =1$ 时，可以从芯片读出数据。

5.2.2.2　DRAM 的工作过程

（1）数据读出

DRAM 的数据读出过程的时序如图 5-16 所示。首先将行地址加在 $A_0 \sim A_7$ 上，然后使 $\overline{RAS}$ 行地址锁存信号有效，该信号的下降沿将行地址锁存在芯片内部；接着将列地址加到芯片的 $A_0 \sim A_7$ 上，再使 $\overline{CAS}$ 列地址锁存信号有效，其下降沿将列地址锁存；然后保持 $\overline{WE} =1$，则在 $\overline{CAS}$ 有效期间（低电平），数据由 D_{OUT} 端输出并保持。

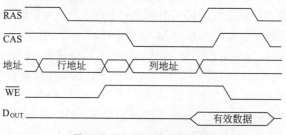

图 5-16　DRAM 的数据读出时序

（2）数据写入

DRAM 的数据写入过程的时序如图 5-17 所示。数据写入与数据读出的过程基本类似，区别是送完列地址后，写入过程要将 $\overline{WE}$ 端置为低电平，然后将要写入的数据从 DIN 端输入。

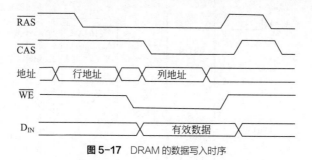

图 5-17　DRAM 的数据写入时序

（3）刷新

由于 DRAM 是靠电容来存储信息的，而电容总是存在缓慢放电现象，时间长了就会使存放的信息丢失。因此，DRAM 使用中的一个重要问题就是必须对它所存储的信息定时进行刷新。所谓刷新，就是将动态存储器中存放的每一位信息读出并重新写入的过程。刷新的方法是使列地址锁存信号无效（$\overline{CAS} =1$），只送上行地址并使行地址锁存信号 $\overline{RAS}$ 有效（$\overline{RAS} =0$），然后芯片内部的刷新电路就会对所选中行上各单元中的信息进行刷新（对原来为"1"的电容补充电荷，原来为"0"的则保持不变）。每次送出不同的行地址，就可以刷新不同行的存储单元；将行地址循环一遍，就可刷新整个芯片的所有存储单元。由于刷新时 $\overline{CAS}$ 无效，故位线上的信息不会送到数据总线上。

DRAM 芯片的刷新时序图如图 5-18 所示。图中 $\overline{\text{CAS}}$ 保持无效，利用 $\overline{\text{RAS}}$ 锁存刷新的行地址进行逐行刷新。DRAM 要求每隔 2～8ms 刷新一次，这个时间称为刷新周期。在刷新周期中，DRAM 是不能进行正常的读写操作的，这一点由刷新控制电路予以保证。

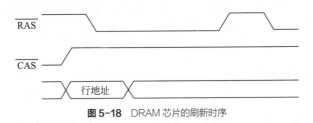

图 5-18 DRAM 芯片的刷新时序

5.2.2.3 DRAM 在系统中的连接

现在微型计算机系统中，大多采用 DRAM 芯片构成主存储器。由于在使用中既要做到能够正确读写，又要能在规定的时间里对它进行刷新，因此，微型计算机中对 DRAM 的连接和控制电路要比 SRAM 复杂得多。这里仅通过一个简化的电路示意图来说明 DRAM 的使用。

图 5-19 是 PC/XT 微型计算机的 DRAM 简化电路图。图中用虚线画的长方体表示由 8 片（加奇偶校验位则为 9 片）2164A DRAM 组成的 64KB 的存储器。LSI58 是二选一的数据选择器，LS245 为驱动器。当 CPU 读写存储器的某个单元时，首先由行列锁存信号电路送出行地址锁存信号，同时 ADDSEL=0，使 LSI58 的 A 端口导通，CPU 将 8 位行地址信号通过地址总线的低 8 位（A_0～A_7）从 LS158 的 A 口加到存储器芯片上，并在 $\overline{\text{RAS}}$ 作用下锁存于存储芯片内部的行地址锁存器。60ns 后，ADDSEL=1，使 LS158 的 B 端口导通，CPU 将 8 位列地址信号通过地址总线的 A_8～A_{15} 从 LS158 的 B 口加到存储器芯片上，延迟 40ns 后由 $\overline{\text{CAS}}$ 将其锁存于存储芯片内部的列地址锁存器。最后，在存储器读写信号 $\overline{\text{MEMR}}$ / $\overline{\text{MEMW}}$ 控制下实现数据的读写。

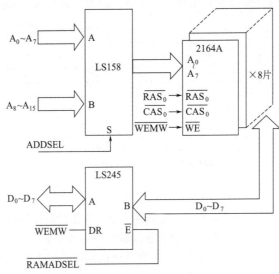

图 5-19 DRAM 读写简化电路示意图

PC/XT 微型计算机中 DRAM 的刷新过程是利用 DMA 来实现的。首先由可编程定时器 8253 每隔 15.12 μs 产生一次 DMA 请求；之后由 DMA 控制器 8237 在其 $\overline{\text{DAK}}_0$ 端产生一个低电平，使列地址锁存信号 $\overline{\text{CAS}}$ 为高电平，而行地址信号 $\overline{\text{RAS}}$ 为低电平；最后，通过 DMA 控制器送出刷新的行地址，实现一次刷新。

5.2.3　存储器扩展技术

任何存储芯片的存储容量都是有限的。要构成一定容量的内存，往往单个芯片不能满足字长或存储单元个数的要求，甚至字长、存储单元数都不能满足要求。这时就需要用多个存储芯片进行组合，以满足对存储容量的需求。这种组合就称为存储器的扩展，扩展时要解决的问题包括位扩展、字扩展和字位扩展。

5.2.3.1　位扩展

一块实际的存储芯片，其每个单元的位数（即字长）往往与实际内存单元字长并不相等。存储芯片可以是 1 位、4 位或 8 位的，如 DRAM 芯片 Intel 2164A 为 64K×lb，SRAM 芯片 Intel 2114A 为 lK×4b，Intel 6264 芯片则为 8K×8b。而计算机中内存一般是按字节来进行组织的，若要使用 2164A、2114A 这样的存储芯片来构成内存，单个存储芯片字长（位数）就不能满足要求，这时就需要进行位扩展，以满足字长的要求。

位扩展构成的存储器系统的每个单元中的内容被存储在不同的存储器芯片上。例如，用 2 片 4K×4b 的存储器芯片经位扩展构成 4KB 的存储器中，每个单元中的 8 位二进制数被分别存在两个芯片上，即一个芯片存该单元内容的高 4 位，另一个芯片存该单元内容的低 4 位。

可以看出，位扩展保持总的地址单元数（存储单元个数）不变，但每个单元中的位数增加。

位扩展的电路连接方法是：将每个存储芯片的地址线和控制线（包括片选信号线、读写信号线等）全部并联在一起，将它们的数据线分别引出至数据总线的不同位上，如图 5-20 所示。

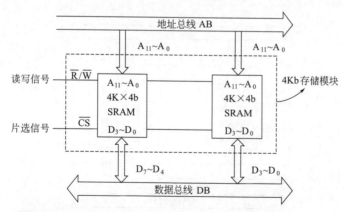

图 5-20　用 4K×4b 的 SRAM 芯片进行位扩展以构成容量为 4KB 的存储器

【例 5-2】　用 Intel 2164A 芯片构成容量为 64KB 的存储器。

解： 因为 2164A 是 64K×lb 的芯片，其存储单元数已满足要求，只是字长不够，所以需要 8 片 2164A 进行位扩展。线路连接如图 5-21 所示。图中，8 个 2164A 的数据线分别连接到数据总线的 $D_0 \sim D_7$。地址线和控制线等均按照信号名称并连在一起。

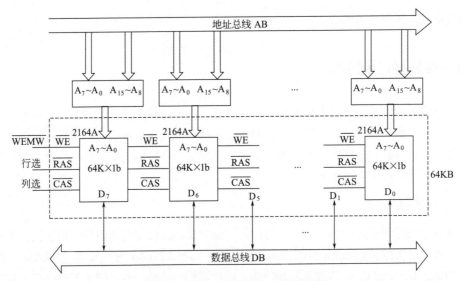

图 5-21 用 2164A 构成容量为 64KB 的存储器

5.2.3.2 字扩展

字扩展是对存储器容量的扩展（或存储空间的扩展）。此时存储芯片上每个存储单元的字长已满足要求（如字长已为 8 位），只是存储单元的个数不够，需要增加的是存储单元的数量。这就是字扩展，即用多片字长为 8 位的存储芯片构成所需要的存储空间。

例如，用 2K×8b 的存储器芯片组成 4K×8b 的内存储器。在这里，字长已满足要求，只是容量不够，所以需要进行的是字扩展。显然，对现有的 2K×8b 芯片存储器，需要用两片来实现。

字扩展的电路连接方法是：将每个芯片的地址信号、数据信号和读写信号等控制信号线按信号名称全部并联在一起，只将片选端分别引出到地址译码器的不同输出端，即用片选信号来区别各个芯片的地址。其连接示意图如图 5-22 所示。

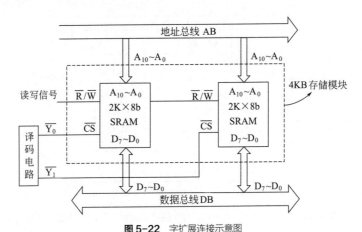

图 5-22 字扩展连接示意图

【例 5-3】 用两片 64K×8b 的 SRAM 芯片构成容量为 128KB 的存储器。

解：这里现有的芯片容量为 64KB，构成容量为 128KB 的存储器需要 128KB/64KB=2 片。线路连接如图 5-23 所示。图中两片芯片的地址范围分别为 20000H～2FFFFH 和 30000H～3FFFFH。

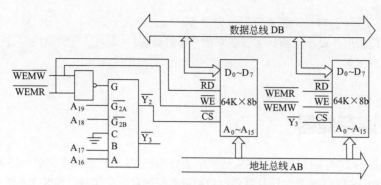

图 5-23　用两片 64K×8b 的 SRAM 芯片构成容量为 128KB 的存储器

5.2.3.3　字位扩展

在构成一个实际的存储器时,往往需要同时进行位扩展和字扩展才能满足存储容量的需求。扩展时需要的芯片数量可以这样计算: 要构成一个容量为 $M×N$ 位的存储器,若使用 $l×k$ 位的芯片（$l<M, k<N$）,则构成这个存储器需要（M/l）×（N/k）个这样的存储器芯片。

微型计算机中内存的构成就是字位扩展的一个很好的例子。首先,存储器芯片生产厂制造出一个个单独的存储芯片,如 64M×1b、128M×1b 等;然后,内存条生产厂将若干个芯片用位扩展的方法组装成内存模块(即内存条),如用 8 片 128M×1b 的芯片组成 128MB 的内存条;最后,用户根据实际需要购买若干个内存条插到主板上构成自己的内存系统,即字扩展。一般来讲,最终用户做的都是字扩展(即增加内存地址单元)的工作。

进行字位扩展时,一般先进行位扩展,构成字长满足要求的内存模块,然后再用若干个这样的模块进行字扩展,使总存储容量满足要求。

【例 5-4】　用 Intel 2164A 构成容量为 128KB 的内存。

解:　由于 2164A 是 64K×1b 的芯片,所以首先要进行位扩展。用 8 片 2164A 组成 64KB 的内存模块,然后再用两组这样的模块进行字扩展。所需的芯片数为（128/64）×（8/1）=16 片。要寻址 128K 个内存单元至少需要 17 位地址信号线（$2^{17}=128K$）。而 2164A 有 64K 个单元,只需要 16 位地址信号（分为行和列）,余下的 1 根地址线用于区分两个 64KB 的存储模块。

所以,构成此内存共需 16 片 2164A 芯片;至少需要 17 根地址信号线,其中 16 根用于 2164A 的片内寻址(行、列地址),1 根用于片选地址译码(用于区分存取哪一个 64KB 模块)。线路连接示意图如图 5-24 所示。

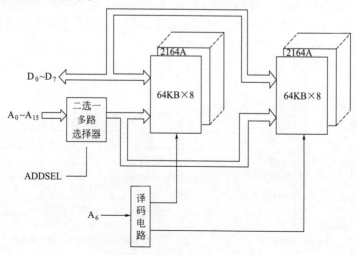

图 5-24　字位扩展应用举例示意图

综上所述，存储器容量的扩展可以分为 3 步：①选择合适的芯片；②根据要求将芯片"多片并联"进行位扩展，设计出满足字长要求的"存储模块"；③对"存储模块"进行字扩展，构成符合要求的存储器。

5.3 只读存储器

只读存储器 (ROM) 因其具有掉电后信息不丢失的特点，故一般用于存放一些固定的程序，如监控程序、BIOS 程序等。本节主要介绍两种可擦除的只读存储器：EPROM 和 EEPROM。

5.3.1 EPROM

EPROM 是一种可擦除可编程的只读存储器。擦除时，用紫外线照射芯片上的窗口即可清除存储的内容。擦除后的芯片可以使用专门的编程写入器对其重新编程（写入新的内容）。存储在 EPROM 中的内容能够长期保存达几十年之久，而且掉电后其内容也不会丢失。下面以一种典型的 EPROM 芯片 2764 为例来介绍这类芯片的特点和应用。

5.3.1.1 引线及功能

2764 的外部引线如图 5-25 所示。这是一块 8K×8b 的 EPROM 芯片，它的引线与前面介绍的 SRAM 芯片 6264 是兼容的。这样的设计给使用者带来很大的方便，因为在软件调试过程中，程序经常需要修改，此时可将程序先放在 6264 中，读写、修改都很方便。调试成功后，将程序固化在 2764 中，由于它与 6264 的引脚兼容，可以把 2764 直接插在原 6264 的插座上，这样程序就不会由于断电而丢失。2764 各引脚的含义如下。

① $A_0 \sim A_{12}$：13 根地址输入线，用于寻址片内的 8K 个存储单元。

② $D_0 \sim D_7$：8 根双向数据线，正常工作时为数据输出线，编程时为数据输入线。

③ $\overline{CE}$：片选信号，低电平有效。当 $\overline{CE}$ =0 时表示选中此芯片。

④ $\overline{OE}$：输出允许信号，低电平有效。当 $\overline{OE}$ =0 时，芯片中的数据可由 $D_0 \sim D_7$ 端输出。

⑤ $\overline{PGM}$：编程脉冲输入端。对 EPROM 编程时，在该端加上编程脉冲。读操作时，$\overline{PGM}$ =1。

⑥ V_{PP}：编程电压输入端。编程时，应在该端加上编程高电压，不同的芯片对 V_{pp} 的值要求不一样，可以是+ 12.5V、+ 15V、+21V、+ 25V 等。

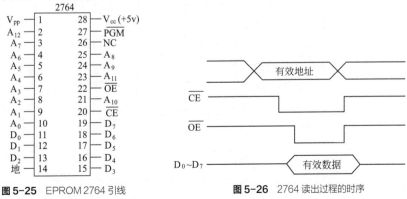

图 5-25 EPROM 2764 引线   图 5-26 2764 读出过程的时序

5.3.1.2 2764 的工作过程

2764 可以工作在数据读出、编程写入和擦除 3 种方式下。

(1) 数据读出

数据读出是 2764 的基本工作方式，用于读出 2764 中存储的内容。其工作过程与 RAM 芯片类似，即先把要读出的存储单元地址送到 $A_0 \sim A_{12}$ 地址线上，然后使 $\overline{CE}$ =0，$\overline{OE}$ =0，就可在芯片的 $D_0 \sim D_7$ 上读出需要的数据。读出过程的时序图如图 5-26 所示。

因为 2764 与 6264 SRAM 在引脚上是兼容的，所以在与系统的连接使用上可按与 RAM 芯片相同的方法来进行电路设计。只是在读方式下，编程脉冲输入端及编程电压 V_{pp} 端都接在+5V电源 V_{CC} 上。图 5-27 是 2764 芯片与 8088 总线的连接图。可以看出，2764 芯片的地址范围为 70000H～71FFFH。

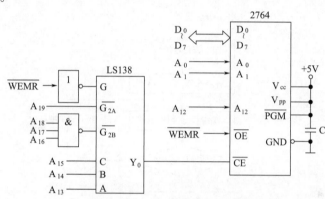

图 5-27 2764 与 8088 系统的连接

(2) 编程写入

对 EPROM 芯片的编程可以有两种方式：标准编程和快速编程。

① 标准编程方式是每给出一个编程负脉冲就写入一个字节的数据，具体的方法是：V_{CC}接+5V，V_{PP} 加上芯片要求的高电压；在地址线 $A_0 \sim A_{12}$ 上给出要编程存储单元的地址，然后使 $\overline{CE}$ =0，$\overline{OE}$ =0；并在数据线上给出要写入的数据。上述信号稳定后，在 $\overline{PGM}$ 端加上 50ms±5ms的负脉冲，就可将一个字节的数据写入相应的地址单元中。不断重复这个过程，就可将要写的数据逐一写入对应的存储单元中。

如果其他信号状态不变，只是在每写入一个单元的数据后将 $\overline{OE}$ 变低，则可以立即对刚写入的数据进行校验，当然也可以写完所有单元后再统一进行校验。若检查出写入数据有错，则必须全部擦除，再重新开始上述的编程写入过程。

早期的 EPROM 采用的都是标准编程方法。这种方法有两个严重的缺点：①编程脉冲太宽（约 50ms），从而使编程时间太长，对于容量较大的 EPROM，其编程的时间将长得令人难以接受，如对 256KB 的 EPROM，其编程时间长达 3.5h 以上；②不够安全，编程脉冲太宽会使芯片功耗过大而损坏 EPROM。

② 快速编程与标准编程的工作过程一样，只是编程脉冲要窄得多。例如，EPROM 27C040芯片的编程脉冲宽度仅为 100μs，其时序图如图 5-28 所示。其编程过程为：先用 100μs 编程脉冲依次写完所有要编程的单元，然后从头开始校验每个写入的字节。若写得不正确，则重写此单元；写完后再校验，不正确还可再写；若连续 10 次仍不正确，则认为芯片已损坏；最后再从头到尾对每一个编程单元校验一遍，全对，则编程即告结束。27C040 的快速编程流程如图 5-29所示。

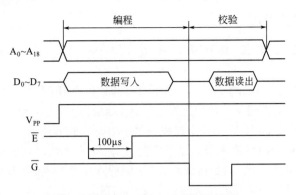

图 5-28 EPROM 27C040 的编程时序图

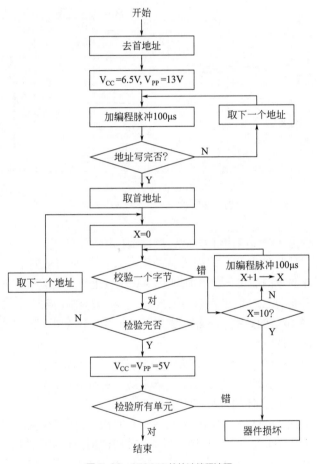

图 5-29 27C040 的快速编程流程

　　有一点要注意，不同厂家、不同型号的 EPROM 芯片对编程的要求不一定是相同的，编程脉冲的宽度也不一样，但编程的思想是相同的。

　　(3) 擦除

　　EPROM 的一个重要优点是可以擦除重写，而且允许擦除的次数超过上万次。一片新的或擦除干净的 EPROM 芯片，其每一个存储单元的内容都是 FFH。要对一个使用过的 EPROM 进行编程，则首先应将其放到专门的擦除器上进行擦除操作。擦除器利用紫外线光照射 EPROM 的窗口，一般经过 15～20min 即可擦除干净。擦除完毕后可读一下 EPROM 的每个单元，若其内容均为 FFH, 就认为擦除干净了。

5.3.2 EEPROM

由于 EEPROM（E^2PROM）（电擦除可编程只读存储器）采用电擦除技术，所以它允许在线编程写入和擦除，而不必像 EPROM 芯片那样需要从系统中取下来，用专门的编程写入器编程和专门的擦除器擦除。从这一点讲，它的使用要比 EPROM 方便。另外，EPROM 虽可多次编程写入，但整个芯片只要有一位写错，也必须从电路板上取下来全部擦掉重写，这给实际使用带来很大不便。因为在实际使用中，多数情况下需要的是以字节为单位的擦除和重写，而 EEPROM 在这方面就具有很大的优越性。下面以一个典型的 EEPROM 芯片 NMC98C64A 为例介绍 EEPROM 的工作过程和应用。

5.3.2.1 98C64A 的引线

NMC98C64A 为 8KX8 位的 EEPROM，其引线如图 5-30 所示，各引线含义如下：

① $A_0 \sim A_{12}$ 为地址线，用于选择片内的 8K 个存储单元。

② $D_0 \sim D_7$ 为 8 条数据线。

③ $\overline{CE}$ 为片选信号，低电平有效。当 $\overline{CE} =0$ 时选中该芯片。

④ $\overline{OE}$ 为输出允许信号。当 $\overline{CE} =0$，$\overline{OE} =0$，$\overline{WE} =0$时，可将选中的地址单元的数据读出。这一点与 6264 很相似。

⑤ $\overline{WE}$ 是写允许信号。当 $\overline{CE} =0$，$\overline{OE} =0$，$\overline{WE} =0$ 时，可以将数据写入指定的存储单元。

图 5-30 NMC98C64A 引线

⑥ READY/$\overline{BUSY}$ 是状态输出端。98C64A 正在执行编程写入时，此管脚为低电平；写完后，此管脚变为高电平。因为正在写入当前数据时，98C64A 不接收 CPU 送来的下一个数据，所以 CPU 可以通过检查此引脚的状态来判断写操作是否结束。

5.3.2.2 98C64A 的工作过程

98C64A 的工作过程同样包括 3 个部分，即数据读出、编程写入和擦除。

（1）数据读出

从 EEPROM 读出数据的过程与从 EPROM 及 RAM 中读出数据的过程一样。当 $\overline{CE} =0$，$\overline{OE} =0$，$\overline{WE} =1$ 时，只要满足芯片所要求的读出时序关系，则可从选中的存储单元中将数据读出。

（2）编程写入

将编程写入 98C64A 有两种方式：字节写入和自动页写入。

① 字节写入。字节写入方式是一次写入一个字节的数据。但写完一个字节之后并不能立刻写下一个字节，而是要等到 READY/$\overline{BUSY}$ 端的状态由低电平变为高电平后才能开始下一个字节的写入。这是 EEPROM 芯片与 RAM 芯片在数据写入上的一个很重要的区别。

不同的芯片写入一个字节所需的时间略有不同，一般是几到几十毫秒。98C64A 需要的时间一般为 5ms，最大是 10ms。在对 EEPROM 编程时，可以通过查询 READY/$\overline{BUSY}$ 引脚的状态来判断是否写完一个字节，也可利用该引脚的状态产生中断请求来通知 CPU 已写完一个字节。对于没有 READY/$\overline{\text{BUSY}}$ 信号的芯片，则可用软件或硬件定时的方式（定时时间应大于等于芯片的写入时间），以保证数据的可靠写入。当然，这种方法虽然在原理上比较简单，但会降低 CPU 的效率。

98C64A 的编程时序图如图 5-31 所示。从图中可以看出，当 $\overline{\text{CE}}$ =0，$\overline{\text{OE}}$ =1 时，只要在 $\overline{\text{WE}}$ 端加上 100ns 的负脉冲，便可以将数据写入指定的地址单元。

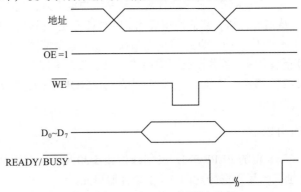

图 5-31 NMC98C64A 编程写入时序

② 自动页写入。页编程的基本思想是一次写完一页，而不是只写一个字节。每写完一页判断一次 READY/$\overline{\text{BUSY}}$ 的状态。在 98C64A 中，一页数据为 1~32 个字节，要求这些数据在内存中是连续排列的。98C64A 的高位地址线 A_{12}~A_5 用来决定访问哪一页数据，低位地址线 A_4~A_0 用来决定寻址一页内所包含的 32 个字节。因此，将 A_{12}~A_5 称为页地址。

其写入的过程是：利用软件首先向 EEPROM 98C64A 写入页的一个数据，并在此后的 300μs 内连续写入本页的其他数据，再利用查询或中断检查 READY/$\overline{\text{BUSY}}$ 端的状态是否已变高，若变高，则表示这一页的数据已写结束，然后接着开始写下一页，直到将数据全部写完。利用此方法，对 8K×8b 的 98C64A 来说，写满该芯片只需 2.6s。

（3）擦除

擦除和写入是同一种操作，只不过擦除总是向单元中写入 FFH 而已。EEPROM 的特点是一次既可擦除一个字节，也可擦除整个芯片的内容。如果需要擦除一个字节，其过程与写入一个字节的过程完全相同，写入数据 FFH，就相当于擦除了这个单元的内容。若希望一次将芯片所有单元的内容全部擦除干净，可利用 EEPROM 的片擦除功能，即在 D_0~D_7 上加上 FFH，使 $\overline{\text{CE}}$ =0，$\overline{\text{OE}}$ =0，并在 $\overline{\text{OE}}$ 引脚上加上+ 15V 电压，使这种状态保持 10ms，就可将芯片所有单元擦除干净。

EEPROM 98C64A 有写保护电路，加电和断电不会影响芯片的内容。写入的内容一般可保存 10 年以上。每一个存储单元允许擦除/编程上万次。

5.3.2.3　EEPROM 的应用

EEPROM 可以很方便地实现与微机系统的连接，并可通过软件完成数据的读写。这里要注意，尽管 EEPROM 可以实现在线读写，但绝不等于它可以像 RAM 芯片那样随机读写，对它的写入是有条件的，只有当 READY/$\overline{\text{BUSY}}$ 端的状态为高电平时才可以写入一个或一页数据。在 EEPROM 的应用中，如果需要读芯片某一单元的内容，只需执行一条存储器读指令就可将存储的数据读出；如果需要对 EEPROM 的内容重新编程，可以在连线状态下直接用字节或页方式写入。下面通过一个例子来说明 EEPROM 芯片的应用。

【例 5-5】　将一片 98C64A 接到系统总线上,使其地址范围为 3E000H～3FFFFH,并编程序将芯片的所有存储单元写入 66H。

题目分析:根据 98C64A 芯片的特性,在对其进行写操作时,需首先判断 READY/$\overline{\text{BUSY}}$ 端的状态。该端状态需通过输入接口连接到系统的数据总线,当其为高电平时,可写入一次数据;该端为低电平则需等待。系统可以通过以下 3 种方式确定是否可对芯片进行写操作:

① 通过延时等待方式写入数据。可根据芯片工作时序所给出的参数,确定完成一次写操作所需要的时间。

② 通过查询 READY/$\overline{\text{BUSY}}$ 端的状态,判断一个写周期是否结束。

③ 采用中断方式。可将 READY/$\overline{\text{BUSY}}$ 信号通过中断控制器连接到 CPU 的外部可屏蔽中断请求输入端,当 READY/$\overline{\text{BUSY}}$ 端由低电平("忙"状态)变为高电平时,产生有效的 INTR 中断请求,CPU 响应中断后,向芯片进行一次写操作。

以下给出方式①和方式②下对芯片进行写操作的程序。

设计电路连接如图 5-32 所示。READY/$\overline{\text{BUSY}}$ 端的状态通过一个接口电路送到 CPU 数据总线的 D_0 端,CPU 读入该状态以判断一个写周期是否结束。READY/$\overline{\text{BUSY}}$ 状态接口地址为 02E0H。

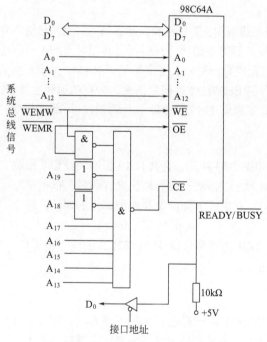

图 5-32　98C64A 与系统的连接

程序 1:用延时等待方式

```
        MOV DS,AX               ;段地址送 DS
        MOV SI,0000H            ;第一个单元的偏移地址送 SI
        MOV CX,2000H            ;芯片的存储单元个数送 CX
AGAIN:  MOV AL,66H
        MOV [SI],AL             ;写入一个字节
        CALL TDELAY 120µs       ;调用延时子程序,延时 120µs
        INC SI                  ;下一个存储单元地址
        LOOP AGAIN              ;若未写完则再写下一个字节
        HLT
```

程序 2：用查询 READY/$\overline{\text{BUSY}}$ 端状态的方式

```
        MOV DS,AX           ;段地址送 DS
        MOV SI,0000H        ;第一个单元的偏移地址送 SI
        MOV CX,2000H        ;芯片的存储单元个数送 CX
        MOV BL,66H          ;要写入的数据送 BL
AGAIN:  MOV DX,02E0H        ;READY/BUSY 状态接口地址送 DX
WAIT:   IN AL,DX            ;从接口读入 READY/BUSY 端的状态
        TEST AL,01H         ;可以写入吗？
        JZ WAIT             ;若为低电平（表示"忙"）则等待
        MOV [SI],BL         ;否则，写入一个字节
        INC SI              ;下一个存储单元地址
        LOOP AGAIN          ;若未写完，则再写下一个字节
        HLT
```

5.3.3 闪存 FLASH

尽管 EEPROM 能够在线编程，而且可以自动页写入，使其在使用方便性及写入速度两个方面都较 EPROM 更进一步，但即便如此，其编程时间相对 RAM 而言还是太长，特别是对大容量的芯片更是如此。人们希望有一种写入速度类似于 RAM，掉电后内容又不丢失的存储器。为此，一种新型的称为闪存的 EEPROM 被研制出来。闪存的编程速度快，掉电后内容又不丢失，从而得到很广泛的应用。下面以 TMS28F040 芯片为例简单介绍闪存的工作原理。

5.3.3.1 引线及结构

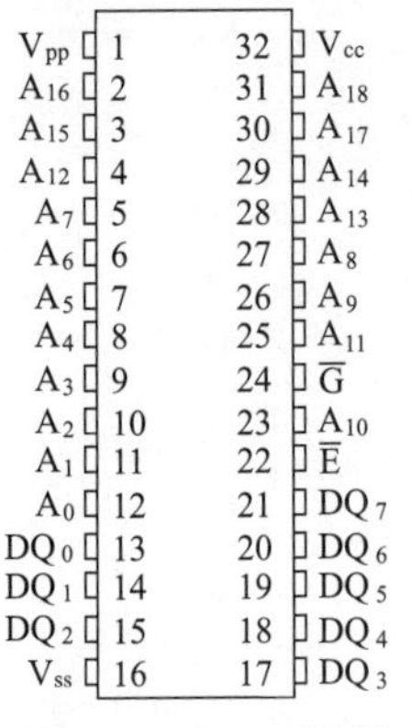

28F040 的外部引线如图 5-33 所示。它共有 19 根地址线和 8 根数据线，说明该芯片的容量为 512K×8b；$\overline{G}$ 为输出允许信号，低电平有效；$\overline{E}$ 是芯片写允许信号，在它的下降沿锁存选中单元的地址，用上升沿锁存写入的数据。

28F040 芯片将其 512KB 的容量分成 16 个 32KB 的块（或页），每一块均可独立进行擦除。

5.3.3.2 工作过程

28F040 与普通 EEPROM 芯片一样也有 3 种工作方式，即数据读出、编程写入和擦除。但不同的是它是通过向内部状态寄存器写入命令的方法控制芯片的工作方式，对芯片所有的操作都要先向状态寄存器写入命令。另外，28F040 的许多功能需要根据状态寄存器的状态来决定。要知道芯片当前的工作状态，只需写入命令 70H 就可读出状态寄存器各位的状态了。状态寄存器各位的含义和 28F040 的命令分别如表 5-3 和表 5-4 所示。

```
Vpp  [ 1      32 ] Vcc
A16  [ 2      31 ] A18
A15  [ 3      30 ] A17
A12  [ 4      29 ] A14
A7   [ 5      28 ] A13
A6   [ 6      27 ] A8
A5   [ 7      26 ] A9
A4   [ 8      25 ] A11
A3   [ 9      24 ] G̅
A2   [ 10     23 ] A10
A1   [ 11     22 ] E̅
A0   [ 12     21 ] DQ7
DQ0  [ 13     20 ] DQ6
DQ1  [ 14     19 ] DQ5
DQ2  [ 15     18 ] DQ4
Vss  [ 16     17 ] DQ3
```

图 5-33 28F040 的引线

表 5-3 状态寄存器各位的含义

位	高电平（D）	低电平（0）	用于
SR_7（D_7）	准备好	忙	写命令
SR_6（D_6）	擦除挂起	正在擦除/已完成	擦除挂起
SR_5（D_5）	块或片擦除错误	片或块擦除成功	擦除

续表

位	高电平（D）	低电平（0）	用于
SR$_4$（D$_4$）	字节编程错误	字节编程成功	编程状态
SR$_3$（D$_3$）	V$_{pp}$ 太低，操作失败	V$_{pp}$ 合适	监测 V$_{pp}$
SR$_2$～SR$_0$			保留未用

表 5-4　28F040 的命令

命令	总线周期	第一个总线周期			第二个总线周期		
		操作	地址	数据	操作	地址	数据
读存储单元	1	写	×	00 H			
读存储单元	1	写	×	FFH			
读标记	3	写	×	90 H	读	IA（1）	
读状态寄存器	2	写	×	70H	读	×	SRD（4）
清除状态寄存器	1	写	×	50H			
自动块擦除	2	写	×	20 H	写	BA（2）	DOH
擦除挂起	1	写	×	B0H			
擦除恢复	1	写	×	D0H			
自动字节编程	2	写	×	10H	写	PA（3）	PD（5）
自动片擦除	2	写	×	30H	写		30H
软件保护	2	写	×	0FH	写	BA（2）	PC（6）

注：① 若是读厂家标记，IA=00000H，读器件标记则 IA=00001H；

②BA 为要擦除块的地址；

③PA 为欲编程存储单元的地址；

④SRD 是由状态寄存器读出的数据；

⑤PD 为要写入 PA 单元的数据；

⑥PC 为保护命令，若 PC=00H，清除所有的保护；PC=FFH，置全片保护；PC=FOH，清地址指定的块保护；PC=0FH，置地址指定的块保护。

（1）数据读出

数据读出包括读出芯片中某个单元的内容、读出内部状态寄存器的内容以及读出芯片内部的厂家及器件标记 3 种情况。如果要读某个存储单元的内容，则在初始加电以后或在写入命令00H（或 FFH）之后，芯片就处于只读存储单元的状态。这时就和读 SRAM 或 EPROM 芯片一样，很容易读出指定的地址单元中的数据。此时的（编程高电压 端）可与 V$_{CC}$（+5V）相连。

（2）编程写入

编程写入方式包括对芯片单元的写入和对其内部每个 32KB 块的软件保护。软件保护是用命令使芯片的某一块或某些块规定为写保护，也可置整片为写保护状态，这样可以使被保护的块不被新写入的内容或擦除。例如，向状态寄存器写入命令 0FH，再送上要保护的块的地址，就可置规定的块为写保护；若写入命令 FFH，就置全片为写保护状态。

28F040 对芯片的编程写入采用字节编程方式，其写入过程如图 5-34 所示。

首先，28F040 向状态寄存器写入命令 10H，再在指定的地址单元写入相应数据；接着查询状态，判断这个字节是否写好；写好则重复这个过程，直到全部字节写入完毕。这个过程与前面介绍的 98C64 的字节编程类似。98C64 是由 READY/BUSY 的状态来指示其是否允许写下一个字节，而 28F040 则以状态寄存器的状态来指示其是否允许写下一个字节。

28F040 的编程速度很快，其一个字节的写入时间仅为 8.6 μs。

（3）擦除

28F040 既可以一次擦除一个字节，也可以一次擦除整个芯片，或根据需要只擦除片内某些块，并可在擦除过程中使擦除挂起和恢复擦除。

对字节的擦除，实际上就是在字节编程过程中，写入数据的同时就等于擦除了原单元的内容；对整片擦除，擦除的标志是擦除后各单元的内容均为 FFH。整片擦除最快只需 2.6s，但受保护的内容不被擦除，也允许对 28F040 的某一块或某些块擦除，每 32KB 为一块，块地址由 $A_{15}\sim A_{18}$ 来决定。在擦除时，只要给出该块的任意一个地址（实际上只关心 $A_{15}\sim A_{18}$）即可。整片擦除及块擦除的流程如图 5-35 所示。擦除一块的最短时间为 100ms。

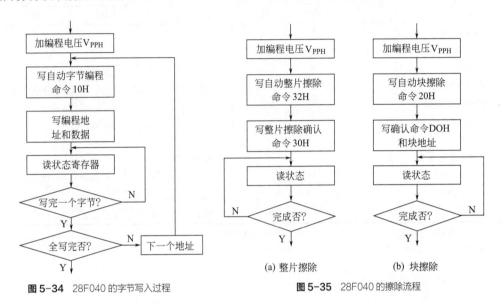

图 5-34 28F040 的字节写入过程   **图 5-35** 28F040 的擦除流程

擦除挂起是指在擦除过程中需要读数据时，可以利用命令暂时挂起擦除，读完后又可用命令恢复擦除。

28F040 在使用中，要求在其引线控制端加上适当电平，以保证芯片正常工作。不同工作类型的 28F040 的工作条件是不一样的，具体如表 5-5 所示。

表 5-5 28F040 的工作条件

工作类型	E	G	V_{PP}	A_9	A_0	$D_0\sim D_9$
只读存储单元	V_{IL}	V_{IL}	V_{PPL}	×	×	数据输出
读	V_{IL}	V_{IL}	×	×	×	数据输出
禁止输出	V_{IL}	V_{IH}	V_{PPL}	×	×	高阻
准备状态	V_{IL}	×	×	×	×	高阻
厂家标记	V_{IL}	V_{IL}	×	V_{ID}	V_{IL}	97H
芯片标记	V_{IL}	V_{IL}	×	V_{ID}	V_{IH}	79H
写入	V_{IL}	V_{IH}	V_{PPH}	×	×	数据写入

注：V_{IL} 为低电平，V_{IH} 为高电平 V_{CC}，V_{PPL} 为 $0\sim V_{CC}$，V_{PPH} 为+12V，V_{ID} 为+12V，×表示高低电平均可。

5.3.3.3 闪存的应用

目前，闪存主要用来构成存储卡，以代替软磁盘。存储卡的容量可以做得较软盘大，但具有软盘的方便性，已大量用于便携式计算机、数码相机、播放器等设备中。

另外，闪速 EEPROM 也用作内存，用于存放程序或不经常改变且对写入时间要求不高的场合，如微机的 BIOS、显卡的 BIOS 等。

5.4　高速缓冲存储器

一个微机系统整体性能的高低与许多因素有关，如 CPU 主频的高低、存储器的存取速度、系统架构、指令结构、信息在各部件之间的传送速度等，而 CPU 与内存之间的存取速度则是一个很重要的因素。如果只是 CPU 工作速度很高，但内存存取速度较低，就会造成 CPU 经常处于等待状态，既降低了处理速度，又浪费了 CPU 的能力。例如，主频为 733MHz 的 Pentium HI 一次指令执行时间为 1.35ns，与其相配的内存（SDRAM）存取时间为 7ns，比前者慢 5 倍，二者速度相差很大。

减少 CPU 与内存之间速度差异的办法主要有 3 种：①在基本总线周期中插入若干等待周期，让 CPU 等待内存的数据，这样做虽然方法简单，但显然会浪费 CPU 的能力；②采用存取速度较快的 SRAM 作存储器，这样虽可基本解决 CPU 与存储器之间速度不匹配的问题，但成本很高，而且 SRAM 的速度始终不能赶上 CPU 速度的发展；③在慢速的 DRAM 和快速的 CPU 之间插入一个速度较快、容量较小的 SRAM，起到缓冲作用，使 CPU 既可以以较快速度存取 SRAM 中的数据，又不使系统成本上升过高，这就是高速缓冲存储器（Cache），如图 5-36 所示。目前的微型计算机系统中一般均采用这种方法来提高存储系统的性能，使系统在成本增加不高的情况下，性能有较显著的提升。

本节将简单介绍 Cache 的概念、原理、结构设计以及在微型计算机和 CPU 中的实现。

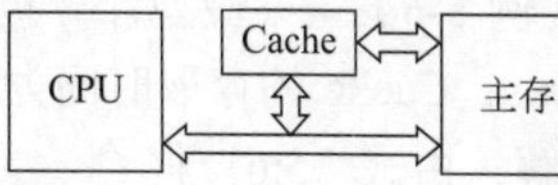

图 5-36　Cache 在微机系统中的位置

5.4.1　Cache 的工作原理

Cache 的工作原理是基于程序和数据访问的局部性。

任何程序或数据要为 CPU 所使用，必须先放到主存储器，即内存中。CPU 只与主存交换数据，所以主存的速度在很大程度上决定了系统的运行速度。对大量典型程序运行情况的分析结果表明，程序运行期间，在一个较短的时间间隔内，由程序产生的内存访问地址往往集中在存储器一个很小范围的地址空间内。这一点其实很容易理解。指令地址本来就是连续分布的，再加上循环程序段和子程序段要多次重复执行。因此，对这些地址中的内容的访问就自然具有时间上集中分布的倾向。数据分布的这种集中倾向不如指令明显，但对数组的存储和访问以及内存变量的安排都使存储器地址相对集中。这种在单位时间内对局部范围的存储器地址频繁访问，而对此范围以外的地址则访问甚少的现象称为程序访问的局部化（Locality of Reference）性质或程序访问的局部性。

由此可以想到，如果把在一段时间内一定地址范围中被频繁访问的信息集合，成批地从主存读到一个能高速存取的小容量存储器中存放起来，供程序在这段时间内随时使用，从而减少或不再去访问速度较慢的主存，就可以加快程序的运行速度。这就是 Cache 的设计思想，在 CPU 和主存之间设置一个小容量的高速存储器，称为高速缓冲存储器。不难看出，程序和数据访问的局部化性质是 Cache 得以实现的原理基础。

有了 Cache，系统在工作时就总是不断地将与当前指令集相关联的一个不太大的后继指令集合从内存读到高速 Cache，然后再与 CPU 高速传送，从而达到速度匹配。CPU 在读取指令或数据时，总是先在 Cache 中寻找，若找到便直接读入 CPU，称为"命中"；找不到再到主存中查找，称为"未命中"。当 CPU 访问主存读取"未命中"的指令和数据时，将把这些信息同时写入 Cache 中，以保证下次命中。所以在程序执行过程中，Cache 的内容总是在不断地更新。

由于局部性原理不能保证所请求的数据 100%在 Cache 中，这里便存在一个命中率问题。所谓命中率，就是在 CPU 访问 Cache 时，所需信息恰好在 Cache 中的概率。命中率越高，正确获取数据的可能性就越大。如果高速缓存的命中率为 92%，可以理解为 CPU 在访问存储器时，用 92%的时间与 Cache 交换数据，8%的时间与主存交换数据。

一般来说，Cache 的存储容量比主存的容量小得多，但不能太小，太小会使命中率太低；但也没有必要过大，过大不仅会增加成本，而且当 Cache 容量超过一定值后，命中率随容量的增加将不会有明显的增长。所以，Cache 的空间与主存空间在一定范围内应保持适当比例的映射关系，以保证 Cache 有较高的命中率，并且系统成本不过大地增加。一般情况下，可以使 Cache 与内存的空间比为 1:128，即 256KB 的 Cache 可映射 32MB 内存;512KB 的 Cache 可映射 64MB 内存。在这种情况下，命中率都在 90%以上，即 CPU 在运行程序的过程中，有 90%的指令和数据可以在 Cache 中取得，只有 10%需要访问主存。对没有命中的数据，CPU 只好直接从内存获取，获取的同时也把它复制到 Cache 中，以备下次访问。

Cache 的命中率与 Cache 的大小、替换算法、程序特性等因素有关。假设 Cache 的命中率为 H，存取时间为 T_1，主存的存取时间为 T_2，则 Cache 存储器系统的平均存取时间 T 为

$$T=T_1\times H+T_2\times（1-H）\tag{5.6}$$

【**例 5-6**】 某微型计算机存储器系统由一级 Cache 和 RAM 组成。已知 RAM 的存取时间为 80ns，Cache 的存取时间为 6ns，Cache 的命中率为 85%，求该存储器系统的平均存取时间。

解：由式（5.6）得

$$系统的平均存取时间=6ns\times85\%+80ns\times15\% = 5.1ns+12ns=17.1ns$$

可以看出，有了 Cache 以后，CPU 访问主存的速度大大提高了。但要注意的是，增加 Cache 只是加快了 CPU 访问存储器系统的速度，而 CPU 访问存储器系统仅是计算机全部操作的一部分，所以增加 Cache 对系统整体速度只能提高 10%~20%。另外，若访问 Cache 没有命中，CPU 还要访问主存，这时反而延长了存取时间。所以按式（5.6）计算出来的平均存取时间仅是一个粗略值。

5.4.2 Cache 的读写操作

由于处理器需要主存储器的速度与主存储器实际具有的存取速度之间存在一个数量级的差距，为了弥补这一差异，提高整个系统的性能，引入了 Cache 技术。Cache 是在逻辑上位于处理器与主存之间的部件，是内存储器的一部分。因此，对 Cache 的操作也包括读和写两种。

（1）贯穿读出法

贯穿读出法（Look Through）的原理示意图如图 5-37 所示。

图 5-37 贯穿读出法原理示意图

在这种方式下，Cache 隔在 CPU 与主存之间，CPU 对主存的所有数据请求都首先送到 Cache，由 Cache 自行在自身查找。如果命中，则切断 CPU 对主存的请求，并将数据送出；如果不命中，则将数据请求传给主存。该方法的优点是降低了 CPU 对主存的请求次数，缺点是延迟了 CPU 对主存的访问时间。

（2）旁路读出法

旁路读出法（Look Aside）的原理示意图如图 5-38 所示。

在这种方式中，CPU 发出数据请求时，并不是单通道地穿过 Cache，而是向 Cache 和主存同时发出请求。由于 Cache 速度更快，如果命中，则 Cache 在将数据回送给 CPU 的同时，还来得及中断 CPU 对主存的请求；若不命中，则 Cache 不做任何动作，由 CPU 直接访问主存。它的优点是没有时间延迟；缺点是每次 CPU 都要访问主存，占用了部分总线时间。

（3）写直达法

任一从 CPU 发出的写信号送到 Cache 的同时，也写入主存，以保证主存的数据能同步更新。写直达法（Write Through）的优点是操作简单，但由于主存的慢速，降低了系统的写速度并占用了部分总线时间。写直达法的原理示意图如图 5-39 所示。

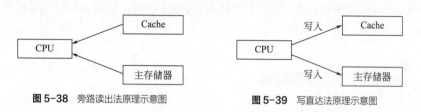

图 5-38 旁路读出法原理示意图　　　　　　**图 5-39** 写直达法原理示意图

（4）回写法

为了克服贯穿读出法中每次数据写入都要访问主存，从而导致系统写速度降低并占用总线时间的弊病，尽量减少对主存的访问次数，又产生了回写法

图 5-40 回写法原理示意图

（Write Back），回写法的原理示意图如图 5-40 所示。其工作原理为：数据一般只写到 Cache，而不写入主存，从而使写入的速度加快。

5.4.3　Cache 与主存的存取一致性

由 5.1.1 节知，对 Cache 的管理全部是由硬件实现的，不论是应用程序员还是系统程序员，都看不到系统中有 Cache 存在，在他们的感觉中，程序是存放在主存中的。所以，在 Cache 存储器系统中，存储器的编址方式与主存储器是完全一致的。正常情况下，Cache 中存放的内容应该是主存的部分副本，即 Cache 中的内容应与主存对应地址中的内容相同。然而，由于以下两个原因，在一段时间内，主存某单元的内容和 Cache 对应单元中的内容可能会不相同，即造成了 Cache 中数据与主存储器中数据的不一致。

① 如图 5-41（a）所示，当 CPU 向 Cache 中写入一个数据时，Cache 某单元中的数据就从 X 被修改成了 X'，而主存对应单元中的内容则没有改，还是 X。

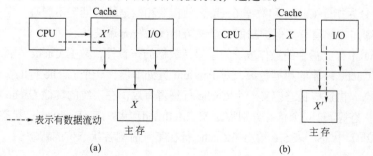

图 5-41　Cache 与主存数据不一致的两种情况

② 在输入输出操作中，I/O 设备的数据会写入到主存，修改了主存中的内容，将 X 变成了 X'，如图 5-41（b）所示，但 Cache 对应单元中的内容此时还是 X。

对情况①，如果此时要将主存中的包括 X 在内的数据输出到外设，则输出的是陈旧或错误的数据；对情况②，如果 CPU 读入了 Cache 中的数据 X，同样会造成错误。

为了避免 Cache 与主存储器中数据的不一致性，必须将 Cache 中的数据及时更新并准确地反映到主存储器。解决这个问题的方法就是在写操作时采用以上讲到的写直达法或回写法。

由于写直达法是在写 Cache 的同时将数据写入主存，所以主存中的数据和 Cache 中的数据是一致的；对回写法，由于数据只写入 Cache 而不写入主存，就可能出现 Cache 中的数据得到更新，而对应主存中的数据却没有变（即数据不同步）的情况。因此，在采用回写方式时，可在 Cache 中设一个标志地址及数据陈旧的信息，只有当 Cache 中的数据被再次更改时，将原更新的数据写入主存相应的单元中，然后再接收再次更新的数据。这样保证了 Cache 和主存中的数据不致产生冲突。

5.4.4 Cache 的分级体系结构

一个微处理器的性能通常由如下几种因素估算：

$$性能 = \frac{kf}{CPI + (1-H) \times N} \tag{5.7}$$

式中，k 为比例常数；f 为工作频率；CPI 为执行每条指令需要的周期数；H 为 Cache 的命中率；N 为存取周期数。

显然，为了提高处理器的性能，应尽量提高工作频率 f，减少执行每条指令需要的周期数 CPI，提高 Cache 的命中率 H，减少存取周期数 N。要达到这些目的，可采用以下技术：

① 同时分发多条指令和采用乱序执行，可以减少 CPI 的值。

② 采用转移预测和适当增加 Cache 容量，可以提高 H 的值。

③ 采用高速的总线接口和不分块的 Cache 方案，可以减少存取周期数 N。

④ 采用指令数据预取技术，可以提高 Cache 的命中率 H。

在现代计算机系统中，仅采用一个级别的 Cache 还不能满足要求，而需要增加第二级 Cache 甚至三级 Cache，这就构成了 Cache 的分级结构。

5.4.4.1 一级 Cache

在 Pentium 微处理器中，一级 Cache（L1 Cache）集成在 CPU 片内。为了减少 Cache 的冲突，L1 Cache 分为指令 Cache 和数据 Cache，使指令和数据的访问互不影响。指令 Cache 用于存放预取的指令，内部具有写保护功能，能够防止代码被无端破坏。

数据 Cache 中存放指令的操作数。为了保持数据的一致性，数据 Cache 中的每一个 Cache 行（进行一次 Cache 操作的数据位数，对 Pentium 微处理器，一个 Cache 行的宽度为 32B）都设置了 4 个状态，由这些状态定义一个 Cache 行是否有效，在系统的其他 Cache 中是否可用，是否为已修改状态等。这 4 个状态分别称为 M（Modified）状态、E（Exclusive）状态、S（Shared）状态及 I（Invalid）状态。表 5-6 给出了 Cache 行在某一时刻各状态位的状态。

表 5-6　Cache 行状态

Cache 行状态	M（已修改）	E（独占）	S（共享）	I（无效）
该 Cache 行是否有效	是	是	是	是
存储器复制是有效还是过期	过期	有效	有效	
其他 Cache 中是否保存有备份	无	无	可能有	可能有
该 Cache 行是否写到总线上	不写到总线	不写到总线	写到总线并修改 Cache	直接写到总线

5.4.4.2　二级 Cache

为了提高计算机的整体性能，在 Pentium Ⅱ之后的微处理器芯片上都配置了二级 Cache（L2 Cache），其工作频率与 CPU 内核的频率相同。亦即为了能够高速地向 CPU 提供其运行所需要的信息，计算机中的 Cache 存储器系统实际上可以说由三级存储器构成，如图 5-42 所示。其中，L1 Cache 主要是用于提高存取速度，主存主要用于提供足够的存储容量，而 L2 Cache 则是速度和存储容量兼备。

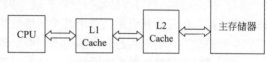

图 5-42　系统中的二级 Cache

在 Pentium 系列微处理器中，L2 Cache 不再分为指令 Cache 和数据 Cache，而是将两者统一为一体。例如，当指令预取部件请求从指令 Cache 中预取指令时，如果命中，则直接读取；若不命中，L1 Cache 就会向 L2 Cache 发出预取请求，此时就会在 L2 Cache 中进行查找。如果找到（即命中），就把找到的指令送一级指令 Cache（传送速度为每次 8B）；如果在 L2 Cache 中也不命中，则再向主存发出读取请求。

因此，L2 Cache 的存在使得当芯片内一级指令 Cache 和一级数据 Cache 出现不命中时，可以由 L2 Cache 提供处理器所需的指令和数据，而不必再去访问主存，从而提高了系统的整体性能。

对于一个有多级 Cache 的微型计算机系统，通常 80%的内存申请都可在一级缓存中实现，另外 20%的内存申请中的 80%又可只与二级缓存打交道。因此，只有 4%的内存申请定向到主存 DRAM 中。

L1 Cache 的容量为 8~64KB；L2 Cache 一般比 L1 Cache 大一个数量级以上，其容量为 128KB~2MB。

Cache 分级结构的不足在于高速缓存组数目受限，需要占用线路板空间和一些支持逻辑电路，使成本增加。

随着计算机技术的发展，CPU 的主频已越做越高，系统构架越做越先进，而主存 DRAM 的结构和存取时间缩短的进程则相对较慢。因此 Cache 技术就愈显重要，结果使得在微机系统中的 Cache 越做越大。现在已把 Cache 的容量和速度作为评价和选购微机系统的一个重要指标。

5.5　半导体存储器设计举例

本节以部分具体应用实例进一步说明如何利用已有的存储器芯片设计出所需要的半导体存储器。举例之前，先根据本章所述内容，对半导体存储器设计给出以下几点说明。

① 任何存储芯片的存储容量都是有限的。单个芯片往往不能满足所需存储空间的要求，表现在芯片的存储单元个数不够或每单元的字长不够，或二者都不能满足要求。此时就需要用多个存储芯片进行组合。

计算机中的内存一般是都按字节来组织的，即每单元均存放 1B 数据，但实际的存储器芯片却并非每单元的字长都是 1B，它们可以是 1 位、4 位或 8 位的。如 5.2.3 节中介绍的 DRAM 2164A 芯片，其容量为 64K×1B，即每单元的字长只有 1 位。此时，为了构成所需的内存空间，须首先将每个单元的字长扩展到 8 位。这项工作称为"位扩展"。

若存储器芯片上每个存储单元的字长已满足要求（如字长已为 8 位），而只是存储单元的个数不够，需要增加的是存储单元的数量。此时则需要增加单元数，这个工作相应地就称为"字扩展"。

② 在"位扩展"构成的存储器系统中，每个单元中的内容都被存储在不同的存储器芯片上。因此，位扩展电路的连线方法是：每个存储芯片的地址线和控制线（包括片选信号线、读写信号线等）全部并联在一起，从而使各芯片具有同样的地址范围和同步的操作控制（这是"位扩展"必有的要求），数据线分别引出至数据总线的不同位上。

③ "字扩展"是对存储器容量的扩展，因此，系统中各个芯片必须要有不同的地址范围。故"字扩展"的连线特点是：每个芯片的地址信号、数据信号和读写信号等控制信号线按信号名称全部并联在一起，片选端分别引出到地址译码器的不同输出端，用以区别不同的芯片。

综上所述，存储器系统的设计可以分为以下几步：

① 根据现有芯片的类型及需求，确定所需要的芯片数量。

② 根据要求将芯片多片并联进行位扩展（如果需要），设计出满足字长要求的存储模块；再对存储模块进行字扩展，构成符合要求的存储器，并确定相应的线路的连接方法。

③ 设计译码电路。可根据不同需求，利用基本逻辑门或专用译码器完成相应译码电路的设计。

④ 编写相应的存储器读写控制程序。

【例 5-7】 用 Intel 2164A 构成容量为 128KB 的内存。

题目分析：由于 2164A 是 64K×lb 的芯片，所以首先要进行位扩展。用 8 片 2164A 组成 64KB 的内存模块，然后再用两组这样的模块进行字扩展。所需的芯片数为 $(128/64) \times (8/1) = 16$ 片。

要寻址 128K 个内存单元至少需要 17 位地址信号线（$2^U = 128K$）。而 2164A 有 64K 个单元，只需要 16 位地址信号（分为行和列），余下的 1 根地址线用于区分两个 64KB 的存储模块，即构成此内存共需 16 片 2164 芯片；至少需要 17 根地址信号线，其中 16 根用于 2164 的片内寻址（行、列地址），1 根用于片选地址译码。

由于 DRAM 芯片的外围控制线路比较复杂，本题参照图 5-19 所示的线路连接图，给出图 5-43 所示的示意图。

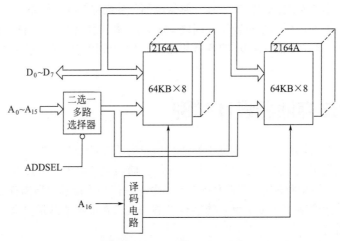

图 5-43 字/位扩展应用举例示意图

【**例 5-8**】 利用图 5-44 所示的 SRAM8256 存储器芯片（容量为 256K×8b）构成 1MB 的存储器，芯片各引线含义为：$A_0 \sim A_{17}$，地址线；$D_0 \sim D_7$，数据线；$\overline{WE}$，写允许信号线（低电平有效）；$\overline{OE}$，读出允许信号（低电平有效）；$\overline{CS}$，片选信号（低电平有效）。

题目分析：由于 SRAM8256 芯片的容量为 256KB，要构成 1MB 的存储器，需要 4 片芯片，4 片 8256 的地址范围分别为 00000H～3FFFFH、40000 H～7FFFFH、80000H～BFFFFH、C0000H～FFFFFH。

这里仍然采用 72LS138 译码器构成译码电路。由于 SRAM8256 芯片有 18 根地址线，只有两根高位地址信号 A_{18} 和 A_{19} 可以用于片选译码，因此将 LS138 的输入端 C 直接接低电平，而使另外两个输入端 A 和 B 分别接到 A_{18} 和 A_{19}，这两路高位地址信号的 4 种不同的组合分别选中 4 片 8256。

图 5-45 画出了存储器与系统的连接图。除片选信号外，其他所有的信号线都并联连接在系统总线上。

图 5-44 SRAM8256 引线

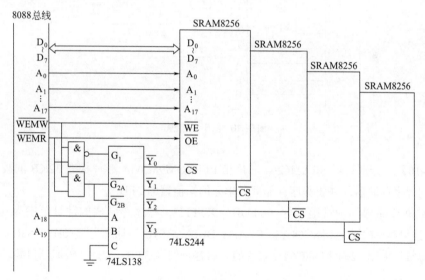

图 5-45 8256 的应用连接

【**例 5-9**】 某 8088 系统使用 EPROM2764 和 SRAM6264 芯片组成 16KB 内存。其中，ROM 地址范围为 FE000H～FFFFFH，RAM 地址范围为 F0000H～F1FFFH。要求利用 74LS138 译码器设计译码电路，实现 16KB 存储器与系统的连接。

题目分析：由 5.2.1 节和 5.3.1 节可知，SRAM6264 和 EPROM2764 芯片的存储容量均为 8KB，片内地址信号线为 13 位，数据线为 8 位。根据题目所给地址范围，得出芯片的高位地址，ROM：1111111，RAM：1111000。由此可设计出存储器与系统的接口电路如图 5-46 所示。

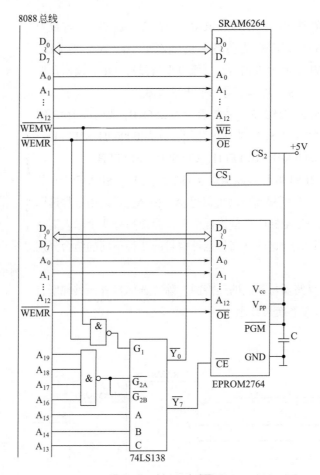

图 5-46 例 5-9 电路图

【**例 5-10**】 分别利用 SRAM6264 芯片和 EEPROM98C64A 芯片构造 32KB 的数据存储器及 32KB 的程序存储器，并将程序存储器各单元的初值置为 FFH。

要求数据存储器的地址范围为 90000H～97FFFH；程序存储器的地址范围为 98000H～9FFFFH；连接各 EEPROM 98C64A 的 READY/$\overline{BUSY}$ 端的接口地址为 380H～383H。

题目分析：由于 6264 和 98C64A 芯片的存储容量均为 8KB，因此，根据题目要求，各需要 4 片芯片。

根据 EEPROM 芯片的特点，可利用其作为程序存储器。由题目要求，需对程序存储器各单元置初值，其工作流程为：

① 地址总线上产生 20 位有效地址，其中，高 7 位地址信号用于选中对应的存储器芯片（即有效的 $\overline{CE}$ 信号），使其处于工作状态。

② 产生 16 位地址信号，同时使 IO/$\overline{M}$ =1，且 $\overline{RD}$ =0，读取选中 EEPROM 芯片的 R/$\overline{B}$ 端状态；若 R/$\overline{B}$ =1，则使 IO/$\overline{M}$ =0，且 $\overline{WR}$ =0，并送上 20 位有效存储器单元地址，进行一次写操作。

设计系统如图 5-47 所示。

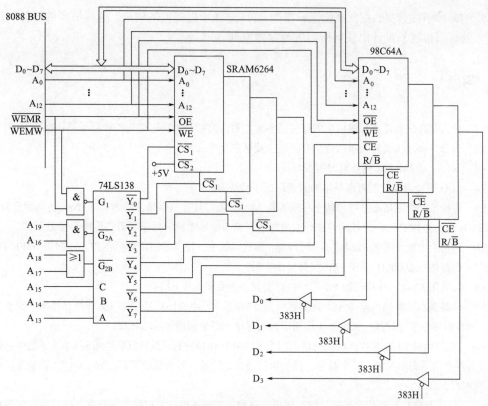

图 5-47　例 5-10 电路图

将程序存储器各单元置初值为 FFH 的程序段：

```
        MOV AX,9800H              ;设置段基地址
        MOV DS,AX
        MOV BX,104H               ;使 BH=1,BL=4
        MOV AH,0FFH
        MOV SI,0
        MOV DX,380H               ;设置第一片芯片的接口地址
NEXT:   MOV CX,8192
GOON:   IN AL,DX
        TEST AL,BH
        JZ GOON
        MOV [SI],AH
        INC SI
        LOOP GOON
        INC DX
        SHL BH,1
        DEC BL
        JNZ NEXT
        HLT
```

由例 5-7～例 5-10 可以看出，半导体存储器的设计主要是译码电路的设计。利用已有存储器芯片构造内存储器时，可以采用多种连接方式。首先通过查阅相关技术手册，了解已有存储

器芯片的外部引线含义；在此基础上，根据 CPU 总线所能提供的信号，选择适当的器件构造译码器，就可以很容易设计出任何所需的存储器空间。

 习题

5.1 什么是存储器系统？微机中的存储器系统主要分为哪几类？它们的设计目标是什么？

5.2 内部存储器主要分为哪两类？它们的主要区别是什么？

5.3 为什么动态 RAM 需要定时刷新？

5.4 CPU 寻址内存的能力最基本的因素取决于哪些方面？

5.5 设构成一个存储器系统的两个存储器是 M_1 和 M_2，其存储容量分别为 S_1 和 S_2，访问速度为 T_1、T_2，每 KB 的价格为 C_1、C_2。试问，在什么条件下，该存储器系统的每千字节的价格会接近于 C_2？

5.6 利用全地址译码将 6264 芯片接到 8088 系统总线上，使其所占地址范围为 32000H～33FFFH。

5.7 内存地址 20000H～8BFFFH 共有多少字节？

5.8 若采用 6264 芯片构成题 5.7 中的内存空间，需要多少片 6264？

5.9 设某微型计算机内存 RAM 区的容量为 128KB，若用 2164 芯片构成这样的存储器，需多少片 2164？至少需多少根地址线？其中多少根用于片内寻址，多少根用于片选译码？

5.10 现有两片 6116 芯片，所占地址范围为 61000H～61FFFH，试将它们连接到 8088 系统中，并编写测试程序，向所有单元输入一个数据，然后再读出与之比较，若出错则显示"Wrong!"，若全部正确则显示"OK!"。

5.11 什么是字扩展？什么是位扩展？用户自己购买内存条进行内存扩充，是在进行何种存储器扩展？

5.12 74LS138 译码器的接线如图 5-48 所示，试判断其输出端 Y_0、Y_3、Y_5 和 Y_7 所决定的内存地址范围。

5.13 某 8088 系统用 2764 ROM 芯片和 6264 SRAM 芯片构成 16KB 的内存。其中，ROM 的地址范围为 FE000H～FFFFFH，RAM 的地址范围为 F0000H～F1FFFH。试利用 74LS138 译码，画出存储器与 CPU 的连接图，并标出总线信号名称。

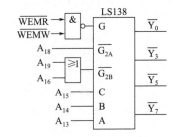

图 5-48 题 5.12 译码器连接图

5.14 叙述 EPROM 的编程过程，并说明 EPROM 和 EEPROM 的不同点。

5.15 试说明 FLASH EEPROM 芯片的特点及 28F040 的编程过程。

5.16 什么是 Cache？它能够极大地提高计算机的处理能力是基于什么原理？

5.17 若主存 DRAM 的存取周期为 70ns，Cache 的存取周期为 5ns，Cache 的命中率为 90%，由它们构成的存储器系统的平均存取周期是多少？

5.18 如何解决 Cache 与主存内容的一致性问题？

5.19 在二级 Cache 系统中，L1 Cache 的主要作用是什么？L2 Cache 呢？

5.20 新购买的或擦除干净的 EPROM 芯片，其各单元的内容是什么？

CHAPTER

第**6**章

输入输出和中断技术

引言

　　输入输出是计算机与外部设备进行信息交换不可缺少的功能，在整个计算机系统中占有极其重要的地位。计算机所处理的各种信息（包括程序和数据）都要由输入设备提供，而处理的结果则要通过输出设备输出供人们查看。例如，键盘、鼠标、扫描仪等都是输入设备，显示器、打印机、绘图仪等都是输出设备。可以说，如果没有输入输出能力，计算机就变得毫无意义。

　　通过本章的学习，读者应能够在整体上对输入输出系统（Input Output System，I/O 系统）、输入输出接口、基本输入输出方法及中断控制技术有一定的了解，并能够利用简单接口芯片实现外设与系统的连接和信息传送。

 教学目的

① 了解输入输出系统、输入输出接口和输入输出端口的一般概念；
② 了解输入输出端口的编址方式；
③ 深入理解基本输入输出方法及中断控制技术；
④ 掌握简单接口芯片的应用。

扫码获取拓展
阅读材料

6.1　输入输出系统概述

　　计算机在运行过程中所需要的程序和数据都要从外部输入，运算的结果要输出到外部。在计算机与外部世界进行信息交换的过程中，输入输出系统提供了交换所需的控制和各种手段。这里的外部世界是指除计算机之外的与计算机交换信息的人和物，如系统操作员、键盘、鼠标、显示器、打印机、辅助存储器等。人们将人以外的各种设备统称为输入输出设备或外围设备。

　　在计算机系统中，通常把处理器和主存储器之外的部分统称为输入输出系统，包括输入输出设备、输入输出接口和输入输出软件。

6.1.1 I/O 系统的特点

输入输出系统是计算机系统中最具多样性和复杂性的部分，主要具有以下 4 个方面的特点：

（1）复杂性

现代计算机输入输出系统的复杂性主要表现在两个方面：①输入输出设备的复杂性。I/O 设备的品种繁多、功能各异，在工作时序、信号类型、电平形式等各方面都不相同；②I/O 设备还涉及机、光、电、磁、自动控制等多种学科。设备的复杂性使得输入输出系统成为计算机系统中最具多样性和复杂性的部分。为了使一般用户只通过一些简单命令和程序就能调用和管理各种 I/O 设备，而无须了解设备的具体工作细节，现代计算机系统中都将输入输出系统的复杂性隐藏在操作系统中。

除输入输出设备的复杂性之外，输入输出系统的复杂性还表现在处理器本身和操作系统所产生的一系列随机事件也要调用输入输出系统进行处理，如中断等。

（2）异步性

CPU 的各种操作都是在统一的时钟信号作用下完成的，各种操作都有自己的总线周期，而不同的外部设备也有各自不同的定时与控制逻辑，且大都与 CPU 时序不一致，它们与 CPU 的工作通常都是异步进行的。当某个输入设备有准备好的数据需要向 CPU 传送或输出设备的数据寄存器可以接收数据时，一般要先向 CPU 提出服务请求，如果 CPU 响应请求，就转去执行相应的服务。对 CPU 来讲，这种请求可能是随机的，每两次这样的请求之间可能间隔很短，也可能相隔时间较长，而且在响应请求之前，外设可能已为"准备好"运行了相当一段时间。因此，输入输出系统相对于 CPU 就存在操作上的异步性和时间上的任意性。

（3）实时性

用作实时控制系统的计算机对时间的要求很高。实时性是指处理器对每一个连接到它的外设或处理器本身，在需要或出现异常时，如电源故障、运算溢出、非法指令等，都要能够给予及时的处理，以防止错过服务时机使数据丢失或产生错误。外部设备的种类很多，信息的传送速率相差也很大，如有的是单字符传送，即每次只传送一个字符，像打印机等，传送速度为每秒几个到几十个字符；而有的则是按数据块或按文件传送，像磁盘等，每秒传送几到几十兆字符。因此，要求输入输出系统能够保证处理器对不同设备提出的请求都提供及时的服务，这就是输入输出系统的实时性要求。

（4）与设备无关性

由于输入输出设备在信号电平、信号形式、信息格式及时序等方面的差异，使得它们与 CPU 之间不能够直接连接，而必须通过一个中间环节，这就是输入输出接口（Input Output Interface）。为了适应与不同外设的连接，人们规定了一些独立于具体设备的标准接口，如串行接口、并行接口等。不同型号的外设可根据自己的特点和要求选择一种标准接口与处理器相连。对连接到同一种接口上的外设，它们之间的差异由设备本身的控制器通过软件和硬件来填补。这样，CPU 能够通过统一的软件和硬件来管理各种各样的外部设备，而不需要了解各种外设的具体细节。例如，在 Windows 9x 操作系统中，凡经过 Microsoft 公司测试过的机型和外设都可直接相连，由操作系统统一进行管理。

6.1.2 I/O 接口的基本功能

微型计算机上的所有部件都是通过总线互联的，外部设备也不例外。I/O 接口就是将外设连接到系统总线上的一组逻辑电路的总称，也称为外设接口。在一个实际的计算机控制系统中，CPU 与外部设备之间常需要进行频繁的信息交换，包括数据的输入输出、外部设备状态信息的读取及控制命令的传送等，这些都是通过 I/O 接口来实现的。

（1）I/O 接口要解决的问题

外部设备的种类繁多，有机械式、电动式、电子式和其他形式。它们涉及的信息类型也不相同，可以是数字量、模拟量或开关量。因此，CPU 与外设之间交换信息时需要解决以下问题：

① 速度匹配问题。CPU 的速度很高，而外设的速度有高有低，而且不同的外设速度差异甚大。

② 信号电平和驱动能力问题。CPU 的信号都是 TTL 电平（一般在 0~5V），而且提供的功率很小；而外设需要的电平要比这个范围宽得多，需要的驱动功率也较大。

③ 信号形式匹配问题。CPU 只能处理数字信号，而外设的信号形式多种多样，有数字量、开关量、模拟量（电流、电压、频率、相位），甚至还有非电量，如压力、流量、温度、速度等。

④ 信息格式问题。CPU 在系统总线传送的是 8 位、16 位或 32 位并行二进制数据，而外设使用的信号形式、信息格式各不相同。有些外设是数字量或开关量，而有些外设使用的是模拟量；有些外设采用电流量，而有些是电压量；有些外设采用并行数据，而有些则是串行数据。

⑤ 时序匹配问题。CPU 的各种操作都是在统一的时钟信号作用下完成的，各种操作都有自己的总线周期，而各种外设也有自己的定时与控制逻辑，大都与 CPU 时序不一致。因此，各种各样的外设不能直接与 CPU 的系统总线相连。

在计算机中，上述问题是通过在 CPU 与外设之间设置相应的 I/O 接口电路来予以解决的。

（2）I/O 接口的功能

由 I/O 接口在系统中的位置可以得出接口电路应具有如下功能：

① I/O 地址译码与设备选择。所有外设都通过 I/O 接口挂接在系统总线上，在同一时刻，总线只允许一个外设与 CPU 进行数据传送。因此，只有通过地址译码选中的 I/O 接口允许与总线相通，而未被选中的 I/O 接口呈现为高阻状态，与总线隔离。

② 信息的输入输出。通过 I/O 接口，CPU 可以接收从外部设备输入的各种信息，也可将处理结果输出到外设；CPU 可以控制 I/O 接口的工作（向 I/O 接口写入命令），还可以随时监测与管理 I/O 接口和外设的工作状态；必要时，I/O 接口还可以向 CPU 发出中断请求。

③ 命令、数据和状态的缓冲与锁存。因为 CPU 与外设之间的时序和速度差异很大，为了能够确保计算机和外设之间可靠地进行信息传送，要求接口电路应具有信息缓冲能力。接口不仅应缓存 CPU 送给外设的信息，也要缓存外设送给 CPU 的信息，以实现 CPU 与外设之间信息交换的同步。

④ 信息转换。I/O 接口还要实现信息格式变换、电平转换、码制转换、传送管理以及联络控制等功能。

6.1.3　I/O 端口的编址方式

CPU 与 I/O 接口进行通信实际上是通过 I/O 接口内部的一组寄存器实现的，这些寄存器通常称为 I/O 端口（I/O Port）。I/O 端口包括 3 种类型：数据端口、状态端口和命令（或控制）端口。根据需要，一个 I/O 接口可能仅包含其中的一类或两类端口，当然也可能包含全部三类端口。CPU 通过数据端口从外设读入数据（或向外设输出数据），从状态端口读入设备的当前状态，通过命令（控制）端口向外设发出控制命令。

8088/8086 CPU 最多能够管理 64K 个端口（只使用地址总线的 $A_0 \sim A_{15}$），那么当前的操作是针对哪一个端口呢？要确定这一点，就要像为内存单元分配地址那样为每个端口分配一个地址（称为 I/O 地址）。因为一个外设总是对应着一个或多个端口，所以有时也将端口地址称为外设地址。当一个外设有多个端口时，为管理方便，通常是为其分配一个连续的地址块，这个地址块中最小的那个地址称为（外设的）基地址（Base Address）。

在微型计算机系统中，I/O 端口的编址通常有两种不同的方式：与内存单元统一编址、独立编址。

简单的接口也可仅由三态门构成，但要求传输过程未完成之前信号应保持不变。

6.1.3.1 I/O 端口与内存单元统一编址

I/O 端口与内存单元统一编址方式又称为存储器映射编址方式，即把每个 I/O 端口都当作一个存储单元看待，端口与存储器单元在同一个地址空间中进行编址。通常是在整个地址空间中划分出一小块连续的地址分配给 I/O 端口。被端口占用了的地址，存储器不能再使用。图 6-1 给出了 I/O 端口与内存单元统一编址的示意图。图中，分配给 I/O 端口的地址范围为 F0000H～FFFFFH，共 65536 个地址。统一编址方式的优点是可以用访问内存的方法来访问 I/O 端口。由于访问内存的指令种类丰富、寻址方式多样，因此，这种编址方式为访问外设带来了很大的灵活性。从理论上讲，所有用于内存的指令都可以用于外设，不再需要专门的 I/O 指令。同时，I/O 控制信号也可与存储器的控制信号共用，从而给应用带来了很大的方便。

统一编址方式的缺点是外设占用了一部分内存地址空间，减少了内存可用的地址范围，因此，对内存容量有潜在的影响。此外，从指令上不易区分当前是对内存进行操作还是对外设进行操作。

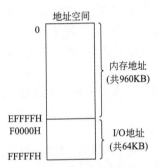

图 6-1 I/O 端口与内存单元统一编址示意图

6.1.3.2 I/O 端口独立编址

I/O 端口独立编址时，内存地址空间和外设地址空间是相互独立的。例如，8086/8088 系统的内存地址范围为 00000H～FFFFFH，而外设端口的地址范围为 0000H～FFFFH，这两个地址空间相互独立，互不影响。CPU 在寻址内存和外设时，使用不同的控制信号来区分当前是对内存操作还是对 I/O 端口操作。从第 2 章中 8088 CPU 引脚功能部分已知，当 8088 的 $IO/\overline{M}$ 信号为低电平时，表示当前 CPU 执行的是存储器读写操作，这时地址总线上给出的是某个存储单元的地址；当 $IO/\overline{M}$ 信号为高电平时，则表示当前 CPU 执行的是 I/O 读写操作，这时地址总线上给出的是某个 I/O 端口的地址。另外，采用 I/O 端口独立编址的 CPU，其指令系统中单独设置有专用的 I/O 指令，用于对 I/O 端口进行读写操作。但这些指令的功能比较弱，一些操作必须将数据由外设首先读入到 CPU 的寄存（累加）器后才能进行。

综上所述，I/O 端口独立编址的特点如下：

① I/O 端口的地址空间与内存地址空间完全独立。

② I/O 端口与内存使用不同的控制信号。

③ 指令系统中设置了专门用于访问外设的 I/O 指令。

I/O 端口独立编址方式在 Z80 系列及 Intel 公司的 x86 系列 CPU 中得到广泛采用。8086/8088 CPU 就采用了 I/O 端口独立编址方式。

6.1.4 I/O 端口地址的译码

在 IBM PC 中，所有输入输出接口与 CPU 之间的通信都是由 I/O 指令来完成的。在执行 I/O 指令时，CPU 首先需要将要访问端口的地址放到地址总线上（即选中该端口），然后才能对其进行读写操作。将总线上的地址信号转换为某个端口的"使能"（Enable）信号，这个操作就称为端口地址的译码。

有关译码的技术在第 5 章已经接触过。对第 5 章中讨论的存储器系统，使一个存储器芯片在整个存储空间中占据一定的地址范围是通过高位地址信号的译码来确定的。那么，在输入输出技术中，端口的地址也是通过地址信号的译码来确定的。只是有以下几点要注意：

① 8088 CPU 能够寻址的内存空间为 1MB，故地址总线的全部 20 根信号线都要使用，其中高位（$A_{19} \sim A_i$）用于确定芯片的地址范围，而低位（$A_{i-1} \sim A_0$）用于片内寻址；而 8088 CPU 能够寻址的 I/O 端口仅为 64K（65535）个，故只使用了地址总线的低 16 位信号线。对只有单一 I/O 地址（端口）的外设，这 16 位地址线一般应全部参与译码，译码输出直接选择该外设的端口；对具有多个 I/O 地址（端口）的外设，则 16 位地址线的高位参与译码（决定外设的基地址），而低位则用于确定要访问哪一个端口。

② 当 CPU 工作在最大模式时，对存储器的读写要求控制信号 $\overline{MEMR}$ 或 $\overline{MEMW}$ 有效；如果是对 I/O 端口读写，则要求控制信号 $\overline{IOR}$ 或 $\overline{IOW}$ 有效。

③ 地址总线上呈现的信号是内存的地址还是 I/O 端口的地址，取决于 8088 CPU 的 $IO/\overline{M}$ 引脚的状态。当 $IO/\overline{M} = 0$ 时为内存地址，即 CPU 正在对内存进行读写操作；$IO/\overline{M} = 1$ 为 I/O 端口地址，即 CPU 正在对 I/O 端口进行读写操作。

I/O 地址译码的方式是多种多样的，综合起来主要可分为两种：用基本逻辑门电路构成译码器或用专门的译码器进行译码。译码电路与存储器的译码电路基本相同，这些在第 5 章已经介绍，此处不再赘述。

6.2 简单接口电路

6.2.1 接口电路的基本构成

CPU 通过接口与外部设备的连接示意图如图 6-2 所示。通过接口传送的信息除数据外，还有反映当前外设工作状态的状态信息以及 CPU 向外设发出的各种控制信息。

负责把信息从外部设备送入 CPU 的接口（端口）叫作输入接口（端口），而将信息从 CPU 输出到外部设备的接口（端口）则称为输出接口（端口）。

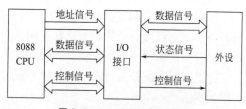

图 6-2 CPU 与外设之间的接口

在输入数据时，由于外设处理数据的时间一般要比 CPU 长得多，数据在外部总线上保持的时间相对较长，所以要求输入接口必须要具有对数据的控制能力，即只有当外部数据准备好、CPU 可以读取时才将数据送上系统数据总线。若外设本身具有数据保持能力，通常可以仅用一个三态门缓冲器作为输入接口。当三态门控制端信号有效时，三态门导通，外设与数据总线连通，CPU 将外设准备好的数据读入；当其控制端信号无效时，三态门断开，该外设就从数据总线脱离，数据总线又可用于其他信息的传送。

在输出数据时，同样由于外设的速度比较慢，要使数据能正确写入外设，CPU 输出的数据一定要能够保持一段时间。如果这个"保持"的工作由 CPU 来完成，则对其资源就必然是个浪费。实际上，从前面介绍的"总线写"时序图可以看出，CPU 送到总线上的数据只能保持几微秒。因此，要求输出接口必须要具有数据的锁存功能。CPU 输出的数据通过总线送入接口锁存，由接口将数据一直保持到被外设取走。简单的输出接口一般由锁存器构成。

以上三态门和锁存器的控制端一般与 I/O 地址译码器的输出信号线相连，当 CPU 执行 I/O 指令时，指令中指定的 I/O 地址经译码后使控制信号有效，打开三态门（对外设读时）或触发锁存器导通，将数据锁入锁存器（对外设写时）。

本节将介绍一些结构简单又较常用的通用接口芯片，并通过举例说明它们的使用方法。

6.2.2 三态门接口

一个典型的三态门芯片 74LS244 如图 6-3 所示。从图中不难看出该芯片由 8 个三态门构成。74LS244 有两个控制端：E_1 和 E_2。每个控制端各控制 4 个三态门。当某一控制端有效（低电平）时，相应的 4 个三态门导通；否则，相应的三态门呈现高阻状态（断开）。实际使用中，通常是将两个控制端并联，这样就可用一个控制信号来使 8 个三态门同时导通或同时断开[●]。

由于三态门具有通断控制能力的这个特点，故可利用其作输入接口。利用三态门作为输入信号接口时，要求信号的状态是能够保持的，这是因为三态门本身没有对信号的保持或锁存能力。图 6-4 是一个利用三态门 74LS244 作为开关量输入接口的例子。图中，74LS244 的输入端接有 8

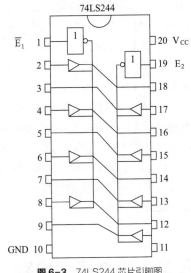

图 6-3 74LS244 芯片引脚图

个开关 K_0、K_1、…、K_7。当 CPU 读该接口时，总线上的 16 位地址信号通过译码使 E_1 和 E_2 有效，三态门导通，8 个开关的状态经数据线 $D_0 \sim D_7$ 被读入到 CPU 中。这样，就可测量出这些开关当前的状态是打开还是闭合。当 CPU 不读此接口地址时，E_1 和 E_2 为高电平，则三态门的输出为高阻状态，使其与数据总线断开。

用一片 74LS244 芯片作为输入接口最多可以连接 8 个开关或其他具有信号保持能力的外设。当然也可只接一个外设而让其他端悬空，对空着未用的端，其对应位的数据是任意值，在程序中常用逻辑"与"指令将其屏蔽掉。

如果有更多的开关状态（或其他外设）需要输入时，可用类似的方法用两片或更多的芯片并联使用。

74LS244 芯片除用作输入接口外，还常用来作为信号的驱动器。

【例 6-1】 编写程序判断图 6-4 中的开关的状态。如果所有的开关都闭合，则程序转向标号为 NEXT1 的程序段执行，否则转向标号为 NEXT2 的程序段执行。

---

❶ 大多数 I/O 操作每次同时传送 8 位数据。

图 6-4 中，作为输入接口的三态门 74LS244，其 I/O 地址采用了部分地址译码，地址线 A_1 和 A_0 未参加译码，故它所占用的地址为 83FCH～83FFH。可以用其中任何一个地址，而其他重叠的 3 个地址空着不用。另外，由图可以看出，当开关闭合时输入低电平（=0）。程序段如下：

```
MOV DX,83FCH
IN  AL,DX
AND AL,0FFH
JZ  NEXT1
JMP NEXT2
```

可见，利用三态门作为输入接口，使用和连接都是很容易的。

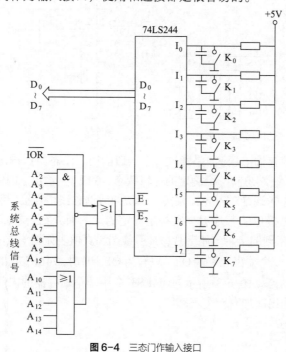

图 6-4　三态门作输入接口

6.2.3　锁存器接口

由于三态门器件不具备数据的保存（或称锁存）能力，而数据输出接口要求信号源能够将信号保持足够长的时间直到被 CPU 读取，所以它一般只用作输入接口，而不能直接用作数据输出接口。

数据输出接口通常采用具有信息存储能力的双稳态触发器来实现。最简单的输出接口可用 D 触发器构成。例如，常用的锁存器 74LS273，它内部包含了 8 个 D 触发器，其引线图及真值表如图 6-5 所示。74LS273 共有 8 个数据输入端（$D_0 \sim D_7$）和 8 个数据输出端 $Q_0 \sim Q_7$。S 为复位端，低电平有效。CP 为脉冲输入端，在每个脉冲的上升沿将输入端 D_i 的状态锁存在 Q_i 输出端，并将此状态保持到下一个时钟脉冲的上升沿。74LS273 常用来作为并行输出接口。另外，也可通过软件编程使用其中的某一个 D 触发器实现简单的串行输出。

图 6-6 所示是应用 74LS273 作为输出接口的例子。8 个 Q 端与 8 个发光二极管相连接，假设要使接到 Q_0 端和 Q_6 端的发光二极管发光，其对应的 Q_0、Q_6 端须输出 "1" 状态，而其他 Q 端则输出 "0" 状态。假定该输出接口的地址为 0FFFFH，则程序段如下：

```
MOV DX,0FFFFH
MOV AL,01000001B
OUT DX,AL
```

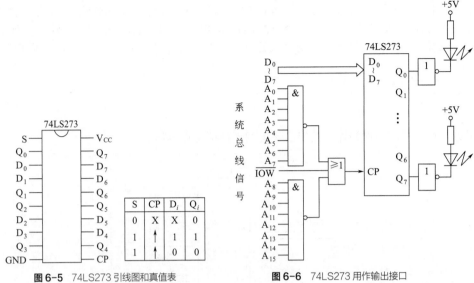

图 6-5 74LS273 引线图和真值表   图 6-6 74LS273 用作输出接口

74LS273 的数据锁存输出端 Q 是通过一个一般的门（二态门）输出的。也就是说，只要 74LS273 正常工作，其 Q 端总有一个确定的逻辑状态（0 或 1）输出。因此，74LS273 无法直接用作输入接口，即它的 Q_i 端绝对不允许直接与系统的数据总线相连接。那么，有没有既可用作输入接口又能用作输出接口的芯片呢？回答是肯定的。下面介绍一种带有三态输出的锁存器 74LS374，这也是经常用到的一种电路芯片，其引线图和真值表如图 6-7 所示。从引线上可以看出，它比 74LS273 多了一个输出允许端 $\overline{OE}$。只有当 $\overline{OE}=0$ 时，74LS374 的输出三态门才导通；$\overline{OE}=1$ 时，则呈高阻状态。图 6-8 所示为 74LS374 中一个锁存器的内部结构图，由图可知，74LS374 在 D 触发器输出端加有一个三态门。

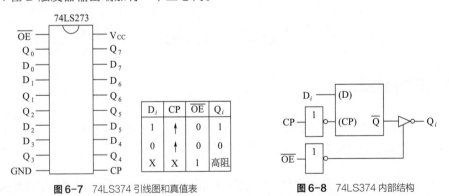

图 6-7 74LS374 引线图和真值表   图 6-8 74LS374 内部结构

74LS374 在用作输入接口时，端口地址信号经译码电路接到 $\overline{OE}$ 端，外设数据由外设提供的选通脉冲锁存在 74LS374 内部。当 CPU 读该接口时，译码器输出低电平，使 74LS374 的输出三态门打开，读出外设的数据。如果 74LS374 用作输出接口，也可将 $\overline{OE}$ 端接地，使其输出三态门一直处于导通状态，这样就与 74LS273 一样使用了。

分别用 74LS374 作为输入和输出接口的电路如图 6-9 所示。

另外，还有一种常用的带有三态门的锁存器芯片 74LS373，它与 74LS374 在结构和功能上完全一样，区别是数据锁存的时机不同，带有三态门的锁存器芯片 74LS373 是在 CP 脉冲的高电平期间将数据锁存。

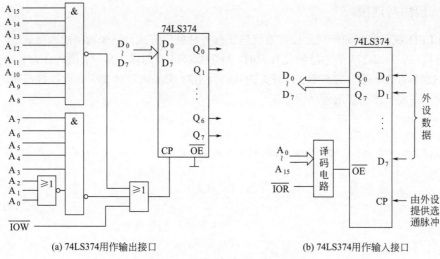

(a) 74LS374 用作输出接口　　　　　(b) 74LS374 用作输入接口

图 6-9　74LS374 用作输入和输出接口

　　总之，简单接口电路芯片在构造上比较简单，使用也很方便，常作为一些功能简单的外部设备的接口电路。但由于它们的功能有限，对较复杂的功能要求就难以胜任。在后面的几节中，还将介绍一些功能较强的可编程的接口芯片。

6.2.4　简单接口的应用举例

　　在本小节中，利用 74LS244 和 74LS273 作为输入和输出接口，通过编写程序，控制 LED 数码管显示不同的数字或符号。

6.2.4.1　LED 数码管

　　LED 数码管分为共阳极和共阴极两种结构，在封装上有将一位、二位或更多位封装在一起的。由于篇幅限制，这里只介绍一种共阳极封装的 LED 数码管，如图 6-10 所示。当某一段的发光二极管流过一定电流（如 10mA 左右）时，它所对应的段就发光；而无电流流过时，则不发光。不同发光段的组合就可显示出不同的数字和符号，7 段码表如表 6-1 所示。

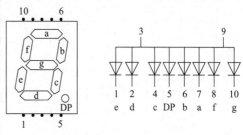

图 6-10　共阳极 LED 数码管示意图

表 6-1　7 段码表

符号	' 0'	' 1'	' 2'	' 3'	' 4'	' 5'	' 6'	' 7'
7 段码 .gfedcba	00111111	00000110	01011011	01001111	01100110	01101101	01111101	00000111
符号	' 8'	' 9'	' A'	' B'	' C'	' D'	' E'	' F'
7 段码 .gfedcba	01111111	01100111	01110111	01111100	00111001	01011110	01111001	01110001

6.2.4.2　应用与连接

　　7 段 LED 数码管作为一种外设与系统总线有多种接口方式，这里利用前面学到的 74LS273 作为输出接口，74LS273 的地址假设为 F0H。用 74LS244 作为输入接口，读入开关 $K_0 \sim K_3$ 的状态。74LS244 的地址假设为 F1H。当开关的状态分别为 0000～1111 时，在 7 段数码管上对应显示'0'～'F'。完成上述功能的程序段如下：

```
        ......
Seg7    DB 3FH,06H,5BH,4FH,66H,6DH,7DH,07H
        DB 7FH,67H,77H,7CH,39H,5EH,79H,71H
        ......
        LEA BX,Seg7              ;取 7 段码表基地址
        MOV AH,0
GO:     MOV DX,0F1H             ;开关接口的地址为 F1H
        IN AL,DX                ;读入开关状态
        AND AL,0FH              ;保留低 4 位
        MOV SI,AX               ;作为 7 段码表的表内位移量
        MOV AL,[BX+SI]          ;取 7 段码
        MOV DX,0F0H             ;7 段数码管接口的地址为 F0H
        OUT DX,AL
        JMP GO
```

译码电路图如图 6-11 所示。

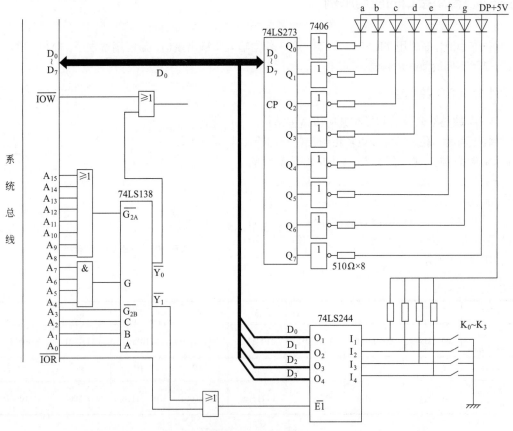

图 6-11　译码电路图

6.3　基本输入输出方式

　　微型计算机系统中，主机与外设之间数据的输入输出方式主要有以下 4 种：无条件传送、查询、中断和直接存储器存取（DMA）方式。

6.3.1　无条件传送方式

　　无条件传送方式主要用于外部控制过程的各种动作是固定的而且是已知的，控制的对象是一些简单的、随时"准备好"的外设。也就是说在这些设备工作时，随时都可以接收 CPU 输出的数据或者它们的数据随时都可以被 CPU 读出，即 CPU 可以不必查询外设当前的状态而无条件地进行数据的输入输出。在与这样的外设交换数据的过程中，数据交换与指令的执行是同步的，因此这种方式也可称为同步传送方式。

　　当 CPU 从外部设备读入数据时，CPU 执行一条 IN 指令，将低 16 位地址信号组成的端口地址送上地址总线，经过译码，选中对应的端口，然后在 $\overline{IOR}$ =0 期间将数据读入 CPU。输出的过程类似，只是必须在 $\overline{IOW}$ 有效时将数据写入外设。下面来看两个无条件数据传送的例子。

　　图 6-12 中的开关 K 是一个简单的外部设备，它的状态是确定的，要么闭合，要么打开。当计算机通过三态门接口进行读操作时，就读入了开关 K 在指令执行时刻的状态。如果输入数据的 D_0=0，就表示 K 处于闭合状态；若 D_0=1，则开关 K 处于断开状态。

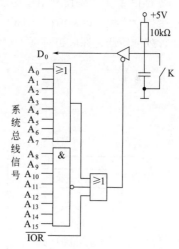

　　图 6-6 中的发光二极管也是一个简单外部设备，其状态也是确定的。当锁存器的 Q 端输出高电平时，发光二极管亮；输出低电平时，发光管就不亮，即作为外部设备的发光二极管处于随时可以接收数据的状态。

　　从以上两个例子可以看出，对于像开关、发光二极管等这一类简单设备来说，它们在某一时刻的状态是固定的，也可以说它们总是准备好的。在读接口时，总可以读到那时开关 K 的状态。写锁存器时，发光二极管总准备好随时接收发来的数据，点亮或熄灭。

图 6-12　开关 K 通过三态门接口与系统的连接

　　对这一类总具有固定状态的简单外部设备的控制，可采用无条件的传送方式。同类型的设备还有如继电器、步进电机等。

6.3.2　查询方式

　　对于那些慢速的或总是"准备好"的外设，当它们与 CPU 同步工作时，采用无条件传送方式是适用的，也是很方便的。但在实际应用中，大多数的外设并不是总处于"准备好"状态，在 CPU 需要与它们进行数据交换时，它们或许并不一定满足可进行数据交换的条件，即并不处于"准备好"状态。对这类外设，CPU 在数据传送前必须要先查询一下外设的状态，若准备好才传送数据，否则 CPU 就要等待，直到外设准备好为止。这种利用程序不断地询问外部设备的状态，根据它们所处的状态来实现数据的输入输出的方式就称为程序查询方式。为了实现这种工作方式，外部设备需向计算机提供一个状态信息，相应的接口除传送数据外，还要有一个传送状态的端口。

图 6-2 所示的其实就是采用查询方式进行数据传送的工作示意图。图中，接口与外设之间有 3 类信息传送：一类是输入或输出的数据，一类是外部设备的状态信息，最后一类是 CPU 通过接口发出的控制信号。工作中，CPU 不断查询外设的状态，判断外设是否准备好进行数据传送，必要时还需送出控制信号。这些将在后面的章节中进一步说明。

图 6-2 图中仅连接了一个外部设备。对这种单一外设采用查询方式进行数据传送的工作过程可描述如下（以 CPU 从外设接收数据为例）：①首先查询外设的状态，看数据是否准备好；②若没有准备好，则继续查询，否则就进行一次数据读取；③数据读入后，CPU 向外设发出响应信号，表示数据已被接收，外设收到响应信号之后，即开始下一个数据的准备工作；④CPU 判断是否已读取完全部数据，若没有读完则重新进行①，否则就结束传送。

若 CPU 需要向外设输出一个数据，同样首先查询外设的状态，看其是否空闲。若正忙，则等待；若外设准备就绪，处于空闲状态，则 CPU 向外设送出数据和输出就绪信号。就绪信号用来通知外设已送来有效数据。外设接收数据后，向 CPU 发出数据已收到的状态信息。这样，一个数据的输出过程就结束了。

上述查询方式的工作流程图如图 6-13 所示。

图 6-13 给出了外设利用查询方式进行数据传送的工作过程。但事实上，一个微机系统往往要连接多个外设，这种情况下 CPU 会对外设逐个进行查询，发现哪个外设准备就绪，就对该外设进行数据传送；然后再查询下一外设，依此循环。此时的工作流程如图 6-14 所示。

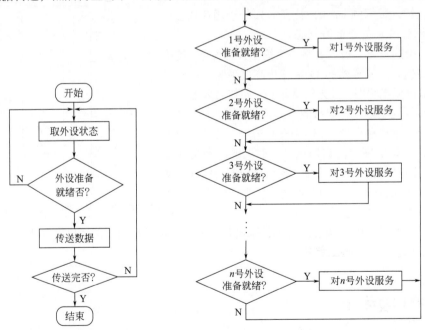

图 6-13 单一外设时的查询方式流程　　　　图 6-14 多个外设时的查询方式工作流程图

由上述可知，利用查询方式进行数据输入输出的过程中，CPU 不能再做别的事，这样大大降低了 CPU 的效率。另外，假如某一外设刚好在查询过之后就处于就绪状态，那么也必须等到 CPU 查询完所有外设，再次查询此外设时，CPU 才能发现它处于就绪状态，然后才能对此外设服务。这使得数据交换的实时性较差，对许多实时性要求较高的外设来说，就有可能丢失数据。

因此，利用查询方式与外设进行数据交换，需要满足以下两点：

① 连接到系统的外部设备是简单的、慢速的，且对实时性要求不高。

② 连接到同一系统的外设，其工作速度是相近的。如果速度相差过大，可能会造成某些设备的数据丢失。

6.3.3　中断方式

无条件数据传送和查询数据传送方式都是在满足一定条件下采用的。无条件传送适用于慢速外设，其软、硬件都比较简单，但适用范围较窄，且 CPU 与外设不同步时容易出错；而查询方式将大量时间耗费在读取外设状态及进行检测上，真正用于传送数据的时间很少，降低了 CPU 的效率，并在多个外设的情况下无法对一些外部事件进行实时响应。因此，它也多用于慢速和中速外设。

以上两种输入输出方式都是由 CPU 管理外部设备，在管理的过程中 CPU 不能做别的事情，这对具有多外设且实时性要求较强的计算机控制系统是不适合的。由此就引进了中断的概念，即 CPU 并不主动介入外设的数据传输工作，而是由外部设备在需要进行数据传送时向 CPU 发出中断请求，CPU 在接到请求后若条件允许，则暂停（或中断）正在进行的工作而转去对该外设服务，并在服务结束后回到原来被中断的地方继续原来的工作。这种方式能使 CPU 在没有外设请求时进行原有的工作，有请求时才去处理数据的输入输出，从而提高了 CPU 的利用率。但有一点要注意，CPU 对外设服务结束后要能够回到原来被中断的地方，这就要求在响应中断前必须将返回地址（即中断时 CPU 将要执行的指令的地址）和程序运行状态保存起来，以保证正确返回。这个过程称为断点保护。

利用中断方式进行数据传送，不仅大大提高了 CPU 的效率，还能够对外设的请求做出实时响应。尤其是在外设出现故障、不立即进行处理有可能造成严重后果的情况下，利用中断方式，可以及时做出处理，避免不必要的损失。有关中断的概念、工作原理及中断源分类等将在本章 6.4 节详细讨论。

6.3.4　直接存储器存取方式

虽然采用中断方式能大大提高 CPU 的利用率，但与其他两种方式一样，实际的数据传送过程还是需要 CPU 执行程序来实现，即 CPU 首先将数据从内存（或外设）读到累加器，再写入到接口（或内存）中。因此，以上 3 种方式统称为程序控制输入输出方式（Programmed Input and Output，PIO）。另外，采用中断方式每进行一次数据传送，都需要保护断点、保护现场等。若再考虑到修改内存地址、判断数据块是否传送完等因素，8088 CPU 通常传送一个字节需要几十到几百微秒的时间。由此可大致估计出用 PIO 方式的数据传送速率为每秒几十 KB。这种传送速度对于一些高速外设及批量数据交换（如磁盘与内存的数据交换）来说是不能满足要求的。

对需要高速数据传送的场合，希望外设能够不通过 CPU 而直接与存储器进行信息交换，这就是直接存储器存取（Direct Memory Access，DMA）方式，即通过特殊的硬件电路来控制存储器与外设直接进行数据传送。在这种方式下，CPU 放弃对总线的管理，而由硬件来控制，这个硬件称为 DMA 控制器。典型的 DMA 控制器是 Intel 公司的 8237。下面简单介绍 DMA 控制器的功能及工作过程。

6.3.4.1 DMA 控制器的功能

通常情况下，系统的地址总线、数据总线和一些控制信号，如 IO/$\overline{\text{M}}$、$\overline{\text{RD}}$、$\overline{\text{WR}}$ 等是由 CPU 管理的。而在 DMA 方式下，DMA 控制器接管这些信号线的控制权，这就要求 DMA 控制器具有以下功能：

① 收到接口发出的 DMA 请求后，DMA 控制器要向 CPU 发出总线请求信号 HOLD（高电平有效），请求 CPU 放弃对总线的控制。

② 当 CPU 响应请求并发出响应信号 HLDA（高电平有效）后，这时 DMA 控制器要接管总线的控制权，实现对总线的控制。

③ 能向地址总线发出内存地址信息，找到相应单元并能够自动修改其地址计数器。

④ 能向存储器或外设发出读写命令。

⑤ 能决定传送的字节数，并判断 DMA 传送是否结束。

⑥ 在 DMA 过程结束后，能向 CPU 发出 DMA 结束信号，将总线控制权交还给 CPU。

6.3.4.2 DMA 控制器的工作过程

DMA 的工作过程大致如下：

① 当外设准备好，可以进行 DMA 传送时，外设向 DMA 控制器发出 DMA 传送请求信号（DRQ）。

② DMA 控制器收到请求后，向 CPU 发出"总线请求"信号 HOLD，表示希望占用总线。

③ CPU 在完成当前总线周期后会立即对 HOLD 信号进行响应。响应包括两个方面：CPU 将数据总线、地址总线和相应的控制信号线均置为高阻态，由此放弃对总线的控制权；CPU 向 DMA 控制器发出"总线响应"信号（HLDA）。

④ DMA 控制器收到 HLDA 信号后就开始控制总线，并向外设发出 DMA 响应信号 DACK。

⑤ DMA 控制器送出地址信号和相应的控制信号，实现外设与内存或内存与内存之间的直接数据传送。例如，在地址总线上发出存储器的地址，向存储器发出写信号（$\overline{\text{MEMW}}$），同时向外设发出 I/O 地址（$\overline{\text{IOR}}$）和 AEN 信号，即可从外设向内存传送一个字节。

⑥ DMA 控制器自动修改地址和字节计数器，并据此判断是否需要重复传送操作。规定的数据传送完后，DMA 控制器就撤销发往 CPU 的 HOLD 信号。CPU 检测到 HOLD 失效后，紧接着撤销 HLDA 信号，并在下一时钟周期重新开始控制总线，继续执行原来的程序。

图 6-15 所示是 DMA 方式中存储器写的总线周期时序，图中 DMA 控制器在 HLDA 有效期间获得总线控制权，在 S_3 周期和 S_4 周期之间插入了一个等待的时钟周期 S_w。在 S_1~S_3 期间，DMAC 送出地址信号和控制信号，选中写入的内存地址单元，将外设提供的有效数据写入规定的内存单元。

为了进一步说明 DMA 的传送过程，图 6-16 给出了一个 DMA 存储器写操作的简要原理图。这里要注意两点：①DMA 传送前，CPU 必须告诉 DMA 控制器传送是在哪两个部件之间进行的，传送的内存首地址以及传送的字节数是多少；②在 DMA 传送时，DMA 控制器只负责送出地址及控制信号，而数据传送是直接在接口和内存间进行的，并不经过 DMA 控制器。对于内存与内存间的 DMA 传送，是先用一个 DMA 的存储器读周期将数据由内存读出，放在 DMA 控制器的内部数据暂存器中，再利用一个 DMA 的存储器写周期将该数据写到内存的另一区域。

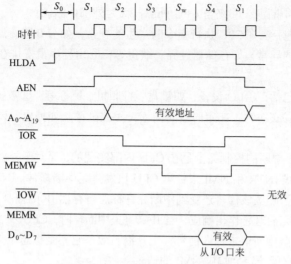

图 6-15　DMA 存储器写的总线周期时序

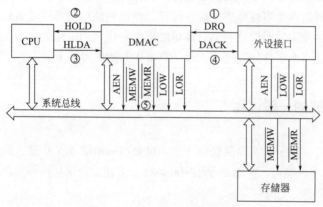

图 6-16　DMA 存储器写操作原理示意图

6.4　中断技术

中断技术在计算机中应用极为广泛，它不仅可用于数据传输、提高数据传输过程中 CPU 的利用率，还可以用来处理一些需要实时响应的事件，如异常、时钟、掉电、特殊状态等。在操作系统（Operating System，OS）中，还使用中断来进行一些系统级的特殊操作，如虚拟存储器中页面的调入调出等。

6.4.1　中断的基本概念

在微机中，当 CPU 执行程序过程时，由于随机的事件（包括 CPU 内部的和 CPU 外部的事件）引起 CPU 暂时停止正在执行的程序，而转去执行一个用于处理该事件的程序称为中断服务程序（或中断处理程序），处理完后又返回被中止的程序断点处继续执行，这一过程就称为中断。

引起中断的事件就称为中断源，即引起中断的原因或来源。中断源可分为两大类：①来自

CPU 内部，称为内部中断源；②来自 CPU 外部，称为外部中断源。

内部中断源主要包括：①CPU 执行指令时产生的异常，如被 0 除、溢出、断点、单步操作等；②特殊操作引起的异常，如存储器越界、缺页等；③由程序员安排在程序中的 INT *n* 软件中断指令。

外部中断源主要包括：①I/O 设备，如键盘、打印机、鼠标等；②数据通道，如磁盘、数据采集装置、网络等；③实时钟，如定时器时间等；④故障源，如掉电、硬件错、存储器奇偶校验错等。

对内部中断来说，中断的控制完全是在 CPU 内部实现的；而对于外部中断，则是利用 CPU 的两条中断输入信号线 INTR 和 NMI 来告诉 CPU 已发生了中断事件。INTR 称为可屏蔽中断输入信号，因为 CPU 能否响应该信号还受到中断允许标志寄存器 IF 的控制。当 IF=1（中断）时，CPU 在一条指令执行完后对它作出响应；当 IF=0（关中断）时，CPU 不予响应，该中断请求被屏蔽。NMI 称为非屏蔽中断请求输入信号，上升沿有效。它不受标志位 IF 的约束，只要 CPU 在正常地执行程序，它就一定会响应 NMI 的请求。

事实上，在日常生活中，中断也是很常见的。例如，当你正在看书时，门铃和电话铃同时响了，这时你必须对这两个事件作出反应，并迅速作出判断：是先接电话还是先开门。假如你认为开门比较紧急，就会暂时停止看书（你可能还会在正看的页码处夹上书签）而先去开门，然后去接听电话，这两个事件处理完后，再从原来中断的地方接着看书。

6.4.2 中断处理的一般过程

上述接电话和开门的例子实际就包含了计算机处理中断的 5 个步骤，即中断请求、中断源识别（中断判优）、中断响应、中断处理和中断返回。下面以外部可屏蔽中断为例，简要介绍中断处理过程的 5 个步骤。

6.4.2.1 中断请求

外设需要 CPU 服务时，首先要发出一个有效的中断请求信号送到 CPU 的中断输入端。中断请求信号分为边沿触发和电平触发，边沿触发指的是 CPU 根据中断请求端上有无从低到高或从高到低的跳变来决定中断请求信号是否有效；电平触发指的是 CPU 根据中断请求端上有无稳定的电平信号（高电平还是低电平取决于 CPU 的设计）来确定中断请求信号是否有效。一般来说，CPU 能够即时予以响应的中断可以采用边沿触发，而不能即时响应的中断则应采用电平触发，否则中断请求信号就会丢失。8088/8086 CPU 的 NMI 为边沿触发，而 INTR 为电平触发。为了保证产生的中断能被 CPU 处理，INTR 中断请求信号应保持到该请求被 CPU 响应为止。CPU 响应后，INTR 信号还应及时撤除，以免造成多次响应。

6.4.2.2 中断源识别（中断判优）

当系统具有多个中断源时，由于中断产生的随机性，就有可能在某一时刻有两个以上的中断源同时发出中断请求，而 CPU 往往只有一条中断请求线，并且任一时刻只能响应并处理一个中断，这就要求 CPU 能识别出是哪些中断源申请了中断，找出优先级最高的中断源并响应之。在其处理完后，再响应级别较低的中断源的请求。中断请求事件的识别及其优先级的顺序判定就是中断源识别或说中断判优要解决的问题。中断判优的方法分为软件和硬件两种。

（1）软件判优

软件判优是指由软件来安排各中断源的优先级别。软件判优需要相应电路的支持。电路原理如图 6-17 所示。在电路中，外设的中断请求信号 IRQ 被锁存在中断请求寄存器中，并通过"或"门相"或"后送到 CPU 的 INTR 端，同时把外设的中断请求状态经并行接口输入 CPU。

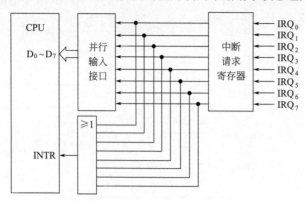

图 6-17　软件判优的电路原理图

若某一中断源发出中断请求，中断请求信号经"或"门送到 CPU 的 INTR 引脚上，CPU 响应中断后进入中断处理程序，用软件读取并行端口的中断状态，逐位查询端口的状态，查到哪个中断源有请求就转入哪个中断源的中断服务程序。其中，查询的次序就反映了各中断源优先级别的高低，先被查询的中断源优先级别最高，后被查询的中断源优先级依次降低。这种判优方法硬件电路简单、优先权安排灵活，但软件判优所花时间较长，在中断源较多的情况下会影响到中断响应的实时性。硬件判优则可较好地克服这个缺点。

（2）硬件判优

硬件判优是指利用专用的硬件电路或中断控制器来安排各中断源的优先级别。硬件判优电路的形式很多，下面介绍两种常用的硬件判优方法。

① 中断控制器判优。中断控制器判优的核心思想是根据中断向量码（也称中断类型码）来确定中断源。中断向量码是为每一个中断源分配的一个编号，通过该编号可方便地找到与中断源相对应的中断服务程序的入口。

在中断控制器电路中，用一个中断优先级判别器来判别哪个中断请求的优先级最高。当 CPU 响应中断时，将优先级最高的中断源所对应的中断向量码送给 CPU，CPU 根据中断向量码找到相应的中断服务程序入口，对该中断进行处理。

与 8086/8088 CPU 配套的 8259A 芯片是一种可编程的中断控制器，它可对多达 64 级的中断源进行优先级管理，该芯片将在 6.5 节中进行详细介绍。

② 链式判优。链式判优的基本思想是将所有的中断源构成一个链（称菊花链），排在链前面的中断源的优先级别高于排在后面的，高优先级别的中断会自动封锁低优先级别的中断。链式优先权排队电路如图 6-18 所示。在电路中，每个外设对应的接口都有一个中断逻辑电路，CPU 响应中断时发出的 $\overline{\text{INTA}}$ 信号沿着这些逻辑电路串接成的菊花链从前往后传递。

从图 6-18 中可以看出，当某个外设有中断请求时，CPU 如果允许中断，则会发出 $\overline{\text{INTA}}$ 信号。如果菊花链前端的外设没有发出中断请求信号，那么这级中断逻辑电路就会允许中断响应信号 $\overline{\text{INTA}}$ 原封不动地向后传递，一直传到发出中断请求的外设。同时，这个外设发出的中断请求会自动对后面设备的中断逻辑电路实现封锁，使 $\overline{\text{INTA}}$ 信号不再传到后面的外设（其后的外设的同方输入端全部为"1"信号）中。由此可以看出，菊花链电路中各个外设的中断优先权由其在链中的位置决定，处于菊花链前端的比处于链条后端的优先权高。

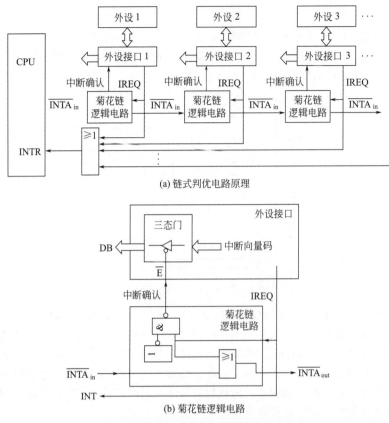

图 6-18 菊花链中断判优电路

菊花链前端发出中断请求的外设截获同位信号后就打开三态门，把自己的中断类型码放到数据总线上，CPU 读取该中断类型码，并据此计算出相应的中断服务程序的入口地址，然后转去执行。

当多个外设同时发出中断请求信号时，根据电路分析可知，菊花链中位置靠前的外设将截获 $\overline{INTA}$ 信号，而排在菊花链中较后位置的外设就收不到 $\overline{INTA}$ 信号，因而暂时不会被处理。若 CPU 正执行某个中断服务程序时又有级别较高的外设提出中断请求，由于菊花链电路中级别低的外设不能封锁级别高的外设得到中断响应信号，故仍可响应该中断请求。所以，此电路也能实现中断嵌套。

（3）中断嵌套问题

中断嵌套类似于子程序嵌套，即高优先级别的中断可以中断低优先级别的中断，出现一层套一层的现象。大部分中断控制电路在解决中断优先级的同时也实现了中断嵌套。中断嵌套的层数一般不受限制，但设计中断程序时要注意留有足够的堆栈空间，因为每一层嵌套都要用堆栈来保护断点，使得堆栈内容不断增加，若堆栈空间过小，中断嵌套层次较多时就会产生堆栈溢出现象，使程序运行失败。

6.4.2.3 中断响应

中断优先级确定后，发出中断请求的中断源中，优先级最高的请求被送到 CPU 的中断请求输入引脚上。CPU 在每条指令执行的最后一个时钟周期检测中断请求引脚上有无中断请求。但 CPU 并不是在任何时刻、任何情况下都能对中断请求进行响应。要响应中断请求，必须满足以下 4 个条件：

① 一条指令执行结束。CPU 在一条指令执行的最后一个时钟周期对中断请求进行检测，当满足本条件和下述 3 个条件时，指令执行一结束，CPU 即可响应中断。

② CPU 处于开中断状态。只有在 CPU 的 IF=1，即处于开中断状态时，CPU 才有可能响应可屏蔽中断（INTR）请求（对 NMI 及内部中断无此要求）。

③ 当前没有发生复位（RESET），保持（HOLD）、内部中断和非屏蔽中断请求（NMI）。在复位或保持状态时，CPU 不工作，不可能响应中断请求；而 NMI 的优先级比 INTR 高，当两者同时产生时，CPU 会响应 NMI 而不响应 INTR。

④ 若当前执行的指令是开中断指令（STI）和中断返回指令（IRET），则它们执行完后再执行一条指令，CPU 才能响应 INTR 请求。另外，对前缀指令，如 LOCK、REP 等，CPU 会把它们和它们后面的指令看作一个整体，直到这个整体指令执行完，方可响应 INTR 请求。

中断响应时，CPU 除了要向中断源发出中断响应信号外，还要做下述 3 项工作：

① 保护硬件现场，即 FLAGS（PSW）。

② 保护断点。将断点的段基地址（CS 值）和偏移地址（IP 值）压入堆栈，以保证中断结束后能正常返回被中断的程序。

③ 获得中断服务程序入口。

6.4.2.4　中断处理

中断处理由中断服务子程序完成。中断服务子程序在形式上与一般的子程序基本相同，区别在于：中断服务子程序只能是远过程（类型为 FAR）；中断服务子程序要用 IRET 指令返回被中断的程序。

在中断服务子程序中通常要做以下几项工作：

① 保护软件现场。保护软件现场是指把中断服务子程序中要用到的寄存器的原内容压入堆栈保存起来。因为中断的发生是随机性的，若不保护现场，就有可能破坏主程序被中断时的状态，从而造成中断返回后主程序无法正确执行。

② 开中断。CPU 响应中断时会自动关闭中断（使 IF = 0）。若进入中断服务子程序后允许中断嵌套，则需用指令开中断（使 IF=1），如 8086/8088 中的 STI 指令。

③ 执行中断处理程序。不同的中断，其中断处理程序也各不相同，编程人员可根据中断处理的需要来编写。但中断服务处理程序不宜过长和过于复杂，在中断处理程序中停留的时间越短越好，否则程序运行时既容易出乱，也影响对其他中断源的及时处理。通常的处理方法是：在中断服务子程序中只执行那些必须执行的操作，而其他相关操作可放到中断服务子程序外去执行（如放到主程序中）。

④ 关中断。相应的中断处理指令执行结束后需要关中断，以确保有效地恢复被中断程序的现场。在 8086/8088 CPU 中，关中断指令为 CLL。

⑤ 恢复现场。就是把先前保护的现场进行恢复，也即把所保存的有关寄存器内容按压栈的相反顺序从堆栈中弹出，使这些寄存器恢复到中断前的状态。

6.4.2.5　中断返回

中断返回需执行中断返回指令 IRET，其操作正好是 CPU 硬件在中断响应时自动保护硬件现场和断点的逆过程，即 CPU 会自动地将堆栈内保存的断点信息和 FLAGS 弹出到 IP、CS 和 FLAGS 中，保证被中断的程序从断点处继续往下执行。

从某个中断源发出中断请求到该中断请求全部处理完成所经过的主要流程如图 6-19 所示。

6.4.3　8086/8088 **中断系统**

8086/8088 CPU 的中断系统功能很强，使用非常灵活，它可以处理 256 种不同类型的中断。为了便于识别，8086/8088 系统中给每种中断都赋予一个中断类型码（或称中断向量码），编号为 0～255。CPU 可根据中断类型码的不同来识别不同的中断源。8086/8088 系统的中断源可来自 CPU 外部，称为外部中断；也可以来自 CPU 内部，称为内部中断，如图 6-20 所示。

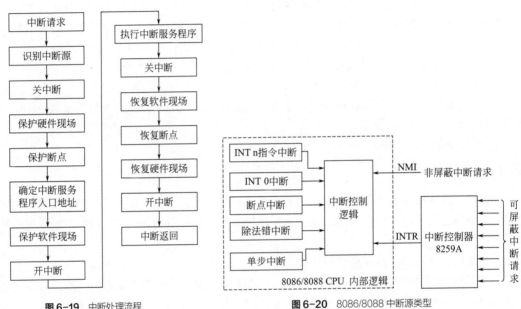

图 6-19　中断处理流程　　　　　　　　图 6-20　8086/8088 中断源类型

6.4.3.1　内部中断

内部中断是 CPU 执行了某条指令或者软件对标志寄存器中某个标志位进行设置而产生的，由于它与外部硬件电路完全无关，故也称其为软件中断。在 8086/8088 CPU 中，内部中断可分为以下 5 种类型。

（1）除法出错中断——0 型中断

8086/8088 执行除法指令时，若发现除数为 0 或商超过了结果寄存器所能表示的最大范围，则立即产生一个中断类型码为 0 的中断，该中断称为除法出错中断。该中断的服务处理一般由系统软件进行。

（2）单步中断——1 型中断

8086/8088 CPU 的标志寄存器中有一位陷阱标志 TF。CPU 每执行完一条指令都会检查 TF 的状态。若发现 TF=1，CPU 就产生中断类型码为 1 的中断，使 CPU 转向单步中断的处理程序。单步中断广泛地用于程序的调试，使 CPU 一次执行一条指令，从而能够逐条指令地观察程序运行情况。在程序排错时，单步中断是一种很有效的调试手段。

对单步中断要注意两点：①所有类型的中断在其处理过程中，CPU 都会自动地把状态标志压入堆栈，然后清除 TF 和 IF，因此当 CPU 进入单步中断处理程序时就不再处于单步方式，而以正常方式工作，只有在单步处理结束后，从堆栈中弹出原来的标志，才使 CPU 又回到单步方式；②8086/8088 指令系统中没有设置或清除 TF 标志的指令，但指令系统中的 PUSHF 和 POPF

为程序员提供了置位或复位 TF 的手段。置位和复位 TF 的程序段如下：

```
;置位 TF 标志
PUSHF
POP AX
OR AX,0100H          ;TF 置为 1
PUSH AX
POPF
;复位 TF 标志
PUSHF
POP AX
AND AX,0FEFFH         ;TF 置为 0
PUSH AX
POPF
```

（3）断点中断——3 型中断

8086/8088 指令系统中有一条专用于设置断点的指令，其操作码为单字节 0CCH（助记符为 INT3）。CPU 执行该指令就会产生一个中断类型码为 3 的中断。1NT 3 指令是单字节指令，因而它能很方便地插入到程序的任何地方，专门用于在程序中设置断点来调试程序，它也称为断点中断，插入 INT 3 指令之处便是断点。在断点中断服务子程序中，可显示有关的寄存器、存储单元等内容，以便程序员分析到断点为止程序运行是否正确。

（4）溢出中断——4 型中断

若算术指令的执行结果发生溢出（OF = 1），则执行 INTO 指令后立即产生一个中断类型码为 4 的中断。4 型中断为程序员提供了处理运算溢出的手段，INTO 指令通常和算术指令配合起来使用。

（5）用户自定义的软件中断——n 型中断

CPU 执行中断指令 INT n 也会引起内部中断，其中断类型码由指令中的 n 指定。这一类指令统称为软中断指令。除 INT 3 指令（断点中断）外，其余的 INT n 指令的代码为两字节（第一字节为操作码，第二字节为中断类型码）。

实际上，INT n 软中断可以模拟任何类型的中断。在调试那些非 INT n 中断的中断服务子程序时，可以用 INT n 指令来模拟它们发出的中断请求，使原本非常难于调试的中断子程序变得非常简单。

以上所述内部中断的类型码均是固定的或包含在软中断指令中，除单步中断外，其他的内部中断不受 IF 状态标志影响，用于中断处理的中断服务子程序需用户自行编制。

6.4.3.2　外部中断

外部中断也称为硬件中断，它是由外部硬件或外设接口产生的。8086/8088 CPU 为外部设备提供了两条硬件中断信号线 NMI 和 INTR，非屏蔽中断和可屏蔽中断请求信号分别从这两个引脚送入 CPU。

（1）非屏蔽中断

非屏蔽中断由 NMI 引脚上出现的上升沿触发，它不受中断允许标志 IF 的限制，其中断类型码固定为 2。

CPU 接收到非屏蔽中断请求信号后，不管当前正在做什么事，都会在执行完当前指令后立即响应中断请求而进入相应的中断处理。非屏蔽中断通常用来处理系统中出现的重大故障或紧急情况，如系统掉电处理、紧急停机处理等。在 PC 中，若系统板上的存储器或 I/O 通道上产生了奇偶校验错以及 8087 数字协处理器产生异常都会引起一个 NMI 中断。

（2）可屏蔽中断

绝大多数外部设备提出的中断请求都是可屏蔽中断，可屏蔽中断的中断请求信号从 CPU 的

INTR 端引入，高电平有效。可屏蔽中断受中断允许标志位 IF 的约束，只有当 IF=1 时，CPU 才会响应 INTR 请求。如果 IF=0，即使中断源有中断请求，CPU 也不会响应，这种情况称为中断被屏蔽。在 PC 中，外部设备的中断请求是通过中断控制器 8259A 来进行统一管理的，由 8259A 决定是否允许一个外设向 CPU 发出中断请求。IBM PC 中的可屏蔽中断的中断类型码为 8～15（08H～0FH），80286 以后的微机还包括 112～119（70H～77H）。

6.4.3.3 中断向量表

在 8086/8088 CPU 中断系统中，无论是外部中断还是内部中断，每个中断源都有一个与它相对应的中断类型码，它是中断源在系统中的"身份证"。中断类型码长度为一个字节，故 8086/8088 最多允许处理 256 种类型的中断（中断类型码为 0～255）。CPU 在响应中断时，通过得到的中断类型码来判断是哪个中断源提出了中断请求。

为了能够根据所得到的中断类型码来找到中断服务子程序的首地址，8086/8088 系统规定所有中断服务子程序的首地址都必须放在一个称为中断向量表的表格中（类似于 C 语言中的指针数组）。中断向量表位于内存中最低的 1KB（即内存中 00000H～003FFH 区域），共有 256 个表项，用于存放 256 个中断向量（即 256 个中断服务子程序的入口地址）。每个中断向量（表项）占 4 个字节，其中低位字（2 个字节）存放中断服务子程序入口地址的偏移量，高位字存放中断服务子程序入口地址的段地址。按照中断类型码的大小，对应的中断向量在中断向量表中有规则地顺序存放，如图 6-21 所示。

根据中断向量表的格式，只要知道了中断类型码 n 就可以找到所对应的中断向量在表中的位置。中断向量在中断向量表中的存放位置（地址）计算如下：

中断向量在表中的存放地址=n×4

图 6-21 中断向量表结构

例如，中断类型码为 48H 的中断处理子程序的名字为 int48h，编写程序段将该中断处理子程序的入口地址放入向量表。其中断向量存放在 0000: 0120H（4×48H = 120H）开始的 4 个字节单元中。程序为：

```
CLI
MOV AX,0
MOV DS,AX
MOV SI,48H*4
MOV AX,OFFSET int48h
MOV [SI],AX
MOV AX,SEG int48h
MOV [SI+2],AX
STI
```

计算出中断向量地址后，只要取 $4n$ 和 $4n+1$ 单元的内容装入 IP，取 $4n+2$ 和 $4n+3$ 单元的内容装入 CS，即可转入中断服务子程序。

需要注意的是，在 80386 以后的微机中，由于虚存及保护方式的出现，中断向量表不再是固定放在 00000H～003FFH 区域中（中断向量表的名字也改为中断描述符表 IDT），而是可以位于内存的任意区域，表的首地址放在 CPU 内部的 IDT 基址寄存器中。每个表项也从 4 个字节增加到了 8 个字节，包括 2 字节的选择器、4 字节的偏移量和 2 字节的其他属性。

6.4.3.4　8086/8088 CPU 的中断响应过程

8086/8088 对不同类型中断的响应过程不同，主要区别在于如何获得相应的中断类型码。

（1）内部中断响应过程

CPU 在执行内部中断时，没有中断响应周期。对于除法溢出、单步、断点和溢出中断，中断类型码是自动形成的，而对于 INT n 指令，其中断类型码由 INT n 指令中给定的 n 决定。获得中断类型码以后的处理过程如下：

① 将类型码乘 4，计算出中断向量的地址。

② 硬件现场保护，即将标志寄存器 FLAGS 压入堆栈，以保护当前指令执行结果的特征。

③ 清除 IF 和 TF 标志，屏蔽新的 INTR 中断和单步中断。

④ 保存断点，即把断点处的 IP 和 CS 值压入堆栈，先压入 CS 值，再压入 IP 值。

⑤ 根据①计算出来的地址从中断向量表中取出中断服务子程序的入口地址（段和偏移量），分别送至 CS 和 IP 中。

⑥ 转入中断服务子程序执行。

进入中断服务子程序后，首先要保护在中断服务子程序中要使用的寄存器内容，然后进行相应的中断处理，在中断返回前恢复保护的寄存器内容，最后执行中断返回指令 IRET。IRET 的执行将使 CPU 按次序恢复断点处的 IP、CS 和标志寄存器，从而使程序返回到断点处继续执行。

内部中断具有如下一些特点：

① 中断由 CPU 内部引起，中断类型码的获得与外部无关，CPU 不需要执行中断响应周期去获得中断类型码。

② 除单步中断外，内部中断无法用软件禁止，不受中断允许标志 IF 的影响。

③ 内部中断何时发生是可以预测的，这类似于子程序调用。

（2）外部中断响应过程

① 非屏蔽中断响应。NMI 中断不受 IF 标志的影响，也不用外部接口给出中断类型码，CPU 响应 NMI 中断时也没有中断响应周期。CPU 会自动按中断类型码 2 来计算中断向量的地址，其后的中断处理过程和内部中断一样。

② 可屏蔽中断响应。当 INTR 信号有效时，如果中断允许标志 IF=1，则 CPU 就会在当前指令执行完毕后，产生两个连续的中断响应总线周期。在第一个中断响应总线周期，CPU 将地址/数据总线置高阻，发出第一个中断响应信号 $\overline{INTA}$ 给 8259A 中断控制器，表示 CPU 响应此中断请求，禁止来自其他总线控制器的总线请求。在最大模式时，CPU 还要启动 LOCK 信号，通知总线仲裁器 8289，使系统中其他处理器不能访问总线。在第二个中断响应总线周期，CPU 送出第二个 IWA 信号，该信号通知 8259A 中断控制器将相应中断请求的中断类型码放到数据总线上供 CPU 读取。CPU 读取中断类型码 n 后的中断处理过程也和内部中断一样。图 6-22 给出了 8086/8088 对 INTR 的中断响应时序。

以上所述的软件中断、单步中断、断点中断、非屏蔽中断和可屏蔽中断，它们的优先级是由 8086/8088 CPU 识别中断的前后顺序来决定的。在当前指令执行完后，CPU 首先自动查询在指令执行过程中是否有除法出错中断、溢出中断和 INT n 中断发生，然后查询 NMI 和 INTR，最后查询单步中断。8086/8088 中断响应和中断处理流程如图 6-23 所示。

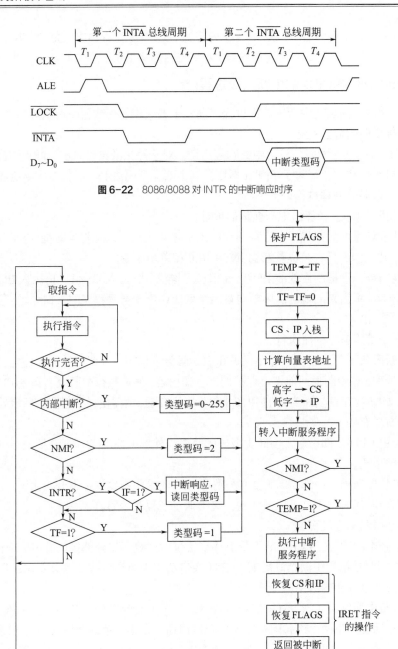

图 6-22 8086/8088 对 INTR 的中断响应时序

图 6-23 **8086/8088** 中断响应和中断处理流程

6.5 可编程中断控制器 8259A

8259A 是 Intel 公司生产的专为 8086/8088 CPU 配套的可编程中断控制器 (Programmable Interrupt Controller，PIC)，用于对 8086/8088 系统中的可屏蔽中断进行管理。8259A 可对 8 个中断源实现优先级控制,多片8259A通过级联还可扩展至对64个中断源实现优先级控制。8259A

可以根据不同的中断源向 CPU 提供不同的中断类型码，还可根据需要对中断源进行中断屏蔽。8259A 有多种工作方式，可以通过编程来选择，以适应不同的应用场合。

6.5.1 8259A 的引线及内部结构

6.5.1.1 8259A 的外部引线

8259A 采用 28 引脚双列直插式封装，其外部引线定义如图 6-24 所示。

① $D_0 \sim D_7$ 双向数据线，与系统的数据总线相连。编程时控制字、命令字由此写入；中断响应时，中断向量码由此送给 CPU。

② $\overline{WR}$、$\overline{RD}$ 为写和读控制信号，与系统总线的 $\overline{IOW}$、$\overline{IOR}$ 相连接。

③ $\overline{CS}$ 为片选信号，当 $\overline{CS}$ 为低电平时，8259A 被选中，CPU 才能对它进行读写操作。此引脚连到系统的 I/O 译码器输出，由此确定 8259A 在系统 I/O 地址空间的基地址。

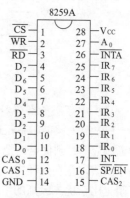

④ A_0 是 8259A 内部寄存器的选择信号。它与 $\overline{CS}$、$\overline{WR}$、$\overline{RD}$ 信号相配合，对不同的内部寄存器进行读写。使用中，通常接地址总线的某一位，如 A_1 或 A_0 等。

图 6-24 8259A 引线图

⑤ INT 为 8259A 的中断请求输出信号，可直接接到 CPU 的 INTR 输入端。

⑥ $\overline{INTA}$ 为中断响应输入信号。在中断响应过程中 CPU 的中断响应信号由此端进入 8259A。

⑦ $CAS_0 \sim CAS_2$ 为级联控制线。当多片 8259A 级联工作时，其中一片为主控芯片，其他均为从属芯片。对于主片 8259A，其 $CAS_0 \sim CAS_2$ 为输出；对各从片 8259A，它们的 $CAS_0 \sim CAS_2$ 为输入。主片的 $CAS_0 \sim CAS_2$ 与从片的 $CAS_0 \sim CAS_2$ 对应相连。当某从片 8259A 提出中断请求时，主片 8259A 通过 $CAS_0 \sim CAS_2$ 送出相应的编码给从片，使从片的中断被允许。

⑧ $\overline{SP}/\overline{EN}$ 为双功能引线。当 8259A 工作在缓冲模式时，它为输出，用以控制缓冲器的传送方向。当数据从 CPU 送往 8259A 时，$\overline{SP}/\overline{EN}$ 输出为高电平；当数据从 8259A 送往 CPU 时，$\overline{SP}/\overline{EN}$ 输出为低电平。在 8259A 工作在非缓冲模式时，它为输入，用于指定 8259A 是主片还是从片。$\overline{SP}=1$ 的 8259A 为主片，$\overline{SP}=0$ 的 8259A 为从片。只有一个 8259A 时，它应接高电平。

⑨ $IR_0 \sim IR_7$ 为中断请求输入信号，与外设的中断请求线相连。上升沿或高电平（可通过编程设定）时表示有中断请求到达。

6.5.1.2 8259A 的内部结构

8259A 内部结构如图 6-25 所示。它由中断请求寄存器 IRR（Interrupt Request Register）、中断服务寄存器 ISR（Interrupt Service Register）、中断屏蔽寄存器 IMR（Interrupt Mask Register）、中断判优电路、数据总线缓冲器、读写电路、控制逻辑和级联缓冲/比较器组成。

（1）中断请求寄存器 IRR

IRR 保存从 $IR_0 \sim IR_7$ 来的中断请求信号。某一位为 1 表示相应引脚上有中断请求信号。该中断请求信号至少应保持到该请求被响应为止。中断响应后，该 IR 输入线上的请求信号应撤销。否则，在中断处理完结后，该 IR 线上的高电平可能会引起又一次中断服务。

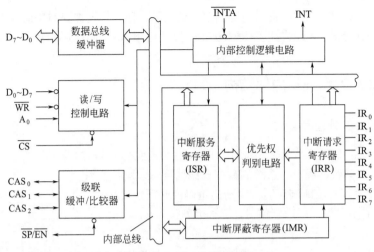

图 6-25 8259A 内部结构框图

（2）中断服务寄存器 ISR

ISR 用于保存所有正在服务的中断源。它是 8 位的寄存器（$IS_0\sim IS_7$ 分别对应 $IR_0\sim IR_7$）。在中断响应时，判优电路把发出中断请求的中断源中优先级最高的中断源所对应的位置 1，以表示该中断请求正在处理中。ISR 的某一位 IS_i 置 1 可阻止与它同级及更低优先级的请求被响应，但不阻止比它优先级高的中断请求被响应，即允许中断嵌套。所以，ISR 中可能有不止一位被置 1。当 8259A 收到"中断结束"（End Of Interrupt，EOI）命令时，ISR 相应位会被清除。对自动 EOI 操作（Automatic EOT，AEOI），ISR 寄存器中刚被置 1 的位在中断响应结束时自动复位。

（3）中断屏蔽寄存器 IMR

IMR 用于存放中断屏蔽字，它的每一位分别与 $IR_0\sim IR_7$ 相对应。其中，为 1 的位所对应的中断请求输入将被屏蔽，为 0 的位所对应的中断请求输入不受影响。

（4）中断判优电路

中断判优电路监测从 IRR、ISR 和 IMR 来的输入，并确定是否应向 CPU 发出中断请求。在中断响应时，它要确定 ISR 寄存器哪一位应置 1 并将相应的中断类型码送给 CPU。在 EOI 命令时，它要决定 ISR 寄存器哪一位应复位。

6.5.2 8259A 的工作过程

当系统通电后，首先应对 8259A 初始化，也就是由 CPU 执行一段程序，向 8259A 写入若干控制字，使其处于指定的工作方式。当初始化完成后，8259A 就处于就绪状态，随时可接收外设送来的中断请求信号。当外设发出中断请求后，8259A 对外部中断请求的处理过程如下：

① 若有一条或若干条中断请求输入线（$IR_0\sim IR_7$）上的中断请求信号有效，则 IRR 的相应位置 1。

② 若中断请求线中至少有一条是中断未被屏蔽的，则 8259A 由 INT 引脚向 CPU 发出中断请求信号 INTR。

③ 若 CPU 是处于开中断状态，则在当前指令执行完以后，CPU 用 $\overline{\text{INTA}}$ 信号作为对 INTR 的响应。

④ 8259A 在接收到 CPU 发出的第一个 $\overline{\text{INTA}}$ 脉冲后，使最高优先权的 ISR 位置 1，并使

相应的 IRR 位复位。

⑤ 在第二个中断响应总线周期中，CPU 再输出一个 $\overline{\text{INTA}}$ 脉冲，这时 8259A 就把刚才选定的中断源所对应的 8 位中断类型码放到数据总线上。CPU 读取该中断类型码并乘以 4，就可以从中断向量表中取出中断服务子程序的入口地址并转去执行。

⑥ 若 8259A 工作在自动中断结束 AEOI 方式，在第二个 $\overline{\text{INTA}}$ 脉冲结束时，就会使中断源所对应的 ISR 中的相应位复位。对于非自动中断结束方式，则由 CPU 在中断服务子程序结束时向 8259A 写入 EOI 命令，才能使 ISR 中的相应位复位。

6.5.3　8259A 的工作方式

8259A 具有非常灵活的中断管理方式，可满足用户各种不同的要求，并且这些工作方式都可以通过编程来设置（怎样编程后面会逐步介绍）。由于工作方式较多，因此使用户感到 8259A 的编程和使用不太容易掌握。为此，在讲述 8259A 的编程之前先对 8259A 的工作方式分类进行简单介绍。

6.5.3.1　中断优先方式与中断嵌套

（1）中断优先方式

为了满足实际应用的需要，8259A 提供了两类优先级控制方式：固定优先级和循环优先级方式。

① 固定优先级方式。在这种方式下，只要不重新设置优先级别，各中断请求的中断优先级就是固定不变的。8259A 加电后就处于这种方式，刚加电时，默认 IR0 优先级最高（0 级为最高级），IR7 优先级最低（7 级为最低级），这种优先顺序也可通过程序予以改变，使它按另外一种顺序排列。图 6-26 给出了两种固定优先级的顺序。

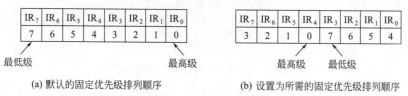

(a) 默认的固定优先级排列顺序　　　　　(b) 设置为所需的固定优先级排列顺序

图 6-26　固定优先级方式

② 循环优先级方式。在实际应用中，许多中断源的优先权级别是一样的，若采用固定优先级，则低级别中断源的中断请求有可能总是得不到服务。解决的方法是使这些中断源轮流处于最高优先级。这就是循环优先级方式。

在循环优先级方式中，优先级顺序是变化的。一个中断源得到中断服务以后，它的优先级自动降为最低，原来比它低一级的中断则为最高级，依次排列。例如，若初始优先级从高到低依次为 IR_0、IR_1、IR_2、…、IR_7，此时如果 IR_4 和 IR_6 有中断请求，则先处理 IR_4。在 IR_4 被服务以后，IR_4 自动降为最低优先级，IR_5 成为最高优先级，这时中断源的优先级顺序变为 IR_5、IR_6、IR_7、IR_0、IR_1、IR_2、IR_3、IR_4。

（2）中断嵌套

无论是固定优先级方式还是循环优先级方式，它们都允许中断嵌套，即允许更高优先级的中断可以打断当前的中断处理过程。8259A 允许两种中断嵌套方式。

① 普通全嵌套方式。普通全嵌套方式是 8259A 最常用的工作方式，简称为全嵌套方式。当 CPU 响应中断时，8259A 将申请中断的中断源中优先权最高的那个中断源在 ISR 中的相应位置 1，并且把它的中断类型码送到数据总线，在此中断源的中断服务子程序完成之前，与它同级或优先权更低的中断源的申请就被屏蔽，只有优先权比它高的中断源的申请才被允许。

② 特殊全嵌套方式。特殊全嵌套方式和普通全嵌套方式的差别在于：在特殊全嵌套方式下，当处理某一级中断时，如果有同级的中断请求，8259A 也会给予响应，从而实现一个中断处理过程能被另一个具有同等级别的中断请求所打断。

特殊全嵌套方式一般用在 8259A 级联的系统中。在这种情况下，只有主片 8259A 允许编程为特殊全嵌套方式。这样，当来自某一从片的中断请求正在处理时，主片除对来自优先级较高的本片上其他 IR 引脚上的中断请求进行开放外，同时对来自同一从片的较高优先级请求也会开放。这样可以使从片上优先级别更高的中断得到响应，如图 6-27 所示。

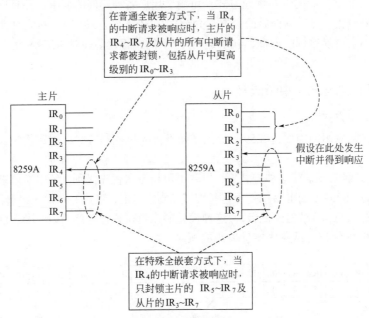

图 6-27 普通全嵌套方式与特殊全嵌套方式的区别

另外，在特殊全嵌套方式中，中断结束时，应通过软件检查刚结束的中断是否是从片的唯一中断，方法是：先向从片发一正常结束中断命令 EOI，然后读 ISR 内容。若为 0，表示只有一个中断服务，这时再向主片发一个 EOI 命令；否则，说明该从片有两个以上中断，则不应向主片发 EOI 命令，待该从片中断服务全部结束后，再发送 EOI 命令给主片。

6.5.3.2　中断结束处理方式

不管用哪种优先权方式工作，当一个中断请求 IR_i 得到响应时，8259A 都会将中断服务寄存器 ISR 中相应位 IS_i 置 1。而当中断服务程序结束时，则必须将该 IS_i 位清零。否则，8259A 的中断控制功能就会不正常。这个使 IS_i 位复位的动作就是中断结束处理。注意，这里的中断结束是指 8259A 结束中断的处理，而不是 CPU 结束执行中断服务子程序。

8259A 分自动中断结束方式和非自动中断结束方式，而非自动中断结束方式又分为正常（一般）中断结束方式和特殊中断结束方式。

（1）自动中断结束方式

若采用自动中断结束方式（AEOI），则在第二个中断响应周期（$\overline{INTA}$）信号的后沿，8259A

将自动把中断服务寄存器 ISR 中的对应位清除。这样,尽管系统正在为某个设备进行中断服务,但对 8259A 来说,中断服务寄存器中却没有保留正在服务的中断的状态。所以对 8259A 来说,好像中断服务已经结束了一样。这种最简单的中断结束方式只能用于没有中断嵌套的情况。

(2) 正常中断结束方式

正常中断结束方式配合全嵌套优先权工作方式使用。当 CPU 用输出指令向 8259A 发出正常中断结束 EOI 命令时,8259A 就会把 ISR 中已置 1 的位中的最高位复位。因为在全嵌套方式中,置 1 的最高 ISR 位对应了最后一次被响应的和被处理的中断,也就是当前正在处理的中断。所以,把已置 1 的位中最高的 ISR 位复位相当于结束了当前正在处理的中断。

(3) 特殊中断结束方式

在非全嵌套方式下,由于中断优先级不断改变,无法确知当前正在处理的是哪一级中断,这时就要采用特殊中断结束方式 (SEOI)。这种方式反映在程序中就是要发一条特殊中断结束命令,这个命令指出了要清除 ISR 中的哪一位。

有一点要注意,不管是正常中断结束方式,还是特殊中断结束方式,在一个中断服务子程序结束时,对于级联使用的 8259A 都必须发两次中断结束命令,一次是发给主片的,另一次则是发给从片的。

6.5.3.3　屏蔽中断源的方式

8259A 的 8 个中断请求都可根据需要单独屏蔽,屏蔽是通过编程使得屏蔽寄存器 IMR 相应位置 0 或置 1,从而允许或禁止该位所对应的中断。8259A 有两种屏蔽方式。

(1) 普通屏蔽方式

在普通屏蔽方式中,将 IMR 某位置 1,则它对应的 IR_i 就被屏蔽,从而使这个中断请求不能从 8259A 送到 CPU。如果该位置 0,则允许该 IR_i 中断传送给 CPU。

(2) 特殊屏蔽方式

在有些情况下,希望一个中断服务程序能动态地改变系统的优先权结构。例如,在执行一个中断服务程序时,可能希望优先级别比正在服务的中断源低的中断能够中断当前的中断服务程序。但在全嵌套方式中,8259A 会禁止所有比当前中断服务程序优先级别低的 IR_i 产生中断。所以,只要当前服务中断的 ISR 位未被复位,较低级的中断请求在发出 EOI 命令之前仍不会得到响应。

为解决这个问题,8259A 提供了一种特殊屏蔽方式 (Special Mask Mode,SMM)。其原理是,在 IR_i 的处理中,若希望使除 IR_i 以外的所有 IR 中断请求均可被响应,则首先设置特殊屏蔽方式,再编程将 IR_i 屏蔽掉 (使 IMR 中的 IM_i 位置 1),这样就会使 ISR 的 IS_i 位复位。这时,除了正在服务的这级中断被屏蔽 (不允许产生进一步中断) 外,其他各级中断全部被开放。

特殊中断屏蔽方式提供了允许较低优先级中断源得到响应的特殊手段。但在这种方式下,由于它打乱了正常的全嵌套结构,被处理的程序不见得是当前优先级最高的事件,所以不能用正常 EOI 命令来使其 ISR 位复位。但在退出 SMM 方式之后,仍可用正常 EOI 命令来结束中断服务。

6.5.3.4　中断触发方式

外设的中断请求信号从 8259A 的引脚 IR 引入,根据实际需要,8259A IR 引脚的中断触发方式可分成如下两种:

(1) 边沿触发方式

8259A 的引脚 IR_n 上出现上升沿表示有中断请求,高电平并不表示有中断请求。

（2）电平触发方式

8259A 的引脚 IR_n 上出现高电平表示有中断请求。这种方式下，应注意及时撤除高电平，否则可能引起不应该有的第二次中断。

无论是边沿触发还是电平触发，中断请求信号 IR 都应维持足够的宽度，即在第一个中断响应信号（$\overline{INTA}$）结束之前 IR 都必须保持高电平。如果 IR 信号提前变为低电平，8259A 就会自动假设这个中断请求来自引脚 IR_7。这种办法能够有效地防止由 IR 输入端上严重的噪声尖峰而产生的中断。为实现这一点，对应 $1R_7$ 的中断服务子程序可只执行一条返回指令，从而滤除这种中断。但如果 IR_7 另有他用，仍可通过读 ISR 状态来识别非正常的 IR_7 中断。因为正常的 IR_7 中断会使 ISR 的 IS_7 位置位，而非正常的 IR_7 中断不会使 ISR 的 IS_7 位置位。

6.5.3.5 级联工作方式

当中断源超过 8 个，就无法用一片 8259A 来进行管理，这时可采用 8259A 的级联工作方式。指定一片 8259A 为主控芯片（主片），它的 INT 接到 CPU 上。而其余的 8259A 芯片均作为从属芯片（从片），其 INT 输出分别接到主控芯片的 IR 输入端。由于 8259A 有 8 个 IR 输入端，故一个主控 8259A 可以连接 8 片从属 8259A，最多允许有 64 个 IR 中断请求输入。

由一片主控 8259A 和两片从属 8259A 构成的级联中断系统如图 6-28 所示。图中 3 个 8259A 均有各自的地址，由 $\overline{CS}$ 和 A_0 来决定。主片 8259A 的 $CAS_0 \sim CAS_2$ 作为输出连接到从片的 $CAS_0 \sim CAS_2$ 上，而两个从片的 INT 分别接主控芯片的 IR_3 和 IR_6。图中省略了 $\overline{CS}$ 译码器。

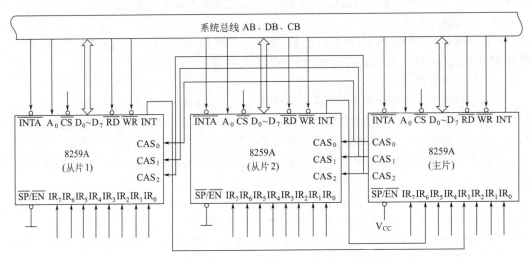

图 6-28 8259A 级联工作方式示意图

在级联系统中，每一片 8259A，不管是主片还是从片，都有各自独立的初始化程序，以设置各自的工作状态。在中断结束时要连发两次 EOI 命令，分别使主片和相应的从片中断结束操作。

在中断响应中，若中断请求是来自从片的 IR，则中断响应时主片 8259A 会通过 $CAS_0 \sim CAS_2$ 通知相应的从片 8259A，而从片 8259A 即可把 IR 对应的中断向量码放到数据总线上。

在级联方式下，可采用前面提到的特殊全嵌套方式，以允许从片上优先级更高的 IR 产生中断。在将主控片初始化为特殊全嵌套方式后，从片的中断响应结束时，要用软件来检查中断状态寄存器 ISR 的内容，看看本从片上还有无其他中断请求未被处理。如果没有，则连发两个 EOI，使从片及主片结束掉中断；若还有其他未被处理的中断，则应只向从片发一个 EOI 命令，而不向主片发 EOI 命令。

6.5.4 8259A 的初始化编程

8259A 是可编程中断控制器，在它工作之前，必须使用通过软件向其写入控制命令的方法来让它工作在人们所希望的状态下，这就是 8259A 的编程。控制命令分为初始化命令字（Initialization Command Word，ICW）和操作命令字（Operation Command Word，OCW），写入 8259A 后被保存在内部的 ICW 和 OCW 寄存器组中。相应地，对 8259A 的编程也分为初始化编程和操作方式编程两个步骤。

① 初始化编程：由 CPU 向 8259A 送 2~4 个字节的 ICW。在 8259A 工作之前，必须写入初始化命令字，使其处于准备就绪状态。

② 操作方式编程：由 CPU 向 8259A 送 3 个字节的 OCW，以规定 8259A 的操作方式。OCW 可在 8259A 初始化以后的任何时刻写入。

6.5.4.1 8259A 内部寄存器的寻址方法

8259A 内部寄存器很多，单靠 $\overline{\text{CS}}$ 和 A_0 将无法满足寻址的需要，因此还要与 $\overline{\text{RD}}$、$\overline{\text{WR}}$ 和数据线 D_4、D_3 相配合。表 6-2 给出了 8259A 内部寄存器的访问方法。

表 6-2 8259A 内部寄存器的访问方法

$\overline{\text{CS}}$	$\overline{\text{RD}}$	$\overline{\text{WR}}$	A0	D4	D3	读写操作
0	1	0	0	0	0	写入 OCW2
			0	0	1	写入 OCW3
			0	1	×	写入 ICW1
			1	×	×	写入 ICW2、ICW3、ICW4、OCW1（顺序写入）
0	0	1	0			读出 IRR、ISR
			1			读出 IMR

6.5.4.2 8259A 的初始化顺序

从表 6-1 知，当对 8259A 进行写时，若 I/O 地址为奇数（A_0=1），则写的对象将包括 4 个寄存器（ICW2、ICW3、ICW4 和 OCW1），即一个 I/O 地址对应了 4 个寄存器。为了区分到底写入的是哪个寄存器，8259A 规定初始化的顺序必须严格按照图 6-29 所规定的顺序依次写入（顺序不可颠倒），即根据顺序来区分不同的寄存器。

6.5.4.3 8259A 的内部控制字

8259A 可用于 8080/8085 系统或 8088/8086 系统。用于不同系统时，初始化命令有所不同，以下仅介绍用于 8088/8086 系统时 8259A 的内部控制字。

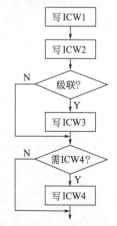

图 6-29 8259A 的初始化顺序

（1）初始化命令字 ICW

① ICW1——初始化字。写 ICW1 的条件：A_0=0，D_4=1。这时写入的数据被当成 ICW1。写 ICW1 意味着重新初始化 8259A。写 ICW1 的同时，8259A 还做以下几项工作：

a. 清除 ISR 和 IMR。

b. 将中断优先级设成初始状态：IR_0（最高），IR_7（最低）。

c. 设定为普通屏蔽方式。

d. 采用非自动 EOI 中断结束方式。

e. 状态读出电路预置为读 IRR。

ICW1 各位功能如图 6-30 所示（有×符号的位不用，可置为 0）。

例如：要求上升沿触发、单片 8259、写 ICW4，则 ICW1=00010011B=13H。

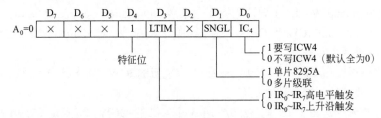

图 6-30 初始化命令字 1（ICW1）

② ICW2——中断向量码。A0=1 时，表示要写 ICW2，其格式如图 6-31 所示。ICW2 为中断向量码寄存器，用于存放中断向量（类型）码。CPU 响应中断时，8259A 将该寄存器内容放到数据总线上供 CPU 读取。

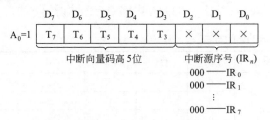

图 6-31 初始化命令字 2（ICW2）

初始化时只需确定 $T_6 \sim T_3$。而最低 3 位可以任意（可置为 0），它们最终由 8259A 在中断响应时根据中断源的序号自动填入。

例如：IBM PC 中 ICW2 被初始化为 08H，即 IR0 的中断向量码为 08H，IR7 的中断向量码为 0FH 等。

③ ICW3——级联控制字。ICW3 仅在多片 8259 级联时需要写入。主片 8259A 的 ICW3 与从片的 ICW3 在格式上不同。ICW3 应紧接着 ICW2 写入同一 I/O 地址中。其格式如图 6-32 所示。

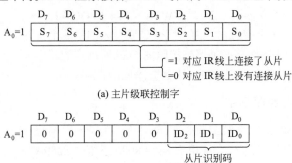

图 6-32 初始化命令字 3（ICW3）

注意，主片 ICW3 各位的设置必须与本主片与从片相连之 IR 线的序号一致。例如，主片的 IR 与从片的 INT 连接，则主片 ICW3 的 S_4 位应为 1。

同理，从片标识码也必须与本从片所连接之主片 IR 线的序号一致。例如，某从片的 INT 线与主片的 IR_4 连接，则该从片的 ICW3 = 04H。

④ ICW4——中断结束方式字。ICW4 应紧跟在 ICW3 之后写入同一 I/O 地址中。ICW4 的格式如图 6-33 所示。

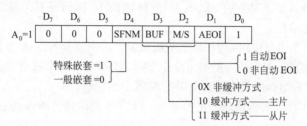

图 6-33　初始化命令字 4（ICW4）

图中的缓冲方式是指 8259A 工作于级联方式时，其数据线与系统总线之间增加一个缓冲器，以增大驱动能力。这时 8259A 把 $\overline{SP}/\overline{EN}$ 作为输出端，输出一个允许信号，用来控制缓冲器的打开与关闭。而主片与从片只能用 D_2（M/S 位）来区分（主片=0，从片=1）。在非缓冲方式时，若 8259A 工作在级联方式，$\overline{SP}/\overline{EN}$ 引脚为输入端，用来区分主片（高电平）和从片（低电平）。

（2）操作命令字 OCW

操作命令字可用来改变 8259A 的中断控制方式、屏蔽某几个中断源以及读出 8259A 的工作状态信息（IRR、ISR、IMR）。操作命令字在初始化完成后任意时刻均可写入，写的顺序也没有严格要求。但它们对应的端口地址有严格规定，OCW1 必须写入奇地址端口（$A_0=1$），OCW2 和 OCW3 必须写入偶地址端（$A_0=0$）。

① OCW1——中断屏蔽字。OCW1 用于决定中断请求线 IR 是否被屏蔽。初始时为全 0（全部允许中断），写入时要求地址线 A0=1。OCW1 的格式如图 6-34 所示。

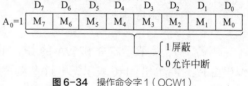

图 6-34　操作命令字 1（OCW1）

② OCW2——中断结束和优先级循环。OCW2 的作用是对 8259A 发出中断结束命令 EOI，它还可以控制中断优先级的循环。OCW2 的格式如图 6-35 所示。它与 OCW3 共用一个端口地址，但其特征位 $D_4D_3=00$，因此不会发生混淆。OCW2 写入时要求地址线 $A_0=0$。

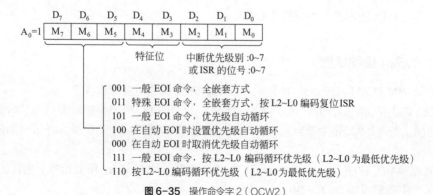

图 6-35　操作命令字 2（OCW2）

R：优先级循环控制位。R=0 时表示使用固定优先级，IR_7 最低，IR_0 最高；当 R=1 时，表示使用循环优先级，一个优先级别的中断服务结束后，它的优先级就变为最低级，而下一个优先级变为最高级。

SL：特殊循环控制。当 SL=1 时，使 $L_2\sim L_0$ 对应的 IR 为最低优先级；SL＝0 时，$L_2\sim L_0$ 的编码无效。

EOI：中断结束命令。该位为 1 时，则复位现行中断的 ISR 中的相应位，以便允许 8259A 再为其他中断源服务。在 ICW4 的 AEOI=0（非自动 EOI）的情况下，需要用 OCW2 来复位现行中断的 ISR 中的相应位。

$L_2\sim L_0$：第一个作用是设定哪个 IR_i 优先级最低，用来改变 8259A 复位后所设置的默认优先权级别；第二个作用是在特殊中断结束命令中指明 ISR 哪一位要被复位。

R、SL、EOI 三者组合所代表的含义见图 6-36 中的说明。

③ OCW3——屏蔽方式和状态读出控制字。OCW3 的格式如图 6-36 所示，它有以下 3 个功能：

a. 设置中断屏蔽方式，见图 6-36 中的说明。

b. 查询中断请求。当 CPU 禁止中断或不希望 8259A 向 CPU 申请中断时，就可以采用 8259A 的查询工作方式。CPU 先写一个 P=1 的 OCW3 到 8259A，再对同一地址读入，即可得到图 6-37 所示格式的状态字节。

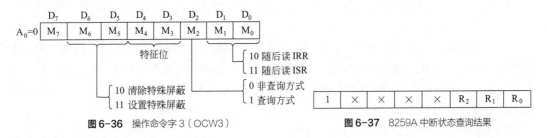

图 6-36 操作命令字 3（OCW3）   图 6-37 8259A 中断状态查询结果

c. 若 I=1，则表示本片 8259A 的 $IR_0\sim IR_7$ 中有中断请求产生，其中最高优先级的 IR 线的编码由 $R_2\sim R_0$ 给出；I=0 表示无中断请求产生。（此查询步骤可反复执行，以响应多个同时发生的中断）

d. 读 8259A 状态。可用 OCW3 命令控制读出 IRR、ISR 和 IMR 的内容。CPU 先写一个 RR RIS=10 的 OCW3 到 8259A，再对同一地址读，即可读入 IRR 的内容；CPU 先写一个 RR RIS=11 的 OCW3 到 8259A，再对同一地址读，即可读入 ISR 的内容。而当 A_0=1（奇地址）时读 8259A，则读出的都是 IMR 的内容（不依赖于 OCW3）。

6.5.4.4　8259A 编程举例

下面以 IBM PC/AT（80286）计算机中的 8259A 为例说明其编程方法。

在 286 以上的 PC 中，共使用了两片 8259A（新型的 PC 中已将中断控制器集成到芯片组中，但功能上与 8259A 完全兼容），两片级联使用，共可管理 15 级中断。各级中断的用途如表 6-3 所示。

主片 8259A 的 IRQ_2（即 IR_2）中断请求端用于级联从片 8259A，所以相当于主片的 IRQ_2 又扩展了 8 个中断请求端 $IRQ_8\sim IRQ_{15}$。

表 6-3　IBM PC/AT 的中断源和类型号

中断向量地址指针	8259A 引脚	中断类型号	优先级	中断源
00020H	主片 IR_0	08H	0（最高）	定时器
00024H	主片 IR_1	09H	1	键盘
00028H	主片 IR_2	0AH	2	从片 8259A
001C0H	从片 IR_0	70H	3	时钟/日历
001C4H	从片 IR_1	71H	4	IRQ_9（保留）
001C8H	从片 IR_2	72H	5	IRQ_{10}（保留）
001CCH	从片 IR_3	73H	6	IRQ_{11}（保留）
001D0H	从片 IR_4	74H	7	IRQ_{12}（保留）
001D4H	从片 IR_5	75H	8	协处理器
001D8H	从片 IR_6	76H	9	硬盘控制器
001DCH	从片 IR_7	77H	10	IRQ_{15}（保留）
0002CH	主片 IR_3	0BH	11	异步通信口（COM2）
00030H	主片 IR_4	0CH	12	异步通信口（COM1）
00034H	主片 IR_5	0DH	13	并行打印口 2
00038H	主片 IR_6	0EH	14	软盘驱动器
0003CH	主片 IR_7	0FH	15（最低）	并行打印口 1

　　主片 8259A 的端口地址为 20H、21H，中断类型码为 08H～0FH；从片 8259A 的端口地址为 A0H、A1H，中断类型码为 70H～77H。主片的 8 级中断已全被系统使用（其中 IRQ_2 被从片占用），从片尚保留 4 级未用。其中，IRQ_0 用于日历时钟中断（08H），IRQ_1 用于键盘中断（09H）。扩展的 IRQ_8 用于实时时钟中断，IRQ_{13} 来自协处理器 80287。除上述中断请求信号外，所有其他的中断请求信号都来自 I/O 通道的扩展板。

　　(1) 8259A 初始化编程

```
;主片 8259A 的初始化
        MOV AL,11H      ;写入 ICW1,设定边沿触发,级联方式
        OUT 20H,AL
        JMP INTR1       ;延时,等待 8259A 操作结束,下同
INTR1:  MOV AL,08H      ;写入 ICW2,设定 IRQ0 的中断类型码为 08H
        OUT 21H,AL
        JMP INTR2
INTR2:  MOV AL,04H      ;写入 ICW3,设定主片 IRQ2 级联从片
        OUT 21H,AL
        JMP INTR3
INTR3:  MOV AL,11H      ;写入 ICW4,设定特殊全嵌套方式,一般 EOI 方式
        OUT 21H,AL
        ...
;从片 8259A 的初始化
        MOV AL,11H      ;写入 ICW1,设定边沿触发,级联方式
        OUT 0A0H,AL
        JMP INTR5
INTR5:  MOV AL,70H      ;写入 ICW2,设定从片 IR0,即 IRQ8 的中断类型码为 70H
        OUT 0A1H,AL
        JMP INTR6
```

```
INTR6:   MOV AL,02H        ;写入 ICW3,设定从片级联到主片的 IRQ₂
         OUT 0A1H,AL
         JMP INTR7
INTR7:   MOV AL,01H        ;写入 ICW4,设定普通全嵌套方式,一般 EOI 方式
         OUT 0A1H,AL
         …
```

（2）级联工作编程

当来自某个从片的中断请求进入服务时，主片的优先权控制逻辑不封锁这个从片，从而使来自从片的更高优先级的中断请求能被主片所识别，并向 CPU 发出中断请求信号。因此，中断服务子程序结束时必须用软件来检查被服务的中断是否是该从片中唯一的中断请求。先向从片发出一个 EOI 命令，清除已完成服务的 ISR 位。然后再读出 ISR 的内容，检查它是否为 0。如果 ISR 的内容为 0，则向主片发一个 EOI 命令，清除与从片相对应的 ISR 位；否则，就不向主片发 EOI 命令，继续进行从片的中断处理，直到 ISR 的内容为 0，再向主片发出 EOI 命令。程序段如下：

```
;读 ISR 的内容
MOV AL,0BH                ;写入 OCW3,读 ISR 命令
OUT 0A0H,AL
NOP                       ;延时,等待 8259A 操作结束
IN AL,0A0H                ;读出 ISR
;向从片发 EOI 命令
MOV AL,20H
OUT 0A0H,AL               ;写从片 EOI 命令
;向主片发 EOI 命令
MOV AL,20H
OUT 20H,AL                ;写主片 EOI 命令
```

6.5.5 中断程序设计概述

在 PC 中，8259A 的初始化已由操作系统完成，用户不需要再对 8259A 进行初始化。一般情况下，用户向 8259A 写的控制字只有 EOI 命令，偶尔可能也要重写中断屏蔽字（但程序运行结束后，应恢复原值）。用户在编制中断程序时主要应注意 4 个方面的问题：中断服务子程序格式、保护原中断向量、设置自己的中断向量、恢复原中断向量。中断程序设计的一般过程（PC 中主片 8259A 的 I/O 地址为 20H 和 21H）如下：

① 确定要使用的中断类型号。中断类型号不能随便用，有些中断类型号已被系统占用，若强行使用可能会使系统崩溃。可供用户使用的中断类型号为 60H～66H 和 68H～6FH。

② 保存原中断向量。将自己的中断服务子程序的入口地址设置到中断向量表中之前，应先保存该地址中原来的内容，这可用 INT 21H 中的 35H 号功能完成。取出的中断向量被放在 ES：BX 中，ES 为段地址，BX 为偏移地址。取出的中断向量可保存在用户程序的附加段或数据段中，以便退出前恢复。

③ 设置自己的中断向量。将自己编写的中断服务子程序的首地址存入中断向量表的相应表项中，可以用 DOS 功能调用的 25H 号功能完成。在调用 25H 号功能前，中断服务子程序所在段的段地址应放在 DS 中，中断服务子程序的偏移地址放在 DX 中。

④ 设置中断屏蔽字（可选）。若编写的是硬件中断程序，应将所使用的硬件中断对应的 8259A 的中断屏蔽位开放。方法参考前面有关 8259A 的寄存器设置方法和初始化程序。

⑤ CPU 开中断。前面的工作完成后，就可打开 CPU 的中断标志位，以便让 CPU 响应中断。

⑥ 恢复原中断向量。程序退出前一定要恢复原中断向量。这是因为程序一旦退出，该存储区内容将不可预料，若又产生同类型中断，CPU 将转移到这个不可预料的内存区去执行，其后果很可能是系统崩溃、死机。

另外，在编写中断服务子程序时，要使 CPU 在中断服务子程序中停留的时间越短越好，这就要求中断服务子程序要编写得短小精悍，能放在主程序中完成的任务就不要由中断服务子程序来完成。

下面给出中断服务子程序及其主程序的典型形式。

① PC 中中断服务程序的一般形式：

```
MY_INT PROC FAR
PUSH<需要保护的寄存器1>
PUSH<需要保护的寄存器2>
...
PUSH<需要保护的寄存器1>
STI
<中断服务程序主体>
CLI
POP<在入口处保护的寄存器i>
...
POP<在入口处保护的寄存器2>
POP<在入口处保护的寄存器1>
MOV AL,20H                    ;EOI命令,00100000B
OUT 2OH,AL                    ;写0CW2
IRET
MY_INT ENDP
```

② 主程序形式：

```
...
;保护原中断向量表内容
MOV AH,35H
MOV AL,<中断类型码>           ;将要保护的中断源的中断类型码送AL
INT 21H                       ;取原中断向量（放在ES：BX中）
MOV SAVE_IPZBX                ;把取回的中断向量保存在本程序的
MOV SAVE_CS,ES                ;数据段中
;设置自己的中断服务程序入口
PUSH DS
MOV DX,OFFSET MY_INT
MOV AX,SEG MY_INT
MOV DS,AX                     ;DS：DX的内容为中断服务程序的首地址
MOV AH,25H
MOV AL,<中断类型码>           ;将自己的中断类型码送AL
INT 21H                       ;设新中断向量
POP DS
```

```
    STI                                          ;开中断
<主程序放在这里>
...
;退出程序前恢复原中断向量内容
CLI
PUSH DS
MOV DX,SAVE_IP
MOV AX,SAVE_CS
MOV DS,AX
MOV AH,25H
MOV AL,<中断类型码>                              ;将原中断类型码送AL
INT 21H
POP DS
STI
<退出主程序,返回DOS>
...
```

有关中断程序设计的详细描述可参阅相关文献。

 习题

6.1 输入输出系统主要由哪几个部分组成? 主要有哪些特点?

6.2 I/O 接口的主要功能有哪些? 有哪两种编址方式? 在 8088/8086 系统中采用哪一种编址方式?

6.3 试比较 4 种基本输入输出方法的特点。

6.4 主机与外部设备进行数据传送时, 采用哪一种传送方式 CPU 的效率最高?

6.5 某输入接口的地址为 0E54H, 输出接口的地址为 01FBH, 分别利用 74LS244 和 74LS273 作为输入和输出接口。画出其与 8088 系统总线的连接图;并编写程序, 使当输入接口的 D_1、D_4 和 D_7 位同时为 1 时, CPU 将内存中 DATA 为首址的 20 个单元的数据从输出接口输出, 若不满足上述条件则等待。

6.6 为什么 74LS244 只能作为输入接口, 74LS273 只能作为输出接口?

6.7 利用 74LS244 作为输入接口 (端口地址为 01F2H) 连接 8 个开关 $K_0 \sim K_7$, 用 74LS273 作为输出接口 (端口地址为 01F3H) 连接 8 个发光二极管。

① 画出芯片与 8088 系统总线的连接图, 并利用 74LS138 设计地址译码电路。

② 编写实现下述功能的程序段:

a. 若 8 个开关 $K_0 \sim K_7$ 全部闭合, 则使 8 个发光二极管亮。

b. 若开关高 4 位 ($K_4 \sim K_7$) 全部闭合, 则使连接到 74LS273 高 4 位的发光管亮。

c. 若开关低 4 位 ($K_3 \sim K_0$) 闭合, 则使连接到 74LS273 低 4 位的发光管亮。

d. 其他情况不做任何处理。

6.8 8088/8086 系统如何确定硬件中断服务程序的入口地址?

6.9 中断向量表的作用是什么? 如何设置中断向量表?

6.10 INTR 中断和 NMI 中断有什么区别?

6.11 试说明 8088 CPU 可屏蔽中断的处理过程。

6.12 CPU 满足什么条件能够响应可屏蔽中断?

6.13 8259A 有哪几种优先级控制方式? 一个外中断服务程序的第一条指令通常为 STI, 其目的是什么?

6.14 试编写 8259A 的初始化程序，系统中仅有一片 8259A，允许 8 个中断源边沿触发，不需要缓冲，一般全嵌套方式工作，中断向量为 40H。

6.15 单片 8259A 能够管理多少级可屏蔽中断？若用 3 片级联能管理多少级可屏蔽中断？

6.16 具备何种条件能够作为输入接口？具备何种条件能够作为输出接口？

6.17 已 知 SP=0100H，SS=3500H，CS=9000H，IP=0200H，[00020H]=7FH，[00021H]=1AH，[00022H]=07H，[00023H]=6CH，在地址为 90200H 开始的连续两个单元中存放着一条两字节指令 INT 8。试指出在执行该指令并进入相应的中断子程序时，SP、SS、IP、CS 寄存器的内容以及 SP 所指向的字单元的内容。

第7章

常用数字接口电路

引 言

　　CPU 与外部设备之间的信息交换是通过接口电路来实现的，它通过接口接收外部设备送出的信息，又将信息发送给外设。接口成为这种信息交换的必经通道，起着一种"桥梁"的作用。没有接口电路，计算机也就无法与外部设备进行通信。本章将介绍几种常用的可编程 I/O 数字接口芯片。

教学目的

① 了解并行通信及串行通信的一般概念；

② 掌握几种可编程接口芯片的应用。

扫码获取拓展
阅读材料

　　接口是输入输出系统中一个重要的组成部分，处理器与外部设备之间的信息交换需要通过接口实现。接口所担当的这种角色决定了它需要完成信息缓冲、信息变换、电平转换、数据存取和传送以及联络控制等工作，这些工作分别由接口电路的两大部分和计算机连接的总线接口以及与外部设备连接的外设接口来实现。总线接口一般包括内部寄存器、存取逻辑和传送控制逻辑电路等，主要负责数据缓冲、传输管理等工作；而外设接口则负责与外部设备通信时的联络和控制以及电平和信息变换等。本章所讨论的接口电路都是指外设接口。

　　接口电路从总的功能上可以分为输入接口和输出接口，分别完成信息的输入和输出；从传送方式上又可分为并行接口和串行接口；另外，从所传送信息的类型上还可分为数字量的输入输出接口及模拟量的输入输出接口。本章主要介绍用于数字信息传送的典型的可编程 I/O 接口芯片。

　　一般来讲，接口芯片的内部都包括两部分，一部分负责和计算机系统总线的连接，另一部分负责和外部设备的连接，其连接示意图如图 6-2 所示。负责与系统总线连接的部分主要包括数据信号线、控制信号线和地址信号线。数据信号线除实现数据的接收和发送外，还负责传送 CPU 发给接口的编程命令及接口送出的状态信息；控制信号线主要是读/写控制信号，由于多数系统中对外设的读写和存储器的读写是相互独立的，因此接口的读写信号 $\overline{\text{RD}}$ 和 $\overline{\text{WR}}$ 应分别与系统读写外设的信号 $\overline{\text{IOR}}$ 和 $\overline{\text{IOW}}$ 相连；地址信号线一般通过译码电路连接到接口的片选端，从而确定接口所占的地址或地址范围。

　　近年来，随着超大规模集成电路技术的发展，已有各种通用和专用的接口芯片问世，为微型计算机的应用打下了良好的硬件基础。第 6 章中介绍了一些简单的接口电路芯片及其应用。这些芯片一般只适合于慢速且功能比较简单的外设，难以满足各种应用控制系统的要求。本章将在 7.2 节和 7.3 节介绍两种可编程接口芯片的工作原理和应用方法。

7.1　并行通信与串行通信

计算机与计算机之间或计算机与外部设备之间的信息交换称为通信。计算机的通信有两种基本方式：并行通信和串行通信。在通信过程中，如果能够同时传送数据的所有位（位数由机器的字长决定），就称为并行通信；如果数据是逐位顺序传送，则称串行通信。计算机与外设间的接口按照通信方式的不同，相应地分为并行接口和串行接口。并行通信和串行通信是指接口与外部设备一侧的通信方式，与 CPU 之间的通信都是并行的。

7.1.1　并行通信

（1）并行接口的特点

由于多数的 I/O 设备，特别是系统基本 I/O 设备都采用并行数据传送，因此并行接口的应用十分普遍。一般来讲，并行接口具有以下主要特点：

① 以数据字节或字为单位进行数据传送，两个功能模块间有多位数据同时进行数据传送，速度快、效率高。

② 适合近距离传送。由于并行通信需要的数据线路较多，造价高，且易产生干扰。因此，并行通信通常都用于近距离、高速数据交换的场合。

③ 并行传送方式中，8 位、16 位或 4 字节的数据是同时传输的，因此在并行接口与外部设备进行数据交换时，即使只需要传送一位，也是一次输入输出 8 位、16 位或 4 字节。

④ 串行传送的信息有固定格式要求，并行传送的信息不要求固定格式。

（2）并行接口的类型

并行接口从不同的角度可以有以下几种分类方法：

① 从数据传送的方向上分，可以分为输入接口和输出接口。用于将信息从外部设备输入到系统的接口称为输入接口；反之，将信息从系统送入到外部设备的接口称为输出接口。对输入和输出接口的基本要求在第 6 章中已讲到，即输入接口必须具有对数据的控制能力，而输出接口必须具有对数据的锁存能力。

② 从传输数据的形式上分，可以分为单向传送接口和双向传送接口。单向传送接口的传送方向是确定的，即在系统中只能作为输入接口或者输出接口；而双向传送接口则既可以作为输入接口，也可以作为输出接口。

③ 从接口的电路结构上分，可以分为简单接口（或硬接线接口）和可编程接口。简单接口的工作方式和功能比较单一，只能进行数据的传送，不能产生系统需要的各种控制和状态信息。如第 6 章中介绍的三态门接口和锁存器接口就是典型的简单接口电路。这类接口电路主要用于连接不需任何联络信号就可实现并行数据传送的简单、低速的外部设备。

可编程接口电路能够通过软件编程的方法改变接口的工作方式及功能，具有较好的适应性和灵活性，在计算机系统中得到了广泛的应用。这类芯片的工作原理将在 7.2 节和 7.3 节介绍。

④ 从传送信息的类型上分，接口电路又可分为数字接口和模拟接口。在本章和第 6 章中介绍的接口电路都是用于传输数字信息的数字接口，本书第 8 章将介绍用于进行模拟量传送的模拟接口。

7.1.2　串行通信

串行通信是指两个功能模块只通过一条或两条数据线进行数据交换。发送方将数据分解为二进制位，一位接一位地顺序通过单条数据线发送，接收方则一位一位地从单条数据线上接收，并将其重新组装成一个数据。串行通信数据线路少，造价低，适合于远距离传送。但由于数据是一位一位传送的，故速度较慢。

7.1.2.1　串行数据传送方式

串行通信是一位一位通过同一信号线进行数据传送的方式。按照数据流的方向可分为 3 种基本传送方式：全双工、半双工和单工。

如果串行通信的通路只有一条，此时发送信息和接收信息就不能同时进行，只能采用分时使用线路的方法，如在 A 发送信息时，B 只能接收；而当 B 发送信息时，则 A 只能接收。这种串行通信的工作方式称为半双工通信方式，如图 7-1 (a) 所示。

如果有两条通路，则发送信息和接收信息就可以同时进行。如当 A 发送信息、B 接收时，B 也能够同时利用另一条通路发送信息而由 A 接收。这种工作方式称为全双工通信方式，如图 7-1 (b) 所示。

图 7-1　串行通信工作方式

除了半双工和全双工通信外，还有一种单工通信方式，它只允许一个方向传送信息，而不允许反向传输。这种方式在实际应用中较少见。

7.1.2.2　调制与解调

计算机通信时发送、接收的信息均是数字信号，其占用的频带很宽，为几兆赫甚至更高；但目前长距离通信时采用的传统电话线路频带很窄，大约仅有 4kHz。直接传送必然会造成信号的严重畸变，大大降低了通信的可靠性。所以在长距离通信时，为了确保数据的正常传送，一般都要在传送前把信号转换成适合于传送的形式，传送到目的地后再恢复成原始信号。这个转换工作可利用调制解调器（MODEM）来实现。

在发送站，调制解调器把"1"和"0"的数字脉冲信号调制在载波信号上；承载了数字信息的载波信号在普通电话网络系统中传送；在目的站，调制解调器把承载了数字信息的载波信号再恢复成原来的"1"和"0"数字脉冲信号。

信号的调制方法主要有 3 种：调频、调幅和调相。当调制信号为数字信号时，这 3 种调制方法又分别称为频移键控法（Frequency Shift Keying，FSK）、幅移键控法（Amplitude Shift Keying，ASK）和相移键控法（Phase Shift Keying，PSK）。

① 调频就是把数字信号的"1"和"0"调制成不同频率的模拟信号。例如，用 1200Hz 的信号表示"0"，用 2400Hz 的信号表示"1"。接收方根据载波信号的频率就可知道传输的信息是"1"还是"0"。

② 调幅就是把数字信号的"1"和"0"调制成不同幅度的模拟信号，但频率保持不变。例如，载波信号的幅度大于 8V 时表示"0"，载波信号的幅度小于 3V 时表示"1"。

③ 调相就是把数字信号的"1"和"0"调制成不同相位的模拟信号，但频率和幅度均保持

不变。例如，载波信号的相位为 0°时表示"0"，载波信号的相位为 180°时表示"1"。

7.1.2.3　同步通信和异步通信

串行通信的数据是逐位传送的，发送方发送的每一位都具有固定的时间间隔，这就要求接收方也要按照发送方同样的时间间隔来接收每一位。不仅如此，接收方还要确定一个信息组的开始和结束。为此，串行通信对传送数据的格式作了严格的规定，不同的串行通信方式具有不同的数据格式。下面简单介绍常用的两种基本串行通信方式——同步通信和异步通信及其数据传送格式。

（1）同步通信

所谓同步通信，是指在约定的通信速率下，发送端和接收端的时钟信号频率和相位始终保持一致（同步）。这就保证了通信双方在发送和接收数据时具有完全一致的定时关系。

同步通信把许多字符组成一个信息组（或称为信息帧），每帧的开始用同步字符来指示。由于发送和接收的双方采用同一时钟，所以在传送数据的同时还要传送时钟信号，以便接收方可以用时钟信号来确定每个信息位。

同步通信要求在传输线路上始终保持连续的字符位流，若计算机没有数据传输，则线路上要用专用的"空闲"字符或同步字符填充。

同步通信传送信息的位数几乎不受限制，通常一次通信传送的数据有几十到几千个字节，通信效率较高。但它要求在通信中保持精确的同步时钟，所以其发送器和接收器比较复杂，成本也较高，一般用于传送速率要求较高的场合。

用于同步通信的数据格式有许多种，图 7-2 表示了常见的几种数据格式。在图 7-2 中，除数据部分的长度可变外，其他均为 8 位。其中，图 7-2（a）为单同步格式，传送一帧数据仅使用一个同步字符。当接收端收到并识别出一个完整同步字符后就连续接收数据。一帧数据结束，进行 CRC 校验。图 7-2（b）为双同步格式，这时利用两个同步字符进行同步。图 7-2（c）为同步数据链路控制（SDLC）规程所规定的数据格式，而图 7-2（e）为高级数据链路控制（HDLC）规程所规定的数据格式，它们均用于同步通信。这两种规程的细节本书不做详细说明。图 7-2(d)则是一种外同步方式所采用的数据格式，对这种方式，在发送的一帧数据中不包含同步字符。同步信号 SYNC 通过专门的控制线加到串行接口上。当 SYNC 一到达，表明数据部分开始，接口就连续接收数据和 CRC 校验码。

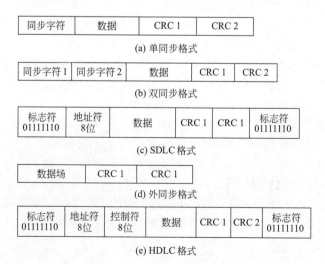

图 7-2　常见的几种同步通信数据格式

CRC（Cyclic Redundancy Checks）的意思是循环冗余校验码。它用于检验在传输过程中是否出现错误，是保证传输可靠性的重要手段之一。

（2）异步通信

异步通信是指通信中两个字符之间的时间间隔是不固定的，而在一个字符内各位的时间间隔是固定的。

异步通信规定字符由起始位（Start Bit）、数据位（Data Bit）、奇偶校验位（Parity）和停止位（Stop Bit）组成。起始位表示一个字符的开始，接收方可用起始位使自己的接收时钟与数据同步，停止位则表示一个字符的结束。这种用起始位开始、停止位结束所构成的一串信息称为帧（Frame）❶。异步通信的传送格式如图 7-3 所示。在传送一个字符时，由一位低电平的起始位开始，接着传送数据位，数据位的位数为 5～8 位。在传送时，按低位在前、高位在后的顺序传送。奇偶校验位用于检验数据传送的正确性（可略），可由程序指定。最后传送的是高电平的

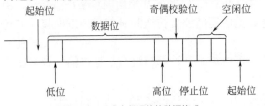

图 7-3 异步串行通信的数据格式

停止位，停止位可以是 1 位、1.5 位或 2 位。停止位结束到下一个字符的起始位之间的空闲位要由高电平"1"来填充（只要不发送下一个字符，线路上就始终为空闲位）。异步通信中，典型的帧格式是：1 位起始位，7 位（或 8 位）数据位，1 位奇偶校验位，2 位停止位。

从以上叙述可以看出，在异步通信中，每接收一个字符，接收都要重新与发送方同步一次，所以接收端的同步时钟信号并不需要严格与发送方同步，只要它们在一个字符的传输时间范围内能保持同步即可。这意味着异步通信对时钟信号漂移的要求要比同步通信低得多，硬件成本也要低得多。但是异步通信每传送一个字符，要增加大约 20%的附加信息位，所以传送效率比较低。异步通信方式简单可靠，也容易实现，故广泛地应用于各种微型计算机系统中。

7.1.2.4 串行通信的数据校验

数字通信中一项很重要的技术是差错控制技术，包括对传送的数据自动地进行校验，并在检测出错误时自动校正。对远距离的串行通信，由于信号畸变、线路干扰以及设备质量等问题，有可能会出现传输错误，此时就要求能够自动检测和纠正。目前，常用的校验方法有奇偶校验码、循环冗余码等。下面仅简单介绍奇偶校验码。

奇偶校验是一种最简单的校验方法，用于对一个字符的传送过程进行校验。先规定好校验的性质是奇校验还是偶校验。发送时，在每个字符编码的后边增加一个奇偶校验位，其目的是使整个编码（字符编码加上奇偶校验位）中"1"的个数为奇数或者偶数，若编码中"1"的个数为奇数，则为奇校验；否则为偶校验。接收设备在接收时检查所接收到的整个字符编码，看"1"的个数是否符合事先的规定，如果出错，则置错误标志。

奇偶校验只能检查出所传输字符的一位错误，对两位以上同时出错就检查不出来。在实际的传送过程中，一位错的概率在差错中的比例是最大的，同时奇偶校验又比较容易实现，因此，奇偶校验在实际应用中仍非常广泛。目前，常用的可编程串行通信接口芯片中都包含有硬件的奇偶校验电路，也可以通过软件编程实现。

循环冗余校验（CRC）是以数据块为对象进行校验的。采用 CRC 码校验要比用奇偶校验码的误码率低几个数量级，它可以把 99.997%以上的各种错误都检查出来。

---

❶ 异步通信中的"帧"与同步通信中的"帧"是不同的，异步通信中的"帧"只包含一个字符，而同步通信中的"帧"可包含几十个到上千个字符。

7.1.2.5 串行通信的接口标准

串行通信的接口标准有很多，计算机中应用最广泛的是 EIA RS-232-C（Electronics Industry Association Recommended Standard 232-C）接口标准。RS-232-C 规定了接口的机械、电气、功能等方面的参数。

RS-232-C 接口具有以下几个特点：

① 信号线少。RS-232-C 接口采用 25 条线，包括两个信号通道，即第一通道（也称主通道）和第二通道（也称副通道）。利用该接口可实现双工通信。一般主通道较常使用，而副通道使用较少。在通常情况下，双工通信只用很少几条线就可实现。在最简单的情况下，用一条接收线、一条发送线再加一条地线就可实现计算机到计算机或到其他设备的通信。

② 有多种可供选择的传送速率，使之能适用于不同速率的设备。RS-232-C 规定的标准传送速率有 50b/s、75b/s、110b/s、150b/s、300b/s、600b/s、1200b/s、2400b/s、4800b/s、9600b/s、19.2Kb/s、33.6Kb/s 和 56Kb/s。

③ 传送距离远。由于 RS-232-C 采用串行传送方式，并可将 TTL 电平转换为 RS-232-C 的电平，使其传送距离在基带传送时可达 30m，若利用光电隔离 20mA 的电流环进行传送，则其传送距离可达 1000m。当然，若在串行接口上再外接调制解调器，则传送距离就更远。

④ 采用负逻辑无间隔不归零电平码传送。规定逻辑"1"为 −15～−5V 的信号，逻辑"0"为 5～15V 的信号。逻辑"1"与逻辑"0"之间的电平阈值很大，从而大大提高了抗干扰能力。

7.2 可编程定时/计数器 8253

在数字电路、计算机系统以及实时控制系统中常需要用到定时信号，如函数发生器、计算机中的系统日历时钟、DRAM 的定时刷新、实时采样和控制系统等都要用到定时信号。

定时信号可以利用软件编程或硬件的方法得到。

所谓软件定时的方法，就是设计一个延时子程序，子程序中全部指令执行时间的总和就是该子程序的延时时间。在 CPU 时钟频率一定时，子程序的延时时间是固定的。这种方法比较简单、较易实现，只是需要了解延时程序中每条指令的执行时间。软件定时的定时时间不太精确，但使用方便，因此在软件开发中经常用到。但它仅适用于延时时间较短、重复次数有限的场合，否则 CPU 总是执行延时程序，占用了大量的时间，使 CPU 的利用率降低，故在对时间要求严格的实时控制系统和多任务系统中很少采用。

硬件定时就是利用专用的硬件定时/计数器，在简单软件控制下产生准确的延时时间。其基本原理是通过软件确定定时/计数器的工作方式、设置计数初值并启动计数器工作，当计数到给定值时便自动产生定时信号。这种方法的成本不高，程序上也很简单，且大大提高了 CPU 的效率，既适合长时间、多次重复的定时，也可用于延时时间较短的场合，因此得到了广泛的应用。

定时/计数器在计数方式上分为加法计数器和减法计数器。加法计数器是每有一个计数脉冲就加 1，当加到预先设定的计数值时产生一个定

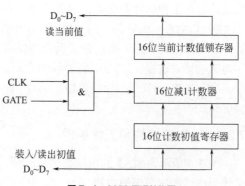

图 7-4　8253 原理结构图

时信号；减法计数器是在送入计数初值后，每来一个计数脉冲就减 1，减到 0 时产生一个定时信号输出。可编程定时器 8253 是一个减法计数器，其原理结构如图 7-4 所示。可编程定时器 8253 是 Intel 公司专为 80×86 系列 CPU 配置的外围接口芯片。这里仍然从外部引线入手，介绍 8253 的外部特性和与应用有关的内部结构，最终使读者掌握芯片与系统的连接和使用方法。

7.2.1 8253 的引线及结构

7.2.1.1 引线及功能

8253 是 Intel 公司生产的三通道 16b 的可编程定时/计数器，是具有 24 根引脚的双列直插式器件，其外部引线如图 7-5 所示。它的最高计数频率可达 2MHz，使用单电源+5V 供电，输入输出均与 TTL 电平兼容，其主要引脚的功能如下：

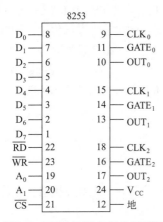

图 7-5 可编程定时器 8253 外部引线图

① $D_0 \sim D_7$：8 位双向数据线。$D_0 \sim D_7$ 用来传送数据、控制字和计数器的计数初值。

② $\overline{CS}$：片选信号，输入，低电平有效。由系统高位 I/O 地址译码产生。当它有效时，此定时器芯片被选中。

③ $\overline{RD}$：读控制信号，输入，低电平有效。当它有效时表示 CPU 要对此定时器芯片进行读操作。

④ $\overline{WR}$：写控制信号，输入，低电平有效。当它有效时表示 CPU 要对此定时器芯片进行写操作。

⑤ A_0、A_1：地址信号线。高位地址信号经译码产生 $\overline{CS}$ 片选信号，决定了 8253 芯片所具有的地址范围。而 A_0、A_1 地址信号则经片内译码产生 4 个有效地址，分别对应了芯片内部 3 个独立的计数器（通道）和一个控制寄存器。具体规定如表 7-1 所示。

表 7-1 各地址信号组合功能

A_1	A_0	功能	A_1	A_0	功能
0	0	选择计数器 0	1	0	选择计数器 2
0	1	选择计数器 1	1	1	选择控制寄存器

⑥ $CLK_0 \sim CLK_2$：每个计数器的时钟信号输入端。计数器对此时钟信号进行计数。CLK 信号是计数器工作的计时基准，因此其频率要求很精确。

⑦ $GATE_0 \sim GATE_2$：门控信号，用于控制计数的启动和停止。多数情况下，GATE=1 时允许计数，GATE=0 时停止计数。但有时仅用 GATE 的上升沿启动计数，启动后则 GATE 的状态不再影响计数过程，7.2.2 节将会详细介绍。

⑧ $OUT_0 \sim OUT_2$：计数器输出信号。在不同的工作方式下 $OUT_0 \sim OUT_2$ 将产生不同的输出波形。

7.2.1.2 内部结构和工作原理

图 7-6 所示为 8253 的内部结构示意图，它主要包括 3 个计数器、1 个控制寄存器以及数据总线缓冲器和读写逻辑电路。

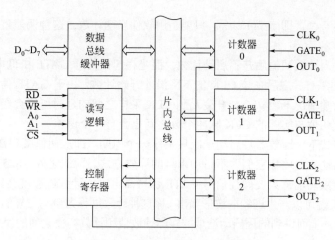

图 7-6 可编程定时器 8253 的内部结构框图

（1）计数器

计数器 0（CNT_0）、计数器 1（CNT_1）和计数器 2（CNT_2）是 3 个相同的 16 位计数器，它们相互独立，可以分别按各自的方式进行工作，每个计数器都包括一个 16 位的初值寄存器、一个计数执行单元和一个输出锁存器。其工作过程如下。

当置入初值后，计数执行单元开始对输入脉冲 CLK 进行减 1 计数，减到 0 时，从 OUT 端输出一个信号，整个过程可以重复进行。计数器既可按二进制计数，也可按十进制计数。另外，在计数过程中，计数器还受到门控信号 GATE 的控制。在不同的工作方式下，计数器的输入 CLK、输出 OUT 和门控信号 GATE 之间的关系将会不同（详情见 7.2.2 节）。

（2）控制寄存器

8253 是可编程接口芯片，可以通过软件编程写入控制字的方法控制其工作方式。芯片内部的控制寄存器就是用来存放控制字的。控制字在 8253 初始化时通过输出指令写入控制寄存器。该寄存器为 8 位，只能写入，不能读出。

（3）数据总线缓冲器

数据总线缓冲器是一个 8 位的双向三态缓冲器，用于 8253 和 CPU 数据总线之间连接的接口。CPU 通过该数据缓冲器对 8253 进行读写。

（4）读写逻辑电路

在片选信号 $\overline{CS}$ 有效的情况下，读写逻辑电路从系统总线接收输入信号，经过逻辑组合，产生对各部分的控制信号。当片选信号无效，即变为高电平时，数据总线缓冲器处于三态，读写信号得不到确认，CPU 则无法对其进行读写操作。

7.2.1.3 计数启动方法

8253 计数器的计数过程可以由程序指令启动，称为软件启动；也可由外部电路信号启动，称为硬件启动。

（1）软件启动

软件启动在 CPU 用输出指令向计数器写入初值后就启动计数。但事实上，CPU 写入的计数初值只是写到了计数器内部的初值寄存器中，计数过程并未真正开始。写入初值后的第一个 CLK 信号将初值寄存器中的内容送到计数器中，而从第二个 CLK 脉冲的下降沿开始，计数器才真正进行减 1 计数。之后，每来一个 CLK 脉冲都会使计数器减 1，直到减到 0 时在 OUT 端输出一个信号。因此，从 CPU 执行输出指令写入计数初值到计数结束，实际的 CLK 脉冲个数比编程写入

的计数初值 N 要多一个，即（$N+1$）个。只要是用软件启动计数，这种误差是不可避免的。

（2）硬件启动

硬件启动在写入计数初值后并不启动计数，而是在门控信号 GATE 由低电平变高后，再经 CLK 信号的上升沿采样，之后在该 CLK 的下降沿才开始计数。由于 GATE 信号与 CLK 信号不一定同步，故在极端情况下，从 GATE 变高到 CLK 采样之间的延时可能会经历一个 CLK 脉冲宽度，因此在计数初值与实际的 CLK 脉冲个数之间也会有一个误差。

在多数工作方式下，计数器每启动一次只工作一个周期（即从初值减到 0），要想重复计数过程则必须重新启动，因此称它们为不自动重复的计数方式。除此之外，8253 还有另外一种计数方式，即一旦计数启动，只要门控信号 GATE 保持高电平，计数过程就会自动周而复始地重复下去，这时 OUT 端可以产生连续的波形输出，称这种计数过程为自动重复的计数方式。此时，在达到稳定状态后，上面讲到的因启动造成的实际计数值和计数初值之间的误差就不再存在。

7.2.2 8253 的工作方式

8253 共有 6 种不同的工作方式，在不同的工作方式下，计数过程的启动方式、OUT 端的输出波形都不一样，自动重复功能和 GATE 的控制作用以及写入新的计数初值对计数过程产生的影响也不相同。下面将借助工作波形来分别说明这 6 种工作方式的计数过程。

7.2.2.1 方式 0——计数结束中断

方式 0 为软件启动、不自动重复计数的方式。在这种方式下，在第一个写信号 $\overline{\text{WR}}$ 有效时向计数器写入控制字 CW，之后其输出端 OUT 就变低电平；在第二个 $\overline{\text{WR}}$ 有效时装入计数初值，然后经过一个 CLK 信号的上升沿和下降沿，初值进入计数器；当计数减到 0，即计数结束后，OUT 输出变为高电平，波形如图 7-7 所示。该输出信号可作为中断请求信号使用。

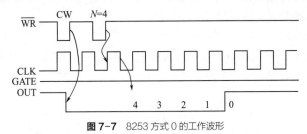

图 7-7 8253 方式 0 的工作波形

不自动重复计数的特点是：每写入一次计数初值只计数一个周期，若要重新计数，需 CPU 再次写入计数初值。

有以下两点需要注意：

① 整个计数过程中，GATE 端应始终保持高电平。若 GATE 变低，则暂停计数，直到 GATE 变高后再接着计数。

② 计数过程中可随时修改计数初值，即使原来的计数过程没有结束，计数器也用新的计数初值重新计数。但如果新的计数初值是 16 位的，则在写入第一个字节后停止原先的计数，写入第二个字节后才开始以新的计数值重新计数。

7.2.2.2 方式 1——可重复触发的单稳态触发器

方式 1 是一种硬件启动、不自动重复的工作方式。当写入方式 1 的控制字后，OUT 端输出高电平。在 CPU 写入计数初值后，计数器并不开始计数，而是要等门控信号 GATE 出现由低到高的跳变（触发）后，在下一个 CLK 脉冲的下降沿才开始计数，此时 OUT 端立刻变为低电平。当计数结束后，OUT 端输出高电平。这样就可以从计数器的 OUT 端得到一个负脉冲，负脉冲宽度为计数初值 N 乘以 CLK 的周期 T_{CLK}。

方式 1 的特点如下：

① 计数过程一旦启动，GATE 端即使变低也不会影响计数。

② 可重复触发。当计数到 0 后，不用再次写入计数初值，只要用 GATE 的上升沿重新触发一次计数器，即可产生一个同样宽度的负脉冲。

③ 在计数过程中，若写入新的计数值，则本次计数过程的输出不受影响。本次计数结束后再次触发，计数器才开始按新的计数值进行计数，并按新值输出脉冲宽度。

④ 若在形成单个负脉冲的计数过程中外部的 GATE 上升沿提前到来，则下一个 CLK 脉冲的上升沿使计数器重新装入计数初值，并紧接着在 CLK 的下降沿重新开始计数。这时的负脉冲宽度将会加宽，宽度为重新触发前的已有的宽度与新一轮计数过程的宽度之和。方式 1 的波形如图 7-8 所示。

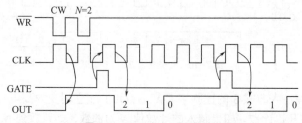

图 7-8　8253 方式 1 的工作波形

7.2.2.3　方式 2——频率发生器

在方式 2 下，计数器既可以用软件启动，也可以用硬件启动。若写入控制字和计数初值期间 GATE 一直为高电平，则在写入计数初值后的下一个 CLK 开始计数（即软件启动）；若送计数初值时 GATE 为低电平，则要等到 GATE 信号由低变高时才启动（即硬件启动）。一旦计数启动，计数器可以自动重复工作。

在写入方式 2 控制字后，OUT 端变为高电平。假设此时 GATE=1，则装入计数初值 N 后计数器从下一个 CLK 的下降沿开始计数，经过 $(N-1)$ 个 CLK 周期后（此时计数值减去 1），OUT 端变为低电平，再经过一个 CLK 周期，计数值减到 0，OUT 又恢复为高电平。由于方式 2 下计数器可自动重复计数，因此在计数减到 0 后，计数器又自动装入计数初值，并开始新的一轮计数过程。这样，在 OUT 端就会连续输出宽度为 CLK 的负脉冲，其周期为 $N \times T_{CLK}$，即 OUT 端输出的脉冲频率为 CLK 的 $1/N$。所以方式 2 也称为分频器，分频系数就是计数初值 N。可以利用不同的计数初值实现对 CLK 时钟脉冲进行 1～65536 的分频。方式 2 的工作波形如图 7-9 所示。

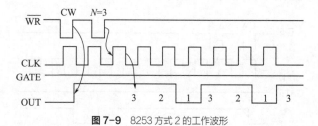

图 7-9　8253 方式 2 的工作波形

在方式 2 中，门控信号 GATE 可被用作控制信号。当 GATE 为低电平时，计数停止，强迫 OUT 输出高电平。当 GATE 变高后的下一个时钟下降沿，计数器又被置入初值从头开始重新计数，之后的过程就和软件启动相同。这个特点可用于实现计数器的硬件同步。

在计数过程中，若重新写入新的计数初值，则不影响当前的计数过程，而是在下一轮计数过程才按新的计数值进行计数。

方式 2 中，一个计数周期应包括 OUT 输出的负脉冲所占的那一个时钟周期。

7.2.2.4　方式 3——方波发生器

方式 3 和方式 2 类似，也有两种启动方式，也能够自动重复计数。只是计数到 $N/2$ 时，OUT 端输出变为低电平，再接着计数到 0 时，OUT 又变为高，并开始新一轮计数。此时 OUT 端输出的波形不是负脉冲，而是方波。图 7-10 为方式 3 的工作波形。

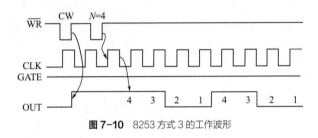

图 7-10　8253 方式 3 的工作波形

由图可以看出，在写入方式 3 的控制字 CW 后，OUT 端立刻变为高电平。若此时 GATE=1，则装入计数初值 N 后开始计数。如果装入的计数值 N 为偶数，则计数到 $N/2$ 时，OUT 变低，计完其余的 $N/2$ 后，OUT 又回到高电平。如此这般自动重复下去，OUT 端输出周期为 $N \times T_{CLK}$ 的对称方波。

若 N 为奇数，则输出波形不对称。其中，$(N+1)/2$ 个时钟周期内，OUT 为高电平，而另外 $(N-1)/2$ 个时钟周期内，OUT 为低电平。

写入计数初值时，若 GATE 信号为低电平，则并不开始计数，OUT 端强迫输出高电平，直到 GATE 变为高电平后才启动计数，输出对称方波。若计数过程中 GATE 变低，会立刻终止计数，且 OUT 端马上变高。当 GATE 恢复高电平后，计数器将重新装入计数初值，从头开始计数。在计数过程中，若装入新的计数值，会在当前半周期结束时启用新的计数初值。当然，如果在改变计数初值后接着又发生硬件启动，则会立即以新计数值开始计数。

7.2.2.5　方式 4——软件触发选通

方式 4 为软件启动、不自动重复计数的方式。写入方式 4 控制字后，输出 OUT 立即变高电平。若 GATE=1，则装入计数初值后计数立即开始。计数结束时，由 OUT 输出一个 CLK 周期宽的负脉冲。方式 4 的工作波形如图 7-11 所示。

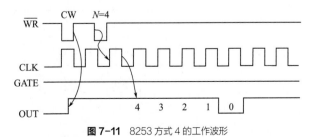

图 7-11　8253 方式 4 的工作波形

该方式下计数器工作的特点与方式 0 相似。如果在计数过程中装入新的计数值，则计数器从下一时钟周期开始按新的计数值重新开始计数。

请注意方式 4 与方式 2 下 OUT 端输出波形的不同。

7.2.2.6　方式 5——硬件触发选通

方式 5 为硬件启动、不自动重复计数的计数方式（与方式 1 相同）。写入方式 5 控制字后，输出 OUT 变为高电平。当 GATE 端出现一个上升沿跳变时，启动计数，计数结束时 OUT 端送出一个宽度为 T_{CLK} 的负脉冲，之后，OUT 又变高且一直保持到下一次计数结束。方式 5 的工作波形如图 7-12 所示。

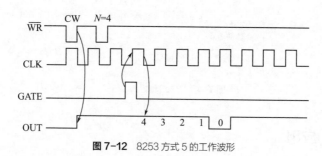

图 7-12　8253 方式 5 的工作波形

为便于读者比较，表 7-2 列出了 8253 计数器 6 种工作方式的特点。

表 7-2　8253 计数器工作方式一览表

工作方式	启动计数	中止计数	自动重复	更新初值	输出波形
0	软件	GATE=0	否	立即有效	延时时间可变的上升沿
1	硬件	—	否	下一轮有效	宽度为 $N{\times}T_{CLK}$ 的单一负脉冲
2	软/硬件	GATE=0	是	下一轮有效	周期为 $N{\times}T_{CLK}$，宽度为 T_{CLK} 的连续负脉冲
3	软/硬件	GATE=0	是	下半轮有效	周期为 $N{\times}T_{CLK}$ 的连续方波
4	软件	GATE=0	否	立即有效	宽度为 T_{CLK} 的单一负脉冲
5	硬件	—	否	下一轮有效	宽度为 T_{CLK} 的单一负脉冲

7.2.3　8253 的控制字

8253 必须先初始化才能正常工作，每个计数通道可分别初始化。CPU 通过指令将控制字写入可编程定时器 8253 的控制寄存器，从而确定 3 个计数器分别工作于何种工作方式下。8253 的控制字具有固定的格式，如图 7-13 所示。

控制字的 D_0 位用来定义用户所使用的计数值是二进制数还是 BCD 数。因为每个计数器的字长都是 16 位，所以如果采用二进制计数则计数范围为 0000H～FFFFH；如果用 BCD 计数，则计数范围为 0000～9999。由于计数器做减 1 操作，故当计数初值为 0000 时，对应的是最大计数值（二进制计数时为 65536，十进制计数时为 10000）。

在 8253 计数过程中，CPU 可随时读出其当前的计数值，而且不会影响计数器的工作。实现这种操作只需写入相应的控制字，此时控制字的 RL_1RL_2 选择 00，即控制字格，为 $SC_1SC_0 00{\times}{\times}{\times}$。控制字其他各位的功能在图中标得都很清楚，这里就不再说明。

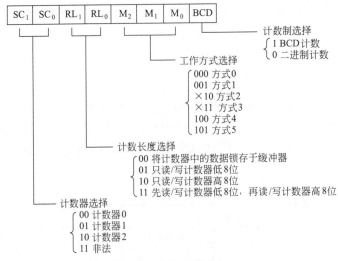

图 7-13　8253 的控制字格式

7.2.4　8253 的应用

7.2.4.1　8253 与系统的连接

8253 共占用了 4 个端口地址，地址范围由高位地址信号决定，高位地址的译码输出接到片选 $\overline{CS}$，A_0 和 A_1 分别接到系统总线的 A_0、A_1 地址信号线上，用来寻址芯片内部的 3 个计数器及控制寄存器。信号 $\overline{CS}$、A_0、A_1 与读信号 $\overline{RD}$、写信号 $\overline{WR}$ 配合，可以实现对 8253 的各种读写操作。上述各信号的功能组合如表 7-3 所示。

表 7-3　各寻址信号功能组合

$\overline{CS}$	A_1	A_0	$\overline{RD}$	$\overline{WR}$	功能	$\overline{CS}$	A_1	A_0	$\overline{RD}$	$\overline{WR}$	功能
0	0	0	1	0	写计数器 0	0	0	0	0	1	读计数器 0
0	0	1	1	0	写计数器 1	0	0	1	0	1	读计数器 1
0	1	0	1	0	写计数器 2	0	1	0	0	1	读计数器 2
0	1	1	1	0	写控制寄存器	0	1	1	0	1	无效

对 8253 的读写操作需注意以下两点：

① 在向某一计数器写入计数初值时，应与控制字中 RL_1 和 RL_0 的编码相对应。当编码为 01 或 10 时，只可写入一个字节的计数初值，另一字节 8253 默认为 0；当编码为 11 时，一定要装入两个字节的计数值，且先写入低字节再写入高字节。若此时只写了一个字节就去别的计数器的计数值，则写入的字节将被解释为计数值的高 8 位，从而产生错误。

② 8253 的计数器在计数过程中可读出其当前计数值。读出的方法有两种：a. 前面已讲到的在计数过程中读计数值的方法，即写入 RL_1 和 RL_0 为 00 的控制字，将选中的计数器的当前计数值锁存到相应锁存器中，而后利用读计数器操作，用两条输入指令即可把 16 位计数值读出；b. 控制 GATE 门控信号使计数器停止计数，先写入控制字，规定好 RL_1 和 RL_0 的状态，也就是规定读一个字节还是读两个字节。若其编码为 11，则一定要读两次，先读出计数值低 8 位，再读出高 8 位。此时若读一次同样会出错。

可编程定时器 8253 可直接连接到系统总线上。图 7-14 就是 8253 与 8088 系统总线连接的一个例子。该图中，系统地址总线信号 $A_{15} \sim A_2$ 经译码电路译码产生片选信号选中 8253，8253 占用的 4 个端口地址为 FF04H～FF07H。

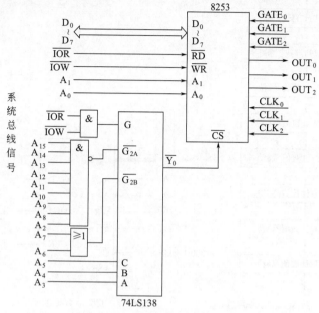

图 7-14 8253 与 8088 系统总线的连接

7.2.4.2 8253 的编程

对 8253 的编程也称为对 8253 进行初始化。它包括两部分：写各计数器的方式控制字、设置计数初值。由于 8253 每个计数器都有自己的地址，控制字中又有专门两位来指定计数器，使得对计数器的初始化可按任何顺序进行。初始化的方法可以有以下两种：

① 以计数器为单位逐个进行初始化，即对某一个计数器，先写入方式控制字，接着写入计数初值（一个字节或两个字节）。先初始化哪一个计数器无关紧要，但对某一个计数器来说，则必须按照"方式控制字-计数值低字节-计数值高字节"的顺序进行初始化，如图 7-15 所示。

② 先写所有计数器的方式字，再装入各计数器的计数值，这种方法的过程如图 7-16 所示。从图可以看出，这种初始化方法是先分别写入各计数器的方式控制字，再分别写入计数初值，计数初值仍要按先低字节再高字节的顺序写入。

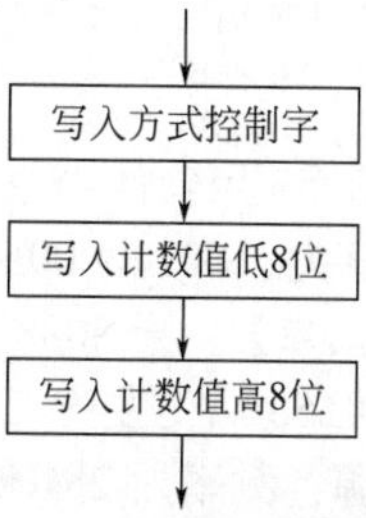

由于输入输出指令的要求，在写入计数初值时，设定的计数值必须在累加器 AL 中。但双字节计数时，计数初值设定在 AX 中，所以要求在写高 8 位时，要将 AH 内容送 AL，然后再写入控制寄存器。这一点在下面的例子中要注意。

```
┌──────────────┐
│ 写入方式控制字 │
└──────────────┘
        │
┌──────────────┐
│ 写入计数值低8位 │
└──────────────┘
        │
┌──────────────┐
│ 写入计数值高8位 │
└──────────────┘
```

图 7-15 一个计数器的初始化编程顺序

对以上两种初始化方法，读者可根据自己的习惯采用任意一种。

【例 7-1】 已知 8253 计数器的电路原理图如图 7-17 所示，8253 三个端口计数器地址为 200H、201H、202H，控制寄存器端口地址为 203H。①编写初始化程序，使在 OUT_0 端输出图示波形；②若要求 8253 用软件产生一次性中断，最好采用哪种工作方式？现用计数器 0 对外部脉冲计数，计数满 10000，产生一次中断，请写出工作方式控制字及计数初值。

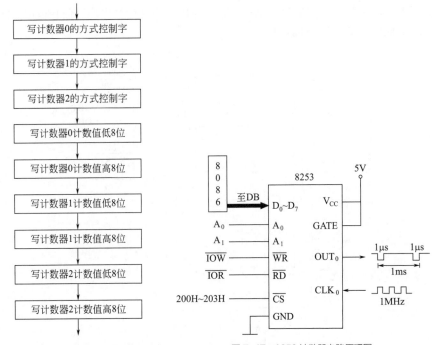

图 7-16 另一种计数器的初始化编程顺序　　**图 7-17** 8253 计数器电路原理图

题目分析：根据要求的波形，8253 的 CLK_0 为 1MHz 的时钟，而 OUT_0 输出的波形中的低电平是 1μs，刚好是 CLK_0 的一个脉冲周期，所以可以采用方式 2 来实现所要求的波形输出（控制字：00110100B）。除了 1μs 的低电平外，输出波形的一个周期中含有的高电平时间为 999μs。此为高电平计数时间，计数值 999=03E7H。

程序如下：

```
MOV DX,203H
MOV AL,00110100B
OUT DX,AL
MOV AX,03E7H
MOV DX,200H
OUT DX,AL
MOV AL,AH
OUT DX,AL
```

若 8253 用软件产生一次性中断，最好采用方式 0，即计数结束产生中断的工作方式。其方式控制字为：00110000B。计数初值=10000。

【例 7-2】　某 8088 系统采用 8253 精确控制一个发光二极管闪亮，如图 7-18 所示。系统要求启动 8253 后使发光二极管点亮 2s，熄灭 2s；亮灭 50 次后停止闪动，系统工作结束。现有一个时钟源，频率为 2MHz。写出实现上述功能的程序段。

题目分析：CLK 的周期 = 1/2MHz = 0.5μs，若不进行分频，则 4s 需要的周期数 = 4s/0.5μs = 8000000 > 65535。计数器 0 工作于方式 2，CLK_0 接 2MHz 信号源，输出 OUT_0 产生 250Hz（周期 4ms）的脉冲序列；计数器 1 工作于方式 3，CLK_1 接 OUT_0 的 250Hz 脉冲信号，输出 OUT_1 产生周期为 4s 的方波，经过一个反相驱动器控制一个发光二极管；计数器 2 工作于方式 0，输入 CLK_2 接 OUT_1 的周期为 4s 的方波，亮灭 50 次后输出 OUT_2 向 CPU 产生中断。

计数器 0 计数初值=4ms / 0.5μs = 8000；计数器 1 计数初值= 4s/ 4ms = 1000；计数器 2 计数初值= 50。以下是 8253 的初始化程序：

```
MOV AL,00110101B        ;计数器 0,先低后高,方式 2,十进制计数
OUT 44H,AL
```

```
MOV AL,01110111B          ;计数器1,先低后高,方式3,十进制计数
OUT 44H,AL
MOV AL,10110001B          ;计数器2,先低后高,方式0,十进制计数
OUT 44H,AL
MOV AL,00H                ;计数器0计数初值低8位
OUT 41H,AL
MOV AL,80H                ;计数器0计数初值高8位
OUT 41H,AL
MOV AL,00H                ;计数器1计数初值低8位
OUT 42H,AL
MOV AL,10H                ;计数器1计数初值高8位
OUT 42H,AL
MOV AL,50H                ;亮灭50次后产生中断
OUT 43H,AL
```

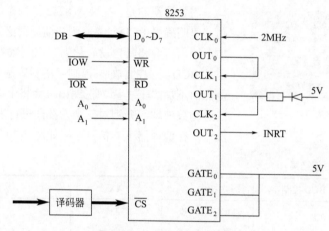

图 7-18　8253 计数器电路原理图

【**例 7-3**】　利用 8253 设计一个生产流水线监视器，要求每通过 50 个工件，扬声器响 5s，声音频率为 2000Hz。

题目分析：设计原理图如图 7-19 所示，工件每挡住一次光源，将导通三极管，进而产生一个脉冲信号，作为 CLK_0。计数器 0 工作于方式 0 计数结束中断方式，通过 50 个工件后 OUT_0 产生一个高电平向 CPU 申请中断（INTR）；方式控制字为 00010001B（11H），即方式 0，只装低 8 位，十进制（BCD）计数，初值为 50H。计数器 1 工作于方式 2 分频方式，产生 2000Hz 喇叭音调，方式控制字为 01110101B（75H），即方式 2，先低后高，十进制（BCD）计数。计数器初值 $= (1.4 \times 10^6) / 2000 = 700H$。

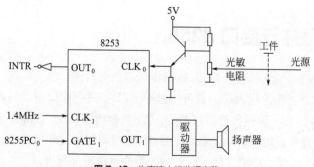

图 7-19　生产流水线监视电路

程序如下：

```
MOV AL,11H          ;置计数器 0 工作方式 0
OUT 43H,AL

MOV AL,50H          ;装计数初值（只低 8 位）
OUT 40H,AL

MOV AL,01H          ;GATE1 置 1
OUT 63H,AL

MOV AL,75H          ;置计数器 1 工作方式 2
OUT 43H,AL

MOV AL,00H          ;装计数初值（先低后高）
OUT 41H,AL

MOV AL,07H
OUT 41H,AL
```

图 7-20 三种赋值结果下寄存器数值

需要注意的是，在装入 8253 计数器的初值时，如果控制字里明确是 BCD 计数，则初值后面必须加 "H"，如果不加汇编语言会将其自动转化为二进制数处理，而实际 8253 是按 BCD 计数的。如果控制字里明确是二进制计数，则初值后面不加 "H"，因为汇编语言会将十进制数自动转化为二进制数处理。分别对三个计数器进行表 7-4 所示的赋值操作，在编译器下的仿真结果如图 7-20 所示。

表 7-4　三种计数器赋值结果

计数器	BCD 控制字	指令	AX	初值寄存器
0	0	MOV AL, 90	5AH	5AH
1	1	MOV AL, 90	5AH	（5A）D=（50+10）=60D=3CH
2	1	MOV AL, 90H	90H	（90）D=5AH

从以上的叙述中可以看出，8253 在应用上具有很高的灵活性，通过对外部输入时钟信号的计数可以达到计数和定时两种应用目的。门控信号 GATE 提供了从外部控制计数器的能力。同时，当一个计数器计数或定时长度不够时，还可以把两三个计数器串联起来使用，即一个计数器的输出 OUT 作为下一个计数器的外部时钟 CLK 输入，甚至可将两个 8253 串联起来使用。这些方面的问题，只要读者熟悉了 8253 的基本功能就不难举一反三更巧妙地使用它。

7.3　可编程并行接口 8255

并行接口是实现并行通信的接口。其数据传送方向有两种：单向传送（只作为输入口或输出口）、双向传送（既可作为输入口，也可作为输出口）。并行接口可以很简单，如锁存器或三态门；也可以很复杂，如可编程并行接口芯片。7.3 节介绍的 8255 是 Intel 公司生产的为 x86 系列 CPU 配套的可编程并行接口芯片。所谓可编程，就是可以通过软件的方式来设定芯片的工作方式。8255 的通用性较强、使用灵活，是一种典型的可编程并行接口。

7.3.1 8255 的引线及结构

7.3.1.1 外部引线及结构

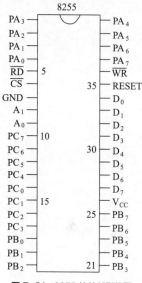

图 7-21 8255 的外部引线图

8255 的外部引线如图 7-21 所示，共有 40 个引脚，其功能如下：

① $D_0 \sim D_7$：双向数据信号线，用来传送数据和控制字。

② $\overline{RD}$：读信号线，低电平有效。$\overline{RD}$ 与其他信号线一起实现对 8255 接口的读操作，通常接系统总线的 $\overline{IOR}$ 信号。

③ $\overline{WR}$：写信号线，低电平有效。$\overline{WR}$ 与其他信号一起实现对 8255 的写操作，通常接系统总线的 $\overline{IOW}$ 信号。

④ $\overline{CS}$：片选信号线，低电平有效。当系统地址信号经译码产生低电平时选中 8255 芯片，使能够对 8255 进行操作。

⑤ A_0、A_1：口地址选择信号线。

8255 的内部包括 3 个独立的输入输出端口（A 口、B 口和 C 口）以及一个控制寄存器。A_0、A_1 地址信号经片内译码可产生 4 个有效地址，分别对应 A、B、C 这 3 个口和内部控制寄存器，具体规定如表 7-5 所示。

表 7-5 各地址信号组合功能

A_1	A_0	选择	A_1	A_0	选择
0	0	A 口	1	0	C 口
0	1	B 口	1	1	控制寄存器

在实际使用中，A_0、A_1 通常接系统总线的 A_0 和 A_1，它们一起来决定 8255 的接口地址。

① RESET：复位输入信号。通常接系统的复位 RESET 端。当它为高电平时使 8255 复位。复位后，8255 的 A 口、B 口和 C 口均被预设为输入状态。

② $PA_0 \sim PA_7$：A 口的 8 条输入输出信号线。这 8 条线是工作于输入、输出还是双向（同时为输入或输出）方式可由软件编程来决定。

③ $PB_0 \sim PB_7$：B 口的 8 条输入输出信号线。利用软件编程可指定这 8 条线是用作输入还是输出。

④ $PC_0 \sim PC_7$：C 口的 8 条线，根据其工作方式可作为数据的输入或输出线，也可以用作控制信号的输出或状态信号的输入线，具体使用方法将在本节后面做介绍。

7.3.1.2 内部结构

8255 的内部结构框图如图 7-22 所示，它由以下几个部分组成。

（1）数据端口

8255 有 A、B、C 共 3 个 8 位数据端口，可以通过编程把它们分别指定为输入口或输出口。A 口和 B 口的输入输出都具有数据锁存能力，C 口输出有锁存能力，而输入没有锁存能力。A、B、C 这 3 个口作输出时，其输出锁存器的内容可以由 CPU 用输入指令读回。在使用中，A、B、C 这 3 个口可作为三个独立的 8 位数据输入输出口；也可只将 A、B 口作为数据输入输出口，而使 C 口的各位作为它们与外设联络用的状态或选通控制信号的输入输出。C 口的主要特点是可以对其按位进行操作。

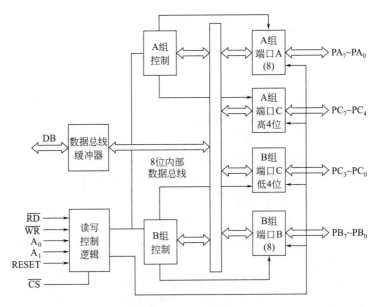

图 7-22 8255 内部结构框图

（2）A 组和 B 组控制电路

从图 7-19 中可以看到，A 组和 B 组控制电路一方面接收读写控制逻辑电路的读写命令，另一方面接收由数据总线输入的控制字，分别控制 A 组和 B 组的读写操作和工作方式。A 组包括 A 端口的 8 位和 C 端口的高 4 位（$PC_4 \sim PC_7$），B 组包括 B 端口的 8 位和 C 端口的低 4 位（$PC_0 \sim PC_3$），编程写入的控制字输入到内部控制寄存器，控制 A 组和 B 组的工作方式。

（3）读写控制逻辑

读写控制逻辑负责管理 8255 的数据传送。它接收来自系统总线的 A_0、A_1 和 CS 以及读（$\overline{RR}$）、写（$\overline{WR}$）和复位信号（RESET），并将这些信号进行逻辑组合，形成相应的控制命令，发送到 A 组和 B 组控制电路，以控制信息的传送。

（4）数据总线缓冲器

数据总线缓冲器是一个三态双向 8 位数据缓冲器，8255 通过它和系统的数据总线相连，传递控制字、数据和状态信息。

图 7-23 为 8255 各引脚及端口在系统中的连接示意图。

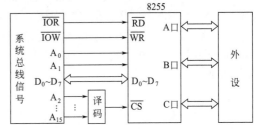

图 7-23 8255 与系统的连接示意图

7.3.2　8255 的工作方式

8255 有 3 种基本的工作方式：方式 0、方式 1 和方式 2。其中，A 口可以工作在方式 0、方式 1 和方式 2；B 口只能工作于方式 0 和方式 1；而 C 口在作为数据输入输出端口时，只能工作于方式 0。当 A 口、B 口工作在方式 1 或 A 口工作在方式 2 时，C 口的某些位被用作连接相应的选通控制信号。3 个端口工作在哪一种方式下，可通过软件编程来设定。

7.3.2.1　工作方式 0

方式 0 又称为基本输入输出方式。方式 0 下的端口示意图如图 7-24 所示。

这种方式有如下两个特点：

① A 口、C 口的高 4 位，B 口以及 C 口的低 4 位可分别定义为输入或输出，各端口互相独立，故共有 16 种不同的组合。例如，可定义 A 口和 C 口高 4 位为输入口，B 口和 C 口低 4 位为输出口；或 A 口为输入，B 口和 C 口高 4 位、C 口低 4 位为输出；等等。

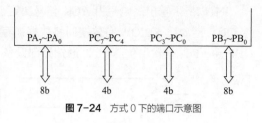

图 7-24　方式 0 下的端口示意图

② 在方式 0 下，C 口有按位进行置位和复位的能力。有关 C 口的按位操作见后续内容。方式 0 最适合用于无条件传送方式，由于传送数据的双方互相了解对方，所以既不需要发控制信号给对方，也不需要查询对方状态，故 CPU 只需直接执行输入输出指令便可将数据读入或写出。

方式 0 也能用于查询工作方式，由于没有规定固定的应答信号，这时常将 C 口的高 4 位（或低 4 位）定义为输入口，用来接收外设的状态信号；而将 C 口的另外 4 位定义为输出口，输出控制信息。此时的 A 口、B 口可用来传送数据。

7.3.2.2　工作方式 1

方式 1 也称为选通输入输出方式。在这种方式下，A 口和 B 口仍作为数据的输出口或输入口，但数据的输入输出要在选通信号控制下来完成。这些选通信号利用 C 口的某些位来提供。A 口和 B 口可独立地由程序任意指定为数据的输入口或输出口。为方便起见，下面分别以 A 口、B 口均作为输入或均作为输出来加以说明。

（1）方式 1 下 A 口、B 口均为输出

此时要利用 C 口的 6 条线作为选通控制信号线，其定义如图 7-25 所示。所用到的 C 口的信号线是固定不变的，A 口使用 PC_3、PC_6 和 PC_7，而 B 口用 PC_0、PC_1 和 PC_2。方式 1 下数据的输出过程如下：

① 系统在 IOW 信号有效期间将数据输入到 A 端口或 B 端口。

② 接口输出缓冲器 $\overline{OBF}$（低电平有效）通知外设，在规定的端口上已有一个有效数据，外设可以从该端口读走数据。

③ 外设从该端口取走数据后，发出响应信号 $\overline{ACK}$（低电平有效），同时使 $\overline{OBF}$ =1。

④ 外设取走一个数据后，其 $\overline{ACK}$ 信号的上升沿产生有效的 INTR 信号，该信号用于通知 CPU 可以再输出下一个数据。INTR 的有效条件为 $\overline{OBF}$ =1，$\overline{ACK}$ =1，INTE=1。

⑤ 8255 内部有一个内部中断触发器，如图 7-25 所示，当中断允许状态 INTE 为高电平，且 $\overline{OBF}$ 也变高时，产生有效的 INTR 信号。INTE 由 PC_6（端口 A）或 PC_2（端口 B）的置位/复位控制。

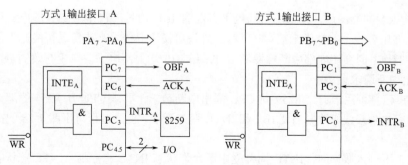

图 7-25　方式 1 下 A、B 口为输出的选通信号定义

INTE 是否输出高电平由 ACK 信号决定。以 A 口为例，当 CPU 向接口写数据时（执行一条 OUT 指令），在 $\overline{\text{IOW}}$ 有效期间将数据锁存于芯片的数据缓冲器中，之后在 $\overline{\text{IOW}}$ 的上升沿使 $\overline{\text{OBF}}$ =0（PC$_7$ 端输出负脉冲），通知外部设备 A 口已有数据准备好。一旦外设将数据接收，就

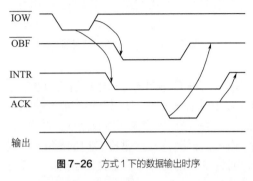

$\overline{\text{IOW}}$

$\overline{\text{OBF}}$

INTR

$\overline{\text{ACK}}$

输出

图 7-26 方式 1 下的数据输出时序

送出一个有效的 $\overline{\text{ACK}}$ 脉冲，该脉冲使 $\overline{\text{OBF}}$ =1，同时使 INTE 也为高电平，从而在 PC$_3$ 端产生一个有效的 INTR 信号。该信号可接到中断控制器 8259 的 IR 端，进而向 CPU 提出中断请求。CPU 响应中断后，向接口写入下一个数据，同样由 $\overline{\text{IOW}}$ 将数据锁存，当数据锁存并由信号线输出时，8255 就去掉 INTR 信号并使 $\overline{\text{OBF}}$ 有效，重复上述过程。方式 1 下的整个输出过程也可参考图 7-26 所示的简单时序。

当 A 口和 B 口同时工作于方式 1 输出时，仅使用了 C 口的 6 条线，剩余的两位可以工作于方式 0，实现数据的输入或输出，其数据的传送方向可由程序指定；也可通过位操作方式对它们进行置位或复位。当 A、B 两个口中仅有一个口工作在方式 1 时，只用去 C 口 3 条线，则剩下的 5 条线也可按照上面所说的方式工作。

（2）方式 1 下 A 口、B 口均为输入

与方式 1 下两端口均为输出类似，要实现选通输入，同样要利用 C 口的信号线。其定义如图 7-27 所示。A 口使用了 C 口的 PC$_3$、PC$_4$ 和 PC$_5$，B 口同样用了 PC$_0$、PC$_1$ 和 PC$_2$。

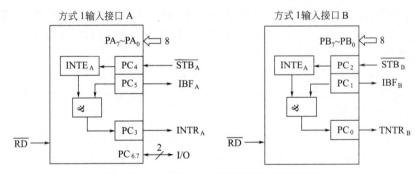

图 7-27 方式 1 下 A 口、B 口均为输入时的信号定义

方式 1 下数据的输入过程可描述如下：

① 外部设备发出低电平有效的 $\overline{\text{STB}}$ 信号，并在 $\overline{\text{STB}}$ 有效期间将数据锁存于 8255 的输入数据缓冲器中。

② 当输入缓冲器满后，接口发出高电平有效的 IBF 信号。它作为 $\overline{\text{STB}}$ 的应答信号，表示 8255 的缓冲器中有一个数据尚未被 CPU 读走。外设可使用此信号来决定是否能送下一个数据。

③ 当 $\overline{\text{STB}}$ =1 时会使内部中断触发器 INTE 和 IBF 均为高电平，产生有效的 INTR 信号，向 CPU 提出中断请求。

④ INTR 信号可用于通过 8259 向 CPU 提出中断请求，要求 CPU 从 8255 的端口上读取数据。CPU 响应中断并读取数据后使 IBF 和 INTR 变为无效。上述过程可用图 7-28 的简单时序图进一步说明。

在方式 1 下输入数据时，INTR 同样受中断允许状态 INTE 的控制。INTE 的状态可利用 C 口位操作方式的置位/复位来控制。例如，用位操作方式使 PC$_4$=1，则 A 口的 INTE$_A$ 为 1，允许

中断；使 $PC_4=0$ 则禁止中断。B 口的 $INTE_B$ 是由 PC_2 控制的。

　　在方式 1 之下，8255 的 A 口和 B 口既可以同时为输入或输出，也可以一个为输入，另一个为输出；还可以使这两个端口一个工作于方式 1，而另一个工作于方式 0。这种灵活的工作特点是由其可编程的功能决定的。

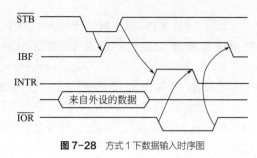

图 7-28　方式 1 下数据输入时序图

7.3.2.3　工作方式 2

　　方式 2 又称为双向传输方式。只有 A 口可以工作在这种方式下。双向方式使外设能利用 8 位数据线与 CPU 进行双向通信，既能发送数据，也能接收数据。即此时 A 口既作为输入口又作为输出口。与方式 1 类似，方式 2 要利用 C 口的 5 条线来提供双向传输所需的控制信号。当 A 口工作于方式 2 时，B 口可以工作在方式 0 或方式 1，而 C 口剩下的 3 条线可作为输入输出线使用或用作 B 口方式 1 下的控制线。

　　A 口工作于方式 2 下时的各信号定义如图 7-29 所示。图中省略了 B 口和 C 口的其他引线。当 A 口工作于方式 2 时，其控制信号 $\overline{OBF}$、$\overline{ACK}$、$\overline{STB}$、IBF 及 INTR 的含义与方式 1 时相同。但在时序上有一些不同，主要如下：

　　① 因为在方式 2 下，A 口既作为输出又作为输入，因此，只有当 $\overline{ACK}$ 有效时，才能打开 A 口输出数据三态门，使数据由 $PA_0 \sim PA_7$ 输出；当 $\overline{ACK}$ 无效时，A 口的输出数据三态门呈高阻状态。

　　② 此时 A 口输入、输出均有数据的锁存能力。

　　③ 方式 2 下，A 口的数据输入或数据输出均可引起中断。由图 7-29 可见，输入或输出中断还受到中断允许状态 $INTE_2$ 和 $INTE_1$ 的影响。$INTE_2$ 是由 PC_4 控制的，而 $INTE_1$ 是由 PC_6 控制的。利用 C 口的按位操作，使 PC_4 或 PC_6 置位或复位，可以允许或禁止相应的请求。

　　A 口工作于方式 2 的时序如图 7-30 所示。此时的 A 口可以认为是前面方式 1 的输入和输出相结合而分时工作。实际传输过程中，输入和输出的顺序以及各自操作的次数是任意的，只要 $\overline{IOW}$ 在 $\overline{ACK}$ 之前发出、$\overline{STB}$ 在 $\overline{IOR}$ 之前发出就可以了。

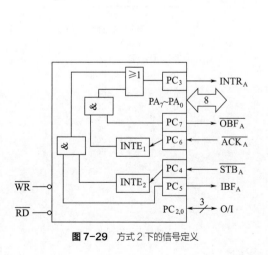

图 7-29　方式 2 下的信号定义

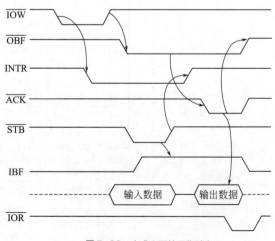

图 7-30　方式 2 下的工作时序

在输出时，CPU 发出写脉冲 $\overline{IOW}$，向 A 口写入数据；$\overline{IOW}$ 信号使 INTR 变低电平，同时使 $\overline{OBF}$ 有效；外设接到 $\overline{OBF}$ 信号后发出 $\overline{ACK}$ 信号，从 A 口读出数据；$\overline{ACK}$ 信号使 $\overline{OBF}$ 无效，并使 INTR 变高，产生中断请求，准备输出下一个数据。

输入时，外设向 8255 送来数据，同时发 STB 信号给 8255，该信号将数据锁存到 8255 的 A 口，从而使 IBF 有效；信号结束使 INTR 有效，向 CPU 请求中断；CPU 响应中断后，发出读信号 $\overline{IOR}$，从 A 口中将数据读走；信号会使 INTR 和 IBF 信号无效，从而开始下一个数据的读入过程。

在方式 2 下，8255 的 $PA_0 \sim PA_7$ 引线上随时可能出现输出到外设的数据，也可能出现外设送给 8255 的数据，需要防止 CPU 和外设同时竞争 $PA_0 \sim PA_7$ 数据线的问题。

7.3.3 8255 的控制字及状态字

由前面的叙述已知，8255 具有 3 种工作方式，可以利用软件编程来指定 8255 的 3 个端口当前工作于何种方式。这里所谓的软件编程，就是向芯片中的控制寄存器送入不同的控制字，从而确定 8255 的工作方式。这种通过软件来确定 8255 工作方式的过程称为 8255 的初始化，在实际应用中，可根据不同的需要，通过初始化使 8255 的 3 个端口工作在不同的方式（当然，B 口只能工作于方式 0 和方式 1，而 C 口只能工作于方式 0）。

7.3.3.1 控制字

8255 的控制字包括用于设定 3 个端口工作方式的方式控制字，如图 7-31（a）所示，以及用于将 C 口某一位初始化为某个确定状态（"0" 或 "1"）的位控制字，如图 7-31（b）所示。两个控制字均由 8 位二进制数组成，由最高位（D_7）的状态决定当前的控制字是方式控制字还是 C 口的按位操作控制字。控制字各位的含义如图 7-31 所示。

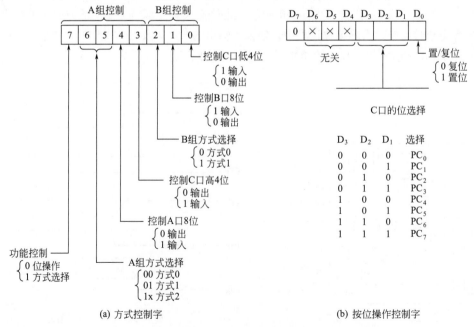

(a) 方式控制字　　　(b) 按位操作控制字

图 7-31 8255 的控制字

由图可知，当 $D_7=1$ 时，该控制字为方式控制字，用于确定各端口的工作状态。$D_6\sim D_3$ 用来控制 A 组，即 A 口的 8 位和 C 口的高 4 位；控制字的低 3 位 $D_2\sim D_0$ 用来控制 B 组，包括 B 口的 8 位和 C 口的低 4 位。

当 $D_7=0$ 时，指定该控制字为对 C 口进行位操作控制——按位置位或复位。必要时，可利用该控制字使 C 口的某一位输出 0 或 1。

7.3.3.2　状态字

状态字反映了 C 端口各位当前的状态。当 8255 的 A 口、B 口工作在方式 1 或 A 口工作在方式 2 时，通过读 C 口的状态可以检测 A 口和 B 口当前的工作情况。A、B 口工作在不同方式下的状态字各位的含义分别如图 7-32（a）、（b）和（c）所示，其中低 3 位 $D_0\sim D_2$ 由 B 口的工作方式来决定。当为方式 1 输入时，其定义如图 7-32（a）所示；当工作在方式 1 输出时，与图 7-32（b）所定义的 $D_0\sim D_2$ 相同。

需要说明的是，图 7-32（a）和（b）分别表示在方式 1 之下，A 口、B 口同为输入或同为输出的情况。若在此方式下，A 口、B 口各为输入或输出时，状态字为上述两状态字的组合。

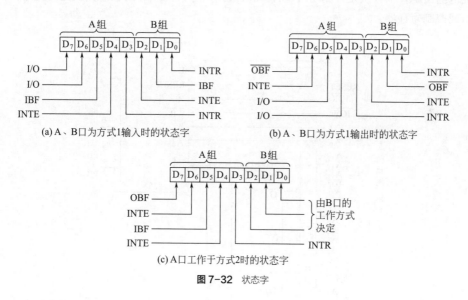

(a) A、B 口为方式 1 输入时的状态字　　(b) A、B 口为方式 1 输出时的状态字

(c) A 口工作于方式 2 时的状态字

图 7-32　状态字

7.3.4　8255 的应用

7.3.4.1　8255 与系统的连接

8255 内部包括 A、B、C 共 3 个端口和一个控制寄存器，共占 4 个外设地址。由高位地址通过译码产生片选信号，决定芯片在整个接口地址空间中的位置；A_1、A_0 决定片内的 4 个端口（例如，$A_0A_1=00$ 时指向的是 A 口），它们结合起来共同决定了芯片所占的地址范围。

对 8255 内部的每一个端口都可以分别进行读写操作。例如，读 A 口是 CPU 将 A 口的数据读入 AL 寄存器；写 A 口是 CPU 将 AL 中的数据写入 A 口输出。对这 4 个地址进行不同操作时各引脚的状态如表 7-6 所示。根据该表，可以很方便地实现 8255 与系统总线的连接。

表 7-6　8255 各引脚状态

CS	A_1	A_0	IOR	IOW	操作
0	0	0	0	1	读 A 口
0	0	1	0	1	读 B 口
0	1	0	0	1	读 C 口
0	0	0	1	0	写 A 口
0	0	1	1	0	写 B 口
0	1	0	1	0	写 C 口
0	1	1	1	0	写控制寄存器
1	×	×	1	1	$D_0 \sim D_7$ 三态

图 7-23 给出了芯片与系统的连接框图。在该图中，数据信号线、读写控制信号线以及片内地址信号 A_0、A_1 都与系统相应信号线直接相连，3 个端口的位数据线根据具体的应用连接到相应外部设备。因此，8255 芯片与系统连接线路的设计主要在译码电路上。

图 7-33 所示是利用全译码方式将一片 8255 连接到系统总线上的连接示例。图中芯片所占的地址范围由 $A_{15} \sim A_2$ 决定，为 0FF00H～0FF03H。而 A_0 和 A_1 的状态则决定寻址芯片的哪一个端口或控制寄存器。

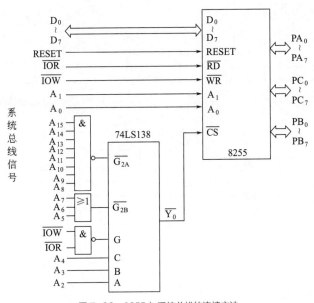

图 7-33　8255 与系统总线的连接方法

7.3.4.2　应用实例

下面通过应用实例来进一步说明 8255 的应用。

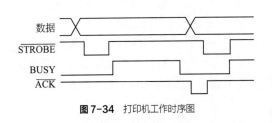

图 7-34　打印机工作时序图

【例 7-4】　利用 8255 作为打印机的连接接口，打印机的工作时序如图 7-34 所示，通过该打印机接口打印字符串，字符串长度存放在数据段的 COUNT 单元中，要打印的字符存放在从 DATA 开始的数据区中。

要求 8255 芯片的地址范围为 FBC0H～FBC3H。

题目分析：由图 7-34 可知，数据锁存信号 $\overline{\text{STROBE}}$ 在初始时为高电平，当系统通过 8255 接口将打印的字符送到打印机的 $D_0 \sim D_7$ 端时，应紧接着送出低电平的 $\overline{\text{STROBE}}$ 信号（宽度≥1 μs），将数据锁存在打印机内部以便处理。同时，打印机的 BUSY 端送出高电平信号，表示其正忙。仅当 BUSY 端信号变低后，CPU 才可以将下一个数据送给打印机。

实现数据的打印输出既可以采用查询工作方式，也可以采用中断控制方式。根据上述需求，例中采用查询工作方式，即使 8255 工作于方式 0。作为数据输出的端口既可以是图 7-35 中的 A 口，也可以选用 B 口。考虑到 C 端口可以分为两个 4 位端口的特点，通常用 C 端口来连接控制或状态信号。

设计 8255 与系统及打印机的连接如图 7-35 所示。选用 A 口作为数据输出，向打印机输出输出数据；利用 C 口的 PC，输出 $\overline{\text{STROBE}}$ 锁存信号，在低 4 位中选取 PC_0 作为 BUSY 信号的输入。B 端口不使用，初始化时可任意定义为输入或输出。

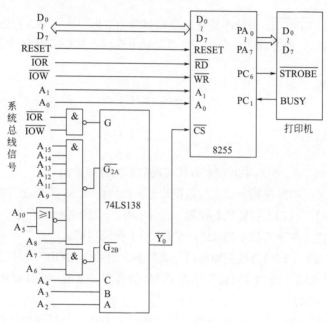

图 7-35 8255 与打印机的连接

8255 的初始化程序如下（由于数据输出后要通过 PC_6 端输出一个负脉冲，故在初始化时先要将 PC_6 初始化为高电平）：

```
INIT:   MOV DX,0FBC3H          ;8255 的控制寄存器端口地址送 DX
        MOV AL,10000001B       ;A 组方式 0,A 口输出,C 口高 4 位输出
                               ;B 组方式 0,B 口输出,C 口低 4 位输入
        OUT DX,AL              ;方式控制字送控制寄存器
        MOV AL,00001101B       ;C 口的按位操作控制字,使 PC₆初始状态置为 1
        OUT DX,AL              ;C 口位操作控制字送控制寄存器
```

下面是打印一批字符的程序段：

```
        MOV CX,COUNT           ;将字符串长度作为循环次数
        MOV SI,OFFSET DATA     ;取字符串首地址
GOON:   MOV DX,0FBC2H          ;0FBC2H 为 C 口的地址
```

```
       IN  AL,DX            ;从 C 口读入打印机的 BUSY 信号状态
       AND AL,02H
       JNZ GOON             ;若 BUSY 为高电平则循环等待
       MOV AL,[SI]          ;否则取一个字符
       MOV DX,0FBC0H        ;0FBC0H 为 A 口的地址
       OUT DX,AL            ;输出一个字符到 A 口
       MOV DX,0FBC2H        ;准备在 PC₆ 上生成一个负脉冲
       MOV AL,0
       OUT DX,AL            ;因仅 PC₆ 接打印机,故由 C 口输出 00H 将使 PC₆ 变低
       MOV AL,40H
       OUT DX,AL            ;再使 PC₆ 变高,在 PC₆ 上生成一个 STROBE 负脉冲
       INC SI               ;指向下一个字符
       LOOP GOON            ;若未结束则继续
       HLT
```

在上面程序中，$\overline{\text{STROBE}}$ 负脉冲是通过往 C 口输出数据（先将 PC$_6$ 初始化为 1，然后输出一个 0，再输出一个 1）而形成的。当然，也可以利用控制字对 C 口的按位置位/复位操作来实现。例如：

```
       MOV DX,0FBC3H
       MOV AL,00001100B     ;PC₆ 复位（=0）
       OUT DX,Al
       MOV AL,00001101B     ;PC₆ 置位（=1）
       OUT DX,Al
```

【例 7-5】 对例 7-4，利用中断控制方式实现数据的打印输出。

题目分析：若采用中断控制方式实现数据传送，则应使 8255 工作在方式 1 下。从图 7-34 所示的打印机工作时序可知，打印机每接收一个字符后，会送出一个低电平的响应信号 $\overline{\text{ACK}}$。利用这个信号，可使工作于方式 1 的 8255 通过中断来打印字符。

设置 8255 芯片的 A 端口为数据输出口，此时 PC$_7$ 自动作为 $\overline{\text{OBF}}$ 信号的输出端，PC$_7$ 自动作为 $\overline{\text{ACK}}$ 信号的输入端，而 PC$_3$ 则自动作为 INTR 信号的输出端，将其接到 8259 的 1R$_2$ 端，所以中断类型号为 0AH。

要使 PC$_3$ 能够产生中断请求信号 INTR，还必须使 A 口的中断请求允许状态 INTE=1。这是通过 8255 的置位/复位操作将 PC$_6$ 置 1 来实现的（参见方式 1 下的数据输出时序图 7-26），即在初始化 8255 时除写方式控制字外，还要写 C 口的位操作控制字。

输出时，先输出一个空字符，以引起中断过程。在中断中输出要打印的字符，利用 $\overline{\text{OBF}}$ 的下降沿触发单稳触发器，产生打印机所需要的 $\overline{\text{STROBE}}$ 脉冲，将字符锁存到打印机中。接收到字符后，打印机发出 $\overline{\text{ACK}}$，清除 $\overline{\text{OBF}}$ 标志并产生有效的 INTR 输出，形成新的中断请求，CPU 响应中断后再输出下一个字符。

为简单起见，在初始化 8255 时，仍使 B 口工作于方式 0 输出，C 口的其余 5 条线均定义为输出，故控制字为 10100000B，即 0A0H。

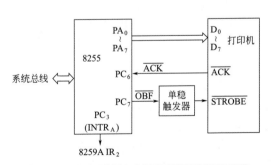

图 7-36 8255 工作于方式 1 下与打印机的连接示意图

设计 8255 与打印机的电路连接方法如图 7-36 所示。

以下是向打印机输出字符的程序，包括主程序和中断服务程序两部分。主程序完成以下 3 项工作：将中断服务子程序的入口地址送中断向量表、开中断等中断的准备工作以及 8255 的初始化。而中断服务子程序则完成字符的输出。C 程序中假设 8259A 的端口地址为 0FF00H（$A_0=0$）和 0FF01H（$A_0=1$）。

```
MAIN:    PUSH DS
         LEA DX,PRINT
         MOV AX,SEG PRINT
         MOV DS,AX
         MOV AL,OAH
         MOV AH,25H
         INT 21H
         POP DS                    ;设置中断向量
         MOV DX,0FBC3H
         MOV AL,OAOH               ;8255 初始化:A 口方式 1,输出,B 口方式 0,输出
         OUT DX,AL                 ;C 口其余的 5 条线输出

         MOV AL,ODH
         OUT DX,AL                 ;使 PC6 置 1（INTE=1）,允许 8255 产生中断
         MOV AL,OOH
         MOV DX,OFBCOH
         OUT DX,AL
         MOV AX,OFFSET DATA        ;从 A 口输出一个空字符,引发第一次中断
         MOV STR_PTR,AX            ;设置字符串偏移地址
         MOV AX,SEG DATA
         MOV STR_PTR+2,AX          ;设置字符串段地址
         STI                       ;开中断
         ...
```

中断服务子程序如下：

```
PRINT:   PUSH SI
         PUSH AX
         PUSH DS
         LDS SI,DWORD PTR STR_PTR
NEXT:    LODSB                     ;取一个字符
         MOV STR_PTR,SI            ;保存新的串指针
         MOV DX,OFBCOH
         OUT DX,AL                 ;输出字符到 8255 的 A 口
         MOV AL,2OH
         MOV DX,0FF00H             ;8259A 的 OCW
         OUT DX,AL                 ;送中断结束命令给 8259A
         POP DS
         POP AX
         POP SI
         IRET                      ;中断返回
```

【**例 7-6**】 用 8255 并行接口芯片实现键盘接口，其电路如图 7-37 所示。图中，按键排列成 4 行 4 列，8255 的 C 口设置为方式 0，并将 $PC_7 \sim PC_4$ 设定为输出，与各行线相连；将 $PC_3 \sim PC_0$ 设定为输入，与各列线相连。

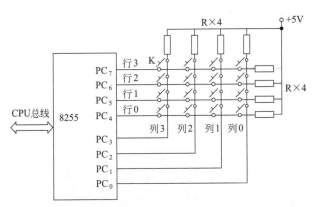

图 7-37 矩阵式键盘接口电路原理图

题目分析：键盘输入是计算机系统最常用的输入方式。键盘的结构有两种形式：线性键盘和矩阵键盘。线性键盘就是若干独立的开关（按键），每个按键将其一端直接与微机某输入端口的一位相连，另一端接地，就可完成硬件的连接。其接口程序也很简单，只要查询该输入端口各位的状态，即可判别是否有键按下以及按下的是哪一个键。线性键盘有多少按键，就有多少根连线与计算机输入端口相连，因此只适用于按键少的应用场合。

矩阵键盘的按键排成 n 行 m 列的矩阵形式，每个按键占据行列的一个交点，需要的连接线数是 $n+m$ 根，容许的最大按键数是 $n \times m$ 个。矩阵键盘所需的连线数非常少，是一般计算机常用的键盘结构。矩阵键盘按键的识别主要有扫描法和反转法两种。下面以 4×4 矩阵键盘为例来说明用 8255 作为矩阵键盘接口的原理及按键识别方法。

（1）扫描法

扫描法就是逐行输出 0，然后读入列值，并检查有无为 0 的位（与某一列相对应）。若有，则当前行该列的键被按下。实际应用中往往采用一些技巧来加快扫描速度。用以下 3 个步骤即可检查出哪一个键被按下：

① 识别有键按下否。$PC_7 \sim PC_4$ 输出全 0，然后从 $PC_3 \sim PC_0$ 读入，若读入的数据中有一位为 0，则表明有某个键被按下，转第②步，否则在本步骤中循环。

② 去抖动。延时 20ms 左右，过滤掉按键的抖动，然后按第①步的方法再做一次，若还有键闭合，则认为确实有一个键被按下，否则返回第①步。

③ 查找被按下的键。从第 0 行开始，顺序逐行扫描，即逐行输出 0。每扫描一行，读入列线数据，若数据中有一位为 0，则表示该位对应的列与当前扫描行的交点处的按键被按下。

（2）反转法

此法不需要逐行扫描，仅用两步即可找到按下的键，步骤如下：

① 将 $PC_7 \sim PC_4$ 设定为输出，$PC_3 \sim PC_0$ 设定为输入。然后向行线输出全 0（即 $PC_7 \sim PC_4$ 输出全 0），接着从 $PC_3 \sim PC_0$ 读入列线的值，若读入的数据中有一位为 0，则表明与该位对应的列线上有某个键被按下，存储此值作为"列值"，转第②步，否则在本步骤中循环。

② 将 $PC_7 \sim P_4$ 设定为输入，$PC_3 \sim PC_0$ 设定为输出。把第①步读入的值再输出到列线上（即把"列值"从 $PC_3 \sim PC_0$ 输出），接着从 $PC_7 \sim PC_4$ 读入行线的值，其中必有一位为 0，为 0 的位所对应的行线就是被按键所在的行，存储此值作为"行值"。将行值和列值组合在一起，用查表

的方法即可得到按键的键号。

例如，若第 0 行第 2 列（0，2）的键按下，则第①步从列线读回的列值为 1011B；第②步中再将 1011B 从列线输出，从行线读回的行值为 1110B，二者组合，得到该键的行列值组合为 11101011B。

因为在键盘扫描过程中要反转行线与列线的输入输出方向，所以此法也称为反转法。以下是与图 7-34 相对应的采用反转法的按键识别程序。设 8255 端口 A 的地址为 40H，端口 B 的地址为 41H，端口 C 的地址为 42H，控制寄存器地址为 43H。

```
START:    MOV AL,10000001B         ;方式 0,C 口高 4 位输出,低 4 位输入
          OUT 43H,AL
          MOV AL,0
          OUT 42H,AL               ;各行线（PC_7～PC_4）为 0
WAIT1:    IN AL,42H                 ;读入列线（PC_3～PC_0）状态
          AND AL,0FH                ;保留低 4 位
          CMP AL,0FH                ;检查有键按下否（是否存在为 0 的位）
          JE WAIT1                  ;全 1 表示无按键,循环继续检测
          MOV AH,AL                 ;保存列值
          MOV AL,10001000B          ;方式 0,C 口高 4 位输入,低 4 位输出
          OUT 43H,AL                ;反转输入输出方向
          MOV AL,AH
          OUT 42H,AL                ;把列值反向输出到列线上
          IN AL,42H                 ;读入行线（PC_7～PC_4）状态
          AND AL,0F0H               ;保留高 4 位
          OR AL,AH                  ;组合行值和列值
<查表求出按键的键号>
            ...
```

用扫描法获取按键值的程序作为练习由读者自行编写。

【例 7-7】 PC/XT 微机中 8255 的连接。

在 PC/XT 中，系统板上的外围接口电路主要是由可编程接口芯片 8255A-5 以及相关电路组成的，其连接示意图如图 7-38 所示。

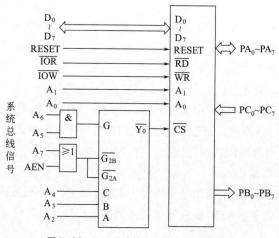

图 7-38 PC/XT 中的 8255A-5 连接示意图

PC/XT 微机中，8255A 的端口地址范围为 60H～63H。A、B、C 这 3 个口均工作于方式 0。A 口在加电自检时工作在输出状态，输出当前被检测部件的标识信号。此时的 B 口也工作于输出状态，而 C 口工作为输入状态，因此其方式控制字为 89H。

在正常工作时，A 口作为输入口，用来读取键盘扫描码；B 口和 C 口仍分别为输出和输入口。B 口用于输出系统内部的控制信号，控制系统板部分电路的动作，如定时器、扬声器、键盘，允许 RAM 奇偶校验、允许 I/O 通道校验以及控制系统配置开关信号的读取；C 口用来读取系统内部的状态信号，包括系统配置开关的状态、8253 的 OUT_2、I/O 通道奇偶校验和 RAM 奇偶校验的状态等。此时的控制字为 99H。

7.4 可编程串行接口 8250

Intel 8250 是专用于异步串行通信的可编程串行接口芯片，具有很强的串行通信能力和灵活的可编程性能，在计算机中的应用极为广泛。

7.4.1 8250 的外部引线及功能

可编程串行通信接口 8250 的外部引线图如图 7-39 所示，共有 40 根引脚，单电源+5V 供电。除电源线（V_{CC}）和地线（GND）外，其引脚信号可分为面向系统和面向外部通信设备两大类。

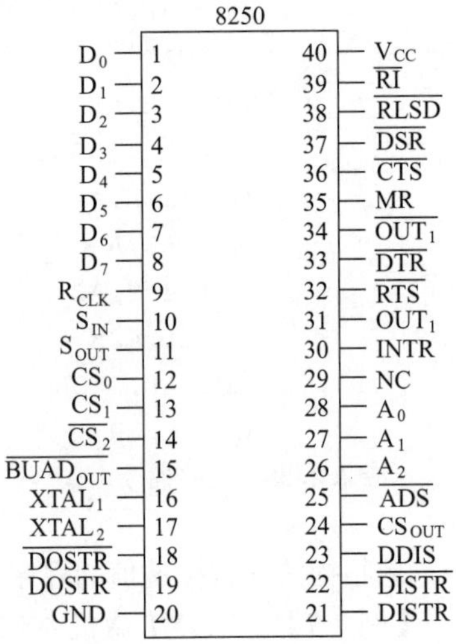

7.4.1.1 面向系统的引脚信号

① $D_0 \sim D_7$：双向数据线。$D_0 \sim D_7$ 与系统数据总线相连接，用以传送数据、控制信息和状态信息。

② CS_0、CS_1、$\overline{CS_2}$：片选信号，输入。只有当它们同时有效，即 $CS_0=1$，$CS_1=1$，$\overline{CS_2}=0$ 时，才能选中该 8250 芯片。

③ CS_{OUT}：片选输出信号。当 8250 的 CS_0、CS_1、$\overline{CS_2}$ 同时有效时，CS_{OUT} 为高电平。

④ $A_0 \sim A_2$：8250 内部寄存器的选择信号。它们的不同编码，可以选中 8250 内部不同的寄存器。详细情况在下面再做介绍。

⑤ $\overline{ADS}$：地址选通信号，低电平有效。$\overline{ADS}$ 有效时可将 CS_0、CS_1、$\overline{CS_2}$ 及 $A_0 \sim A_2$ 锁存于 8250 内部。若在工作中不需要锁存上述信号，则可将 ADS 直接接地，使其恒有效。

⑥ DISTR、$\overline{DISTR}$：数据输入选通信号。当它们其中任何一个有效时（DISTR 为高或 $\overline{DISTR}$ 为低），被选中的 8250 寄存器内容可被读出。它们经常与系统总线上的 $\overline{IOR}$ 信号相连接。当它们同时无效时，8250 不能读出。

⑦ DOSTR、$\overline{DOSTR}$：数据输出选通信号。当它们其中一个有效时（DOSTR 为高电平或 $\overline{DOSTR}$ 为低电平），被选中的 8250 寄存器可写入数据或控制字。它们常与系统总线的 TUW 相连。当它们同时无效时，8250 则不能写入。

⑧ DDIS：驱动器禁止信号。该输出信号在 CPU 读 8250 时为低电平，非读时为高电平。

图 7-39 的引脚连接：

```
              8250
    D0  ── 1        40 ── Vcc
    D1  ── 2        39 ── RI
    D2  ── 3        38 ── RLSD
    D3  ── 4        37 ── DSR
    D4  ── 5        36 ── CTS
    D5  ── 6        35 ── MR
    D6  ── 7        34 ── OUT1
    D7  ── 8        33 ── DTR
    RCLK ─ 9        32 ── RTS
    SIN ── 10       31 ── OUT1
    SOUT ─ 11       30 ── INTR
    CS0 ── 12       29 ── NC
    CS1 ── 13       28 ── A0
    CS2 ── 14       27 ── A1
    BUADOUT 15      26 ── A2
    XTAL1  16       25 ── ADS
    XTAL2  17       24 ── CSOUT
    DOSTR  18       23 ── DDIS
    DOSTR  19       22 ── DISTR
    GND ── 20       21 ── DISTR
```

图 7-39 8250 引线图

可用此信号来控制 8250 与系统总线间的数据总线驱动器。

⑨ INTR：中断请求输出信号，高电平有效。当 8250 中断允许时，接收出错、接收数据寄存器满、发送数据寄存器空以及 MODEM 的状态均能够产生有效的 INTR 信号。主复位信号（MR）可使该输出信号无效。

⑩ MR：主复位输入信号，高电平有效。MR 通常与系统复位信号 RESET 相连。主复位时，除了接收数据寄存器、发送数据寄存器和除数锁存器外，其他内部寄存器及信号均受到主复位的影响，详细情况如表 7-7 所示。

表 7-7　MR 功能

寄存器或信号	复位控制	复位后的状态
通信控制寄存器	MR	各位均为低电平
中断允许寄存器	MR	各位均为低电平
中断标识寄存器	MR	第 0 位高电平，其余均为低
MODEM 控制寄存器	MR	各位均为低电平
通信状态寄存器	MR	除第 5、6 位外其余均为高
INTR（线路状态错）	读通信状态寄存器或 MR	低电平
INTR（发送寄存器空）	读中断标志寄存器，写发送数据寄存器或 MR	低电平
INTR（接收寄存器满）	读接收数据寄存器或 MR	低电平
INTR（MODEM 状态改变）	读 MODEM 状态寄存器或 MR	低电平
S_{OUT}	MR	高电平
OUT_1、OUT_2、RTS、DTR	MR	高电平

7.4.1.2　面向外部通信设备的引脚信号

① S_{IN}：串行数据输入端。外设或其他系统传送来的串行数据由该端进入 8250。

② S_{OUT}：串行数据输出端。主复位信号可使其变为高电平。

③ $\overline{CTS}$：清除发送信号。输入，低电平有效。当它有效时表示提供 CTS 信号的设备可以接收 8250 发送的数据，它是提供 CTS 信号的设备向 8250 发出的 RTS 信号的应答信号。

④ $\overline{RTS}$：请求发送信号。输出，低电平有效。它是 8250 向外设发出的发送数据请求信号，与 $\overline{DTR}$ 信号具有同样的功能。

⑤ $\overline{DTR}$：数据终端准备好信号。输出，低电平有效。它表示 8250 已准备好，可以接收数据。

⑥ $\overline{DSR}$：数据装置准备好信号。输入，低电平有效。它表示接收数据的外设已准备好接收数据。它是对 $\overline{DTR}$ 信号的应答。

⑦ $\overline{RLSD}$：接收线路信号检测信号。输入，低电平有效，$\overline{RLSD}$ 表示 MODEM 已检测到数据载波信号。

⑧ $\overline{RI}$：振铃指示信号。输入，低电平有效。$\overline{RI}$ 表示 MODEM 已接收到一个电话振铃信号。

⑨ $\overline{OUT_1}$：可由用户编程确定其状态的输出端。若用户在 MODEM 控制寄存器第二位（$\overline{OUT_1}$）写入 1，则 $\overline{OUT_1}$ 输出端变为低电平。主复位信号（MR）可将 $\overline{OUT_1}$ 置为高电平。

⑩ $\overline{OUT_2}$ 与 $\overline{OUT_1}$ 一样，也可由用户编程指定。只是要将 MODEM 控制寄存器的第三位（$\overline{OUT_2}$）写入 1，就可使 $\overline{OUT_2}$ 变为低电平。主复位信号（MR）可将其置为高电平。

⑪ $\overline{BAUD_{OUT}}$：波特率信号输出。该端输出的是主参考时钟频率除以 8250 内部除数寄存器

中的除数后所得到的频率信号。这个频率信号就是 8250 的发送时钟信号，是发送数据波特率的
16 倍。若将此信号接到 R_{CLK} 上，又可以同时作为接收时钟使用。

⑫ $XTAL_1$、$XTAL_2$：外部时钟端。这两端可接晶振或直接接外部时钟信号。

⑬ R_{CLK}：接收时钟信号。该输入信号的频率为接收数据波特率的 16 倍。

7.4.2 8250 的结构及内部寄存器

8250 的内部结构框图如图 7-40 所示。

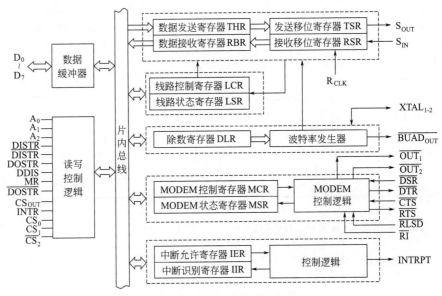

图 7-40 8250 的内部结构框图

由图可知，8250 中除与系统相连的数据缓冲器、读写控制逻辑外，还包括 10 个寄存器（可
分为 5 个功能模块）。程序员在对 8250 编程时要经常与这些寄存器打交道，所以要使用 8250 就
必须熟练掌握它们各位的意义和使用方法。

（1）数据发送寄存器 THR

数据发送寄存器 THR 是一个 8 位的寄存器。发送数据时，CPU 将数据写入 THR。只要 TSR
空，THR 中的数据便会由 8250 的硬件自动送入 TSR 中，以便串行移出。

（2）数据接收缓冲寄存器 RBR

数据接收缓冲寄存器 RBR 是一个 8 位的寄存器。8250 接收到一个完整的字符时，便会把
该字符从接收移位寄存器 RSR 传送到 RBR，CPU 可从 RBR 读出接收到的数据。

（3）通信线路控制寄存器 LCR

通信线路控制寄存器 LCR 是一个 8 位的寄存器，其各位的主要功能如图 7-41 所示。

LCR 主要用于决定在串行通信时所使用的数据格式，如数据位数、奇偶校验及停止位的多
少等。因芯片仅有 3 根地址线，最多只能寻址 8 个寄存器，为此只好使两个除数寄存器和其他
寄存器共用地址。当前是寻址除数寄存器还是其他寄存器，是由 LCR 的最高位 D_7 来区分的。
当需要读写除数寄存器时，必须先使 LCR 的 D_7 置 1，而在读写其他寄存器时，又必须先将其设
为 0。

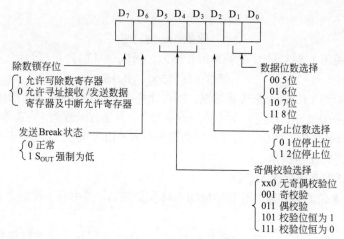

图 7-41　通信线路控制寄存器

（4）通信线路状态寄存器 LSR

LSR 是一个 8 位寄存器，其各位的功能如图 7-42 所示。它存放了通信过程中 8250 接收和发送数据的状态。

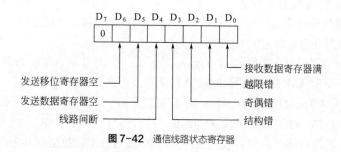

图 7-42　通信线路状态寄存器

① D_0：此位为 1 时，表示 8250 已接收到一个完整的字符，CPU 可以从 8250 的接收数据寄存器中读取。一旦读取后，此位即变为 0。

② D_1：越限状态错标志。接收数据寄存器中的前一数据还未被 CPU 读走，而后一个数据已经到来并将其破坏时，此位为 1。当 CPU 读接收数据寄存器时使此位变为 0。

③ D_2：奇偶校验错标志。在 8250 对收到的一个完整的字符编码进行奇偶校验时，若发现其值与规定的奇偶校验不同，则使此位为 1，表示数据可能有错。当 CPU 读 LCR 时此位变为 0。

④ D_3：结构错标志。当接收到的数据停止位个数不正确时，此位置 1。当 CPU 读 LCR 时此位变为 0。

⑤ D_4：线路间断标志。若在一个完整的字符编码的时间间隔中，收到的均为空闲状态，则此位置 1，表示线路信号间断。当 CPU 读通信状态寄存器时使此位变为 0。

出现以上 4 种状态中的任何一种都会使 8250 发出线路状态错中断。

⑥ D_5：此位为 1 表示数据发送保持寄存器 THR 空。CPU 将数据写入 THR 后，此位清 0。

⑦ D_6：此位为 1 表示发送移位寄存器 TSR 空。当 THR 的数据送入 TSR 时，此位清 0。

⑧ D_7：此位恒为 0。

（5）除数寄存器 DLR

DLR 是一个 16 位的寄存器。外部时钟按 DLR 中的除数（分频系数）进行分频，可以获得所需的波特率。如果外部时钟频率 f 已知，而 8250 所要求的波特率 B 也已规定，那么 DLR 中除数的值如下：

$$除数 = f / (B \times 16) \tag{7.1}$$

通常，8250 使用 1.8432MHz 的基准时钟输入，所以式（7.1）可写为

$$除数 = 1843200 / (B \times 16) \tag{7.2}$$

例如，若要求使用 1200b/s 来传送数据，则可计算出除数应为 96。在初始化 8250 时，最开始就应将除数写到 DLR 中，以便产生所希望的波特率。为了写入除数，应首先把 LCR 的 D_7 置 1，然后将 16 位除数按先低 8 位、后高 8 位的顺序写入 DLR。写完后，还应把 LCR 的 D_7 再置为 0，以便 8250 进行正常操作。

（6）MODEM 控制寄存器 MCR

MCR 是一个 8 位的寄存器，用来对 MODEM 实施控制。其中高 3 位恒为 0，其余各位的功能如图 7-43 所示。

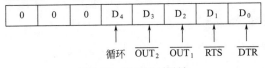

图 7-43 MODEM 控制字

D_0：此位用于设置数据终端准备好信号。当它为 1 时，使 8250 的 ETR 输出为低，表示 8250 准备好接收数据；当它为 0 时，使 8250 的 ETR 输出为高，表示 8250 没有准备好。

D_1：此位为 1 时，8250 的源输出低电平，表示 8250 已准备好发送数据；当它为 0 时，输出高电平，表明 8250 未准备好发送。

D_2、D_3：这两位分别用以控制 8250 的输出线 OUT_1 和 OUT_2。当它们为 1 时，对应的 OUT 输出为 0；当它们为 0 时，对应的 OUT 输出为 1。

D_4：用于环回检测控制，实现 8250 的自环回测试。当 $D_4=1$ 时，S_{OUT} 为高电平状态，而 S_{IN} 将与系统相分离。这时 TSR 的数据将由 8250 内部直接回送到 RSR 的输入端。MODEM 用以控制 8250 的 4 个信号 CTS、DSR、RLSD 和 RI 与系统分离。同时，8250 用来控制 MODEM 的 4 个输出信号 RTS、DTR、OUT_1 和 OUT_2 在 8250 芯片内部与 $\overline{CTS}$、$\overline{DSR}$、$\overline{RLSD}$ 和 $\overline{RI}$ 相连接，实现数据在 8250 芯片内部的自发自收。这样，8250 发送的串行数据在其内部被接收，从而完成 8250 的自检，并且在完成自测试过程中不需要外部连线。在自环回测试时，中断仍能产生。值得注意的是，在这种情况下，MODEM 状态中断是由 MODEM 控制寄存器提供的。

当 $D_4=0$ 时，8250 正常工作。从环回测试转到正常工作状态，必须对 8250 重新初始化，其中包括将 D_4 清 0。

（7）MODEM 状态寄存器 MSR

MSR 用来反映 8250 与通信设备之间应答联络输入信号的当前状态以及这些信号的变化情况。其状态字的格式如图 7-44 所示。

MSR 的低 4 位是应答输入信号发生变化（从高变低或从低变高）的状态标志，CPU 读 MSR 时，把这 4 位同时清 0。这 4 位分别对应有 $\overline{CTS}$、$\overline{DSR}$、$\overline{RI}$ 和 $\overline{RLSD}$。当某位为 1 时，表示从上次读 MSR 后，相应的应答输入信号发生了变化。当某位为 0 时，则说明相应的应答输入信号状态无改变。

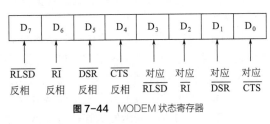

图 7-44 MODEM 状态寄存器

MSR 的高 4 位反映了 $\overline{CTS}$、$\overline{DSR}$、$\overline{RI}$ 和 $\overline{RLSD}$ 这 4 个输入信号的当前状态。

① D4 是 $\overline{CTS}$ 反相之后的状态，自测试时为 RTS 的状态。

② D5 是 $\overline{DSR}$ 反相之后的状态，自测试时为 DTR 的状态。

③ D6 是 $\overline{\text{RI}}$ 反相之后的状态，自测试时为 OUT$_1$ 的状态。

④ D7 是 $\overline{\text{RLSD}}$ 反相之后的状态，自测试时为 OUT$_2$ 的状态。

（8）中断允许寄存器 IER

IER 只使用 D$_0$～D$_3$ 这 4 位，高 4 位不用。D$_0$～D$_3$ 每位的 1 或 0 分别用于允许或禁止 8250 的 4 个中断源发出中断请求，其格式如图 7-45 所示。

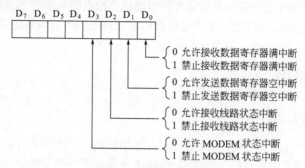

图 7-45 中断允许寄存器

如果 IER 的 D$_0$～D$_3$ 均为 0，则禁止 8250 发出中断。在 IER 中，接收线路状态引起的中断包括越限错、奇偶错、结构错和间断。对于 MODEM 状态引起的中断见下面对 MODEM 状态寄存器的解释。

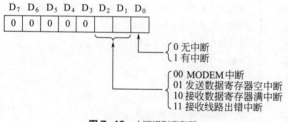

图 7-46 中断识别寄存器

（9）中断识别寄存器 IIR

IIR 是一个 8 位的寄存器，其高 5 位恒为 0，只使用低 3 位作 8250 的中断识别标志，格式如图 7-46 所示。8250 有 4 个中断源，它们的中断优先级顺序如下：

① 接收器线路状态中断为最高优先级，包括越限错、奇偶错、结构错和间断。读 LSR 可使此中断复位。

② 第二是接收数据缓冲寄存器满中断。读 RBR 可复位此中断。

③ 第三为发送数据保持寄存器空中断。写 THR 可复位此中断。

④ 最低优先级为 MODEM 状态中断，包括 CTS、DSR、RI、DCD 等 MODEM 状态中断源。读 MODEM 状态寄存器可复位此中断。

7.4.3 8250 的工作过程

（1）数据发送过程

CPU 将要发送的数据以字符为单位写到 8250 的 THR 中，如图 7-38 所示。当 TSR 中的数据全部移出变空时，存于 THR 中待发送的数据就会自动并行送到 TSR●。TSR 在发送时钟的激励下，按照事先和接收方约定的字符传送格式，加上起始位、奇偶校验位和停止位，再以约定的波特率（由波特率控制部分产生）按照从低到高的顺序一位接一位地由 S$_{\text{OUT}}$ 端发送出去。

一旦 THR 的内容送到 TSR，就会在 LSR 中建立"数据发送保持寄存器空"的状态位；而且也可以用此状态位来触发产生中断。因此，查询该状态位或者利用该状态触发的中断即可实

● 8250 初始化后，TSR 为空状态，所以初始化后传送到 THR 的第一个字符总是立即送入 TSR。

现数据的连续发送。

(2) 数据接收过程

由通信对方来的数据在接收时钟 R_{CLK} 作用下，通过 S_{IN} 端逐位进入 RSR；RSR 根据初始化时定义的数据位数确定接收到了一个完整的数据后会立即将数据自动并行传送到 RBR；RBR 收到 RSR 的数据后，就立即在状态寄存器中建立"接收数据准备好"的状态，而且也可以用此状态位来触发中断。因此，查询该状态位或者利用该状态触发的中断即可实现数据的连续接收。

由于串行异步通信的速率较低，无论是用查询方式或中断方式来实现异步通信均不很困难。

7.4.4 8250 的应用

7.4.4.1 8250 的寻址和连接

一片 8250 芯片共占用 7 个端口地址。表 7-8 详细列出了各内部寄存器具体的地址安排，另外还列出了 IBM PC/XT 中异步串行通信口 COM1 各寄存器的物理地址（COM2 的物理地址相应为 2F8H～2FFH）。

表 7-8 8250 内部寄存器寻址

CS_0	CS_1	$\overline{CS_2}$	A_2	A_1	A_0	DLAB	COM1 地址	寄存器
1	1	0	0	0	0	0	3F8H	发送保持寄存器 THR（写），接收缓冲寄存器 RBR（读）
1	1	0	0	0	0	1	3F8H	除数锁存器（低 8 位）DLL
1	1	0	0	0	1	1	3F9H	除数锁存器（高 8 位）DLH
1	1	0	0	0	1	0	3F9H	中断允许寄存器 IER
1	1	0	0	1	0	×	3FAH	中断识别寄存器 1IR
1	1	0	0	1	1	×	3FBH	通信线路控制寄存器 LCR
1	1	0	1	0	1	×	3FCH	MODEM 控制寄存器 MCR
1	1	0	1	0	1	×	3FDH	通信线路状态寄存器 LSR
1	1	0	1	1	0	×	3FEH	MODEM 状态寄存器 MSR
1	1	0	1	1	1	×	3FFH	（无效）

8250 内部有 10 个与编程使用有关的寄存器，可利用片选信号 CS_0、CS_1 和 $\overline{CS_2}$ 选中 8250，利用芯片上 A_0、A_1、A_2 这 3 条地址线的 8 种不同编码选择 8 个寄存器，再利用通信控制字的最高位——除数锁定位（DLAB）来选中除数锁存器。由于有的寄存器是只写的，有的寄存器是只读的，故还可以利用读写信号来加以选择。通过上述这些办法，就可以对指定的寄存器进行寻址访问。

在 PC 中，串行通信接口由 8250 来实现，图 7-47 表示了它与总线的连接。

由图 7-47 可知，8250 的地址由 10 条地址线来决定，其地址范围为 3F8H～3FFH（COM1）。在寻址 8250 时，AEN 信号总处于低电平。由于 $\overline{ADS}$ 始终接地，CS_0 和 CS_1 接高电平，故只要地址译码输出使 $\overline{CS_2}$ 为低电平即可选中 8250。再利用表 7-7 所示的寻址方法，就可对 8250 的 9 个内部寄存器寻址。

时钟发生器将外部时钟信号由 $XTAL_1$ 加到 8250 上，而其 $\overline{BAUD_{OUT}}$ 输出又作为接收时钟加到 R_{CLK} 上。芯片上的一些引线固定接高电平或接地，而一些不用的则悬空。这是 8250 在电路连接上为用户提供的灵活性。

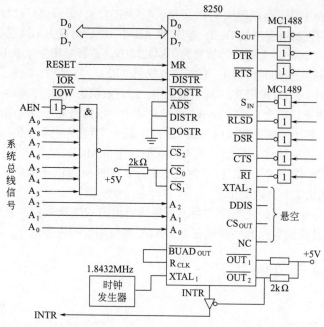

图 7-47 8250 与总线的连接

7.4.4.2 8250 的初始化及应用

8250 初始化时，通常首先使通信控制字的 $D_7=1$，即使 DLAB 为 1。在此条件下，将除数低 8 位和高 8 位分别写入 8250 内部的除数寄存器。然后再以不同的地址分别写入通信控制字、MODEM 控制字及中断允许字等。其具体做法可按图 7-48 所示的流程依次进行。现以图 7-47 为例，对 8250 进行初始化编程。

假定所需的波特率为 1200b/s，数据格式为：1 位停止位、7 位数据位、奇校验。

初始化程序如下：

```
START:  MOV DX,3FBH     ;LCR 的地址
        MOV AL,80H      ;开始
        OUT DX,AL       ;使 LCR 的 D₇=1
        MOV DX,3F8H     ;DLL 的地址
        MOV AL,60H      ;除数为 0060H
        OUT DX,AL       ;写除数低 8 位
        INC DX          ;DLH 的地址
        MOV AX,0
        OUT DX,AL       ;写除数高 8 位
        MOV DX,3FBH     ;LCR 的地址
        MOV AL,0AH      ;1位停止位,7 位数据位,奇校验
        OUT DX,AL       ;初始化通信控制寄存器
        MOV DX,3FCH     ;MCR 的地址
        MOV AL,03H      ;使 DTR 和 RTS 有效
        OUT DX,AL       ;初始化 MODEM 控制器
        MOV DX,3F9H     ;IER 的地址
        MOV AL,0        ;禁止所有中断
        OUT DX,AL       ;写中断允许寄存器
```

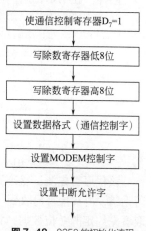

图 7-48 8250 的初始化流程

上面的初始化程序是完全按照图 7-48 所示的顺序编写的，即首先写除数寄存器，而要将除数写入，先要使通信控制寄存器的 $D_7=1$，亦即 DLAB=1，然后再写入 16 位的除数 0060H，即十进制数 96。由于加在 XTAL 上的时钟频率为 1.8432MHz，故波特率为 1200b/s。

初始化通信控制字为 00001010B。它指定数据为 7 位，停止位为 1 位，奇校验。MODEM 控制字为 00000011B，使 DTR 和 RTS 均为低电平，即有效状态。最后，将中断允许控制字写入中断允许寄存器。由于中断允许字为 00H，故禁止 4 个中断源可能形成的中断。8250 的中断在硬件上是通过 OUT$_2$ 输出控制的三态门接到 8259 上去的。若允许中断，则一方面要使 OUT$_2$ 输出为低电平，同时，再初始化中断允许寄存器。OUT$_2$ 是由 MODEM 控制字的 D_3 来控制。只有当 MODEM 控制字的 $D_3=1$ 时，OUT$_2$ 才为低电平。上述的 MODEM 控制字为 03H，其 $D_3=0$，故 OUT$_2=1$，这时禁止中断请求输出。

发送数据的程序接在初始化程序之后。若采用查询方式发送数据，且假定要发送的字节数放在 BX 中，要发送的数据顺序存放在以 DATA 为首地址的内存区中，则发送数据的程序段如下：

```
SENDPRG:  MOV DX,3FDH
          LEA SI,DATA
WAITTHR:  IN AL,DX
          TEST AL,20H              ;检查 THR 是否空
          JZ WAITSE
          PUSH DX
          MOV DX,3F8H
          LODSB
          OUT DX,AL               ;发送一个字节
          POP DX
          DEC BX
          JNZ WAITTHR
```

同样，在初始化后，可以利用查询方式实现数据的接收。下面是接收一个数据的程序段：

```
RECVPRG:  MOV DX,3FDH
WAITRBR:  IN AL,DX
          TEST AL,1EH             ;检查是否有任何错误产生
          JNZ ERROR
          TEST AL,01H             ;检查数据准备好否
          JZ WAITRBR
          MOV DX,3F8H
          IN AL,DX                ;接收一个字节
          AND AL,7FH              ;只保留低 7 位
```

该程序首先测试状态寄存器，看接收的数据是否有错。若有错，就转向错误处理 ERROR；若无错，再看是否已收到一个完整的数据。若是这样，则从 8250 的接收数据寄存器中读出，并取事先约定的 7 位数据，将其放在 AL 中。

下面仍以图 7-47 所示的连接形式为例，说明利用中断方式，通过 8250 实现串行异步通信的过程。为了便于叙述，设想系统以查询方式发送数据，以中断方式接收数据。这时，对 8250 的初始化的程序如下：

```
INISIR:   MOV DX,3FBH
          MOV AL,80H
          OUT DX,AL               ;置 DLAB=1
```

```
           MOV DX,3F8H
           MOV AL,OCH
           OUT DX,AL
           MOV DX,3F9H
           MOV AL,0                      ;置除数为 000CH,规定波特率为 9600b/s
           OUT DX,AL
           MOV DX,3FBH
           MOV AL,OAH                    ;位停止位,7 位数据位,奇校验
           OUT DX,AL                     ;初始化通信控制寄存器
           MOV DX,3FCH
           MOV AL,OBH                    ;使 OUT₂、DTR 和 RTS 有效
           OUT DX,AL                     ;初始化 MODEM 寄存器
           MOV DX,3F9H
           MOV AL,01H                    ;允许接收数据寄存器满产生中断
           OUT DX,AL                     ;初始化中断允许寄存器
           STI                           ;CPU 开中断
```

该程序对 8250 进行初始化,并在初始化完成时(假如其他接口初始化在此之前)开中断。接收一个字符的中断服务子程序(接收到一个字符时自动调用此程序)可编写如下:

```
RECVE:     PUSH AX
           PUSH BX
           PUSH DX
           PUSH DS
           MOV DX,3FDH
           IN AL,DX
           MOV AH,AL                     ;保存接收状态
           MOV DX,3F8H
           IN AL,DX                      ;读入接收到的数据
           AND AL,7FH
           TEST AH,1EH                   ;检查有无错误产生
           JZ SAVEDATA
           MOV AL,'?'                    ;出错的数据用问号替代
SAVEDATA:  MOV DX,SEG BUFFER
           MOV DS,DX
           MOV BX,OFFSET BUFFER
           MOV [BX],AL
           MOV AL,20H                    ;将 EOI 命令发给中断控制器 8259A
           OUT 20H,AL
           POP DS
           POP DX
           POP BX
           POP AX
           STI
           IRET
```

当 8250 的接收数据寄存器满而产生中断时,此中断请求经过中断控制器 8259A 送给 CPU。CPU 中断响应后,转向上述中断服务子程序。该中断服务子程序首先进行断点和现场的保护;

再取回接收状态和接收到的一个字符，并检查接收有无差错，若有错则进行错误处理（本例中对有错的字符用问号替代），无错则将接收到的字符存放在指定的存储单元 BUFFER 中；最后恢复断点，开中断并中断返回。这里特别说明的是，在中断服务子程序结束前，必须给 8259A 一个中断结束命令 EOI（这一点在 6.5 节已讲过），使 8259A 能将中断服务寄存器的状态复位，以便系统又能处理其他低级别的中断。

习题

7.1 一般来讲，接口芯片的读写信号应与系统的哪些信号相连?

7.2 试说明 8253 的 6 种工作方式。其时钟信号 CLK 和门控信号 GATE 分别起什么作用?

7.3 8253 可编程计数器有两种启动方式。在软件启动时，要使计数正常进行，GATE 端必须为（   ）电平。如果使硬件启动呢?

7.4 若 8253 芯片的接口地址为 D0D0H～D0D3H，时钟信号频率为 2MHz。现利用计数器 0、1、2 分别产生周期为 10μs 的对称方波及每 1ms 和 1s 产生一个负脉冲，试画出其与系统的电路连接图，并编写包括初始化在内的程序。

7.5 某一计算机应用系统采用 8253 的计数器 0 作为频率发生器，输出频率为 500Hz；用计数器 1 产生 1000Hz 的连续方波信号，输入 8253 的时钟频率为 1.19MHz。试问：初始化时送到计数器 0 和计数器 1 的计数初值分别为多少? 计数器 1 工作于什么方式下?

7.6 若要求 8253 用软件产生一次性中断，最好采用哪种工作方式? 现用计数器 0 对外部脉冲计数，每计满 1000 个产生一次中断，请写出工作方式控制字及计数初值。

7.7 试比较并行通信与串行通信的特点。

7.8 8255 各端口可以工作在哪几种方式下? 当端口 A 工作在方式 2 时，端口 B 和 C 工作于什么方式下?

7.9 在对 8255 的 C 口进行初始化为按位置位或复位时，写入的端口地址应是（   ）地址。

7.10 某 8255 芯片的地址范围为 A380H～A383H，工作于方式 0，A 口、B 口为输出口，现欲将 PC_4 置 0，PC_7 置 1，试编写初始化程序。

7.11 设 8255 的接口地址范围为 03F8H～03FBH，A 组、B 组均工作于方式 0，A 口作为数据输出口，C 口低 4 位作为控制信号输入口，其他端口未使用。试画出该片 8255 与系统的电路连接图，并编写初始化程序。

7.12 已知某 8088 微机系统的 I/O 接口电路框图如图 7-49 所示。试完成以下几点。

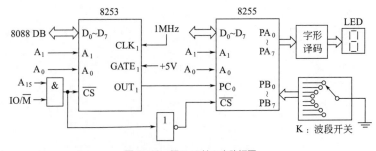

图 7-49 题 7.12 接口电路框图

① 根据图中接线，写出 8255、8253 各端口的地址。

② 编写 8255 和 8253 的初始化程序。其中，8253 的 OUT_1 端输出 100Hz 方波，8255 的 A 口为输出，

B 口和 C 口为输入。

③ 为 8255 编写一个 I/O 控制子程序，其功能为：每调用一次，先检测 PC_0 的状态，若 $PC_0=0$，则循环等待；若 $PC_0=1$，可从 PB 口读取当前开关 K 的位置（0～7），经转换计算从 A 口的 PA_0～PA_7 输出该位置的二进制编码，供 LED 显示。

7.13 试说明串行通信的数据格式。

7.14 串行通信接口芯片 8250 的给定地址为 83A0H～83A7H，试画出其与 8088 系统总线的连接图，采用查询方式由该 8250 发送当前数据段、偏移地址为 BUFFER 的顺序 100 个字节的数据，试编写发送程序。

7.15 题 7.14 中若采用中断方式接收数据，试编写将接收到的数据放在数据段 DATA 单元的中断服务子程序。

CHAPTER

第 **8** 章

模拟量的输入输出

引言

在工业生产中，需要测量和控制的对象往往是连续变化的物理量，如温度、压力、流量、位移等。为了利用计算机实现对工业生产过程的自动监测和控制，首先，必须要能够将生产过程中监测设备输出的连续变化的模拟量转变为计算机能够识别和接收的数字量；其次，还要能够将计算机发出的控制命令转换为相应的模拟信号，去驱动模拟调节执行机构。这样两个过程，就需要模拟量的输入和输出通道来完成。因此，模拟量输入输出通道是实现工业过程控制的重要组成部分。通过本章的学习，读者应能够对工业闭环控制系统的整体结构有基本的了解，并能够进行数据采集系统的简单软、硬件系统的设计。

 教学目的

① 了解模拟量输入输出通道及其各主要部件的功能；
② 理解 D/A 转换器的基本工作原理及 DAC0832 芯片的应用；
③ 了解 A/D 转换器的基本工作原理；
④ 掌握 ADC0809 芯片与系统的连接方法及数据采集程序的设计。

扫码获取拓展
阅读材料

8.1 模拟量的输入输出通道

模拟量输入输出通道的结构如图 8-1 所示。下面分别介绍输入输出通道中各环节的作用。

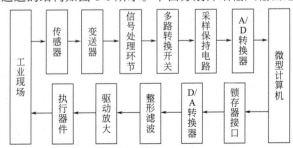

图 8-1 模拟量的输入和输出通道结构图

8.1.1　模拟量输入通道

典型的模拟量输入通道由以下几部分组成。

（1）传感器

传感器（Transducer）是用于将工业生产现场的某些非电物理量转换为电量（电流、电压）的器件。例如，热电偶能够将温度这个物理量转换成几毫伏或几十毫伏的电压信号，所以可用它作为温度传感器；而压力传感器可以把物理量压力的变化转换为电信号；等等。不同的监测传感器，其输出信号的类型、格式等都会不同，由此也会使后续的控制方式有所不同。

这里所说的传感器是传统意义上的、仅具备"将物理量转换为电信号"功能的传感器。随着技术的发展，现代许多新型传感器的功能已越来越强大，其内部不仅集成了以下介绍的变送器，还包括信号处理系统，甚至 A/D 转换器，从而使传感器的输出直接为数字信号。

（2）变送器

一般来讲，传感器输出的电信号都比较微弱，有些传感器的输出甚至是电阻值、电容值等。为了易于与信号处理环节衔接，就需要将这些微弱电信号及电阻值等非电量转换成一种统一的电信号，变送器就是实现这一功能的器件。它将传感器的输出信号转换成 0～10mA、4～20mA 的统一电流信号或者 0～5V 等的电压信号。

（3）信号处理环节

信号处理环节主要包括信号的放大及干扰信号的去除。它将变送器输出的信号进行放大或处理成与 A/D 转换器所要求的输入相适应的电压水平。另外，传感器通常都安装在现场，环境比较恶劣，其输出常叠加有高频干扰信号。因此，信号处理环节通常是低通滤波电路，如 RC 滤波器，或由运算放大器构成的有源滤波电路等。

（4）多路模拟开关

在生产过程中，要监测或控制的模拟量往往不止一个，尤其是数据采集系统中，需要采集的模拟量一般比较多，而且不少模拟量是缓慢变化的信号。对这类模拟信号的采集，可采用多路模拟开关（Multiplexer），使多个模拟信号共用一个 A/D 转换器进行采样和转换，以降低成本。

（5）采样保持电路

在数据采样期间，保持输入信号不变的电路称为采样保持电路（Sample Holder），由于输入模拟信号是连续变化的，而 A/D 转换器完成一次转换需要一定的时间，这段时间称为转换时间。不同的 A/D 变换芯片，其转换时间不同。对变化较快的模拟输入信号，如果不在转换期间保持输入信号不变，就可能引起转换误差。A/D 转换芯片的转换时间越长，对同样频率模拟信号的转换精度的影响就越大。所以，在 A/D 转换器前面要增一级采样保持电路，以保证在转换过程中输入信号保持在其采样时的值不变。

图 8-2 所示为采样电路，采样控制信号 $S(t)=1$ 时，T 导通，V_{in} 向 C_h 充电，V_{out} 跟踪 V_{in} 变化，即对 V_{in} 采样。$S(t)=0$ 时，T 截止，V_{out} 将保持前一瞬间采样的数值不变。获得的采样信号如图 8-3 所示。

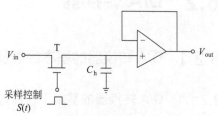

图 8-2　采样保持电路

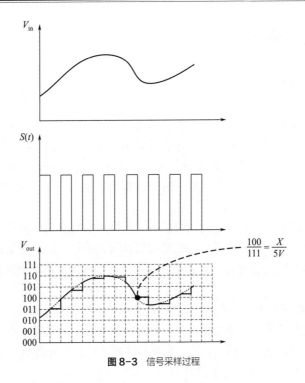

图 8-3 信号采样过程

（6）A/D 转换器

A/D 转换器是模拟量输入通道的中心环节，它的作用是将输入的模拟信号转换成计算机能够识别的数字信号，以便计算机进行分析和处理。

8.1.2 模拟量输出通道

计算机的输出信号是数字信号，而有的控制元件或执行机构要求提供模拟的输入电流或电压信号，这就需要将计算机输出的数字量转换为模拟量，这个过程的实现由模拟量的输出通道来完成。输出通道的核心部件是数/模（D/A）转换器。由于将数字量转换为模拟量同样需要一定的转换时间，也就要求在整个转换过程中待转换的数字量要保持不变。而计算机的运行速度很快，其输出的数据在数据总线上稳定的时间很短。因此，在计算机与 D/A 转换器之间必须加一级锁存器以保持数字量的稳定。D/A 转换器的输出端一般还要加上低通滤波器，以平滑输出波形。另外，为了能够驱动执行器件，还需要将输出的小功率的模拟量加以放大。

8.2 D/A 转换器

8.2.1 D/A 转换器的基本原理及技术指标

8.2.1.1 D/A 转换器的基本工作原理

D/A 转换器的作用是将数字量转换为相应的模拟量。数字量由二进制位组成，每个二进制位的权为2，要把数字量转换为相应的模拟量电压（多数情况需要转换后的模拟信号以电压的形式输出），需要先把数字量的每一位上的代码按权转换成对应的模拟电流，再把模拟电流相加，最后由运算放大器将其转变成模拟电压。将数字量转换成对应模拟电流的工作由 D/A 转换器来完成。

典型的 D/A 转换器芯片通常由模拟开关、电阻网络以及运算放大器等组成。其框图如图 8-4 所示。

电阻网络是 D/A 转换器的核心部件。其结构有权电阻网络和 R-2R T 形电阻网络两种主要网络形式。

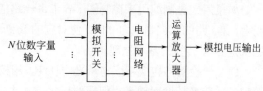

图 8-4　D/A 转换器结构示意图

下面首先介绍一下运算放大器的原理，然后从中引申出 D/A 转换器的工作原理。

众所周知，运算放大器具有如下特点：

① 开环放大倍数很高（一般为几千到几十万），因此所需输入电压很小；

② 输入阻抗非常大，所以其输入电流很小；

③ 输出阻抗非常小，使运算放大器的负载能力很强。

一个简单的运算放大器电路如图 8-5 所示。

对运算放大器来说，其输出电压 V_o 与输入电压 V_i 之间有如下关系：

$$V_o = -\frac{R_f}{R_i} V_i \tag{8.1}$$

式中，R_f 为运算放大器的反馈电阻；R_i 为输入电阻。

若输入端有 n 个支路，如图 8-6 所示，则输入与输出的关系可表示为

$$V_o = -R_f \sum_{j=1}^{n} \frac{1}{R_j} V_i \tag{8.2}$$

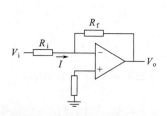

图 8-5　基本运算放大器电路

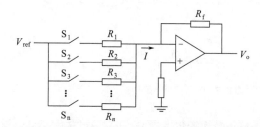

图 8-6　多路输入的运算放大器电路

如果使各支路上的输入电阻 R_1、R_2、$\cdots$、R_n 分别等于 2^1R、2^2R、$\cdots$、2^nR，即每一位电阻值都具有权值 2^j（j 为该电阻所在的位数），且由一个开关 S_j 来控制，当 S_j 合上时 $S_j=1$，S_j 断开时 $S_j=0$，并令 $V_{ref} = \frac{R_f}{R} V_i$，则可得出输出电压 V_o 和输入的关系为

$$V_o = -\sum_{j=1}^{n} \frac{1}{2^j} S_j V_{ref} \tag{8.3}$$

通过式（8.3）可以看出

① 当所有开关 S_j 断开时，$V_o=0$；

② 当所有开关 S_j 闭合时，输出电压 V_o 为最大，即 $V_o = -\dfrac{2^j-1}{2^j}V_{ref}$。

如果用二进制编码来控制图 8-6 中每一路的 S_j，当第 j 路的二进制码为 1 时，使第 j 位的 S_j 闭合；第 j 路的二进制码为 0 时，使对应的 S_j 断开，则数字量的变化就转换成了模拟量的变化。这就是 D/A 转换的基本原理。

D/A 转换器的转换精度与基准电压 V_{ref} 和权电阻的精度以及数字量的位数 j 有关。显然，位数越多，转换精度就越高，但同时所需的权电阻的种类就越多。由于在集成电路中制造高阻值的精密电阻比较困难，因此常用 R-2R T 形电阻网络来代替权电阻网络，如图 8-7 所示。这是一个简化了的 T 形电阻网络原理图。它只由两种阻值 R 和 $2R$ 组成，用集成工艺生产较为容易，精度也容易保证，因此得到比较广泛的应用。式（8.4）为 R-2R T 形电阻网络的输出和输入电压的关系表达式。

$$V_o = -\frac{D}{2^j}\times\frac{R_f}{R}V_{ref} \tag{8.4}$$

式中，D 为输入的数字量；j 为数字量的位数。

由式（8.4）可知，输出电压 V_o 正比于输入数字量 D，而幅度大小由 V_{ref} 和 R_f/R 的比值决定。若使 $R_f/R=1$，并且输入为 8 位的数字量，则式（8.4）可简化为式（8.5），即 8 位 D/A 转换器的输出电压与数字量的关系式：

$$V_o = -\frac{D}{256}\times V_{ref} \tag{8.5}$$

电阻网络是构成 D/A 转换器的主要部件，但在具体电路中还需要一些其他部件。一个实际的 D/A 转换器原理框图如图 8-8 所示。

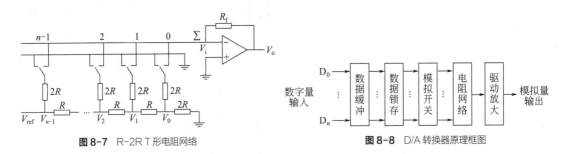

图 8-7　R-2R T 形电阻网络　　　　　图 8-8　D/A 转换器原理框图

首先将待转换的数字量 $D_0 \sim D_n$ 通过数据缓冲器送至数据锁存器，以确保在整个转换过程中数字量的稳定（仅在一次转换过程结束后，才允许将新的数字量存入）。锁存器的输出接到多路模拟开关，使数据信号的高低电平转变成相应的开关状态。各位模拟开关输出的电流通过电阻网络进行加权，合成一个与输入数字量等效的模拟电流信号，再经过驱动放大电路，形成模拟量的输出。

有时，需要 D/A 转换器输出电压信号，对这种情况，可在其输出端接一个运算放大器，将电流信号转换为电压信号输出。

D/A 转换器的输出形式有电压、电流两大类。电压输出型的 D/A 转换器的输出电压一般为 0～5V 或 0～10V，它相当于一个电压源，内阻较小，可带动较大的负载。而电流输出型的则相当于一个电流源，内阻较大，与之匹配的负载电阻不能太大。

8.2.1.2　D/A 转换器的主要技术指标

（1）分辨率

分辨率（Resolution）是 D/A 转换器对数字输入量变化的敏感程度的度量。它表示输入每变化一个最低有效位使输出变化的程度，可用数字量的位数来表示，如 8 位、10 位等，也可定义为输入数字量等于 1 时的电压值与输入数字量等于最大值时的满度模拟值之比。例如，对一个 n 位的 D/A 转换器，若其满度电压值为 V，其最低有效位对应的电压值就为 $V/(2^n-1)$，则该 D/A 转换器的分辨率等于 $1/(2^n-1)$。如果用百分比表示，则为 $[1/(2^n-1)]\times100\%$。

（2）转换精度

转换精度表示由于 D/A 转换器的引入而使其输出和输入之间产生的误差，可用绝对转换精度或相对转换精度来表示。

绝对转换精度是指实际的输出值与理论值之间的差距。它与 D/A 转换器参考电压的精度、权电阻的精度等有关。

相对转换精度是绝对转换精度与满量程输出之比再乘以 100%，是常用的描述输出电压接近理想值程度的物理量，更具有实用性。例如，一个 D/A 转换器的绝对转换精度为 $\pm0.05V$，若输出满刻度值为 5V，则其相对转换精度为 $\pm1\%$。

与 D/A 转换器转换精度有关的指标还有以下几点：

① 非线性误差：在满刻度范围内，偏移理想的转换特性的最大值。

② 温度系数误差：在允许范围内，温度每变化 1℃所引起的输出变化。

③ 电源波动误差：由于电源的波动引起的输出变化。

④ 运算放大器误差：与 D/A 变化器相连的运算放大器带来的误差。

需要注意的是，由于不可能用有限位数的数字量来表示连续的模拟量，所以由位数产生的转换误差是不能消除的，是系统固有的。为了尽量减小分辨率造成的转换误差，在系统设计时，应选择 D/A 转换器的位数，使其最低有效位的变化所引起的误差远远小于 D/A 芯片的总误差。

（3）转换时间

转换时间是指当输入数字量满刻度变化（如全 0 到全 1）时，从数字量输入到输出模拟量达到与终值相差 $\pm1/2$ LSB（最低有效位）相当的模拟量值所需的时间。它表征了一个 D/A 转换器芯片的转换速率。

（4）线性误差

在 D/A 转换时，若数据连续转换，则输出的模拟量应该是线性的。即在理想情况下，D/A 转换器的输入输出曲线是一条直线。但实际的输出特性曲线与理想的曲线之间存在一定的误差。将实际输出特性偏离理想转换特性的最大值称为线性误差。通常用这个最大差值折合成的数字量来表示。

例如，一个 D/A 转换器的线性误差小于 1/2 LSB，表示用它进行 D/A 转换时，其输出模拟量与理想值之差最大不会超过 1/2 LSB 的输入量产生的输出值。

（5）动态范围

D/A 转换器的动态范围是指最大和最小输出值范围，一般取决于参考电压 V_{ref} 的高低。参考电压高，动态范围就大。整个 D/A 转换电路的动态范围除与有关外，还与输出电路的运算放大器的级数及连接方法有关。适当地选择输出电路可在一定程度上增加转换电路的动态范围。

8.2.2 典型 D/A 转换器芯片 DAC0832

D/A 转换器的种类繁多，在目前常用的 D/A 芯片中，从数码位数上，有 8 位、10 位、16 位等；从输出形式上，有电流输出和电压输出；从内部结构上，又可分为含数据输入寄存器和不含数据输入寄存器两类。对内部不含数据输入寄存器的芯片，亦即不具备数据锁存能力的芯片，不能直接与系统总线连接。因为对 D/A 转换器来讲，当有数字量输入时，其输出端随之就会有模拟电流或电压信号建立；而当输入端数字量消失时，输出模拟量也随之消失。另外，为实现对某个对象的控制，要求输出模拟量要能够保持一段时间。在微机系统中，D/A 转换器的输入数据来自 CPU，8088 CPU 在执行输出指令时，数据在数据总线上只能维持两个时钟周期，使转换后的模拟量在输出端保持时间太短，无法满足实际控制系统的要求。所以，这类芯片（如 AD7520、AD7521 等）在与 CPU 连接时，要求在其与 CPU 之间增加数据锁存器（如 74LS273）。而内部已包含数据输入寄存器的 D/A 转换器芯片可直接与系统总线相连，常见的有 DAC0832、AD7524 等。

尽管 D/A 转换器的型号很多，但它们的基本工作原理和功能都是一致的。下面就以较常用的 DAC0832 为例，来说明数/模转换器与 CPU 的连接方法及其应用。

8.2.2.1 引线及内部结构

DAC0832 是一个 8 位的数/模转换芯片，内部包含一个 T 形电阻网络，输出为差动电流信号。要想得到模拟电压输出，必须外接运算放大器。其外部引线图和内部结构图分别如图 8-9 和图 8-10 所示。

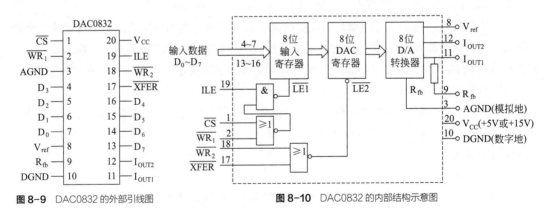

图 8-9 DAC0832 的外部引线图 　　　　　　**图 8-10** DAC0832 的内部结构示意图

图 8-9 中各引脚的定义如下：

① $D_0 \sim D_7$：8 位数据输入端。

② $\overline{CS}$：片选信号，低电平有效。

③ ILE：输入寄存器选通信号，它与 $\overline{CS}$、$\overline{WR_1}$ 一起将要转换的数据送入输入寄存器。

④ $\overline{WR_1}$：输入寄存器的写入控制，低电平有效。

⑤ $\overline{WR_2}$：数据变换（DAC）寄存器写入控制，低电平有效。

⑥ $\overline{XFER}$：传送控制信号，低电平有效。它与 $\overline{WR_2}$ 一起把输入寄存器的数据装入数据变

换寄存器。

⑦ I_{OUT1}：模拟电流输出端，当 DAC 寄存器中内容为 0FFH 时，I_{OUT1} 电流最大；当 DAC 寄存器中内容为 00H 时，I_{OUT1} 电流最小。

⑧ I_{OUT2}：模拟电流输出端。DAC0832 为差动电流输出，一般情况下 $I_{OUT1}+I_{UOT2}$ 为常数。

⑨ R_{fb}：反馈电阻引出端，接运算放大器的输出。

⑩ V_{ref}：参考电压输入端，要求其电压值要相当稳定，一般为–10～+10V。

⑪ V_{CC}：芯片的电源电压，可为+5V 或+15V。

⑫ AGND：模拟信号地。

⑬ DGND：数字信号地。

8.2.2.2 主要技术指标

DAC0832 的主要技术指标如下：

① 分辨率：8 位。

② 线性误差：（0.05%～0.2%）FSR（满刻度）。

③ 转换时间：1μs。

④ 功耗：20mW。

8.2.2.3 工作方式及线路连接

从图 8-10 可以看出，DAC0832 的内部包括两级锁存器：第一级是 8 位的数据输入寄存器，由控制信号 ILE、$\overline{CS}$ 和 $\overline{WR_1}$ 控制；第二级是 8 位的 DAC 寄存器，由控制信号 $\overline{WR_2}$ 和 $\overline{XFER}$ 控制。根据这两个锁存器使用方法的不同，DAC0832 有 3 种工作方式。

（1）单缓冲工作方式

单缓冲工作方式是使输入寄存器或 DAC 寄存器中的任意一个工作在直通状态，而另一个工作在受控锁存状态。例如，要想使输入寄存器受控、DAC 寄存器直通，则可将用 $\overline{WR_2}$ 和 $\overline{XFER}$ 接数字地，ILE 接+5V。此时，将 $\overline{CS}$ 接端口地址译码器输出，$\overline{WR_1}$ 接 $\overline{IOW}$ 信号，则当 CPU 向输入寄存器的端口地址发出写命令时（即执行指令 OUT<输入寄存器端口地址>，<要转换的数据>），数据就写入输入寄存器，因为 DAC 寄存器为直通状态，所以写入到数据寄存器的数据立刻进行数/模转换。其电路连接如图 8-11 所示。

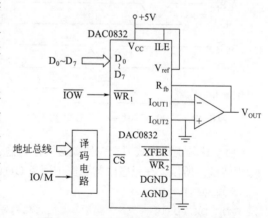

图 8-11 DAC0832 单缓冲方式下的电路连接

在只有单路模拟量输出通道或虽有多路模出通道但不要求同时刷新模拟输出时，可采用这种方式。此种工作方式只用一条输出指令即可完成转换。

【**例 8-1**】 利用 DAC0832 实现 D/A 变换。

题目分析：0832 工作在单缓冲方式。设 0832 端口地址为 PORT，待转换数据在 DATA 单元中。

完成 D/A 转换的程序段如下：

```
MOV AL,DATA        ;要转换的数据送 AL
MOV DX,PORT        ;0832 的端口地址送 DX
OUT DX,AL          ;将数字量送 D/A 转换器进行转换
HTL
```

（2）双缓冲工作方式

在这种工作方式下，CPU 要对 0832 进行两步写操作：①将数据写入输入寄存器；②将输入寄存器的内容写入 DAC 寄存器。具体过程为：当 ILE=1，$\overline{CS}$－$\overline{WR_1}$=0 时，待转换的数据被写入输入寄存器；随后，$\overline{WR_1}$ 由低变高，数据出现在输入寄存器的输出端。在整个 $\overline{WR_1}$ 为高电平期间，输入寄存器的输出端将不再随其输入端的变化而变化，从而保证了在数/模转换时数据稳定不变。

锁存在输入寄存器中的数据此时并不能进入 DAC 寄存器，只有当 $\overline{XFER}$＝$\overline{WR_2}$=0 时，数据才能写入 DAC 寄存器，并同时启动变换。双缓冲的工作时序如图 8-12 所示。其连接方法是：ILE 固定接+5V，$\overline{WR_1}$、$\overline{WR_2}$ 均接到 $\overline{IOW}$，而 $\overline{CS}$ 和 $\overline{XFER}$ 分别接到两个端口的地址译码信号线，即 0832 占用两个端口地址。

双缓冲工作方式的优点是数据接收和启动转换可以异步进行，可以在 D/A 转换的同时接收下一个数据，提高了模/数转换的速率。它还可用于多个通道同时进行 D/A 转换的场合。其外部接线如图 8-13 所示。

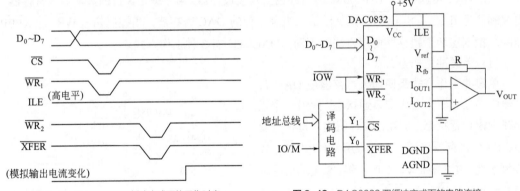

图 8-12 DAC0832 双缓冲方式下的工作时序　　　　图 8-13 DAC0832 双缓冲方式下的电路连接

由于这种工作方式要求先使数据锁存到输入寄存器，之后再使数据进入 DAC 寄存器进行数/模转换，所以，在程序中需要安排两条 OUT 指令。双缓冲方式的程序段如下：

```
MOV AL,DATA
MOV DX,PORT1       ;输入寄存器端口地址送 DX
OUT DX,AL          ;数据送输入寄存器
MOV DX,PORT2       ;DAC 寄存器端口地址送 DX
OUT DX,AL          ;数据送 DAC 寄存器并启动变换
HTL
```

（3）直通工作方式

直通工作方式是将 $\overline{CS}$、$\overline{WR_1}$、$\overline{WR_2}$ 以及 $\overline{XFER}$ 引脚都直接接数字地，ILE 接+5V，芯片就处于直通状态。此时 0832 就一直处于 D/A 转换状态，即模拟输出端始终跟踪输入端 $D_0 \sim D_7$ 的变化。由于这种工作方式下 0832 不能直接与 8088 CPU 的数据总线相连接，故在实际工程实

践中很少采用。

8.2.3 D/A 转换器的应用

8.2.3.1 信号源

由前面的讨论可知，DAC0832 在单缓冲方式下可以直接与系统总线相连，亦即可以将它看作一个输出端口。每向该端口送一个 8 位数据，其输出端就会有相应的输出电压。可以通过编写程序，利用 D/A 转换器产生各种不同的输出波形，如锯齿波、三角波、方波、正弦波等。

【例 8-2】 根据图 8-14 的电路连接，编写一个输出锯齿波的程序，周期任意。DAC0832 工作在单缓冲方式，端口地址为 0278H。

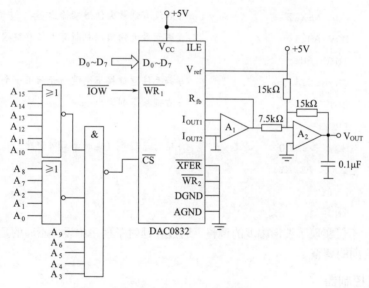

图 8-14 DAC0832 应用连接图

题目分析：正向锯齿波的规律是电压从最小值开始逐渐上升，上升到最大值时立刻跳变为最小值，如此循环（反向锯齿波正好相反，先从最小值跳变为最大值，然后逐渐下降到最小值）。所以只要从 0 开始往 0832 输入数据，每次加 1，直到最大值 FFH，然后再从 0 开始下一个周期。这个过程循环执行即可在 0832 输出端得到一个正向锯齿波。以下是产生反向锯齿波的程序段，这里使用了一个技巧，用 0 减 1 直接得到最大值 FFH，这样在锯齿波的齿根部可以少做一次判断。

```
        MOV DX,0278H          ;端口地址送 DX
        MOV AL,0              ;初始值送 AL
NEXT:   OUT DX,AL             ;输出数字量到 D/A 转换器
        DEC AL               ;数字量减 1
        JMP NEXT             ;循环
```

例 8-2 程序产生的锯齿波不是平滑的波形，而是有 255 个小台阶，通过加滤波电路可以得到较平滑的锯齿波输出，还可以通过软件实现对输出波形周期和幅度的调整。

【例 8-3】 已知 0832 输出电压范围为 0～5V，现希望输出电压为 1～4V、周期任意的正向锯齿波。

题目分析：考虑到输出波形应能够停止，程序中增加了在有任意键按下时则停止输出的功能。由题知，当输出为 5V 时，输入数字量为最大值 255，则

1V 电压对应的数字量=1×255 / 5 = 51 = 33H

4V 电压对应的数字量=4×255 / 5 = 204 = CDH

程序设计如下：

```
            MOV DX,0278H              ;0832 的端口地址送 DX
NEXT1:      MOV AL,33H                ;最低输出电压对应的数字量送 AL
NEXT2:      OUT DX,AL                 ;输出数字量到 0832
            INC AL                    ;数字量加 1
            CALL DELAY                ;调用延时子程序
            CMP AL,0CDH               ;到最大值（输出 4V 电压）？
            JNA NEXT2                 ;若没有到最大值继续输出
            MOV AH,1                  ;达到最大输出则判断有无任意键按下
            INT 16H
            JZ NEXT1                  ;若无任意键按下则重新开始下一个周期
            HLT                       ;右键按下则退出
DELAY       PROC
            MOV CX,100                ;延时子程序（延时常数可修改）
DELAY1:     LOOP DELAY1
            RET
DELAY       ENDP
```

例 8-3 中，不仅实现了波形幅度的调整，通过在延时子程序中设置不同的延时常数还可以实现输出信号周期的调整。

8.2.3.2 工业控制器

D/A 转换器也常用于调速系统和伺服控制系统中的电机转速控制。图 8-15 给出了一个直流伺服电机的脉宽调制（PWM）转速控制系统。CPU 发出的控制信号经锁存器到 D/A 转换器，转换后的模拟电压通过功率放大器控制直流伺服电动机的转速。速度传感器(如光电编码器等)将检测到的转速通过模拟量的输入通道反馈给微型计算机，形成闭环控制系统。

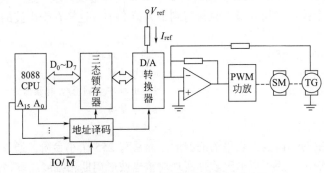

图 8-15 D/A 转换器在直流电机调速系统中的应用

8.3 A/D 转换器

A/D 转换器是将连续变化的模拟信号转换为数字信号，以便于计算机进行处理。它与 D/A 转换器一样，是微型计算机应用系统中的一种重要接口，常用于数据采集系统。

A/D 转换器的种类很多，如计数型 A/D 转换器、双积分型 A/D 转换器、逐位反馈型 A/D 转换器等。考虑到精度及变换速度的折中，这里以常用的逐位反馈型（也叫逐位逼近型）A/D 转换器为例，来说明 A/D 转换器的一般工作原理。

8.3.1 A/D 转换器的工作原理及技术指标

8.3.1.1 A/D 转换器的工作原理

图 8-16 为逐位反馈型 A/D 转换器的内部结构，主要由逐次逼近寄存器 SAR、D/A 转换器、电压比较器和一些时序及控制逻辑电路等组成。

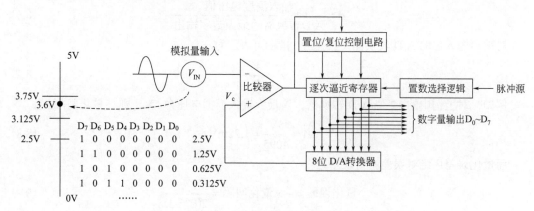

图 8-16 逐位反馈型 A/D 转换器的结构

逐位反馈型 A/D 转换器的工作原理类似于用天平称重。在转换开始前，先将 SAR 寄存器各位清 0，然后设其最高位为 1（对 8 位来讲，即为 10000000B）。就像天平称重时先放上一个最重的砝码一样，SAR 中的数字量经 D/A 转换器转换为相应的模拟电压 V_c，并与模拟输入电压 V_{IN} 进行比较，若 $V_{IN} \geqslant V_c$，则 SAR 寄存器中最高位的 1 保留，否则，就将最高位清 0。若砝码比物体轻就要保留此砝码，否则去掉此砝码。然后再使次高位置 1，进行相同的过程，直到 SAR 的所有位都被确定。转换过程结束后，SAR 寄存器中的二进制码就是 A/D 转换器的输出。

例如，某一个 8 位的 A/D 转换器，如果输入的模拟电压为 0～5V，则输出的对应值就为 0～FFFH，且最低有效位所对应的输出电压 5/(2^8-1) =19.6mV。现设输入模拟电压为 3.6V，其变换过程如下：

位序号	比较表达式		二进制值
D7	$3.6V-2^7×19.6mV=1.0912V$	>0	1
D6	$1.0912V-2^6×19.6mV$	<0	0
D5	$1.0912V-2^5×19.6mV=0.4640V$	>0	1
D4	$0.4640V-2^4×19.6mV=0.1504V$	>0	1
D3	$0.1504V-2^3×19.6mV$	<0	0

D2	$0.1504V-2^2\times19.6mV=0.0720V$	>0	1
D1	$0.0720V-2^1\times19.6mV=0.0328V$	>0	1
D0	$0.0328V-2^0\times19.6mV=0.0132V$	>0	1

这样，就把 3.6V 模拟量转换成了数字量 10110111B（B7H）。

8.3.1.2 A/D 转换器的主要技术指标

（1）精度

A/D 转换器的转换精度由各种因素引起的误差所共同决定。

① 量化误差。A/D 转换器的量化误差（也称分辨率）取决于 A/D 转换器的转换特性。例如，一个 3 位的 A/D 转换器的转换特性如图 8-17 所示。当模拟量的值在 0~0.5V 范围变化时，数字量输出为 000B；在 0.5~1.5V 范围变化时，数字量输出为 001B。这样在给定数字量情况下，实际模拟量与理论模拟量之差最大为±0.5V。这种误差是由转换特性造成的，是一种原理性误差，也是无法消除的误差。从图中可以发现，数字量的每个变化间隔为 1V，就是说，模拟量在 1V 内的变化，不会使数字量发生变化。这个间隔称为量化间隔（也称为当量）用 Δ 表示，其定义为

$$\Delta = \frac{\text{输入满度电压值}}{\text{A/D 转换器的最大数字输出}} \tag{8.6}$$

对输出为 n 位的 A/D 转换器，其量化间隔 Δ 可表示为

$$\Delta = \frac{V_{max}}{2^n-1} \tag{8.7}$$

例如，对上例中的 12 位 A/D 转换器，若最大输入模拟电压为 5V，则其量化间隔 Δ 为

$$\Delta = \frac{5V}{4095} \approx 1.22mV \tag{8.8}$$

而量化误差用绝对误差就可表示为

$$\text{量化误差} = \frac{1}{2}\times\text{量化间隔} = \frac{V_{max}}{2(2^n-1)} \tag{8.9}$$

也可用 $\frac{1}{2}$ LSB 来表示。

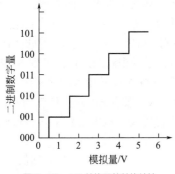

图 8-17 A/D 转换器的转换特性

因此，一旦 A/D 转换器的位数确定，其量化误差也就确定了。

② 非线性误差。A/D 转换器的非线性误差是指在整个变换量程范围内，数字量所对应的模拟输入信号的实际值与理论值之间的最大差值。理论上 A/D 变换曲线应该是一条直线，即模拟输入与数字量输出之间应该是线性关系。但实际上它们两者的关系并非呈线性。所谓非线性误差就是由于二者关系的非线性而偏离理想直线的最大值，常用多少 LSB 来表示。

③ 其他误差。影响 A/D 转换器转换精度的因素还有电源波动引起的误差、温度漂移误差、零点漂移误差、参考电源误差等。

（2）转换时间

转换时间是指完成一次 A/D 变换所需要的时间，即从发出启动转换命令信号到转换结束信

号之间有效的时间间隔。转换时间的倒数称为转换速率（频率）。例如，AD574KD 的转换时间为 35 μs，其转换速率为 28.57kHz。

（3）输入动态范围

输入动态范围也称量程，指能够转换的模拟输入电压的变化范围。A/D 转换器的模拟电压输入分为单极性和双极性两种。

① 单极性：动态范围为 0～5V、0～10V 或 0～20V。

② 双极性：动态范围为–5～5V 或–10～10V。

8.3.2 典型 A/D 转换器芯片 ADC0809

A/D 转换器芯片的种类很多。下面以较为常用的 A/D 转换器 ADC0809 为例，介绍 A/D 芯片与微型计算机系统的连接及应用。

ADC0809 是逐位逼近型 8 位单片 A/D 转换芯片。片内含 8 路模拟开关，可允许 8 路模拟量输入。片内带有三态输出缓冲器，因此可直接与系统总线相连。它的转换精度和转换时间都不是很高，但其性价比有较明显的优势，是目前应用较为广泛的芯片之一。

8.3.2.1 ADC0809 的引线及内部结构

（1）ADC0809 的外部引线

ADC0809 的外部引线如图 8-18 所示，共有 28 根引脚，其含义如下。

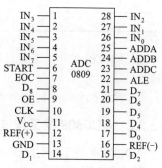

图 8-18 ADC0809 外部引线图

① D_0～D_7：输出数据线。

② IN_0～IN_7：8 路模拟电压输入端，可连接 8 路模拟量输入。

③ ADDA、ADDB、ADDC：通道地址选择，用于选择 8 路中的一路输入。ADDA 为最低位，ADDC 为最高位。

④ START：启动信号输入端，下降沿有效。在启动信号的下降沿启动变换。

⑤ ALE：通道地址锁存信号，用来锁存 ADDA～ADDC 端的地址输入，上升沿有效。

⑥ EOC：变换结束状态信号。当该引脚输出低电平时表示正在变换，输出高电平则表示一次变换已结束。

⑦ OE：读允许信号，高电平有效。在其有效期间，CPU 将转换后的数字量读入。

⑧ CLK：时钟输入端。

⑨ REF（+），REF（–）：参考电压输入端。

⑩ V_{CC}：5V 电源输入。

⑪ GND：地线。

ADC0809 需要外接参考电源和时钟。外接时钟频率为 10kHz～1.2MHz。

（2）ADC0809 的内部结构

ADC0809 的内部结构框图如图 8-19 所示，它主要由 3 部分组成。

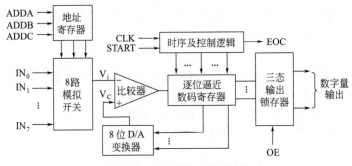

图 8-19 ADC0809 内部结构框图

① 模拟输入选择部分。包括一个 8 路模拟开关和地址锁存与译码电路。输入的 3 位通道地址信号由锁存器锁存，经译码电路译码后控制模拟开关选择相应的模拟输入。地址编码与输入通道的关系如表 8-1 所示。

表 8-1　输入通道和地址

对应模拟通道	ADDC	ADDB	ADDA	对应模拟通道	ADDC	ADDB	ADDA
IN_0	0	0	0	IN_4	1	0	0
IN_1	0	0	1	IN_5	1	0	1
IN_2	0	1	0	IN_6	1	1	0
IN_3	0	1	1	IN_7	1	1	1

② 转换器部分。主要包括比较器、8 位 D/A 转换器、逐位逼近寄存器以及控制逻辑电路等。

③ 输出部分。包括一个 8 位三态输出缓冲器。

8.3.2.2　DC0809 的工作过程

ADC0809 的工作时序如图 8-20 所示。部时钟信号通过 CLK 端进入其内部控制逻辑电路，作为转换时的时间基准。由时序图可以看出 ADC0809 的工作过程如下：

① 先 CPU 发出 3 位通道地址信号 ADDC、ADDB、ADDA。

② 道地址信号有效期间，使 ALE 引脚上产生一个由低到高的电平变化，即脉冲上跳沿，

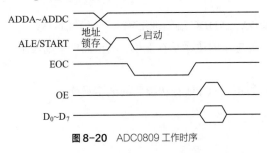

图 8-20　ADC0809 工作时序

它将输入的 3 位通道地址锁存到内部地址锁存器。

③ 接着给 START 引脚加上一个由高到低变化的电平，启动 A/D 转换。

④ 变换开始后，EOC 引脚呈现低电平，一旦变换结束，EOC 又重新变为高电平。

⑤ CPU 在检测到 ECC 变高后，输出一个正脉冲到 OE 端，将转换结果取走。

8.3.2.3　ADC0809 的主要技术指标

ADC0809 的主要技术指标如下：

① 分辨率：8 位。

② 转换时间：$100\,\mu s$。

③ 电源：单电源 $0\sim5V$。

8.3.2.4　ADC0809 与系统的连接方法

（1）输入模拟量

输入模拟信号分别连接到 $IN_0 \sim IN_7$ 端。当前要转换哪一路通过 $ADDC \sim ADDA$ 的不同编码来选择。ADC0809 内部包括有地址锁存器，CPU 可通过一个输出接口（如 74LS273、74LS373、8255 等）把通道地址编码送到通道地址信号端。

（2）数据信号

由图 8-19 可知，ADC0809 芯片的 $D_7 \sim D_0$ 输出端带有三态缓冲器，所以它可以直接连接到系统数据总线上。但考虑到驱动及隔离的因素，通常总是用一个输入接口与系统连接。

（3）启动变换信号

ADC0809 采用脉冲启动方式启动变换信号。通常将 START 和 ALE 连接在一起作为一个端口看待。因为 ALE 是上升沿有效，而 START 是下降沿有效，这样连接就可用一个正脉冲来完成通道地址锁存和启动转换两项工作。初始状态下，使该端口为低电平。当通道地址信号输出后，CPU 往该端口送出一个正脉冲，其上升沿锁存地址，下降沿启动变换。

（4）状态信号 EOC 的连接

判断一次 A/D 转换是否结束有以下几种方式：

① 软件延时方式。编写延时程序，使延时时间≥A/D 转换时间，延时时间到，读取转换结果。一般来说，这种方式的实时性要差一些。

② 查询方式。转换过程中，CPU 通过程序不断地读取 EOC 端的状态，在读到其状态为"1"时，则表示一次转换结束。

③ 中断控制方式。可将 ADC0809 的 EOC 端接到中断控制器 8259A 的中断请求输入端，当 EOC 端由低电平变为高电平时（转换结束），即产生中断请求。CPU 在收到该中断请求信号后，读取转换结果。由于 A/D 转换的过程需要一定的时间，所以采用中断控制方式 CPU 效率最高。

ADC0809 与系统的连接图如图 8-21 所示。为尽量使 ADC0809 少占用地址资源，将其各控制信号和输出端都通过输入输出接口与系统相连，用 74LS244 作为输入端口，74LS273 作为输出端口。若采用第 7 章介绍的可编程并行接口 8255 芯片，则其电路连接如图 8-22 所示，使 8255 工作在方式 0 下，A 口作为转换结果的输入口，B 口和 C 口连接各控制信号。

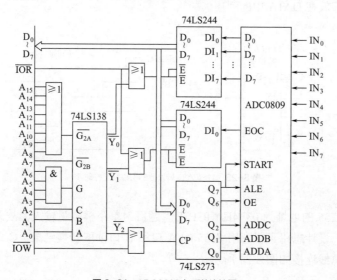

图 8-21　ADC0809 与系统连接图 1

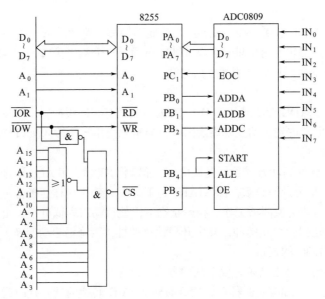

图 8-22 ADC0809 与系统连接图 2

注意：若使用 8255 作为输入输出接口，必须首先将 8255 初始化。

8.3.2.5 ADC0809 的应用

ADC0809 主要用于数据采集系统中，可以实现对 8 路模拟输入信号的循环数据采集。

【例 8-4】 某 11 位 A/D 转换器的引线及工作时序如图 8-23 所示，利用不小于 1 μs 的后沿脉冲（START）启动转换。当 $\overline{BUSY}$ 端输出低电平时表示正在转换，$\overline{BUSY}$ 变高则转换结束。为获得转换好的二进制数据，必须使 $\overline{OE}$ 为低电平。现将该 A/D 转换器与 8255 相连，8255 的地址范围为 03F4H～03F7H。试画线路连接图，编写包括 8255 初始化程序在内的、完成一次数据变换并将数据存放在 DATA 中的程序。

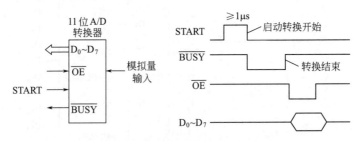

图 8-23 11 位 A/D 转换器的引线及工作时序

题目分析：8255 的地址为 03F4H～03F7H。题目为单路模拟量输入，故无需连接通道地址和地址锁存信号；设计思路可以利用 8255 的 A 口和 B 口读取转换结果，C 口输出和输入各种控制信息。系统总线连接如图 8-24 所示。

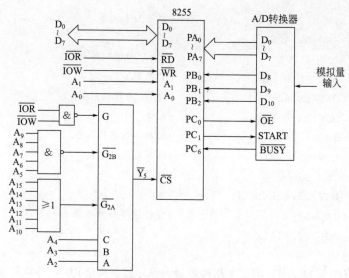

图 8-24　系统总线连接图

设计程序如下:

```
INIT8255    PROC NEAR           ;8255 初始化
            PUSH DX
            PUSH AX
            MOV DX,03F7H        ;8255 控制口地址
            MOV AL,9AH          ;方式 0,A、B 口输入,C 口高 4 位输入,低 4 位输出
            OUT DX,AL
            MOV DX,03F6H        ;C 口
            MOV AL,01H          ;PC0 初始置 1,OE 初始电平为高
            OUT DX,AL
            MOV AL,02H
            OUT DX,AL           ;PC1 初始置 0,START 初始电平为低
            POP AX
            POP DX
            RET
INIT8255    ENDP
```

数据采集程序如下:

```
START:      MOV AX,SEG DATA
            MOV DS,AX
            LEA SI,DATA
            CALL INIT8255       ;8255 初始化
            MOV DX,03F6H        ;C 口
            MOV AL,03H          ;START 为高
            OUT DX,AL
            NOP                 ;START 信号不小于 1μs
            MOV AL,02H
            OUT DX,AL           ;等待转换
```

```
WAITT:      IN AL,DX              ;读 BUSY 状态
            AND AL,40H            ;保留 PC6
            JZ WAITT             ;BUSY 为低则等待
            AND AL,0FEH          ;为高则 PC0=0
            OUT DX,AL            ;使 OE 为低读结果
            MOV DX,03F5H         ;B 口
            IN AL,DX             ;读转换结果高 3 位
            MOV [SI],AL          ;结果送存储单元
            INC SI               ;修改指针
            MOV DX,03F4H         ;A 口
            IN AL,DX             ;读转换结果低 8 位
            MOV [SI],AL
            HLT
```

【例 8-5】 以图 8-22 为例, 编写 8 路模拟量的循环数据采集程序, 并将转换结果 (数字量) 放在 DATA 为首的内存单元中。

题目分析: 由图 8-22 可知, 8255 的地址为 0378H～037BH。A、B、C 这 3 个端口均工作在方式 0, A 口作为输入口, 输入转换后的结果; B 口作为输出口, 用来输出通道地址、发出地址锁存信号和启动转换信号; C 口低 4 位为输入口, 用来读取转换状态, 高 4 位没有使用。

设计程序如下:

```
INIT_8255  PROC NEAR             ;8255 初始化
            MOV DX,037BH
            MOV AL,91H           ;A、B、C 口均为方式 0,A 口入、B 口出、C 口入
            OUT DX,AL
            RET
INIT_8255  ENDP
```

数据采集程序如下:

```
START:      MOV AX,SEG DATA
            MOV DS,AX
            MOV SI,OFFSET DATA
            CALI INIT_8255;      ;初始化 8255
            MOV BL,0             ;通道号,初始指向第 0 路
            MOV CX,8             ;共采集 8 次,每路采集 1 次
AGAIN:      MOV AL,BL
            MOV DX,0379H
            OUT DX,AL            ;送通道地址
            OR AL,10H
            OUT DX,AL            ;送 ALE 信号（上升沿）
            AND AL,0EFH
            OUT DX,AL            ;输出 START 信号（下降沿）
            NOP                  ;空操作等待转换
            MOV DX,037AH
WAIT1:      IN AL,DX             ;读 EOC 状态
```

```
        AND AL,02H
        JZ WAIT1                    ;若 EOC 为低电平则等待
        MOV DX,0379H
        MOV AL,BL
        OR AL,20H
        OUT DX,AL                   ;EOC 端为高电平则输出读允许信号 OE=1
        MOV DX,0378H
        IN AL,DX                    ;读入转换结果
        MOV [SI],AL                 ;将转换的数字量送存储器
        INC SI                      ;修改指针
        INC BL                      ;修改通道地址值
        LOOP AGAIN                  ;若未采集完则再采集下一路数据
        MOV DX,0379H
        MOV AL,0
        OUT DX,AL                   ;若 8 路数据已采集完则回到初始状态
        HLT
```

以上就是 8 路模拟量的数据采集程序，每执行一次该程序，数据段中以 DATA 为首地址的顺序单元中就会存放 $IN_0 \sim IN_7$ 端模拟信号所对应的 8 位数字量。该程序通过查询 EOC 端口的状态来判断是否一次变换结束。用中断或延时的方法来决定是否转换结束的程序留作读者自行考虑。

另外，在上述程序中，是利用程序对读允许信号 OE 进行控制的。实际上，由于借用了数字 I/O 接口，也可将该端直接接到+5V 电源上，这样就可以将程序中对 OE 控制的指令删去。

以上通过典型的 A/D 转换器芯片 ADC0809，介绍了 A/D 转换器的工作原理、与系统的连接及其应用等，希望读者能够熟练地掌握它的使用方法，并由此在碰到类似芯片时也能较容易地熟悉它们。

习题

8.1　试说明将一个工业现场的非电物理量转换为计算机能够识别的数字信号主要需经过哪几个过程。

8.2　什么是 A/D 转换器？什么是 D/A 转换器？它们的主要作用是什么？

8.3　D/A 转换器主要有哪些技术指标？影响其转换误差的主要因素是什么？

8.4　对于一个 10 位的 D/A 转换器，其分辨率是多少？如果输出满刻度电压值为 5V，那么一个最低有效位对应的电压值等于多少？

8.5　某一测控系统要求计算机输出模拟控制信号的分辨率必须达到 1%，则应选用的 D/A 芯片的位数至少是多少？

8.6　D/AC0832 在逻辑上由哪几部分组成？可以工作在哪几种模式下？不同工作模式在线路连接上有什么区别？

8.7　如果要求同时输出 3 路模拟量，则 3 片同时工作的 DAC0832 最好采用哪种工作模式？

8.8　某 8 位 D/A 转换器，输出电压为 5V。当输入的数字量为 40H、80H 时，其对应的输出电压分别

是多少?

8.9 ADC0809 是完成什么功能的芯片?试说明它的变换原理。

8.10 设 DAC0832 工作在单缓冲模式下,端口地址为 034BH,输出接运算放大器。试画出其与 8088 系统的线路连接图,并编写输出三角波的程序段。

8.11 对 8 位、10 位和 12 位的 A/D 转换器,当满刻度输入电压为 5V 时,其量化间隔各为多少?绝对量化误差又为多少?

8.12 某工业现场的 3 个不同点的压力信号经压力传感器、变送器及信号处理环节等分别送入 ADC0809 的 IN_0、IN_1 和 IN_2 端。计算机巡回检测这 3 点的压力并进行控制。试编写数据采集程序。

8.13 设被测温度的变化范围为 0~100℃,若要求测量误差不超过 0.1℃,应选用分辨率为多少位的 A/D 转换器?

CHAPTER

第9章

基于Proteus的仿真实验

扫码获取拓展
阅读材料

9.1 Proteus 简介

Proteus 是英国 Labcenter 公司开发的电路分析与实物仿真及印制电路板设计软件，运行于 Windows 操作系统上，可以仿真、分析各种模拟电路与集成电路。Proteus 提供了大量模拟与数字元器件、外设和各种虚拟仪器，特别是它具有对常用控制芯片及其外围电路组成的综合系统的交互仿真功能。从 Proteus 8 开始，Proteus 将早期版本中各自独立的工具如 ISIS 和 ARES 整合到 IDE 中，以标签页的形态进行统一，方便用户使用。基本标签页包括 Home Page（主界面）、Schematic Capture（电路原理图绘制，即 ISIS 界面）、PCB Layout（电路板设计，即 ARES 界面）和 Source Code（源代码标签，又名 VSM Studio）。

本章主要介绍如何利用 Proteus 建立 8086 仿真的软硬件工程，绘制电路原理图，选用配套编译器编译 8086 汇编语言程序，实现基于 8086 微处理器的 VSM 仿真。

9.1.1 Proteus 主界面和基本配置

Proteus 8.x 的 Home Page（主界面）如图 9-1 所示，包括标题栏、主菜单、工具栏和分栏式项目窗口。由于 8086 的 VSM 仿真除支持电路仿真功能外，还包含软件运行仿真，因此必须确保编译工具链可用。单击工具栏上的 Source Code 图标，主界面切换至 VSM Studio 界面，如图 9-2 所示。

单击图 9-2 中主菜单的【System】→【Compilers Configuration】命令，检查编译工具链 MASM32 是否完备，如图 9-3 所示。单击【Check】按钮，如果 MASM32 工具链的 Compiler Directory 栏是空白的，可单击该项的【Download】按钮自动下载；也可自行下载编译工具链的离线安装包，手动安装后单击【Manual】按钮来配置。

图 9-1 Proteus 的主界面

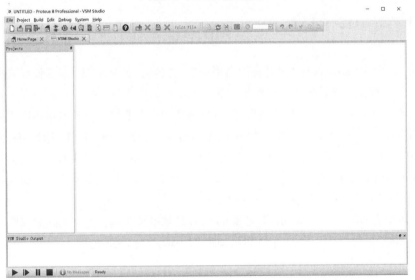

图 9-2 VSM Studio 界面

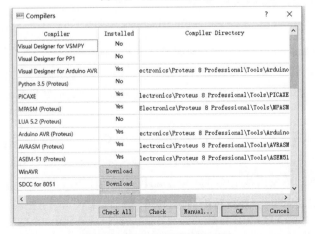

图 9-3 编译工具链正常配置示意图

9.1.2　创建 Proteus 仿真工程

在 Proteus 的主界面，单击主菜单的【File】→【New Project】命令，或者单击分栏式项目窗口 Start 中的【New Project】按钮，即可打开用于创建工程的向导对话框（New Project Wizard）。向导对话框包含 Start、Schematic Design、PCB Layout、Firmware 和 Summary 5 个交互框。在进行基础仿真实验时，只需要在如图 9-4 所示的 Start 交互框中输入工程拟保存路径和名称即可。其余交互框可以选用系统提供的默认选项，单击【Next】按钮直至工程创建完成。工程创建完成后，自动打开电路原理图绘制界面（Schematic Capture），如图 9-5 所示。通常，一个工程使用一个文件夹，即图 9-4 中"Path"框中最后一级文件夹 EXO 是空文件夹。需要注意的是，"Path"指定的工程保存路径中不能出现中文和空格等特殊字符。

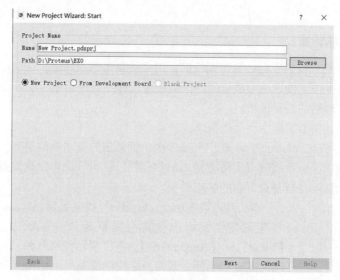

图 9-4　创建工程的向导对话框——Start 交互框

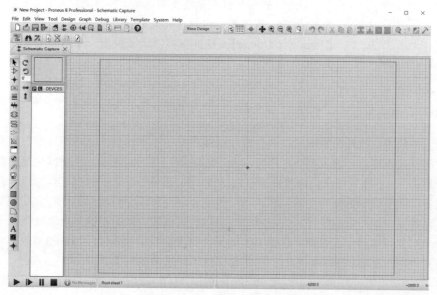

图 9-5　Proteus 电路原理图绘制界面

Proteus 电路原理图绘制界面的工具栏与主界面中一致，并包括标题栏、主菜单、专用工具栏、View 工具栏、标签页、状态栏、模型选择工具栏、对象方向控制按钮、仿真控制按钮、预览窗口、元件列表窗口和原理图编辑窗口。

9.2 Proteus 基本使用与原理图绘制

9.2.1 可视化界面及工具

新建 Proteus 工程后，默认打开电路原理图绘制界面，如图 9-5 所示。下面简单介绍各部分的功能。

9.2.1.1 原理图编辑窗口

图 9-5 的右半部分灰色空白处是可编辑区，用来绘制电路原理图。该窗口没有滚动条，但可通过鼠标滚轮上下滚动的方法缩放原理图，或按住鼠标左键拖动图 9-5 左上角预览窗口的预览框来选择电路原理图的查看区域。

为了方便作图，需要说明下面几个概念：

① 坐标系统（Co-Ordinate System）。Proteus 中坐标系统的基本单位是 in，这种设置和 PCB 绘制要求保持一致。坐标系统的识别精度是 1th（毫英寸）。坐标原点默认设置在原理图编辑窗口的中间，坐标值显示在屏幕右下角的状态栏中。

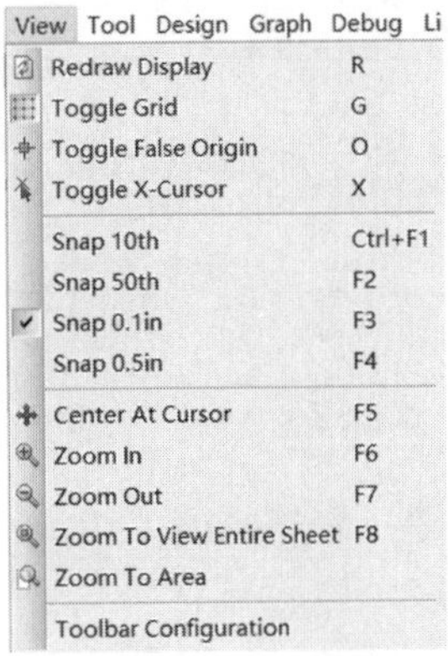

② 网格线（Toggle Grid）与捕捉到网格（Snapping to a Grid）。原理图编辑窗口内设置有网格背景，可以通过执行菜单命令【View】→【Toggle Grid】，在"显示网格"和"关闭网格"两种状态之间进行切换。网格点之间的间距可以利用菜单命令【View】→【Snap 10th/50th/0.1in/0.5in】进行设置，如图 9-6 所示。

注意：鼠标指针在原理图编辑窗口内移动时，坐标值是以固定的步长 100th 变化的，称为"捕捉"。可以通过菜单命令【View】→【Toggle X-Cursor】，在捕捉点显示或关闭一个小的或大的交叉十字光标。

③ 预览窗口（the Overview Window）。预览窗口在不同的操作模式下，可以显示完整电路原理图的缩略图或元件等不同的内容，这个功能称为"对象预览"功能（Place Preview）。

图 9-6 Proteus 的网格状态

当把元件放置到原理图编辑窗口或在原理图编辑窗口中单击后，鼠标指针落在原理图编辑窗口。此时，预览窗口会显示完整电路原理图的缩略图，并同时显示一个蓝绿色矩形框（在预览窗口上单击，也会出现这个蓝绿色矩形框）。原理图编辑窗口显示的就是该矩形框所在区域的原理图内容。改变该矩形框所在的位置，可以改变原理图编辑窗口显示的内容。在预览窗口中单击，可以改变该矩形框的位置。该矩形框的位置也可以按住鼠标左键并拖动操作来改变。

当一个对象（如元件或引脚）在图 9-5 的元件列表窗口中被选中，或单击对象方向控制按钮、使该对象进行旋转或镜像翻转时，预览窗口显示所选中的对象。

④ 实时捕捉（Real Time Snap）。当鼠标指针指向元件引脚末端或总线时，鼠标指针将会捕捉到这些元件或总线，这种功能称为"实时捕捉"。当捕捉到单个引脚时，鼠标指针变为绿色笔

形形状；当捕捉到总线时，鼠标指针变为蓝色笔形形状。该功能可以使用户方便地实现总线和引脚的连接。

可以通过菜单命令【View】→【Redraw Display】刷新原理图编辑窗口显示的内容，预览窗口的内容也将被同时刷新。当执行其他命令导致原理图编辑窗口显示错乱时，可以使用该命令。

⑤ 视图的缩放与移动。视图的缩放与移动可以通过如下 3 种方式进行：

a. 在预览窗口中单击想要显示的区域，原理图编辑窗口将显示以鼠标指针单击处为中心的原理图内容。

b. 按下 Shift 键，在原理图编辑窗口内按住鼠标左键不放，拖动鼠标指针"撞击"边框，将使原理图显示的区域平移，这种操作称为 Shift-Pan。

c. 可以通过菜单命令【View】→【Zoom in】、【View】→【Zoom out】、【View】→【Zoom to View Entire Sheet】（或按下快捷键 F8）和【View】→【Zoom to Area】，缩放原理图显示的内容。

9.2.1.2　模型选择工具栏

模型选择工具栏由主模式选择工具、配件选择工具和 2D 图形选择工具组成。

① 主模式（Main Modes）即绘图模式，包括选择模式、元件模式和连接点模式等选择工具，具体模式名称、图标及相关说明见表 9-1。

表 9-1　绘图模式选择工具

模式名称	图标	说明
选择模式 （Selection Mode）	▶	即时编辑元件参数（先单击该图标，再单击要修改的元件）
元件模式 （Components Mode）	⇾	使元件列表有效，从中选择元件
连接点模式 （Junction Dot Mode）	✚	放置连接点，一般用以交叉连接线路
单线标签模式 （Wire Label Mode）	🔲	编辑单条普通线路的标签信息，如名称。该模式下，鼠标指针移至线路时变为笔尖带 X 的形状
文本模式 （Text Script Mode）	▤	添加配置文本或脚本，一般配合 PLD 器件使用
总线模式 （Bus Mode）	⊪	绘制总线
子电路模式 （Subcircuit Mode）	⊡	绘制子电路模型

② 配件（Gadgets）选择工具包括终端模式、引脚模式和仿真图表等选择工具，具体模式名称、图标及相关说明见表 9-2。

表 9-2　配件选择工具

模式名称	图标	说明
终端模式 （Terminal Mode）	⊟	包含各种常用终端接线柱，如 POWER（VCC）、GROUND（GND）、BUS 等
引脚模式 （Device Pin Mode）	⇥	为子电路添加各种引脚
仿真图表 （Graph Mode）	▦	用于图形化分析，如 Digital Analysis
弹出框模式 （Active Popup Mode）	▭	设置动画区域

模式名称	图标	说明
信号发生器模式 （Generator Mode）		选择不同的信号发生器，用于给电路合适的仿真输入
探针模式 （Probe Mode）		用于为电路添加观察探针，包括电压、电流和录音机 3 种类型
仪表 （Instruments）		选择不同的仿真结果观察设备，如示波器

③ 2D 图形（2D Graphics）选择工具。2D 图形选择工具用于为电路图添加说明信息，如图 9-7 所示。从左往右的功能依次是：画各种直线、画各种方框、画各种圆、画各种圆弧、画各种多边形、添加各种文本、画符号、画原点。

9.2.1.3　元件列表窗口

元件列表窗口用于挑选元件（Components）、终端端口（Terminals）、信号发生器（Generators）、仿真图表（Graph）等操作。例如，当选择"元件"时，单击【P】按钮，弹出挑选元件对话框，选中一个元件（单击【OK】按钮）后，该元件会在元件列表窗口中显示。以后要用到该元件时，只需在元件列表窗口中选择即可。

9.2.1.4　对象方向控制按钮

对象方向控制按钮包括旋转工具和镜像翻转工具，其使用方法是：先在元件列表窗口选中该元件，再单击相应的工具图标。

旋转工具图标是 ↻ ↺ ⬚，有左转和右转两个方向，旋转角度只能是 90 的整数倍。镜像翻转工具图标是 ↔ ↕，可以完成水平翻转和垂直翻转。

9.2.1.5　仿真控制按钮

如图 9-8 所示，仿真控制按钮的功能从左往右依次是：运行、单步运行、暂停、停止。

图 9-7　2D 图形选择工具　　　　**图 9-8**　仿真控制按钮

9.2.1.6　系统可视工具

在 Proteus 原理图编辑窗口中，系统提供了两种可视工具来反映编辑状态。

① 围绕对象的虚线框。当鼠标指针掠过元件、符号、图形等对象时，将出现围绕对象的虚线框，如图 9-9 所示。当鼠标指针掠过元件出现虚线框时，即提示用户可以通过单击对此元件进行操作。

② 有智能识别功能的鼠标指针。鼠标指针对界面有智能识别功能，即鼠标指针会自动根据功能改变显示的式样。默认为操作系统自带形状，一般为箭头形状；其余形状有笔形和手形。当鼠标指针掠过元件并出现虚线框时，鼠标指针形状会变为手形。

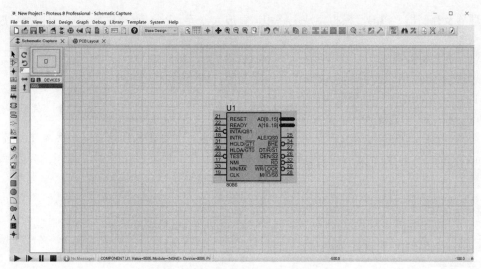

图 9-9　当鼠标指针掠过对象时出现的虚线框

9.2.2　基本操作

（1）绘制原理图

绘制原理图要在原理图编辑窗口中的编辑区域内完成。原理图编辑窗口的操作是不同于常见的 Windows 应用程序的。

鼠标的正确使用方法如下：

- 单击鼠标左键，可放置元件；
- 单击鼠标右键，可选择元件；
- 双击鼠标右键，可删除元件；
- 按住鼠标右键不放，拖动画出的选择框，可选中多个元件；
- 单击鼠标右键，在弹出的快捷菜单中选择相应的命令，可编辑元件属性；
- 先右键单击元件，然后按住鼠标左键不放，可拖动元件；
- 连线用鼠标左键，删除用鼠标右键；
- 先右键单击连线，然后按住鼠标左键不放，可拖动并移动连线；
- 滚轮上下滚动，可缩放原理图。

（2）定制元件

在 Proteus 中有 3 种方法定制元件：

① 用 Proteus VSM SDK 开发仿真模型，并制作元件；

② 在已有的元件基础上进行改造，如把元件改为总线端口；

③ 利用已制作好的元件，到网上下载一些新元件并把它们添加到自己的元件库中。

（3）子电路绘制与封装

用一个子电路（Subcircuit）把部分电路封装起来，这样可以节省原理图编辑窗口的空间。

9.2.3　元件的查找与选取

Proteus 提供了包含约 8000 个部件的元件库，包括标准元件、三极管、二极管、热离子管、微处理器及存储器、PLD、模拟集成电路和运算放大器等。Proteus 提供多种从元件库查找并选取元件的方法。

（1）利用对象选择器

单击图 9-10 所示的元件选取操作界面左侧的【P】按钮，弹出如图 9-11 所示元件库浏览对话框。

图 9-10　元件选取操作界面

（2）利用原理图编辑窗口的快捷菜单

在图 9-5 所示的原理图编辑窗口区域单击鼠标右键，在弹出的快捷菜单中选择【Place】→【Component】→【From Libraries】命令，如图 9-12 所示，也可打开图 9-11 所示的元件库浏览对话框。

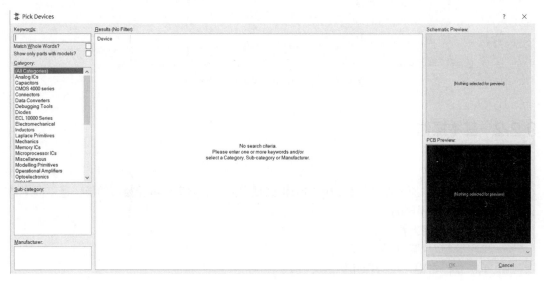

图 9-11　元件库浏览对话框

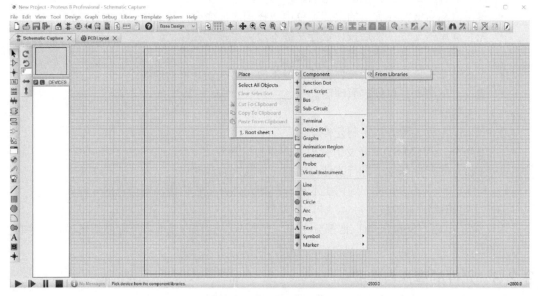

图 9-12　元件选取操作菜单

(3) 利用元件名

已知元件名（如 8086）时，在图 9-11 左上角的"Keywords"区输入元件名"8086"后，在如图 9-13 所示对话框的"Results"区就会显示出元件库中的元件名或元件描述中带有"8086"的元件。此时，用户可以根据元件所属类别、子类、生产厂家等进一步查找元件。找到元件后，单击【OK】按钮，即完成了一个元件的添加。添加元件后，原理图编辑窗口的元件列表窗口就会显示该元件的名称，并可通过预览窗口预览该元件，如图 9-14 所示。

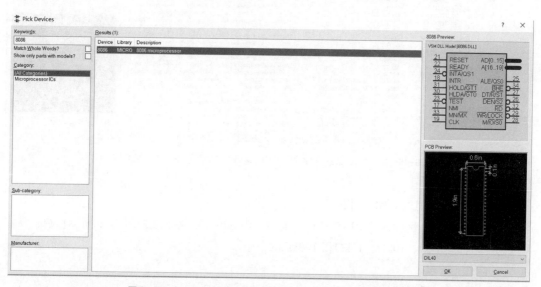

图 9-13 在"Keywords"区输入元件名"8086"后系统的查找结果

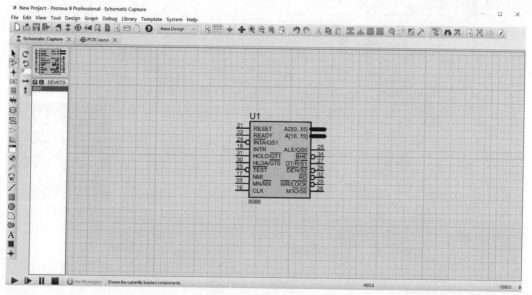

图 9-14 预览已选取的元件

(4) 在 Keywords 区输入相关关键字

在"Keywords"区输入"12k resistor"，此时"Results"区将出现如图 9-15 所示信息，从中可以选到 MINRES12K（阻值为 12kΩ）电阻。

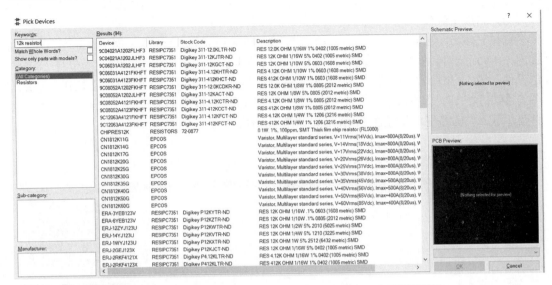

图 9-15 在"Keywords"区输入"12k resistor"后"Results"区出现的信息

(5) 按照元件的逻辑命名习惯

在"Keywords"区输入"MINRES1",此时"Results"区将出现如图 9-16 所示信息,从中可以选到阻值为 1kΩ、10kΩ、15kΩ和 100kΩ的电阻。

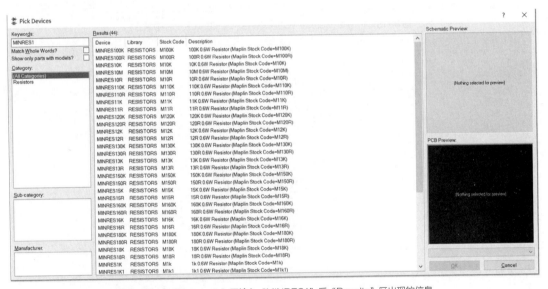

图 9-16 在"Keywords"区输入"MINRES1"后"Results"区出现的信息

(6) 通过索引系统

当用户不确定元件的名称或不清楚元件的描述时,可采用这种方法。首先,清除"Keywords"区的内容,然后选择"Category"目录中的"Resistors"类,如图 9-17 所示。此时"Results"区将出现如图 9-18 所示信息,滚动"Results"区的滚动条,可以查到 MINRES 系列电阻。

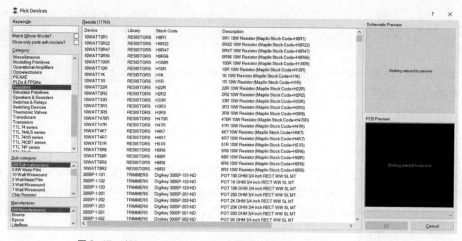

图 **9-17** 清除"Keywords"区的内容并在"Category"目录中选择所属类

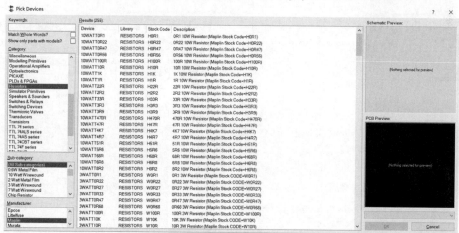

图 **9-18** 在"Manufacturer"列表中选"Maplin"后"Results"区显示的信息

（7）采用复合查找法查找库元件

在"Keywords"区输入"1k"，然后选择"Category"目录中的"Resistors"类，在"Results"区将显示所有阻值为 1kΩ 的电阻信息，如图 9-19 所示，从中可以选中所需的电阻元件。

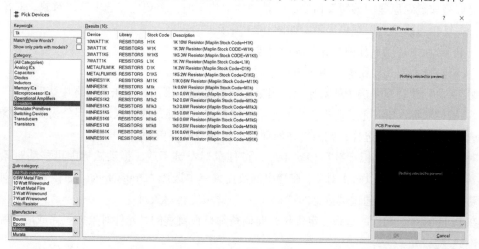

图 **9-19** 采用复合查找法查找包含关键字"1k"的元件

9.2.4 元件的使用

从本节开始，以图 9-20 所示电路图的绘制过程为例，介绍元件使用和连线等方法。

（1）元件放置

从元件库中选好元件后，接下来进行的工作就是将元件放置到原理图编辑窗口中。

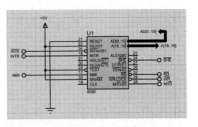

图 9-20 元件使用方法介绍用参考电路图

首先确保系统处于元件模式（单击模型选择工具栏的 ▷ 按钮，可切换至元件模式）。在元件列表窗口中选择 8086 时，可在预览窗口看到 8086 的预览图形。移动鼠标指针并在原理图编辑窗口单击，将出现一个 8086 的虚影，如图 9-21 所示。此时再单击，8086 被放置到原理图编辑窗口中，如图 9-22 所示。

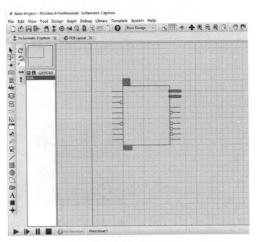

图 9-21 原理图编辑窗口中显示 8086 的虚影

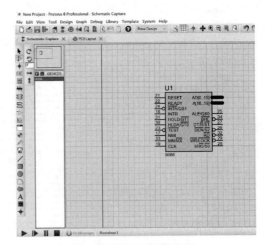

图 9-22 8086 成功放置效果

（2）元件调整方位

元件旋转可以在元件放置完毕后进行。选中元件，单击旋转按钮可进行旋转操作。

要调整放置到原理图编辑窗口中的元件的摆放位置时，需要先"选中"该对象。对象被选中后，在红色虚线框内以红色显示，如图 9-23 所示。

在 Proteus 中有以下几种方式来选中对象：

① 单击选择模式按钮 ▶，再单击选中对象。

② 将鼠标移动至要选中的对象上，当鼠标指针变成手形时，单击即可选中该对象。

③ 按住鼠标左键不放，用拖拉出的方框选中对象。这种方法可以选中一个或多个对象。对象被选中后，若要取消选择，则只需在原理图编辑窗口的空白处单击即可。

对象被选中后，鼠标指针呈移动手形，按住鼠标左键不放，拖动鼠标即可移动对象。如图 9-24 所示。另外，可以右击对象，在弹出的快捷菜单中选择"Drag Object"命令来移动对象。在移动过程中，还可以通过键盘上的"+"/"−"键来旋转对象。

在 Proteus 中，元件的选择、定位和方向调整都是很直观的。元件对象放置完成后，就可以开始连线了。

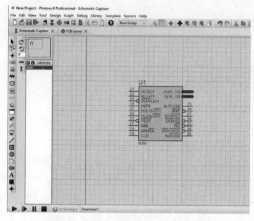

图 9-23 原理图编辑窗口中 8086 被选中

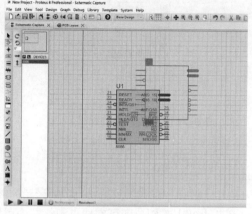

图 9-24 移动对象

9.2.5 连线

放置好元件后，即可开始进行连线。在 Proteus 中进行的连线操作，有以下 3 个特点：

① 无模式连线。Proteus 中，在任何模式下，都可以放置连线或编辑连线。

② 自动连线模式。开始放置连线后，连线将随着鼠标指针以直角方式移动，直至到达目标位置。

③ 动态光标显示。Proteus 默认采用跟随式自动连线方式进行连线操作。在自动连线过程中，鼠标指针变成笔形，如图 9-25 所示，其颜色会随不同动作而变化。在连线的起始点，鼠标指针是绿色笔形；在连线的过程中，鼠标指针是白色笔形；在连线的结束点，鼠标指针是绿色笔形。自动连线过程中单击，可以产生转折点，如图 9-26 所示。如果按住 Ctrl 键，Proteus 将切换到手动连线方式。在手动连线方式下进行连线的方法是：单击起始点的引脚，在要形成转角的位置单击，最后单击结束引脚。通常在绘制折线时，需要切换到手动连线方式，其他情况下可以采用自动连线方式完成连线，以提高电路图绘制的效率。

图 9-25 动态光标

图 9-26 绘制出的折线

如果不喜欢自动连线的效果，可以在连线完成后进行手工调整。手工调整连线效果的方法是：选中连线（指向连线并右击），然后尝试从转角处和中部进行拖曳。

本例的电路图中用到两类通用终端：地（GROUND）和电源（POWER）。单击图标 ⊟，切换到终端模式，可以从元件列表窗口中选择需要用到的终端，如图 9-27 所示。

（1）将 8086 的 REDAY 端连接到电源端

电路图绘制步骤如下：

① 选择电源终端 POWER，将其放置于 8086 芯片的左侧。

② 编辑属性，可通过以下 3 种方式之一打开属性编辑对话框。

a. 双击终端；

b. 右击终端，在弹出的快捷菜单中选择 "Edit Properties"（编辑属性）命令；

图 9-27　选择终端 POWER

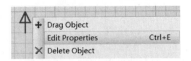

图 9-28　编辑终端属性

c. 切换到选择模式，单击选中终端，右击弹出如图 9-28 所示的快捷菜单，选择"Edit Properties"命令。

利用上述任一种方式打开图 9-29 所示的终端属性编辑对话框，在"String"框中输入+5V 后，单击【OK】按钮，即可完成电源终端的属性设置，并关闭该对话框。需要说明的是，电压值需添加"+"/"−"号进行说明。

③ 将电源终端和 8086 的 REDAY 引脚相连。

（2）放置地信号

在元件列表窗口中选择 GROUND，如图 9-30 所示，将其放置于 8086 的下方，将 8086 的 RESET 引脚与地信号相连。

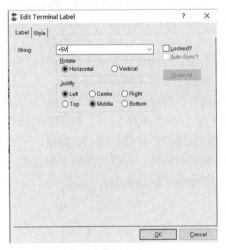

图 9-29　终端属性编辑对话框

图 9-30　选择终端 GROUND

（3）在原理图中放置默认终端 DEFAULT，并对终端进行标注

根据图 9-20 所示电路，在原理图中放置默认终端 DEFAULT 后，双击该终端，可打开终端属性编辑对话框对其命名操作。例如，若想将终端命名为 M/$\overline{\text{IO}}$，则在打开的终端属性编辑对话框的"String"框中输入"M/$I O$"即可，其中两个$符号意味其间的文字显示时带上画线。

（4）画导线

根据前面所述，Proteus 可以在画线时进行自动检测。当鼠标指针靠近一个对象的连接点时，跟着鼠标指针就会出现一个"X"号，单击元件的连接点，移动鼠标（不用一直按着鼠标左键），粉红色的连接线就变成了深绿色。如果用户想让软件自动确定线径，则只需单击另一个连接点即可，这就是 Proteus 的线路自动路径功能（简称 WAR）。如果用户只是在两个连接点单击，WAR 将选择一个合适的线径。WAR 可通过使用工具栏中的 WAR 命令按钮来关闭或打开，也可以在菜单栏的"Tool"命令下找到这个图标；在画线的同时按住 Ctrl 键，也可临时切换 WAR

的开关状态。如果用户想自己决定走线路径，则只需在拐点处单击即可。在此过程的任何时刻，用户都可以按 Esc 键或右击来放弃画线。

最后，进一步整理原理图，完成上述元件与终端的导线连接。

（5）画总线

为了简化原理图，Proteus 支持用一条导线代表数条并行的导线，这就是总线。绘制总线时，一般先添加总线终端，以便于规范地标注信息，如将总线命名为 AD[0..15]，如图 9-31 所示。单击图标 ，切换到终端模式（Terminal Mode），在元件列表窗口中选择 BUS，即可放置总线终端。当鼠标指针移至放好的总线终端尾部时，鼠标指针形状将变为蓝色笔形，单击即可画线；也可以通过单击总线模式图标 ，然后在原理图编辑窗口双击画出一段总线。

（6）画总线分支线

为了和一般的导线区分开，一般用斜线来表示总线分支线。具体画法是：连线过程中，在需要画成 45°斜线的地方，

图 9-31　总线属性设置对话框

按住 Ctrl 键，此时，连线会随着鼠标指针移动的方向产生偏转，然后单击总线上的连接点，松开 Ctrl 键，即可完成 45°斜线的绘制。

（7）放置线路节点

如果在交叉点有电路节点，则认为两条导线在电气上是相连的，否则就认为它们在电气上是不相连的。Proteus 在画导线时，能够智能地判断是否需要放置节点。若两条导线交叉时没有放置节点，这时要想两条导线电气相连，则只有手工放置节点了。单击连接点模式图标 ，把鼠标指针移到原理图编辑窗口并指向一条导线时，鼠标指针就变为带"X"的白色笔形，这时单击就能放置一个节点。

9.2.6　元件标签

（1）编辑元件标签

对于每个元件，都应有对应的编号，电阻、电容还有相应的量值。这些都是通过执行 Proteus 主菜单 Edit 下的实时标注（Real Time Annotation）命令实现的。

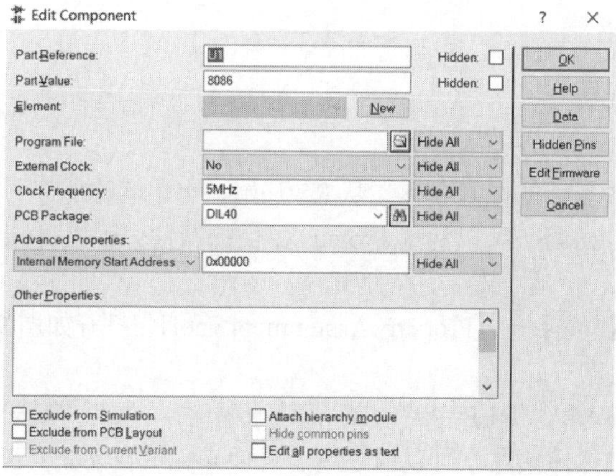

图 9-32　编辑元件对话框

元件标签的位置和可视性完全由用户控制，可以改变取值、移动位置或隐藏这些信息。通过如图 9-32 所示编辑元件（Edit Component）对话框，可以更改元件的名称、量值等信息，并勾选是否隐藏这些信息。

（2）移动元件标签

在 Proteus 中绘制电路图时，元件标签的位置也可以移动。如图 9-33 所示，总线 AD[16..19] 标签的默认位置和其他部件有重叠，可以单击该标签并按住鼠标左键，拖放到合适位置放开鼠标即可。

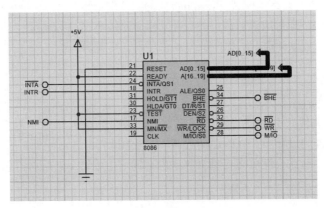

图 9-33 移动总线标签

9.2.7 元件标注

Proteus 提供 4 种方式来标注（命名）元件。

① 手动标注——进入元件的 Edit Properties 对话框进行设置。

② 属性分配工具（Property Assignment Tool，PAT）——使用这个工具可以放置固定或递增的标注。

③ 全局标注器（Annotator）——对原理图中所有元件进行自动标注。

④ 实时标注——此选项使用后，在元件放置后会自动获得标注。

一般来说，实时标注是默认使能的，可以在绘图完毕后再使用属性分配工具或全局标注器进行标注的调整。

9.2.8 属性分配工具

假设要重新标注 R5 以后的电阻名称，从 R5 开始，电阻名称的序号增量为 1，即后面的电阻名称依次是 R6、R7、R8 等。可以利用 Proteus 提供的属性分配工具完成这个操作，设置步骤如下：

① 选择菜单命令【Tool】→【Property Assignment Tool】，打开如图 9-34 所示的属性分配工具对话框。

② 在 "String" 框中输入 "REF=R#"，"Count" 框中输入 "5"，单击【OK】按钮完成设置。此时 Proteus 自动切换成选择模式，可以通过单击元件来完成自动编号工作。

Proteus 要求每个元件的名称必须是唯一的，否则在编译生成网络表时将出错。所以，需要遵守一定的准则来保证名称标注的正确性。要停止元件自动编号功能，可以通过打开如图 9-34 所示的属性分配工具对话框，单击【Cancel】按钮即可。

　　属性分配工具也可应用于其他场合，比如改变元件量值、替换元件和总线标号放置等，是一个功能非常强大的应用工具。

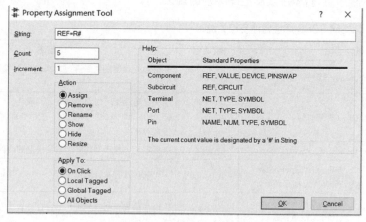

图 9-34　属性分配工具对话框

9.2.9　全局标注器

　　Proteus 带有一个全局标注器，如图 9-35 所示，可以通过选择菜单命令【Tool】→【Global Annotator】打开该对话框。通过它，可以对整个电路图进行快速标注，也可以仅标注未被标注的元件（即标注为"？"的元件）。全局标注器有两种操作模式。

　　① 完全标注（Total Mode）——标注范围可以是整个设计（选中 Whole Design 选项）或当前图纸（选中 Current Sheet 选项）内的全部元件。对于层次化设计的电路阳，推荐使用此模式。

　　② 增量标注（Incremental Mode）——标注范围可以是整个设计（选中 Whole Design 选项）或当前图纸（选中 Current Sheet 选项）内未被标注的元件。

图 9-35　全局标注设置对话框

9.3　**Proteus 下 8086 的仿真**

　　Proteus VSM 8086 是 Intel 8086 的指令和总线周期仿真模型，它能通过总线驱动器和多路输出选择器连接 RAM 和 ROM 以及不同的外围控制器。目前，该模型仅能仿真 8086 最小模式中所有的总线信号和操作时序，不支持 8086 的最大模式。此外，需要指出的是，8086 物理器件没有片上存储器，但是 Proteus VSM 8086 定义了内部 RAM 区域以保证仿真的易行性，这一点与实际电路是不一样的。

　　打开元件属性编辑对话框，可以对 Proteus VSM 8086 的属性进行修改，常用属性名称及相关说明见表 9-3。此外，Proteus VSM 8086 支持将汇编语言程序的编辑和编译整合到同一设计环境中，用户可以在设计中直接编辑代码，而且可以非常容易地修改汇编语言程序并查看仿真结果。

需要说明的是，Proteus VSM 8086 支持直接加载 BIN、COM 和.EXE 文件到内部 RAM 中直接仿真运行，而不需要 DOS 的支持，并且允许对 Microsoft（Code View）和 Borland 格式中包含调试信息的程序进行源和/或反汇编级别的调试。

表 9-3　Proteus VSM 8086 属性名称及相关说明

属性名称		默认值	描述
Clock Frequency（时钟）		5MHz	指定处理器的时钟频率，外部时钟被选中时，此属性被忽略
External Clock（外部时钟）		No	决定是否使用内部时钟模式，或是响应已经存在 CLK 引脚上的外部时钟信号。注意：使用外部时钟模式会明显减慢仿真的速度
Program File（程序文件）		—	指定一个程序文件并加载到模型的内部存储器中
Advance Properties（高级属性）	Internal Memory Start Address（内部存储单元）	0x00000	内部仿真存储区的位置
	Internal Memory Size（内部存储容量）	0x00000	内部仿真存储区的大小，建议设置为 0x10000（或更大）
	Program Loading Segment（程序加载段）	0x0000	决定仿真运行时首条指令的位置，默认地址为 0

下面在 9.1 节所建立的工程基础上，介绍 Proteus VSM 8086 的电路绘制及仿真过程。

9.3.1　编辑电路原理图

基于 8086 的核心仿真电路如图 9-36 所示。此电路是 Proteus VSM 8086 电路的基本方案，可以按 9.2 节所述内容自行绘制，也可以根据以下方法自动生成：①单击工具栏的 Source Code 图标，弹出 VSM Studio 界面；②单击菜单命令【Project】→【Create Project】，弹出图 9-37 所示的软件项目设置对话框；③设置 Family（固件系列）为 8086，Controller（控制器）为 8086，Compiler（编译器）为 MASM32，建议不选择 Create Quick Start Files（套用模板自动生成源代码），并单击【确定】按钮；④如有弹出框，直接确认即可，此时 VSM Studio 界面的名称自动更新为 Source Code，如图 9-38 所示，同时在 Schematic Capture 界面的原理图编辑窗口自动得到图 9-36 所示的核心仿真电路。

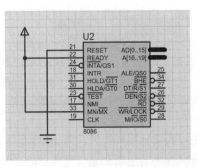

图 9-36　8086 核心仿真电路

图 9-37　软件项目设置对话框

9.3.2　添加源代码

单击工具栏的 Source Code 图标，弹出如图 9-38 所示界面，并在图中选择主菜单【Build】→【Project Settings】命令，打开如图 9-39 所示对话框，不勾选 "Embed Files"，使得源代码的存储位置和整个项目在一起，即项目路径中自动生成 8086 子文件夹。

选择主菜单【Project】→【Add New File】命令，打开源代码文件添加对话框，如图 9-40 所示。输入文件名后，单击【保存】按钮，返回源代码编辑界面，如图 9-41 所示。

图 9-38　Source Code 界面

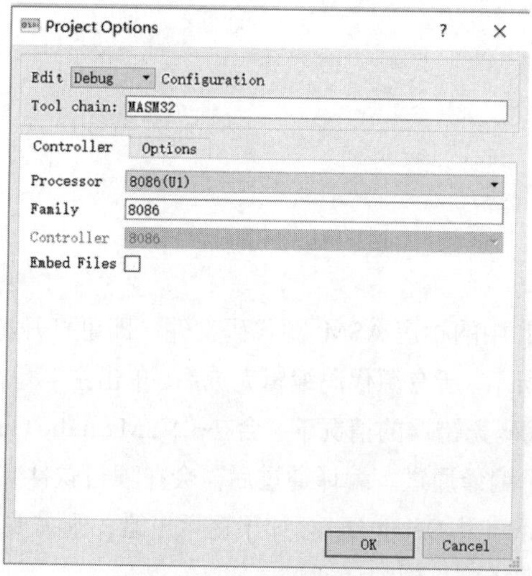

图 9-39　软件项目配置对话框

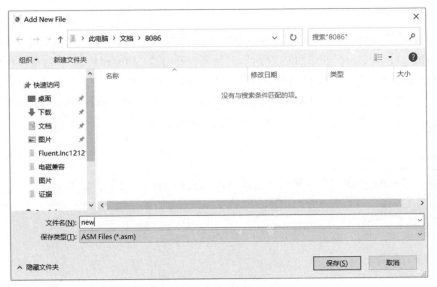

图 9-40 源代码文件添加对话框

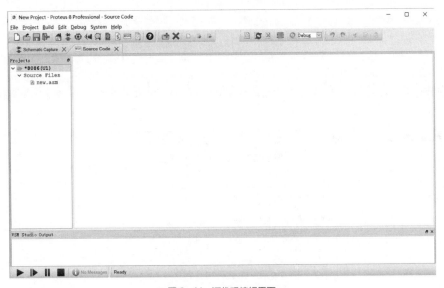

图 9-41 源代码编辑界面

　　双击子窗口【Projects】中的相应 ASM 源代码文件，即可打开源代码编辑界面，编写或修改源代码内容，如图 9-42 所示。所有源代码编辑完成后，单击主菜单【Build】→【Build Project】命令，编译源代码。在源代码无错误的情况下，会在"VSM Studio Output"窗口输出"Compiled successfully"等字样，提示编译通过。编译通过后，会在项目软件文件夹中自动生成 Debug 子文件夹，并在其中保存编译结果 Debug.exe。如果提示出错，则需要再次打开源代码编辑界面，查错并修改后，重新进行编译，直到编译通过。

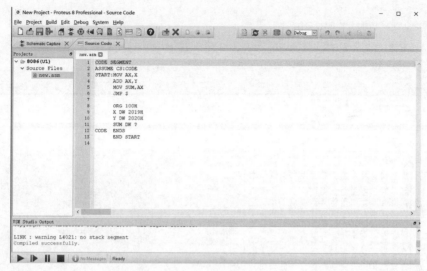

图 9-42 编辑源代码

需要注意的是，由于 Proteus 是元件级的仿真过程，因此，汇编语言程序的运行仿真是在无 DOS 支持的状态下进行的。所以，仿真时在汇编语言程序中不再支持 DOS 和 BIOS 功能调用。而且在 Proteus 下的仿真过程应该是持续的，主程序不能结束并退出运行（RET 语句可以省略），并且必须以某种方式使得程序循环执行。本例的做法是：利用 JMP $ 指令构成无条件循环结构，使得仿真待续进行。

9.3.3 仿真调试

正确编译后，在电路原理图界面中单击 8086 CPU 芯片属性，检查其"Program File"信息为"8086\Debug\Debug.exe"，选择菜单【Debug】→【Start VSM Debugging】命令，即可进入调试状态，如图 9-43 所示。由于本例实现两个内存单元值的相加以及和的存入内存，可以在调试状态下选择菜单【Debug】→【8086】→【Memory Dump】命令和【Register】命令，打开相应观察窗口，配合单步运行按钮（或 F11 键）调试和观察运行效果。

（1）仿真控制

VSM 仿真有 4 种状态，对应 Proteus 界面左下角的 4 个控制按钮（或菜单【Debug】下的子命令）：全速仿真（Run Simulation）、启动调试（Start VSM Debugging）、暂停调试（Pause VSM Debugging）和停止调试（Stop VSM Debugging）。全速仿真时，单击暂停按钮可使电路从仿真状态切换到调试状态。

（2）调试控制

一般在调试状态下，系统会自动打开反汇编程序调试窗口；而其他的调试观察窗口需要通过菜单命令才能弹出，如图 9-43 中的内存观察窗口和寄存器观察窗口。

程序调试执行到某处时，在该行代码的最左边会出现一个红色的箭头，同时该行程序呈高亮显示状态。

（3）设置断点

在反汇编程序调试窗口单击某行，使该行高亮显示后，双击行首或按 F9 键就可以设置断点。相同的操作可以去除断点。

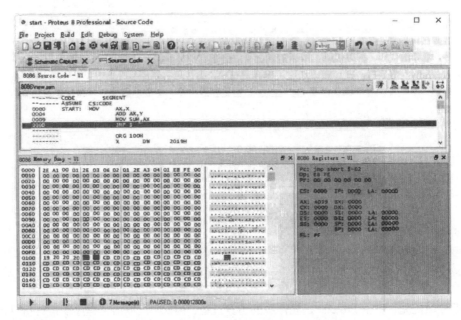

图 9-43　仿真调试界面

9.4　自定义仿真元件

作为一种电路 EDA 软件，Proteus 的强大功能体现在基于电路原理图进行仿真分析的能力，为了实现这种功能，电路原理图中的元件就不能只有一个外形和引脚，还要有相应的仿真模型。不具有仿真功能的元件称为绘图模型（Graphical Model），具有仿真功能的元件称为电气模型（Electrical Model）。在元件选择的预览窗口中可以分辨这两种不同的元件。如图 9-44 所示，当以 74273 为关键字进行元件选择时，列表中 74ALS273 无电气模型，74LS273 支持电气仿真，其模型文件为"74XX273.MDF"。

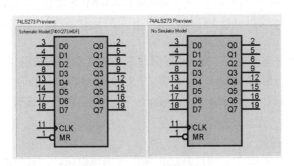

图 9-44　选择不同元件时预览窗口的内容

9.4.1　Proteus 的电气模型

Proteus 的电气模型分为 4 类：原理图模型、SPICE 模型、动态模型和 VSM 模型。通常在元件选择的预览窗口有不同的说明，如图 9-45 所示。

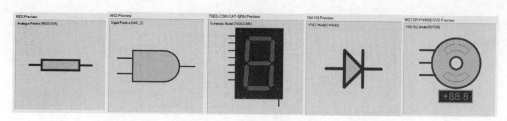

图 9-45　不同电气模型的预览效果

（1）原理图模型（Schematic Models）

原理图模型是由仿真原型（Simulator Primitives）构建，与实际元件有相同等效电路性能的模型。它并不是按照实际元件的内电路搭建的，而只是外特性与实际元件等效。原理图模型主要包括 Modelling Primitives、Simulator Primitives 库中的模型或是利用其中模型构建而成的模型。这类模型在元件选择的预览窗口中显示为 Analogue Primitive 或 Digital Primitive。

（2）动态模型（Active Components）

动态模型是具有动画效果的模型，通常是些外设终端，如继电器、指示灯等。通过动画模仿元件的动作过程，仿真效果直观形象。这类模型在构建时也不要求内部机电原理和实物的一致性，只强调外特性和实物运行效果相似。这类模型在元件选择的预览窗口中显示为 Schematic Model。

（3）SPICE 模型（SPICE Models）

SPICE 模型是使用符合 SPICE3F5 规范的 SPICE 文件或库设计的仿真元件，主要为二极管、三极管等分立半导体元件。SPICE 是一种业界普遍使用的电路级模拟程序，它通过半导体元件的内部结构和参数建立起相关的分析模型和方法，一些半导体元件制造商会提供相关元件的模型。这类模型在元件选择的预览窗口中显示为 SPICE Model。

（4）VSM 模型（VSM Models）

VSM 模型是基于动态链接库（DLL）的仿真模型。DLL 是利用 Labcenter 公司提供的 VSM SDK（软件开发包）用 C++语言编写的，用以描述元件的电气行为，这是 Proteus 独特的部分。VSM 模型主要包括处理器（如 8086）、液晶模块、传感器等，开发有较高的技术难度，用户往往只是使用。这类模型在元件选择的预览窗口中显示为 VSM DLL Model。

9.4.2　自定义仿真模型

Proteus 附带了大量的元件，许多常用元件都能找到。但即使如此，在实际的设计中仍会遇到很多库中没有的元件，这时就要用户自己去制作和添加。由于 SPICE 模型和 VSM 模型的制作需要专用软件或开发环境，本书根据原理图模型的设计原则介绍自定义仿真模型。

Proteus 的电路原理图设计中，往往会使用一些比较复杂的电路，为简化设计，可以引入层次结构，进而构建自定义模块元件。自定义模块元件可以像系统元件一样放置和使用，如果内电路用可仿真的元件组成，则还可以进行整体仿真。这种方式制作的模块元件也是一种原理图模型。

9.4.2.1　模块元件外观的绘制

单击 2D 图形选择工具中的图标，在原理图编辑窗口拖动，可以画出模块元件的外框，然后单击图标，添加模块元件所需的引脚，如图 9-46 所示。

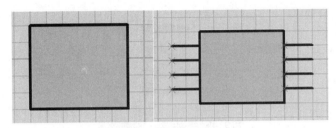

图9-46 自定义模块元件外观

随后，可以为每个引脚添加名称及序号，并设置引脚属性，如图9-47所示。还可以单击图标，为模块元件添加说明。注意：元件有4个隐藏引脚。

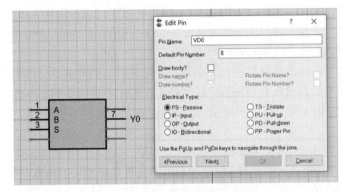

图9-47 设置自定义模块元件的引脚属性

9.4.2.2 模块元件入库

按住鼠标右键拖选整个模块元件，单击菜单【Library】→【Make Device】命令，打开基本属性设置对话框，输入模块元件的名称及类型前缀。然后单击【Next】按钮，打开封装对话框，单击【Add/Edit】按钮，在出现的对话框中再单击【Add】按钮，打开Pick Package对话框，在其中选择适合的封装形式，本例选择适合 8PIN 的封装。该封装与电路原理图中定义的序号对应。如果制作的元件仅用于原理图仿真，则封装信息可以不设置，如图9-48所示。

单击图9-48中的【Next】按钮，在定义元件属性的对话框中就有了 PACKAGE 类，因为要使用仿真功能，单击【New】按钮，就出现一个 MODFILE 类及对话框，可以保持默认值，如图9-49所示。

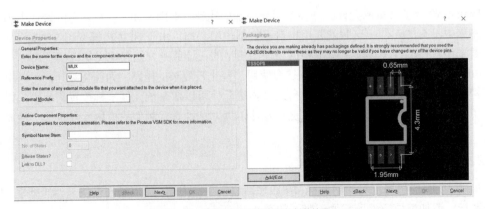

图9-48 设置自定义模块元件的封装效果

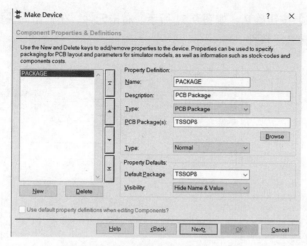

图 9-49　设置自定义模块元件的 MODFILE

单击图 9-49 中的【Next】按钮，跳过出现的 Datasheet 说明文件对话框，单击【Next】按钮，打开库选择对话框，可以把自定义模块元件放入单独的库中。具体设置的内容如图 9-50 所示。

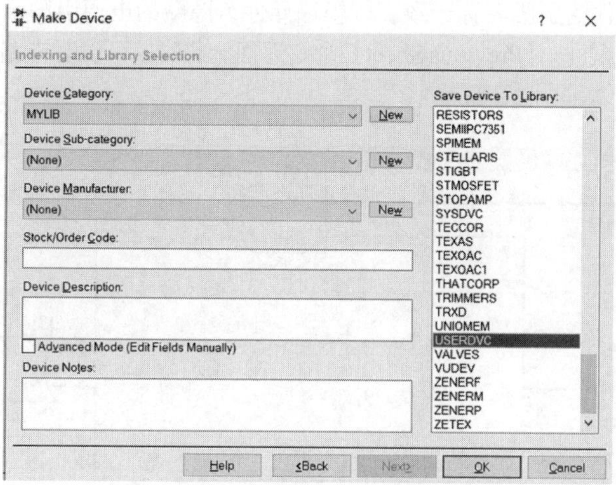

图 9-50　设置自定义模块元件库

单击图 9-50 中"Device Category"右侧的【New】按钮，可以创建新库或从列表中选择个自建的元件库，如 MYLIB。最后，单击【OK】按钮，完成自定义模块元件的入库操作。

9.4.2.3　建立层次结构

以上过程创建的自定义模块元件只是一个外形符号，即一个绘图模型（Graphical Model），并没有任何仿真功能。

单击菜单【Library】→【Pick Device/Symbol】命令，打开元件选择对话框，在 MILIB 库中找到前面创建的自定义模块元件，也可以直接在"Keywords"栏中输入名称 MUX21 查找。选中模块元件，单击【OK】按钮，就可添加到设计文档的元件列表中，然后在原理图编辑区单击，放入原理图编辑窗口中。

双击模块元件，打开元件属性对话框，选中下面的"Attach hierarchy module"（附加层次模块）选项，单击【OK】按钮确认，如图 9-51 所示。右击元件，在弹出的快捷菜单中选择"Goto Child Sheet"命令，转入子页面。

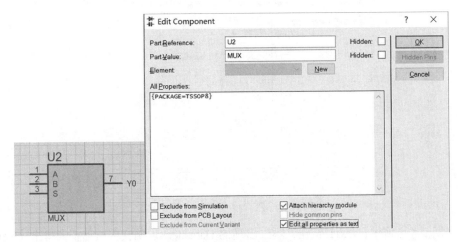

图9-51 修改自定义模块元件

在子页面中，按图 9-52 所示内容绘制电路原理图。注意：信号输入/输出引脚要与前面已经创建的自定义模块元件的引脚名称一致。因模块元件有隐藏的电源引脚，所以也要加入。完成后，单击菜单【Design】→【Previous Sheet】命令返回。此时，可以对电路施加激励信号，以验证其性能的正确性。

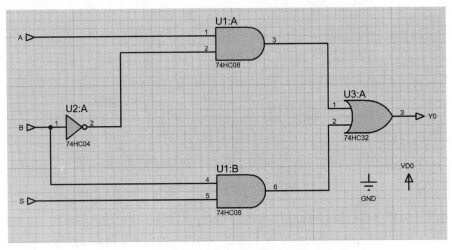

图9-52 利用层次结构为自定义模块元件添加电路

9.4.2.4 生成模板文件

返回子电路，单击菜单【Tool】→【Model Compiler】命令，生成一个 mux21.mdf 文件，保存到 MODELS 文件夹中（或另外指定文件夹），该文件夹中存放着用于仿真的很多模型文件。返回上一层界面，单击【Next】按钮，直到打开元件属性对话框，输入刚才生成的模型文件的名称和路径。如果是存放在默认的 MODELS 文件夹中，则只需要输入生成的名字 mux21.mdf。

单击元件属性对话框中的【Next】按钮，再单击弹出的对话框中的【Next】按钮，最后单击【OK】按钮，将弹出一个提示框，询问是否替换已存在的 mux21 元件（这是用新加入的有模型的元件替换原有的符号），单击【OK】按钮。这样，一个完整的具有仿真性能的模块元件就制作完成了。

9.5 实验举例

9.5.1 Proteus 认知实验

（1）实验目的

① 掌握 Proteus ISIS 中元件的拾取、标注的放置方法，8086 最小系统的组成。

② 掌握 I/O 端口地址译码的基本方法。

（2）实验内容

① 任务 1：搭建 8086 最小模式下的总线结构。

② 任务 2：设计一个 I/O 端口地址译码电路（3.2 节）。要求：

（2-1）译出 8 个连续的片选信号，每个片选信号均包含 16 个连续的端口地址；

（2-2）端口地址在 0280H～02FFH 内配置（表 9-4）；

（2-3）编写程序对译出的端口地址进行 I/O 操作，验证译码电路的正确性。

（3）实验分析

① 任务 1：按照教材的介绍完成。

用到的元件：8086、74273 和 NOT（请从元件库拾取）。

② 任务 2：译码电路设计。

a. 任务（2-1）译出的是 8 个连续的片选信号，每个片选信号均包含 16 个连续的端口地址。因此，以 3-8 译码器对 A6～A4 译码，而 A3～A0 不参与译码。3-8 译码器的片选信号可以通过对 A7 以上的高位地址线译码来控制。

b. 根据任务（2-2）端口地址在 0280H～02FFH 内配置。

表 9-4 端口地址分配

输出	A15 A14 A13 A12 A11 A10 A9 A8	A7 A6 A5 A4	A3～A0	地址范围
IO0	0　0　0　0　0　0　1　0	1　0　0　0	××××	0280H～028FH
IO1	0　0　0　0　0　0　1　0	1　0　0　1	××××	0290H～029FH
IO2	0　0　0　0　0　0　1　0	1　0　1　0	××××	02A0H～02AFH
IO3	0　0　0　0　0　0　1　0	1　0　1　1	××××	02B0H～02BFH
IO4	0　0　0　0　0　0　1　0	1　1　0　0	××××	02C0H～02CFH
IO5	0　0　0　0　0　0　1　0	1　1　0　1	××××	02D0H～02DFH
IO6	0　0　0　0　0　0　1　0	1　1　1　0	××××	02E0H～02EFH
IO7	0　0　0　0　0　0　1　0	1　1　1　1	××××	02F0H～02FFH

用到的元件：4078、NOT、74LS138 和 LOGICPROBE。

注意：在 8086 最小系统的基础上，再加上图 9-53 所示译码电路构成本实验的完整电路。

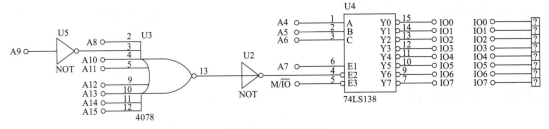

图 9-53 所需译码电路

c. 任务（2-3）：编写程序对译出的端口地址进行 I/O 操作，验证译码电路的正确性。

```
IO0 EQU 0280H
CODE SEGMENT
    ASSUME CS: CODE
START: MOV DX,IO0
       OUT DX,AL
       JMP $
CODE ENDS
END START
```

执行此程序，IO0 输出有效（低电平），对应的逻辑探针上为 0。

修改地址或者使用其他端口，观察程序运行的结果。

（4）思考题

① 将任务（2-1）改成译出 16 个连续的片选信号，每个片选信号均包含 512 个连续的端口地址。

② 将任务（2-2）改为端口地址在 0000H～1FFFH 内配置；该如何修改软硬件？

9.5.2 十字路口交通灯实验

（1）实验要求

要求利用 8255 实现一个简易的十字路口交通灯显示系统，模拟 4 个路口红、黄、绿灯的亮灭和切换。交通灯与 8255 引脚之间的对应关系如图 9-54 所示，系统工作流程如图 9-55 所示。

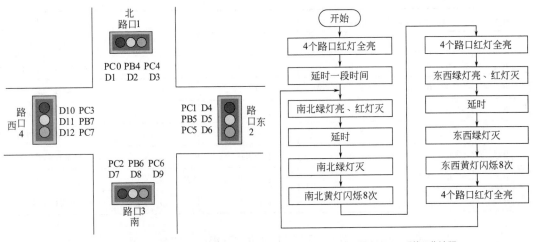

图 9-54 交通灯与 8255 引脚对应关系　　　　　**图 9-55** 系统工作流程

（2）实验分析（图 9-56）

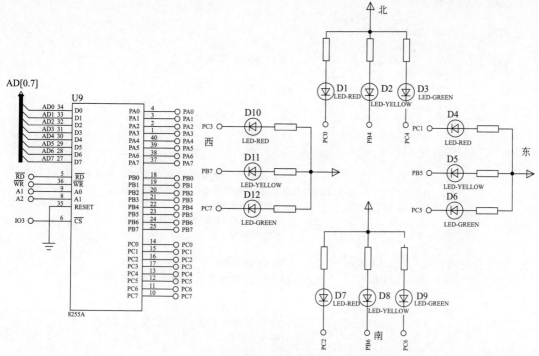

图 9-56　电路分析图

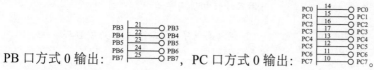

PB 口方式 0 输出：，PC 口方式 0 输出：。

（3）思考题

一般来说，相对的两个路口的信号灯是一致的，如任务中南北路口变化一致，东西路口变化一致。请问实验中用到的端口引脚是否还能精简？相应的程序该如何修改？

给出具体的方案，画出电路图，说明程序如何修改。

（4）完整解答

① ASM 源代码文件如下：

```
IOCON     EQU      02B6H                    ;8255 端口定义
IOA       EQU      02B0H
IOB       EQU      02B2H
IOC       EQU      02B4H
TCONTRO   EQU      0296H                    ;8253 端口定义
TCON0     EQU      0290H
TCON1     EQU      0292H
TCON2     EQU      0294H
DATA      SEGMENT
          ORG      1000H
LED       DB 3FH,06H,5BH,4FH,66H,6DH,7DH,07H,7FH,6FH
                          ;0～9 的共阴极数码管段码
TABLE_END = $
STATUS  DB 0
```

```
                SECOND  DB 30H
DATA    ENDS
CODE    SEGMENT
        ASSUME CS: CODE,DS: DATA
START:  MOV AX,DATA
        MOV DS,AX
NMI_INIT:                           ;NMI 中断向量初始化
        PUSH    ES
        XOR AX,AX                   ;AX 清 0
        MOV ES,AX
        MOV AL,2                    ;NMI 中断类型码为 2
        XOR AH,AH                   ;AH 清空
        SHL AL,1                    ;2*4
        SHL AL,1
        MOV SI,AX                   ;SI 指向中断向量在中断向量表中的起始地址
        MOV AX,OFFSET NMI_SERVICE   ;取中断服务程序的偏移地址
        MOV ES: [SI],AX             ;送中断向量表
        MOV BX,CS                   ;取中断服务程序的段地址
        MOV ES: [SI+2],BX           ;送中断向量表
        POP ES
        MOV AL,10000000B            ;8255 初始化
        MOV DX,IOCON                ;A 口、B 口为方式 0 输出,C 口输出
        OUT DX,AL
        MOV AL,10110101B            ;8253 初始化
        MOV DX,TCONTRO              ;T2 读写高低字节,工作方式 2,BCD 码
        OUT DX,AL                   ;写入控制字
        MOV DX,TCON2                ;T2 地址
        MOV AL,00H                  ;写入计数初值低字节
        OUT DX,AL
        MOV AL,01H                  ;写入计数初值高字节
        OUT DX,AL
        MOV AL,01110111B            ;T1 读写高低字节,工作方式 3,BCD 码
        MOV DX,TCONTRO              ;写入控制字
        OUT DX,AL
        MOV DX,TCON1                ;T1 地址
        MOV AL,00H                  ;写入计数初值低字节
        OUT DX,AL
        MOV AL,10H                  ;写入计数初值高字节
        OUT DX,AL
        MOV AL,11101011B            ;初始状态南北绿灯亮,东西红灯亮
        MOV DX,IOC
        OUT DX,AL
        JMP $
NMI_SERVICE PROC                    ;中断服务子程序
        MOV AL,SECOND
        SUB AL,1
        DAS
        MOV SECOND,AL
        CMP AL,03H                  ;剩 3s?
        JNZ NEXT                    ;剩下 3s,绿灯灭,黄灯亮处理
        CMP STATUS,0                ;当前南北向绿灯
        JNZ EW                      ;转东西向处理
        MOV AL,11101101B            ;南北向绿灯灭,黄灯亮
        JMP FDON
EW:     MOV AL,11011110B            ;东西向绿灯灭,黄灯亮
FDON:   MOV DX,IOC
```

```
            OUT DX,AL
            JMP EXIT                    ;返回
NEXT:       CMP AL,0
            JNZ EXIT                    ;秒值不为 0 返回
            CMP STATUS,0               ;当前南北向黄灯
            JNZ EW1
            MOV AL,10111110B          ;南北向红灯,东西向绿灯
            MOV SECOND,15H            ;置东西向绿灯 15s
            MOV STATUS,1              ;置东西向绿灯标志
            JMP FDON1
EW1:        MOV AL,11101011B          ;东西向红灯,南北向绿灯
            MOV SECOND,30H            ;置南北向绿灯 30s
            MOV STATUS,0              ;置南北向绿灯标志
FDON1:      MOV DX,IOC
            OUT DX,AL
EXIT:       CALL     DISP
            IRET
NMI_Service ENDP
DISP        PROC                       ;LED 显示子程序
            MOV BX,OFFSET LED         ;取个位
            MOV AL,SECOND
            AND AL,0FH
            XLAT
            MOV DX,IOA                 ;送段码
            OUT DX,AL
            MOV AL,SECOND
            AND AL,0F0H               ;分离十位
            MOV CL,4
            SHR AL,CL
            MOV BX,OFFSET LED         ;取十位
            XLAT
            MOV DX,IOB                 ;送段码
            OUT DX,AL
            RET
DISP        ENDP
CODE        ENDS
            END START
```

② 实验电路图，如图 9-57 所示。

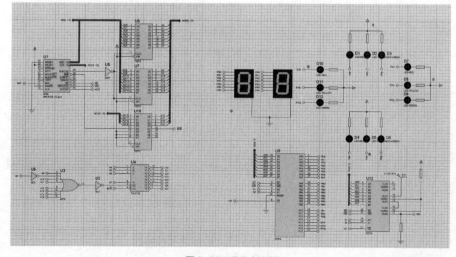

图 9-57　最终电路图

9.5.3 ADC0809 **实验**

（1）实验目的

以 ADC0809 芯片为例，熟悉并掌握 8 位 ADC 的使用，及其与 CPU 的查询式接口。

（2）实验内容

根据 ADC0809 与 CPU 之间采用的 I/O 同步控制方式，设计 ADC0809 与 CPU 的查询式接口。连续从通道 0 采集数据，用 2 位 LED 数码管显示转换结果。

（3）实验分析

① 实验流程及其对应程序段，如图 9-58 所示。

a. 写 2A0H 端口，启动 IN0 转换。

对应程序段：

```
ADC0809 EQU 2A0H          ;0809 地址
MOV DX,ADC0809            ;启动 0809 A/D 转换
OUT DX,AL
```

b.读端口 2B0H，获取 EOC 状态。

对应程序段：

```
EOC_ST  EQU 2B0H          ;244 地址
MOV DX,EOC_ST            ;244 地址
WAIT0: IN AL,DX
```

c. EOC=1?

对应程序段：

```
TEST AL,01H              ;检测 EOC 是否有效
JZ WAIT0
```

d. 从 2A0H 端口读转换结果送 AL。

对应程序段：

```
ADC0809 EQU 2A0H          ;0809 地址
MOV DX,ADC0809
IN AL,DX                 ;读取 A/D 转换结果
```

e. 将结果转换成高低 2 字节段码送 LED 显示（假设转换结果为 2AH）。

对应程序段：

```
MOV AH,AL
MOV SI,AX                ;SI=2A2AH
MOV BX,OFFSET TABLE
AND SI,000FH            ;SI=000AH
MOV AL,[BX][SI]         ;取低字节（取出 A 的段码）
MOV DX,LED_L            ;低位 373
OUT DX,AL              ;显示（送低位数码显示）
TABLE   DB  3FH,06H,5BH,4FH,66H,6DH,7DH,07H
        DB  7FH,6FH,77H,7CH,39H,5EH,79H,71H      ;0～F 的共阴极 7 段数码管段码
  （A 的段码：77H；   BX：3FH；   BX+SI：77H）
MOV SI,AX                ;SI=2A2AH
MOV CL,12
SHR SI,CL               ;SI=0002H
MOV AL,[BX][SI]         ;取高字节（取出 2 的段码）
MOV DX,LED_H           ;高位 373
```

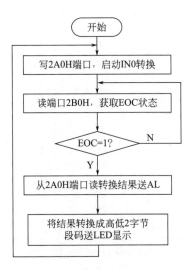

开始

写2A0H端口，启动IN0转换

读端口2B0H，获取EOC状态

EOC=1?

从2A0H端口读转换结果送AL

将结果转换成高低2字节段码送LED显示

图 9-58 实验流程

```
OUT DX,AL                                      ;显示（送高位数码显示）
TABLE    DB   3FH,06H,5BH,4FH,66H,6DH,7DH,07H
         DB   7FH,6FH,77H,7CH,39H,5EH,79H,71H   ;0～F 的共阴极 7 段数码管
                                                ;段码
```

（2 的段码：77H；　　BX：3FH　　　　;BX+SI：5BH）

② 实验电路图分析，如图 9-59、图 9-60 所示。

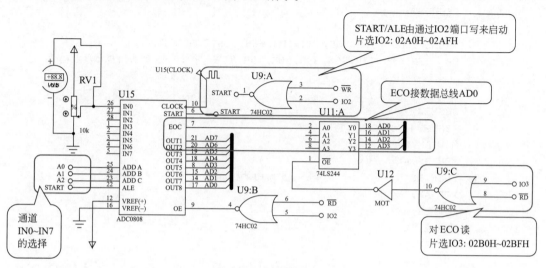

图 9-59　实验电路（一）

其中：

a. 对 02B0H～02BFH 中任一偶地址端口的读操作，可以获取转换结束状态信号 EOC，通过检测数据线 AD0 的状态可以判断转换是否结束；一旦转换结束 AD0=1。

b. 对 2A0H 端口执行写操作，将启动 ADC0809 的通道 0 开始 A/D 转换。

c. IN0～IN7 的启动地址分别为 02A0H～02A7H。

d. 转换结束后，对 02A0H～02AFH 中任一偶地址端口进行读操作，可以获取转换结果。

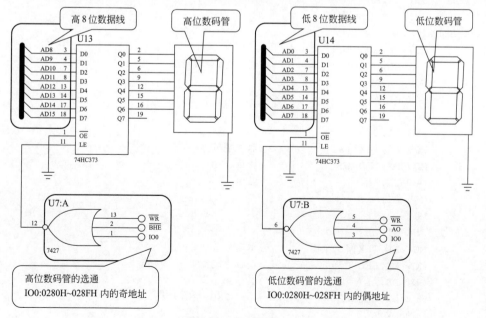

图 9-60　实验电路（二）

(4) 代码设计

① 参考源代码文件如下:

```
LED_L    EQU 280H                    ;低位 373
LED_H    EQU 281H                    ;高位 373
ADC0809  EQU 2A0H                    ;0809 地址
DATA     SEGMENT
         ORG     1000H
         TABLE   DB  3FH,06H,5BH,4FH,66H,6DH,7DH,07H
         DB  7FH,6FH,77H,7CH,39H,5EH,79H,71H        ;0～F 的共阴极七段数码管
                                                     ;段码
DATA     ENDS
CODE     SEGMENT
         ASSUME  CS: CODE,DS: DATA
START:   MOV AX,DATA
         MOV DS,AX
         PUSH ES                     ;中断向量初始化
         XOR AX,AX
         MOV ES,AX
         MOV AL,2
         XOR AH,AH
         SHL AL,1
         SHL AL,1
         MOV SI,AX
         MOV AX,OFFSET NMI_SERVICE
         MOV ES: [SI],AX
         MOV BX,CS
         MOV ES: [SI+2],BX
         POP ES
         MOV DX,ADC0809              ;启动 0809A/D 转换
         OUT DX,AL
         JMP $
NMI_SERVICE:
         MOV DX,ADC0809
         IN  AL,DX                   ;读取 AD 转换结果
         MOV AH,AL
         MOV SI,AX
         MOV BX,OFFSET TABLE
         AND SI,000FH
         MOV AL,[BX][SI]             ;取低字节
         MOV DX,LED_L                ;低位 373
         OUT DX,AL                   ;显示
         MOV SI,AX
         MOV CL,12
         SHR SI,CL
         MOV AL,[BX][SI]             ;取高字节
         MOV DX,LED_H                ;高位 373
         OUT DX,AL                   ;显示
         MOV DX,ADC0809              ;启动 0809A/D 转换
         OUT DX,AL
```

```
EXIT:    IRET
CODE     ENDS
END START
```

② 实验完整电路图，如图 9-61 所示。

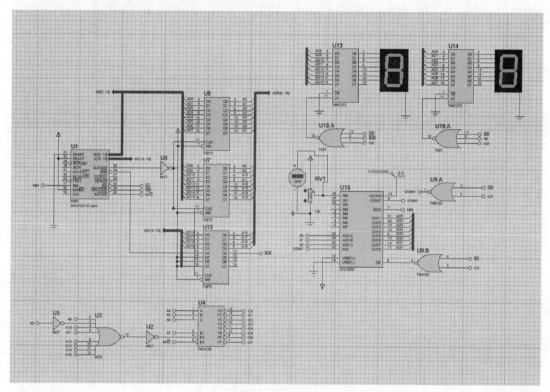

图 9-61 Proteus 电路

（5）仿真分析与思考

假如改为从通道 1（IN1）采集数据，程序和电路应该如何修改？

9.5.4 直流电机正反转控制

（1）实验目的

电机是现代生活中常见的机电设备，也是计算机控制中的基本对象。本实例利用 Proteus 仿真直流电机正反转控制系统，实现电机正反转控制。

（2）实验介绍

本实例是比较常见的电机控制电路，具有很强的实用性，请读者自行识别各部分电路并分析电路的功能，进而熟练掌握此类接口电路的设计方法。

（3）代码设计

本实例采用有刷直流电机，设计的电路如图 9-62～图 9-64 所示，包括译码电路、开关控制电路、电机驱动电路。译码电路用以产生芯片选择信号。电机控制信号利用开关输入。

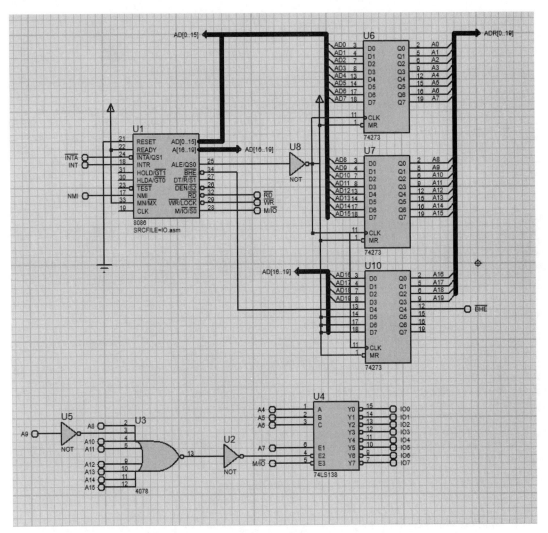

图 9-62 译码电路

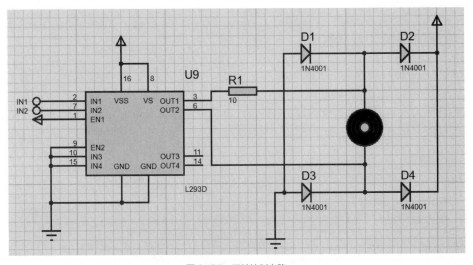

图 9-63 开关控制电路

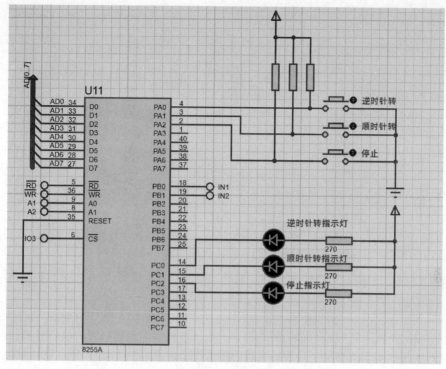

图 9-64 电机控制电路

代码如下:

```
IOCON    EQU    02B6H
IOA      EQU    02B0H
IOB      EQU    02B2H
IOC      EQU    02B4H
CODE     SEGEMENT
         ASSUME CS: CODE
START:   MOV    AL,10010000B    ;8255 初始化
         MOV    DX,IOCON        ;A 口方式 0 输入,B 口方式 0 输出,C 口低 4 位输出
         OUT    DX,AL
         MOV    AL,11111011B
         MOV    DX,IOC          ;往 C 口输出 1111 1011B 使停止指示灯亮
         OUT    DX,AL
TEST_BUS:
         MOV    DX,IOA
         IN     AL,DX
TEST1:   TEST   AL,01H          ;逆时针旋转键按下否?
         JE     MOT1
TEST2:   TEST   AL,02H          ;顺时针旋转键按下否?
         JE     MOT1
TEST3:   TEST   AL,04H          ;停止键按下否?
         JE     MOT3
         JMP    TEST_BUS
MOT1:    MOV    AL,0FEH
         MOV    DX,IOB          ;往 B 口输出 1111 1110B 使电机逆时针旋转
         OUT    DX,AL
```

```
        MOV     DX,IOC      ;往 C 口输出 1111 1110B 使电机逆时针旋转,指示灯亮
        OUT     DX,AL
        JMP     TEST_BUS
MOT2:   MOV     AL,0FDH
        MOV     DX,IOB      ;往 B 口输出 1111 1101B 使电机顺时针旋转
        OUT     DX,AL
        MOV     DX,IOC      ;往 C 口输出 1111 1101B 使电机顺时针旋转,指示灯亮
        OUT     DX,AL
        JMP     TEST_BUS
MOT3:   MOV     AL,0FFH
        MOV     DX,IOB      ;往 B 口输出 1111 1111B 使电机停止
        OUT     DX,AL
        MOV     AL,0FBH
        MOV     DX,IOC      ;往 C 口输出 1111 1011B 使电机停止指示灯亮
        OUT     DX,AL
        JMP     TEST_BUS
CODE    ENDS
        END START
```

(4) 思考

请读者在分析掌握本电路与代码的基础上,进一步拓展控制系统的功能。例如,思考设计如何增加开关控制电机的转速、增加更多状态下的显示信息等。

 习题

9.1 Proteus 是什么软件? 简述其特点。

9.2 Proteus 基本标签页有哪些? 分别适用于什么场合?

9.3 简述在 Proteus 中元件查找与选取的方法。

9.4 简述在 Proteus 中进行 VSM 仿真调试的过程。

9.5 根据本章介绍的方法,在 Proteus 中绘制图 9-20 所示电路图,结合图 9-43 所示程序,检验运行效果。

9.6 根据本章介绍的方法,根据 8086 在最小模式下的典型电路原理 (图 9-65),在 Proteus 中绘制如图 9-65 所示电路,并结合图 9-43 所示程序,检验运行效果。本电路建议单击菜单【File】→【Export Project Clip】命令导出,以便在后续设计中使用。

9.7 请综合利用 8255A、8253、8086、74273、74154、74LS245、数码管等器件,设计实现电子秒表的启动、暂停和清零功能。

提示: 8255A 是 Intel 公司生产的可编程并行 I/O 接口芯片,有 3 个 8 位并行 I/O 接口,共 24 位,各端口工作方式可由软件编程设定,可以利用其作为显示与输入接口;8253 是 Intel 公司生产的通用可编程定时/计数器,具有定时和计数功能,可用其作为电子秒表的计时器。本例可利用 8086 的非可屏蔽中断,实现电子秒表的启动、暂停和复位功能。

9.8 选用 8255A、8253、开关 (键盘)、发光二极管、数码管、扬声器、8259A、ADC0832、ADC0808 等器件,设计以下功能的电路,并编写相应的控制程序。

① 将键盘输入的十进制数转换成二进制数,要求在数码管上显示输入的十进制数和二进制数 (1 位十进制数即可)。

② 实现一个能完成十进制数加减运算的带显示功能的计算器 (2 个 1 位数加或减)。

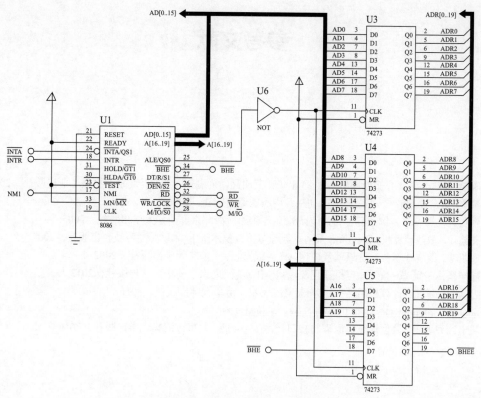

图 9-65　Proteus 下 8086 仿真电路

参考文献

[1] Barry B. Brey. Intel 微处理器[M]. 金惠华，艾明晶，尚利宏，等译. 北京：机械工业出版社，2006.

[2] 黎明. 计算机硬件技术基础[M]. 北京：中国铁道出版社，2006.

[3] 张功萱，顾一禾，邹建伟，等. 计算机组成原理[M]. 北京：清华大学出版社，2005.

[4] 艾德才. 微型计算机（Pentium 系列）原理与接口技术[M]. 北京：高等教育出版社，2004.

[5] 周明德. 微型计算机系统原理及应用[M]. 4 版. 北京：清华大学出版社，2002.

[6] 郑学坚，朱定华. 微型计算机原理及应用[M]. 4 版. 北京：清华大学出版社，2013.

[7] 迟丽华，喻梅. 计算机硬件技术基础[M]. 北京：清华大学出版社，2016.

[8] Intel Corporation. The 8086 Family User's Manual. 1979.

[9] 吴宁，乔亚男. 微型计算机原理与接口技术[M]. 4 版. 北京：清华大学出版社，2016.